智能穿戴光纤与光子集成

李鸿强　著

科学出版社
北　京

内 容 简 介

迄今为止大多数可穿戴传感器的开发都是基于电学传感器。这些电学传感器通过测量电阻、电流和电压等电学性能的变化获知外部信号，它们普遍都对电磁干扰很敏感。光纤布拉格（Bragg）光栅是一种非常重要的光学器件，它在光纤光栅传感应用中取得了巨大的成功。由于光纤光栅传感器具有抗电磁干扰、尺寸小、重量轻、耐温性好、复用能力强、灵敏度高等优点，早已成功地应用在航空、航天、化工、电力、船舶、煤矿、土木工程等各个领域，国内近些年来我们首先将其应用于体温、心音、脉搏、血压等可穿戴人体生命体征的测量中。全书共分为9章，由浅入深具体介绍了可穿戴光纤光栅人体温度和心动传感、光纤光栅解调光子集成、光波导耦合器、光栅耦合器、阵列波导光栅、光电探测器以及光子集成芯片解调等，全书具备从光纤光栅传感解调原理到光子器件、光子集成芯片的系统性知识。

本书可供从事可穿戴光学技术的研究生、研究人员及工程技术人员阅读，也可作为其他涉及此领域人员的参考书。

图书在版编目（CIP）数据

智能穿戴光纤与光子集成 / 李鸿强著. —北京：科学出版社，2021.12

ISBN 978-7-03-070513-6

Ⅰ. ①智… Ⅱ. ①李… Ⅲ. ①移动终端－智能终端 Ⅳ. ①TN87

中国版本图书馆CIP数据核字（2021）第224626号

责任编辑：赵艳春 高慧元 / 责任校对：王 瑞

责任印制：师艳茹 / 封面设计：蓝 正

科学出版社 出版

北京东黄城根北街16号

邮政编码：100717

http://www.sciencep.com

河北鹏润印刷有限公司 印刷

科学出版社发行 各地新华书店经销

*

2021年12月第 一 版 开本：720 × 1000 1/16

2021年12月第一次印刷 印张：17 1/2 插页：3

字数：338 000

定价：138.00元

（如有印装质量问题，我社负责调换）

前　言

作为生命科学、电子科学、材料科学与化学相融合的实用性技术，可穿戴技术近年有了显著的发展和进步，同时也在生命体征监测、疾病检测、运动科学、军事等领域中得到了越来越广泛的应用。可穿戴技术及基于可穿戴技术的设备是指可以直接穿在身上，与衣服或者配饰等整合在一起的一种便携式设备。传统的可穿戴技术在健康监测方面，仍然存在穿戴便携性、健康信息连续采集、动态监测、健康状态辨识等方面技术难点。迄今为止大多数可穿戴传感器的开发都是基于电学传感器。这些电学传感器通过测量电阻、电流和电压等电学性能的变化获知外部信号，它们普遍都对电磁干扰很敏感。

相比可穿戴电学传感器，光纤传感器本身天然具有本质安全、不受电磁干扰、灵敏度高、质量轻、体积小、易于复用（联网）等优点，特别是光纤与织物纤维具有兼容性，使其能够织入织物，形成真正的可穿戴“织物传感器”，提高穿着的舒适性。因此，光纤传感器是用于可穿戴应用的理想敏感元件。

光纤光栅传感解调都需要借助于光谱分析仪或者光纤光栅解调系统。光谱分析仪是对光纤光栅传感器探测到的光谱信息进行解调应用最简单和广泛使用的仪器设备，但是存在着波长分辨率较低的缺点，由于需要对待测光谱信号扫描采样，所以存在着解调范围大、解调速度较慢等缺点。为了对光纤光栅传感器反射回来的光谱信号实现快速、高分辨率的解调，国内外根据光纤光栅传感过程中的传感信息多以波长编码，发展了多种光纤光栅解调系统，解调方法主要包括：匹配FBG可调滤波解调法、可调谐光纤F-P滤波器解调法、非平衡M-Z干涉仪解调法、可调谐窄带光源解调法和阵列波导光栅解调法等。但无论光谱分析仪还是光纤光栅解调系统，目前都存在着体积较大、价格较高等缺点，严重限制了光纤光栅传感解调的推广应用领域，使其根本不可能应用于可穿戴光学传感解调领域。

近年来，硅基光子集成技术已经发展到了一个崭新的阶段，各个关键的硅基光子器件都已经达到商用化的标准，部分性能甚至超过目前的商用器件，这引起了产业界的广泛关注。硅基光子学的发展为光学系统的小型化提供了一种可行的技术，它采用成熟的半导体工艺进行制备，可以实现光子集成芯片的低成本、规模化生产。

本书正是通过深化“半导体光电子学”与“光纤光子学”之间的交叉融合，以可穿戴光纤光栅人体生理参数测量和阵列波导光栅解调光子集成芯片为主线，实现了可穿戴光纤光栅对人体生理参数的深度、可解释的智能化检测和诊断，为柔性可穿戴人体生理信息连续监测提供了一个全新的解决方案。

本书分为两个部分。在第一部分（第1～3章）中首先简单回顾了光纤光栅传感和解调的发展历史，并借以引出全书内容，对可穿戴光纤光栅人体温度和心音传感作了详细介绍。在第二部分（第4～9章）中首先简单回顾了硅基光子集成技术的发展历史，在此基础上对阵列波导光栅解调光子集成芯片中的光波导耦合器、光栅耦合器、阵列波导光栅、锗波导光电探测器和光子集成芯片解调作了详细介绍，并结合光纤光栅人体温度和心音测量对其进行了具体说明。

本书由李鸿强教授负责全书执笔。本书内容中涉及的相关工作也得到了张诚教授、张美玲副教授和张赛、安芷萱、谢睿等研究生的支持和协助，并得到了国家自然科学基金项目（项目编号：61177078、61307094、61675154、61711530652）、天津市重点研发计划项目（项目编号：19YFZCSY00180）、天津市人才发展特殊支持计划项目、天津市“项目+团队”重点培养专项项目（项目编号：XB202007）等一系列项目的资助，在此一并表示感谢。

由于可穿戴技术的高速发展，应用领域繁杂，并且作者水平有限，加之时间仓促，书中难免存在疏漏之处，恳请各位读者予以批评指正。

李鸿强

2021年5月于天津

目 录

第1章 绪　　论

1.1 引　　言

光纤光栅是一种光无源器件，有两个能够直接传感并测量的基本物理量[1]，分别是应变和温度，它们是其他各个物理量传感必不可少的基础。光纤光栅传感器较其他原理的传感器具有很多不可替代的突出特点，所以它现在有着很广的应用前景。

光纤光栅传感具有如下特点[2]：

（1）抗干扰能力强；

（2）适于多种应用场合，尤其是智能结构和智能材料；

（3）高灵敏度、高分辨率，测量结果具有良好的线性和重复性；

（4）一根光纤中可写入多个光栅，构成传感阵列，复用能力很强，便于构成各种形式的光纤传感网络系统，可进行大面积的多点测量；

（5）在对光纤光栅参数进行标定后，可用于对外界参量的绝对测量；

（6）可同时测量多个参数；

（7）耐温性好，工作温度上限可达600℃；

（8）传输耗损小，能远距离传输波长编码，传感器到解调端可达几公里。

光纤布拉格光栅（Fiber Bragg Grating，FBG）①传感器由于其广阔的应用前景而备受瞩目。为了实现FBG传感器在传感领域的进一步应用，必须在保证其稳定性、测量精度、能够进行静态监测和实时动态监测的同时，研究多点多通道同时高速监测。

1.2 光纤光栅发展概况

光纤光栅传感器是一种通过在光纤上刻蚀光栅来制作的光学传感元件，随着光纤光栅解调技术的发展，光纤光栅传感器得到了广泛的应用。国外对光纤光栅传感技术的研究较早，1966年，美籍华人高琨博士及其课题组内学者提出了使用光纤来传输光信号的想法，这一想法为光纤技术用于光学传感和光学通信带来了曙光。1978年，加拿大学者Hill等最先发现使用特定波段的光照射光

① 若无特殊说明，后面内容中的光纤光栅均指光纤布拉格光栅。

纤可以永久性改变光纤内某一部分的折射率，他们意识到这一发现可以用来制作出光纤光栅，这成为光纤光栅研究的一个起点[3]。1989 年，加拿大学者 Meltz 等最先采用全息干涉法生产制造出世界上首根反射波长位于通信波段的光纤光栅，极大地推动了光纤光栅技术的发展[4]。自第一个光纤光栅传感器发明至今，光纤光栅传感技术在很多领域如桥梁、建筑、医学等获得了成功应用，成为传感领域发展最快的技术之一。

近几十年来国内在光纤光栅解调技术上也做了大量的研究，迄今有很多科研院所以及高校开展了相关方面的研究工作。2000 年，南开大学的刘云启等使用有机聚合物将光纤光栅进行了封装，使用这种新型光纤对压力和温度进行测量发现其比普通光纤拥有更高的灵敏度。2004 年，武汉理工大学的姜德生等将多模光纤进行了氢敏化处理，制作的多模光纤光栅可以反射光信号数量多达三个。2007 年天津大学的刘铁根等提出了一种便携式光纤光栅波长解调仪，简化了解调系统结构，将仪器的实用化上升了一定的高度[5]。2009 年，西安石油大学的乔学光等利用边缘滤波解调法，将光纤光栅应变传感器的测量范围提升至 2500με[6]。2013 年，华北电力大学的刘玮设计了一种基于法布里-珀罗（Fabry-Perot，F-P）滤波器法的传感解调方法，具有较高的解调速度与精度[7]。2016 年，刘鹏飞等设计了一种以可调谐滤波器实现波长扫描，同时以标准具实现波长标定的波长解调方法，由于标准具的引入，提高了解调精度和稳定性[8]。2018 年，刘睿等以两个 F-P 滤波器作为双边缘滤波器实现被测光的波长解调[9]。

到目前为止，限制光纤光栅传感器进一步广泛应用的主要问题是传感信号的解调方法。常见的光纤光栅解调方法有匹配 FBG 可调滤波解调法[10, 11]、可调谐光纤 F-P 滤波器解调法[12]、非平衡马赫-曾德尔（Mach-Zehnder，M-Z）干涉仪解调法、可调谐窄带光源解调法[14]和阵列波导光栅解调法[15]等。作为光纤光栅解调方法的一种，阵列波导光栅解调法具有高精度和快速解调能力，这对于科研人员来说是一种极具吸引力的研究。但传统阵列波导光栅解调系统具有体积较大、价格较昂贵等问题，限制了其广泛应用。

随着光纤光栅应用范围的日益扩大，光纤光栅的种类也日趋增多[16]。根据折射率沿光栅轴向分布的形式，可将紫外写入的光纤光栅分为均匀光纤光栅和非均匀光纤光栅。其中，均匀光纤光栅是指纤芯折射率变化幅度和折射率变化的周期（也称光纤光栅的周期）均沿光纤轴向保持不变的光纤光栅，如均匀光纤 Bragg 光栅（折射率变化的周期一般为 0.1μm 量级）和均匀长周期光纤光栅（折射率变化的周期一般为 100μm 量级）；非均匀光纤光栅是指纤芯折射率变化幅度或折射率变化的周期沿光纤轴向变化的光纤光栅，如啁啾光纤光栅（其周期一般与均匀光纤 Bragg 光栅周期处同一量级）、切趾光纤光栅、相移光纤光栅和取样光纤光栅等。

1. 均匀光纤 Bragg 光栅

均匀光纤 Bragg 光栅折射率变化的周期一般为 0.1μm 量级。它可将入射光中某一确定波长的光反射，反射带宽窄。在传感器领域，均匀光纤 Bragg 光栅可用于制作温度传感器、应变传感器等传感器；在光通信领域，均匀光纤 Bragg 光栅可用于制作带通滤波器、分插复用器和波分复用器的解复用器等器件。

2. 均匀长周期光纤光栅

均匀长周期光纤光栅折射率变化的周期一般为 100μm 量级，它能将一定波长范围内入射光前向传播芯内导模耦合到包层模并损耗掉。在传感器领域，均匀长周期光纤光栅可用于制作微弯传感器、折射率传感器等传感器；在光通信领域，均匀长周期光纤光栅可用于制作掺饵光纤放大器、增益平坦器、模式转换器、带阻滤波器等器件。

3. 切趾光纤光栅

对于一定长度的均匀光纤 Bragg 光栅，其反射谱中主峰的两侧伴随有一系列的侧峰，一般称这些侧峰为光栅的边模。如将光栅应用于一些对边模的抑制比要求较高的器件如密集波分复用器，这些侧峰的存在是一种不良的因素，它严重影响器件的信道隔离度。为减小光栅边模，人们提出了一种行之有效的办法——切趾。所谓切趾，就是用一些特定的函数对光纤光栅的折射率调制幅度进行调制。经切趾后的光纤光栅称为切趾光纤光栅，它反射谱中的边模明显降低。

4. 相移光纤光栅

相移光纤光栅是由 M（$M>2$）段具有不同长度的均匀光纤 Bragg 光栅以及连接这些光栅的 $M-1$ 个连接区域组成的。相移光纤光栅在其反射谱中存在透射窗口，可直接用作带通滤波器。

5. 取样光纤光栅

取样光纤光栅也称超结构光纤光栅，它是由多段具有相同参数的光纤光栅以相同的间距级联而成的。除了用作梳状滤波器之外，取样光纤光栅还可用作波分复用（Wavelength Division Multiplexing，WDM）系统中的分插复用器件。与其他分插复用器件不同的是，取样光纤光栅构成的分插复用器件可同时分或插多路信道以间隔相同的信号。

6. 啁啾光纤光栅

所谓啁啾光纤光栅，是指光纤的纤芯折射率变化幅度或折射率变化的周期沿光纤轴向逐渐变大（小）形成的一种光纤光栅。在啁啾光纤光栅轴向不同位置可反射不同波长的入射光，所以啁啾光纤光栅的特点是反射谱宽，在反射带宽内具有渐变的群时延，群时延曲线的斜率即光纤光栅的色散值。所以，可以利用啁啾光纤光栅作为色散补偿器。

1.3 光纤光栅耦合模理论

光纤光栅的形成基于光纤光栅的光敏性，不同的曝光条件、不同类型的光纤可产生多种不同折射率分布的光纤光栅[17-19]。光纤芯区折射率周期变化造成光纤波导条件的改变，导致一定波长的光波发生相应的模式耦合。对于整个光纤曝光区域，可以由下列表达式给出折射率分布较为一般的描述：

$$n(r,\varphi,z)=\begin{cases} n_1[1+F(r,\varphi,z)], & |r|<a_1 \\ n_2, & a_1\leqslant|r|\leqslant a_2 \\ n_3, & |r|>a_2 \end{cases} \tag{1.1}$$

式中，a_1 为光纤纤芯半径；a_2 为光纤包层半径；n_1 为纤芯初始折射率；n_2 为包层折射率；n_3 为空气折射率；$F(r, \varphi, z)$为光致折射率变化函数，在光纤曝光区，其最大值为$\left|F(r,\varphi,z)\right|_{\max}=\dfrac{\Delta n_{\max}}{n_1}$，$\Delta n_{\max}$ 为折射率变化最大值。图 1.1 表示了光纤光栅区域的折射率分布情况，其中 Λ 为均匀光栅周期。

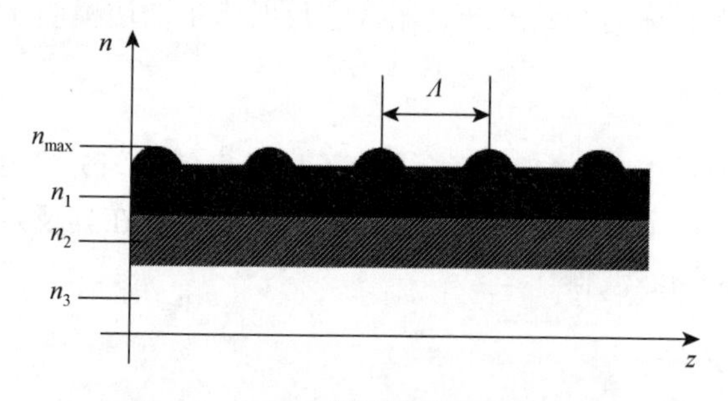

图 1.1 光纤光栅区域的折射率分布

光纤光栅区域的光场满足模式耦合方程：

$$\begin{cases} \dfrac{\mathrm{d}A(z)}{\mathrm{d}z}=k(z)B(z)\exp\left[-\mathrm{i}\int_0^z q(z)\,\mathrm{d}z\right] \\ \dfrac{\mathrm{d}B(z)}{\mathrm{d}z}=k(z)A(z)\exp\left[-\mathrm{i}\int_0^z q(z)\,\mathrm{d}z\right] \end{cases} \tag{1.2}$$

式中，$A(z)$、$B(z)$分别为光纤光栅区域中的前向波、后向波；$k(z)$为耦合系数；$q(z)$

与光栅周期Λ和传播常数β有关。利用此方程和光纤光栅的折射率分布、结构参数及边界条件，并借助于四阶龙格-库塔（Runge-Kutta，R-K）数值算法，可求出光纤光栅的光谱特性。光纤光栅的不同光谱特性呈现出不同的传输或调制特性，因而可构成不同功能的光纤器件[20]。

1.4 光纤光栅传感基本原理

光纤光栅由一段折射率沿其长度方向周期性变化的光纤构成，是光纤光栅通信系统中一种十分重要的无源光波导器件。当激光通过掺杂光纤时，其折射率会随着光强的空间分布发生相应的变化，变化的大小与光强呈线性关系并永远地保存下来形成了栅区。此栅区其实就是一个窄带滤波器或反射器，利用这一特性，光纤光栅已经在滤波器、激光器、放大器、波分复用器和光纤光栅传感器等新型无源光器件中得到了广泛应用[21]。

光纤 Bragg 光栅的结构如图 1.2 所示。

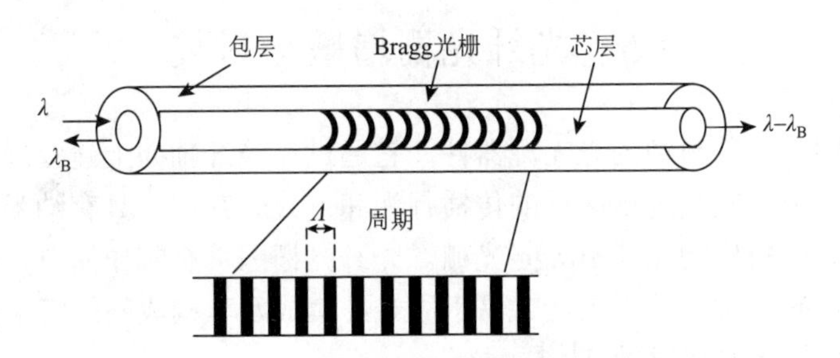

图 1.2 光纤 Bragg 光栅结构示意图

由耦合理论可知，光纤 Bragg 光栅中心波长可表示为

$$\lambda_B = 2n_{eff}\Lambda \tag{1.3}$$

式中，Λ代表光纤光栅的周期；n_{eff}代表纤芯的有效折射率；n_{eff}和Λ随温度改变。

已有研究证明，温度和应变产生的效应相互独立。当光纤光栅仅受应变作用，温度保持不变时，由式（1.3）可得轴向应变造成的光栅波长变化为

$$\Delta\lambda_B = 2\Lambda\Delta n_{eff} + 2n_{eff}\Delta\Lambda \tag{1.4}$$

设温度变化为ΔT，则由热效应引起的光栅周期变化$\Delta\Lambda$为

$$\Delta\Lambda = \alpha \cdot \Lambda \cdot \Delta T \tag{1.5}$$

式中，α为光纤的热膨胀系数，对于掺锗的石英光纤，其值为0.5×10^{-6}/℃。由热光效应引起的有效折射率变化为

$$\Delta n_{eff} = n_{eff} \cdot \zeta\Delta T \tag{1.6}$$

式中，ζ 为光纤材料的热光系数，对于掺锗石英光纤，其值为 $7.0\times10^{-6}/℃$。由式(1.3)和式（1.4）可得，由温度变化产生的Bragg波长漂移为

$$\Delta\lambda_{BT}/\lambda_{BT}=(\alpha+\beta)\cdot\Delta T=7.5\times10^{-6}\cdot\Delta T \tag{1.7}$$

由式（1.7）可以看出在无应变作用时，Bragg波长漂移与温度变化呈线性关系，因此通过对FBG波长偏移量的解调分析即可得出温度的变化。

FBG传感光谱特性如图1.3所示。

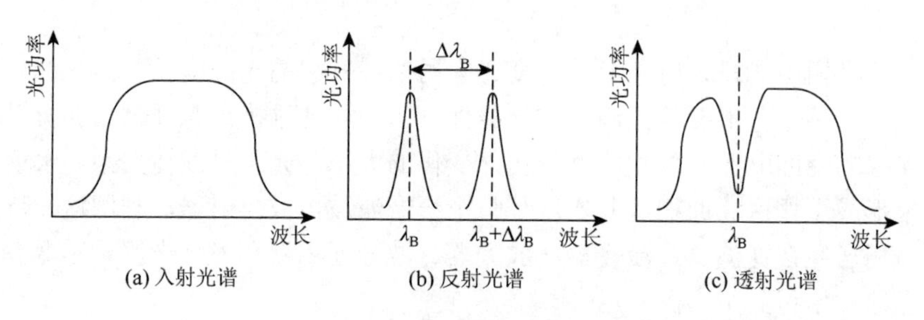

图1.3　FBG传感光谱特性

1.5　光纤光栅增敏与封装

光纤光栅是一种新型的光无源器件，它通过在光纤轴向上建立周期性的折射率分布来改变或控制光在该区域的传播行为和方式。其中，具有纳米级折射率分布周期的光纤光栅称为光纤Bragg光栅。光纤光栅因具有制作简单、稳定性好、体积小、抗电磁干扰、使用灵活、易于同光纤集成及可构成网络等诸多优点，近年来被广泛应用于光传感领域[22]。

经过近十几年的研究，光纤光栅的传感机理已基本探明，用于测量各种物理量的多种结构光纤光栅传感器已被制作出来。目前，光纤光栅传感器可以检测的物理量包括温度、应变、应力、位移、压强、扭角、扭应力、加速度、电流、电压、磁场、频率及浓度等[23]。

由于裸光纤光栅直径只有125μm，在恶劣的工程环境中容易损伤，只有对其进行保护性的封装（如埋入衬底材料中），才能赋予光纤光栅更稳定的性能，延长其寿命传感器才能交付使用。同时，通过设计封装的结构，选用不同的封装材料，可以实现温度补偿，应力和温度的增敏等功能，这类“功能型封装”的研究正逐渐受到重视。

1. 温度减敏和补偿封装

由于光纤光栅对应力和温度的交叉敏感性，在实际应用中，经常在应力传感光栅附近串联或并联一个参考光栅，用于消除温度变化的影响。这种方法需

要消耗更多的光栅，增加了传感系统的成本。若用热膨胀系数极小且对温度不敏感的材料对光纤光栅进行封装，将在很大程度上减小温度对应力测量精确性的影响。

另外，采用具有负温度系数的材料进行封装或设计反馈式机构，可以对光纤光栅施加一定的应力，以补偿温度导致的 Bragg 波长漂移，使 $\Delta\lambda/\lambda_0$ 的值趋近于0。对于封装的光纤 Bragg 光栅而言，其波长漂移 $\Delta\lambda$ 与应变 ε 和温度变化 ΔT 的关系式可表示为式（1.8），即基于弹性衬底材料的光纤光栅温度补偿关系式为

$$\varepsilon=\frac{\alpha+\xi+(\alpha_s-\alpha)}{p_e-1}\Delta T \tag{1.8}$$

式中，$\xi=(1/n)(\mathrm{d}n/\mathrm{d}T)$；$p_e=(-1/n)(\mathrm{d}n/\mathrm{d}\varepsilon)$；$\alpha=(1/L)(\mathrm{d}L/\mathrm{d}T)$。实验表明，采用负温度系数的材料对光纤光栅进行封装，可以在 –20～44 ℃温度区间获得波长变化仅为 0.08nm 的温度补偿效果。

2. 应力和温度的增敏封装

光纤 Bragg 光栅的温度和应变灵敏度很低，灵敏度系数分别约为 1.13×10^{-2} nm/℃和 1.2×10^{-3} nm/μs，难以直接应用于温度和应力的测量中。对光纤光栅进行增敏性封装，可实现微小应变和温度变化量的“放大”，从而提高测量精度，同时，也使传感器的测量范围得以扩展。

1）温度增敏封装

在无应变条件下：

$$\Delta\lambda=\lambda_0[\alpha+\xi+(1-p_e)(\alpha_s-\alpha)]\Delta T \tag{1.9}$$

选用大热膨胀系数材料 $(\alpha_s\gg\alpha)$ 为衬底材料，可设计出不同类型的温度增敏传感器如图 1.4（a）所示。研究表明，选用有机材料、金属或合金等材料可以较显著地提高光纤光栅的温度灵敏度系数，如用一种热膨胀系数很大的混合聚合物对光纤光栅进行封装，在 20～80 ℃范围内可将光纤光栅的温度灵敏度提高 11.2 倍。

2）应力增敏封装

用杨氏模量较小的材料对光纤光栅进行封装后将传感头置于应力场中，由于基底材料与光栅紧密粘接，产生较大应变的基底材料将对光栅产生带动作用，增加光栅的轴向应变，从而增加 Bragg 波长的漂移量，使光纤光栅传感器具有更大的应力灵敏度。

2001 年，Zhang 等将光纤 Bragg 光栅置于金属圆筒内后用硅胶封装，制成了高灵敏度的压强传感器，其应力灵敏度达到了$-3.41\times10^{-3}\mathrm{MPa}^{-1}$，是裸光栅的1720倍[24]。2004 年，傅海威等制成了一种侧向压强传感器，可将外界对基底的侧向压强转化为

光纤光栅的轴向应变，其灵敏度达到了$-2.2\times10^{-3}\text{MPa}^{-1}$，是裸光栅的 10900 倍，使光纤光栅传感器应用于测量液压和气压等低压强的测量成为可能[25]。

3. 其他功能型封装

通过设计不同的封装方式和外场施加方式，可以使光纤光栅实现更多的功能。将光纤光栅分段嵌入两种不同的基底材料中如图 1.4（b）所示，由于两段光栅将具有不同的应力和温度灵敏度，可以实现温度和应力的同时测量，从而解决了应力、温度的交叉敏感问题；如果基底材料的横截面沿光纤方向呈梯度分布如图 1.4（c）所示，对基底施加轴向应力时，光栅将受到应力梯度的作用，光纤 Bragg 光栅转化为可调谐啁啾光栅，此装置有望应用于光纤的色散补偿中[26, 27]。

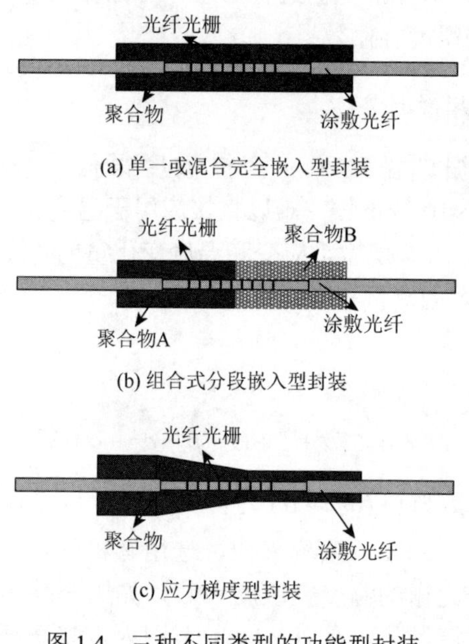

(a) 单一或混合完全嵌入型封装

(b) 组合式分段嵌入型封装

(c) 应力梯度型封装

图 1.4　三种不同类型的功能型封装

1.6　光纤 Bragg 光栅解调方法

1.6.1　匹配 FBG 可调滤波解调法

匹配 FBG 可调滤波解调法是通过调节接收端的 FBG 中心波长值来对 FBG 反射光谱进行扫描，当匹配 FBG 的中心波长与传感 FBG 的中心波长重合时，匹配光栅将发生强烈反射，此时匹配 FBG 对应的中心波长值即为传感 FBG 的中心波长值。匹配 FBG 可调滤波解调法原理图如图 1.5 所示，宽带光源输出的宽光谱光经光隔离器和光耦合器后入射到 FBG 传感阵列，FBG 传感阵列反射回的多个窄带光经耦合器后传输至匹配 FBG，通过调节压电陶瓷（Piezoelectric，PZT）的驱动电压周期性变化，实现对 FBG 传感阵列各中心波长的扫描，当匹配 FBG 的中心波长值与 FBG 传感阵列中的某个 FBG 的中心波长值重合时，光电探测器（Photodetector，PD）将检测到一个峰值光强，此时通过查询 PZT 驱动电压与匹配 FBG 中心波长值的对应关系，即可得传感 FBG 的中心波长值。

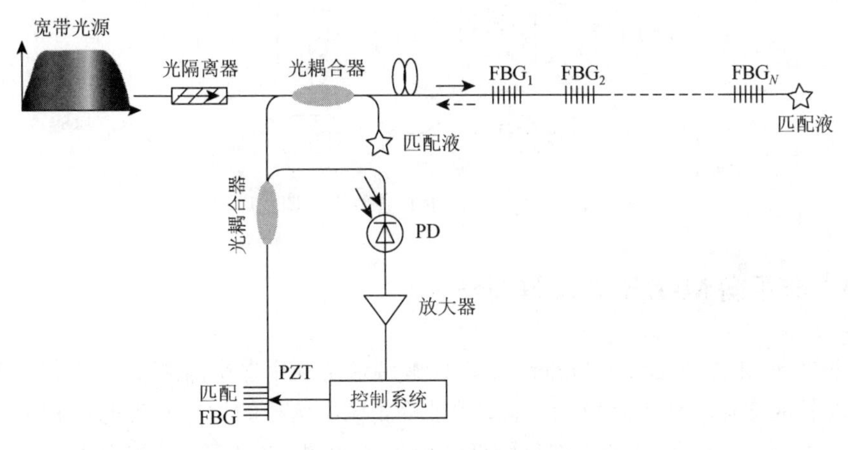

图 1.5　匹配 FBG 可调滤波解调法原理

该方法的优点：结构简单，成本低，抗干扰能力强。缺点：一是传感 FBG 与匹配 FBG 中心波长要求严格匹配；二是匹配 FBG 中心波长变化范围有限，能检测的 FBG 数量有限；三是受 PZT 响应速度的限制，不能用于检测高频变化的物理量。

1.6.2　可调谐光纤 F-P 滤波器解调法

可调谐光纤 F-P 滤波器解调法是以可调谐 F-P 滤波器作为波长解调元件，该方法的原理图如图 1.6 所示，宽带光源的光经光隔离器和光耦合器后入射到 FBG 传感阵列，经 FBG 传感阵列反射回的窄带光经光耦合器传输到可调谐 F-P 滤波器，通过信号发生器输出锯齿波扫描电压，调节可调谐 F-P 滤波器的腔间隔，使其透射光波长发生周期性变化，当可调谐 F-P 滤波器的透射波长与传感 FBG 的中心波长重合时，光电探测器将检测到一个峰值光强，通过查询当前驱动电压所对应的可调谐 F-P 滤波器的透射波长即可得传感 FBG 的中心波长值，通过已标定的 FBG 中心波长与外界参量的关系即可实现对外界物理量的检测。

该方法的优点：解调精度高，滤波特性好；缺点：可调谐 F-P 滤波器价格昂贵，并且受压电陶瓷响应速度的影响，不适用于对高频变化的物理量进行测量，通常该方法的解调速度小于 1kHz。

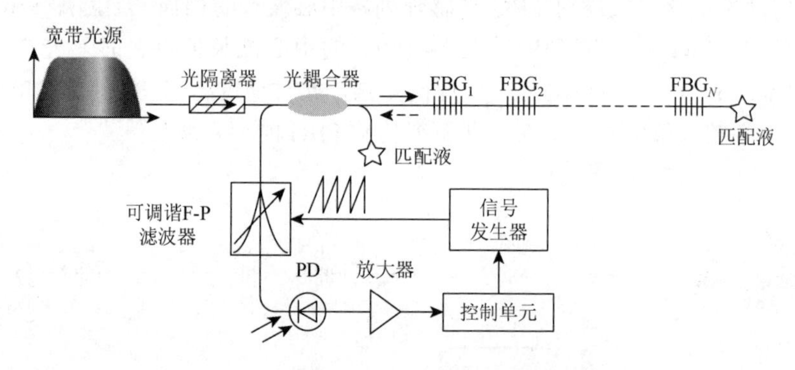

图 1.6　可调谐光纤 F-P 滤波器解调法原理

1.6.3　非平衡 M-Z 干涉仪解调法

非平衡 M-Z（Mach-Zehnder）干涉仪解调法是利用非平衡 M-Z 干涉仪把 FBG 中心波长的变化转化为相位的变化，通过检测输出信号的相位差实现对 FBG 中心波长的检测。非平衡 M-Z 干涉仪解调法原理图如图 1.7 所示。非平衡 M-Z 干涉仪两臂的相位差可表示为

$$\Delta\phi(\lambda) = -2\pi n_{\text{eff}} d\Delta\lambda / \lambda_{\text{B}}^2 \tag{1.10}$$

式中，n_{eff} 为两干涉臂的有效折射率；d 为两干涉臂长度差；λ_{B} 和$\Delta\lambda$ 分别为传感 FBG 中心波长和偏移量。当外界物理参量动态变化引起的传感 FBG 反射中心波长变化为$\Delta\lambda\sin(\omega t)$时，相位变化 $\Delta\phi(\lambda)$ 可表示为

$$\Delta\phi(\lambda) = -2\pi n_{\text{eff}} d\Delta\lambda\sin(\omega t) / \lambda_{\text{B}}^2 \tag{1.11}$$

根据上述分析，相位差 $\Delta\phi(\lambda)$ 与 FBG 中心波长变化$\Delta\lambda$ 呈线性关系，因此，通过检测相位差的大小即可间接地得到传感 FBG 中心波长的变化值。

该方法的优点：检测精度高，适用于动态参量的高分辨率测量，应力分辨率可达 $0.6\text{n}\varepsilon/\sqrt{\text{Hz}}$ ；缺点：易受外界环境的影响，不适用于对静态应变的检测。

1.6.4　可调谐窄带光源解调法

Ball 等提出了一种采用经过定标的可调谐窄带光源解调法来查询传感光栅阵列，从而确定 Bragg 波长的实用方法[28]，可调谐窄带光源解调法如图 1.8 所示。

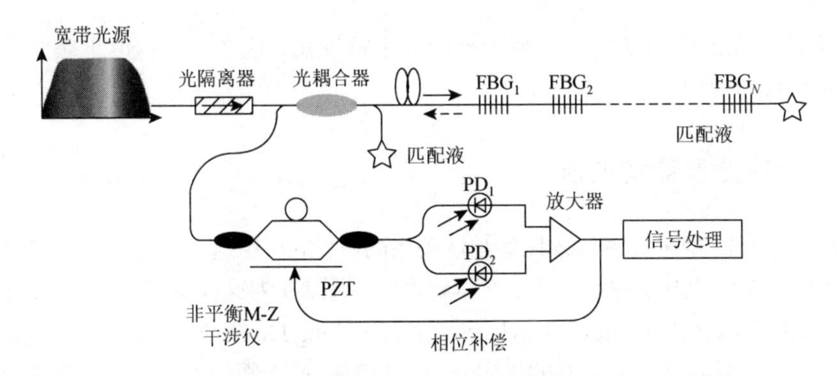

图 1.7 非平衡 M-Z 干涉仪解调法原理

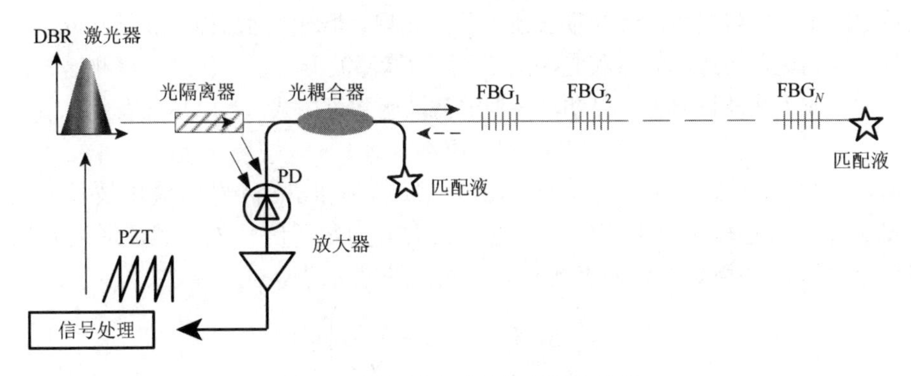

图 1.8 可调谐窄带光源解调法原理

光源采用线宽很窄的分布式布拉格反射镜（Distributed Bragg Reflection，DBR）光纤激光器，其泵浦由激光二极管通过 WDM 耦合器提供，为避免受回波影响，在其输出端用了一个隔离器。DBR 激光器固定在压电体上，当压电体受锯齿波或正弦波电压驱动时，激光波长在一定范围内扫描，当恰好满足某个 Bragg 波长条件时，照射到传感光栅阵列上的光就会被相应光栅强烈反射。反射信号经过 3dB 耦合器后送到探测器，接上数字示波器就可画出 Bragg 光栅反射率与波长的函数关系曲线。为提高测量精度，可把反射信号与入射激光功率比较进行归一化，所用的激光功率通过一个 3dB 耦合器来测量。除了这种扫描方式测量光栅反射谱之外，也可通过加入简单的反馈回路以及在 PZT 上再加抖动电压，使激光波长精确锁定在某个光栅的峰值反射率的波长上，跟踪任何一个光栅的 Bragg 波长。

这种窄带光源/宽带检测的方案与上面所讨论的宽谱光源方案相比可以获得很高的信噪比，而且系统的分辨率也较高，实验所得最小波长分辨率约 2.3pm，对应温度分辨率约 0.2℃。同时，可事先对光源进行定标，避免了现场使用庞大昂贵的光谱仪，使得现场检测简单方便，所以是一种很可取的方案。只是因为目前

DBR 光纤激光器的稳定性及可调谐范围尚不够理想，这在一定程度上限制了传感光栅的个数和使用范围。

1.6.5　边缘滤波器解调法

波分耦合器存在效率与波长呈线性关系的特性，利用这一特性来检测光纤光栅中心波长的变化的方法称为边缘滤波器解调法，图 1.9 为这种解调法的解调原理图。垂直腔面发射激光器（Vertical-Cavity Surface-Emilting Laser，VCSEL）作为光源发出的光首先进入隔离器，隔离器的作用是防止反射回的光影响光源，然后光耦合器 1 将输入的光分成两部分，其中一部分传入 FBG 传感器。FBG 传感器会将一个窄带光波反射回来，反射光再次经光耦合器 1 传入光耦合器 2，然后被分成两部分，这两部分光分别进入边缘滤波器和光探测器 2，边缘滤波器将信号传给光探测器 1 再进行放大后成为滤波信号 I_F，已知滤波器的滤波函数可由式（1.12）来表示：

$$F(\lambda) = A(\lambda - \lambda_0) \tag{1.12}$$

式中，参数 A 和 λ_0 分别为滤波器的滤波曲线斜率和 $F(\lambda_0)=0$ 时输出波长。光探测器 2 将光信号转化为电流信号后进行放大成为参考信号 I_R，然后通过除法器将两个电流信号相除得到两者比值，用公式来表示为

$$\frac{I_F}{I_R} = A\left(\lambda_B - \lambda_0 + \frac{\Delta\lambda_B}{\sqrt{\pi}}\right) \tag{1.13}$$

式中，参数λ_B和$\Delta\lambda_B$为正常状态下 FBG 传感器的中心波长以及其所检测到的波长漂移量，根据式（1.13）反推就可以得出 FBG 传感器所测得的中心波长变化，也就可以知道传感器测量的物理参数值。

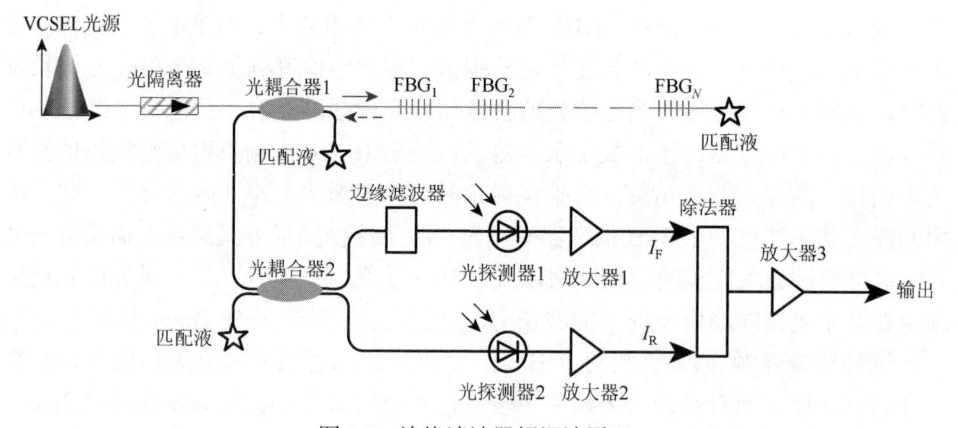

图 1.9　边缘滤波器解调法原理

边缘滤波器解调法外置电路简单，体积较小，并可以通过抑制噪声来提高解

调信号的信噪比，比较关键的是这种解调法不仅可以用在静态信号监测中，在动态信号监测中也有较好的解调能力。但边缘滤波器解调法的缺点也比较明显，如解调分辨率比较低，在解调动态信号时解调速度比较慢，因此这种解调法多用于对解调要求不高的情况。

1.6.6 阵列波导光栅解调法

阵列波导光栅（Arruyed Waveguide Grating，AWG）解调法是利用 AWG 的波分解复用特性，将 FBG 的反射光衍射到 AWG 不同的输出通道中，实现多路传感信号的同时解调，如图 1.10 所示，宽带光源发出的宽带光经光隔离器和光耦合器传输后入射到 FBG 传感阵列，中心波长满足布拉格条件的光将反射回来，经光耦合器进入 AWG，在 AWG 的波分解复用作用下，将各传感 FBG 反射回的窄带光分配到各独立的光通道中输出，当外界环境参量变化引起传感 FBG 中心波长偏移时，在 AWG 输出端通过光电探测器检测各路传感信号的变化，可发现相应 AWG 相邻两光通道(Ch(m)和 Ch(m+1))的输出光强将一个减弱一个增强，通过实验拟合得到 AWG 相邻两通道的输出光强比取对数与传感 FBG 中心波长值的关系，实验结果表明两者存在一个线性关系，即可通过检测 AWG 输出通道的光强变化来实现对传感 FBG 中心波长值的解调。

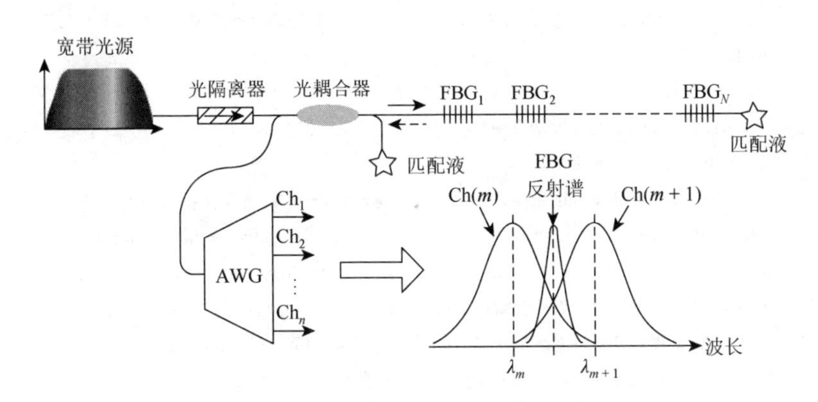

图 1.10 阵列波导光栅解调法原理

该方法的优点：解调精度高，响应速度快，广泛应用于分布式 FBG 传感解调系统；缺点：目前商用的 AWG 通道数有限，可解调的 FBG 传感器数目有限。

综上所述，阵列波导光栅解调系统具有解调精度高、解调速度快等特点，是一种新型的光纤光栅解调方法，适用于分布式 FBG 传感系统的解调，因此本书基于 AWG 的波分解复用特性设计出了一种多通道光纤 Bragg 光栅传感解调系统。

参 考 文 献

[1] 常新龙，何相勇，周家丹，等. FBG 传感器在复合材料固化监测中的应用[J]. 传感技术学报，2010，23（5）：748-752.

[2] 刘铁根，刘琨，江俊峰，等. 天津大学光纤传感技术研究部分最新进展[J]. 光电工程，2010，37（3）：1-6.

[3] Hill K O，Fujii Y，John D C，et al. Photosensitivity in optical fiber waveguides：Application to reflection filter fabrication[J]. Applied physics Letters，1978，32（10）：647-649.

[4] Meltz G，Morey W W，Glenn W H. Formation of Bragg gratings in optical fibers by a transverse holographic method[J]. Optics Letters，1989，14（15）：823-825.

[5] 王云新，刘铁根，江俊峰. 便携式光纤 Bragg 光栅波长解调仪研制[J]. 仪器仪表学报，2007，28（6）：1104-1107.

[6] 乔学光，丁锋，贾振安，等. 一种基于 ASE 光源的边缘滤波解调技术的研究[J]. 光电子激光，2009，20（9）：1170-1173.

[7] Yang Z，Liu W，An T. Research on FBG vibration sensing technology[J]. Applied Mechanics and Materials，2013，391：340-343.

[8] 刘鹏飞，郝凤欢，何少灵，等. 基于波长扫描的分布反馈有源光纤光栅传感器波长解调[J]. 中国激光，2016，43（10）：216-221.

[9] 刘睿，葛海波，何其睿，等. 基于 F-P 腔的双边缘滤波解调系统研究[J]. 光通信研究，2018，（2）：51-54.

[10] 张东生，郭丹，罗裴，等. 基于匹配滤波解调的光纤光栅振动传感器研究[J]. 传感技术学报，2007，20（2）：311-313.

[11] 詹亚歌，陆青，向世清，等. 优化光纤光栅传感器匹配光栅解调方法的研究[J]. 光子学报，2004，33（6）：711-715.

[12] 陈长勇，乔学光，贾振安，等. 基于调谐滤波技术的光纤光栅传感解调系统[J]. 光电子 • 激光，2004，15（7）：778-781.

[13] 余有龙，谭华耀，锺永康. 基于干涉解调技术的光纤光栅传感系统[J]. 光学学报，2001，21（8）：987-989.

[14] 谢孔利，饶云江，冉曾令. 基于大功率超窄线宽单模光纤激光器的 φ-光时域反射计光纤分布式传感系统[J]. 光学学报，2008，28（3）：569-572.

[15] 王玉宝，兰海军. 基于光纤布拉格光栅波/时分复用传感网络研究[J]. 光学学报，2010，30（8）：2196-2201.

[16] Jiang Y，Ding W，Liang P，et al. Phase-shifted white-light interferometry for the absolute measurement of fiber optic Mach-Zehnder interferometers[J]. Journal of Lightwave Technology，2010，28（22）：3294-3299.

[17] 甘维兵，张翠，祁耀斌. 基于可调窄带光源的光纤光栅解调系统[J]. 武汉理工大学学报，2009，31（5）：118-120.

[18] 吴薇. 大容量光纤光栅传感解调系统的研究与应用[D]. 武汉：武汉理工大学，2009.

[19] 刘辉. 光纤光栅传感解调系统及应用研究[D]. 秦皇岛：燕山大学，2012.

[20] Dakss M L，Kuhn L，Heidrich P F，et al. Grating coupler for efficient excitation of optical guided waves in thin films[J]. Applied Physics Letters，2003，16（12）：523-525.

[21] 周治平，郜定山，汪毅，等. 硅基集成光电子器件的新进展[J]. 激光与光电子学进展，2007，44（2）：31-38.

[22] 陈少武，余金中，徐学俊，等. 面向硅基光互连应用的无源光子集成器件研究进展[J]. 材料科学与工程学报，2009，27（1）：153-155.

[23] Taillaert D，Bogaerts W，Bienstman P，et al. An out-of-plane grating coupler for efficient butt-coupling between compact planar waveguides and single-mode fibers[J]. IEEE Journal of Quantμm Electronics，2002，38（7）：949-955.

[24] Zhang Y，Guan B O，Dong X Y，et al. A novel fiber grating sensor for simultaneous measurement of strain and temperature based on prestrain technique[J]. Chinese Journal of Lasers，2001，10（3）：195-254.

[25] 傅海威，傅君眉，乔学光. 新颖的高灵敏度光纤 Bragg 光栅压强传感器[J]. 光电子·激光，2004，8：892-895.

[26] Taillaert D，Bienstman P，Baets R. Compact efficient broadband grating coupler for silicon-on-insulator waveguides[J]. Optics Letters，2004，29（23）：2749-2751.

[27] Li M，Sheard S J. Experimental study of waveguide grating couplers with parallelogramic tooth profiles[J]. Optical Engineering，1996，35（11）：3101-3106.

[28] Ball G A，Morey W W. Fiber laser source/analyzer for Bragg grating sensor array interrogation[J]. Journal of Lightwave Technology，1994，12（4）：700-703.

第2章　可穿戴光纤光栅人体温度传感

2.1　引　　言

真正的智能服装应该是一个复杂的能够进行反馈信息的载体，采用材料、纺织等领域先进技术，进行检测、通信和处理等电子器件的微型化、柔性化，同时植入服装中，在不影响服装穿着舒适性的条件下，使其成为医疗诊断领域的一种方式。目前情况下，智能服装的发展大体上分为两个方面：一是在服装材料上进行改进，即通过物理、化学的方法来改变纺织材料的结构，使它和普通材料的纺织品具有不同的功能，例如，以形状-记忆材料织成的服装，可以根据外界温度的变化而自行调整结构，以使穿着者能够抵御冷、热气候的侵袭；二是与电子信息技术结合在一起，将信息技术以不影响穿着舒适性和不被察觉的方式嵌入服装中，使之具有信息感知、计算和通信能力，满足各种应用需求。这也就是所谓的高级的智能服装[1]。

随着生活节奏的加快，人们心理负担的加重，人类的健康也受到了一定的威胁，如果能够将人体生理参数进行采集分析后得到的诊断结果实时地告知给患者，将能尽早地发现和治疗疾病，从而减少传染性和非传染性疾病的存在[2, 3]。

2.2　可穿戴光纤光栅温度传感器

可穿戴光纤光栅温度传感器增敏封装具体流程为：首先配比聚合物，将不饱和聚酯树脂、过氧化甲乙酮和环烷酸钴液按 100∶5∶2 的比例混合，放在烧杯搅拌均匀。然后，将混合液分别注入两个长宽高分别为 25mm×8mm×1.5mm 的长条状模具中，固化后得到两个长宽高分别为 25mm×8mm×1.5mm 的长条状聚合物。接着用细砂纸在两个长条状聚合物的中心线上磨出一道凹槽，打磨光滑，凹槽刚好能放入光纤光栅；将裸光栅两头也涂覆上液状聚合物后置于凹槽内，并加上一定的预应力。把要合拢的长条聚合物表面涂抹液体聚合物。最后，把两个长条状聚合物合拢成一个长条，用工具固定直至固化成型。具体封装流程见图 2.1。

采用这种聚合物封装技术，光纤光栅能显著提高其温度灵敏度系数。在制作过程中，一般封装材料的热膨胀系数大于光纤材料，封装过程中会因为收缩不均匀，使得光纤光栅啁啾化，反射波形啁啾度不断变化，将导致波长变化规律不稳定，引起反射波长漂移量非线性化和失真。为了避免这个问题，在封装过程中，对光纤光栅施加一定的预应力，保证光纤光栅平直并位于中心线的凹槽内，两个长条合并之后，光纤光栅处于长方体的正中部位，使传感光纤光栅在有效长度上产生均匀的热应变，保证光纤光栅反射波长与温度有良好的线性关系。这种封装方式操作简单，造价低廉，取材方便，不仅有效地减小了外界应变对光纤光栅温度传感器性能的影响，而且显著提高了光纤光栅的温度灵敏度系数。

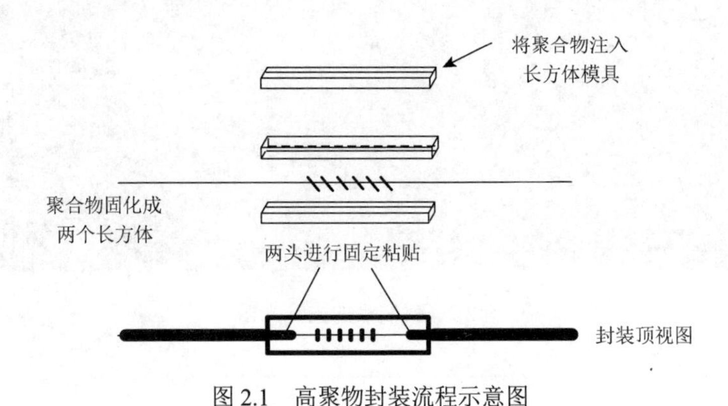

图 2.1 高聚物封装流程示意图

光纤光栅的中心波长对外界温度和力的变化非常敏感。如果传感器的封装结构不稳定，就可能导致光纤光栅所受力场的不稳定，从而导致综合温敏特性的不稳定。所以在进行结构设计时，必须保证传感器结构的稳定性，以排除不稳定力场对光纤光栅波长的影响。

在未施加预应力的情况下，光纤光栅处于相对自由的状态，会有一定的弯曲，且弯曲的方向不固定。这就导致了光纤光栅和封装材料之间是一种不稳定的关系。这样在每次温度实验中，基底对光纤光栅的影响也就有所不同，从而导致了光栅的波长温度特性不稳定。而在施加预应力后，光纤光栅始终处于张紧的状态。光纤光栅与封装材料之间始终保持着稳定的空间位置和受力关系。因此在每次温度实验中，光纤光栅的波长温度特性是稳定的。封装后的光纤光栅如图 2.2 所示。

为了把光纤光栅温度传感器植入织物，同时不损伤光纤和传感器，不受反复弯折影响，且保证与织物经纬纱运动协调一致，采用大管与小管相结合的织造方法，达到完全封装光纤光栅温度传感器，织物可分为三部分，如图 2.3 所示。

其中第一部分为普通织物部分（采用平纹组织），第二部分为实现大管的一部分，采用管状组织与平纹组织相结合，第三部分实现大管和小管，采用大管套小管组织结构，在第三部分织造结束同时保持管的开口，形成圆筒形空心袋状，此时植入光纤光栅温度传感器，改变纹板图，继续织造第二和第一部分，从而完成织物织入光纤光栅温度传感器。最终封装后的光纤光栅温度传感器植入织物的效果图和样衣如图 2.4 和图 2.5 所示。

1cm

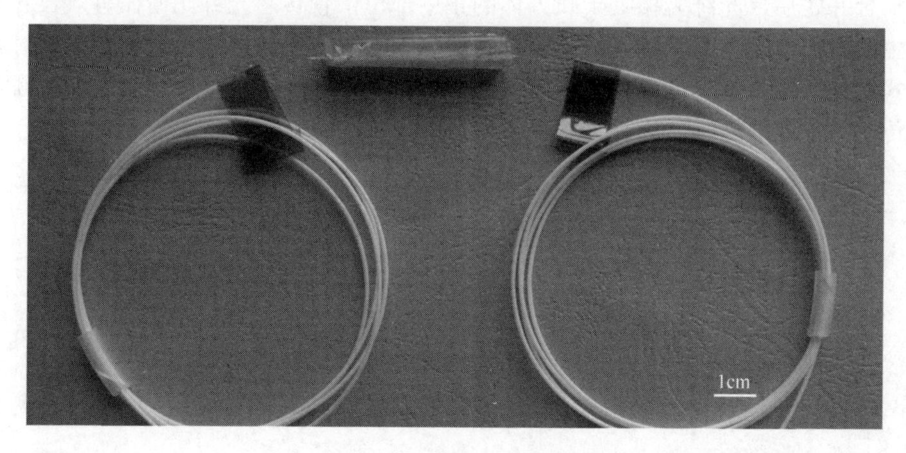

图 2.2　封装后的光纤光栅

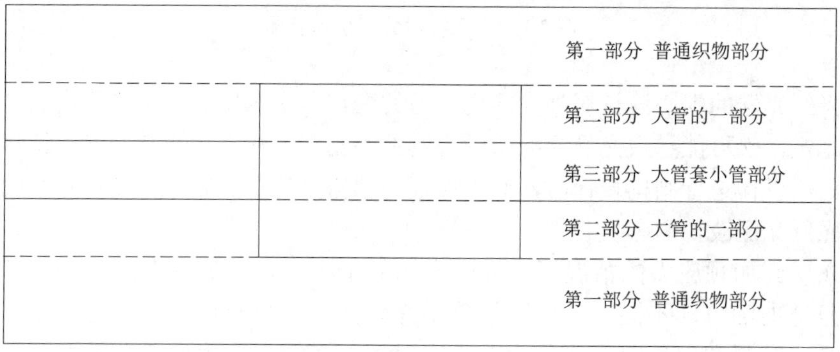

第一部分 普通织物部分
第二部分 大管的一部分
第三部分 大管套小管部分
第二部分 大管的一部分
第一部分 普通织物部分

图 2.3　织物结构分布图

1cm
1cm

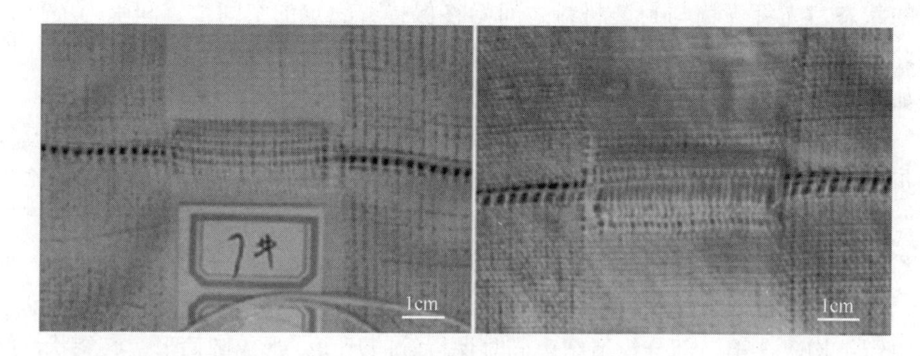

图 2.4　织入光纤光栅传感器后的织物

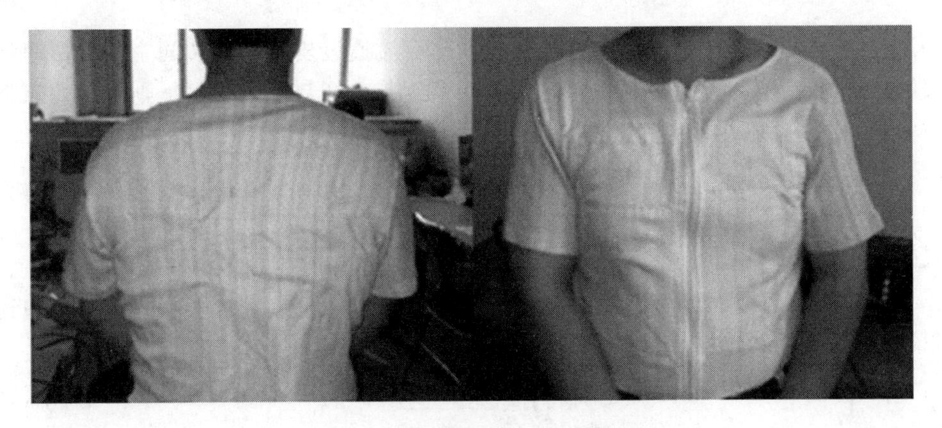

图 2.5 光纤光栅温度智能服装样衣

2.3 可穿戴光纤光栅温度场

2.3.1 服装热传递机理

传热定义为由温差而引起的能量的转移。热传递根据传递方式的不同主要分为热传导、热对流和热辐射三种[4, 5]。

1. 热传导

图 2.6 为忽略人体湿热传递效应情况下，服装系统中热传递过程示意图。人体作为热量源，其所产生的热量通过热辐射和热对流方式通过皮肤与衣服间的空气薄层，进入服装材料的表面，之后通过热传导方式将该热量从服装内表面传递到服装外表面，最后从服装外表面传递到外界。

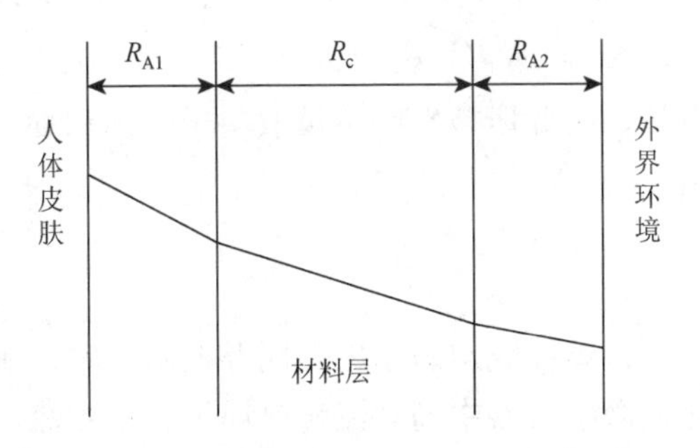

图 2.6 服装显热传导过程示意图

（1）人体皮肤表面与服装内表面的热传导。人体皮肤表面（一般认为体表平均温度为 33℃）散发的热量通过热辐射和热对流透过皮肤与服装间空气层传递到服装内表面，设人体皮肤与服装内表面间空气层之间热阻为 R_{A1}，则传递的热量应为

$$Q_1 = \frac{F(t_s - t_0)}{R_{A1}} \tag{2.1}$$

式中，F 为皮肤表面面积；t_s 为人体体表温度；t_0 为服装内表面温度。

（2）服装内表面到外表面的热传导。通过热传导将热量从服装内表面传递到服装外表面，这时温度由 t_0 变为 t_1，此时传递的热量为

$$Q_2 = \frac{F(t_0 - t_1)}{R_c} \tag{2.2}$$

式中，R_c 为服装本身热阻；t_1 为服装外表面温度。

（3）服装外表面与外界环境的热传导。从服装外表面通过附于其上的外层空气边界层传到外界空气中去的辐射换热和对流换热。设空气边界层的热阻为 R_{A2}，环境平均温度为 t，则有

$$Q_3 = \frac{F(t_1 - t)}{R_{A2}} \tag{2.3}$$

在理想稳定的传热过程中，皮肤表面散发的热量等于外界环境得到的热量，即此时各串联环节中所传递的热量相等，因而有

$$Q_1 = Q_2 = Q_3 = Q \tag{2.4}$$

由式（2.1）～式（2.4）可得

$$Q = \frac{F(t_s - t)}{R_{A1} + R_c + R_{A2}} = \frac{F(t_s - t)}{R} \tag{2.5}$$

所以服装系统的热阻应当是包括服装小气候的空气热阻 R_{A1}、服装材料本身热阻 R_c 以及服装外表面的外层空气边界层热阻 R_{A2} 在内的总量，即

$$R = R_{A1} + R_c + R_{A2} \tag{2.6}$$

根据以上数学分析，人体所散发的热量取决于身体和外界环境之间的温差以及服装系统的总热阻。

2. 热对流

在服装系统中，当人体皮肤与服装内表面存在温差时，就会发生对流传热。根据流动的特性，服装微小气候中的对流传热属于自由对流，即这种流动是由流体中的浮升力引起的。这种浮升力是由伴随着流体中温度变化而产生的密度变化所形成的。对流这种传热模式是靠水蒸气分子随机运动和边界层内水蒸气的成团运动来维持的。在靠近皮肤表面的地方，水蒸气分子运动的速度很低，水蒸气分

子的随机运动（扩散）通常起支配作用。实际上，在水蒸气和皮肤表面的交界面上，热量仅按这一机理来传输，水蒸气成团运动之所以影响对流传热，是因为当流体沿着 x 方向流动时边界层是发展的。

无论传热的对流模式的具体特征如何，其能量传输速率方程都是一种形式，即

$$q = h(T_s - T_\infty) \tag{2.7}$$

式中，对流热流密度 q 正比于皮肤表面温度 T_s 和水蒸气温度 T_∞ 之间的值；h 为换热系数，其大小取决于边界层内的条件，又取决于表面的几何形状、流体的运动特性以及流体的一系列热力学和传输物性参数。

3. 热辐射

辐射散热是一种非接触式传热，它是以电磁波的形式传递热量，任何物体只要它有温度，就能辐射红外线，人体各部位温度一般为 15～35℃，它辐射的红外线 90%以上的波长为 6～42μm，属于中红外线和远红外线。辐射与周围空气的物理特性（气温、湿度、风速气压等）无关，它只取决于物体的表面温度、黑度和着装下的有效辐射面积，温度越高，黑度越大，有效辐射面积越大，则辐射本领也越大。

作为热交换的基本形式之一，辐射不依赖于任何介质且总在持续不断地进行着，它以电磁波的方式向空间传播，其中包括全部可见光、部分紫外线和红外线，但红外线所占份额最大。由于人体辐射的红外线波长相对较长，由 $C=\lambda f$ 和 $E=hf^2$ 可以知道，波长 λ 较长使得频率 f 较小，小频率 f 又使得由热辐射散发的热量 E 相对较少。

2.3.2 光纤光栅温度场建模

人体是一个发热体，由新陈代谢产生热量，其中一部分通过血液循环带到皮肤表面，然后经小气候与服装向外界环境散发。当外界温度低于体温时，在皮肤与环境之间存在温度梯度，从而使热量经小气候与服装传递到服装表面，然后以热传导、热对流和热辐射的形式散失到环境中去。本章所研究智能服装中嵌入的 FBG 传感器由于与人体皮肤不可能是紧贴的，所以通过对人体智能服装光纤光栅温度场的建模、仿真和分析，可以得到温度测量的理论误差值，并且为智能服装信号解调系统中的误差算法提供一个理论参考依据，在后期的实验中也能够运用误差进行拟合，从而得出更加精确的温度值。在测温时传感器与人体皮肤之间实际构成如图 2.7 所示的人体、介质和空气之间的热传递物理模型，其中介质层包含了微小气候空气层、光纤光栅层和服装层[6]。

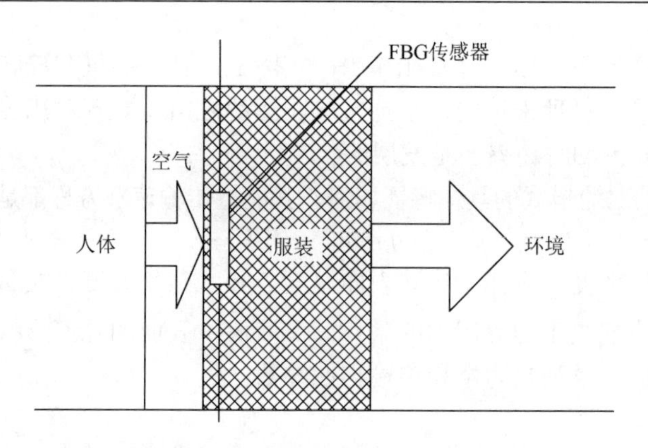

图 2.7　人体、介质和空气之间的热传递物理模型

在服装的实际穿着过程中，人体的不断运动，使得人体、介质和空气层之间的热传递过程处于一个动态变化过程之中。衣下空气层内的空气不可能完全静止，在织物之间由于存在温度差而产生导热现象的同时，也必然会由于空气分子的运动而产生自然对流现象。为此在智能服装的设计上，我们考虑将服装设计成紧身内衣类型，这样衣下空气层所处的空间非常狭小，无法形成对流运动，研究时只用考虑单纯的导热现象即可[7]。

因为人体、介质和空气层之间的温度场是随时间而发生变化的，所以三者之间的热传递过程是一个动态过程，即它们之间的传热过程是非稳态传热。临床医学上测量腋下温度作为人体温度，方法是擦干腋下汗液，将水银温度计汞端置于腋窝深处，屈臂过胸 5 分钟。这个所需要的时间我们可以看作人体皮肤和水银温度计之间热平衡的一个建立。在这种热平衡建立后在一段时间内（如 3 分钟之内），我们可以把这时的热传递过程近似看成稳态传热，可以用稳态热分析的方法进行分析研究。

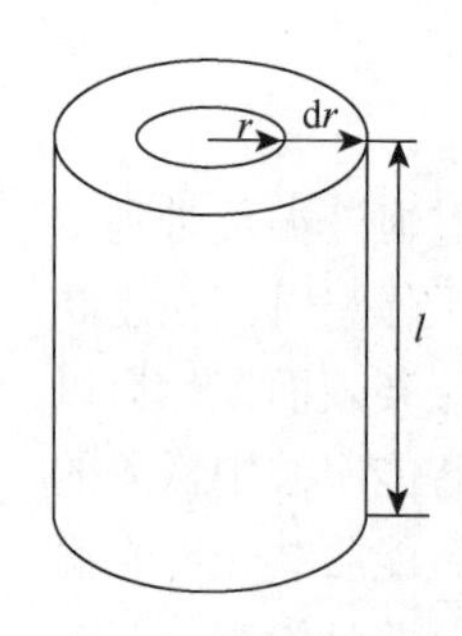

图 2.8　筒状微元体

在微小气候区中分隔出一段长为 l，半径为 r，厚度为 $\mathrm{d}r$ 的筒状空气微元体，其当量导热系数为 λ，比热容为 c，密度为 ρ，其中 λ、c、ρ 都是温度 T 的函数，而温度 T 又是时间 τ 和半径 r 的函数，即 $\lambda(r,\tau)$、$c(r,\tau)$、$\rho(r,\tau)$。筒状微元体如图 2.8 所示。

对于微元体，按照能量守恒定律，在任一时间间隔 $\mathrm{d}\tau$ 内流入微元体内的热量加上微元体自身产生的热量等于流出微元体的热量加上微元体内能的增量，由于智能服装内热传递仅仅是热量的传递过程，在微元体内并没有内热源，所以热平衡方程可写为

$$q_{流入} = q_{流出} + q_{增量} \tag{2.8}$$

根据傅里叶定律，有

$$q_{流入} = -\lambda 2\pi rl \frac{\partial t}{\partial r} \mathrm{d}\tau \tag{2.9}$$

$$q_{流出} = -\lambda 2\pi r \frac{\partial t}{\partial r} - 2\pi\lambda \frac{\partial t}{\partial r} \mathrm{d}r - 2\pi\lambda r \frac{\partial^2 t}{\partial r^2} \mathrm{d}r - \frac{\partial}{\partial r}[\lambda(r,\tau)] 2\pi r \frac{\partial t}{\partial r} \mathrm{d}r \tag{2.10}$$

$$q_{增量} = 2\pi rlc(r,\tau)\rho(r,\tau) \frac{\partial t}{\partial r} \mathrm{d}r \tag{2.11}$$

将式（2.9）和式（2.11）代入式（2.8），进一步可得到人体-介质-空气层三者之间热传递的数学模型为

$$\frac{\partial}{\partial r}[\lambda(r,\tau)] r \frac{\partial t}{\partial r} + \lambda(r,\tau) \frac{\partial t}{\partial r} + \lambda(r,\tau) r \frac{\partial^2 t}{\partial r^2} = c(r,\tau)\rho(r,\tau) r \frac{\partial t}{\partial \tau} \tag{2.12}$$

以上主要从人体生理学基础理论、人体热平衡及服装热传递理论等方面着重研究论述服装在穿着过程中的热传递机理，从微观和宏观上对服装热传递过程进行了分析和研究，并从理论上对人体-介质-空气层三者之间的热传递进行了公式推导，给出了人体-介质-空气层之间热传递的计算公式，我们可以用有限元分析方法将微小气候空气层分解为有限数目的网格单元，将温度场各微分方程变换为节点方程，通过数值计算以求得各网格单元节点的温度，并且由此得出温度测量方面的理论误差[8]。

2.3.3　光纤光栅温度场数值模拟

为了对所研究的智能服装中光纤光栅温度场进行数学建模，选用 ANSYS 有限元分析软件进行模型仿真。利用 ANSYS 的热分析模块对服装中光纤光栅温度场进行数学建模和计算分析，最终模拟人体穿着服装后的温度测量情况及温度误差情况。

ANSYS 热分析是基于能量守恒原理的热平衡方程，利用有限元分析计算各节点的温度，从而导出其他热物理参数的方法。ANSYS 热分析包含热传导、热对流及热辐射三种热传递的方式。热分析可用于计算一个系统或某个部件的温度分布及其他热物理参数，如热量的获取或损失、热梯度、热流密度等。一般在进行瞬态热分析以前都会先进行稳态热分析以确定初始的温度分布，稳态热分析可通过有限元分析计算确定由稳定的热载荷引起的温度、热流率、热流密度和热梯度等参数。

由理论分析可得，把人体穿着智能服装后温度场假定为沿径向一维发热圆柱体[9]，模型切面可如图 2.9 所示。

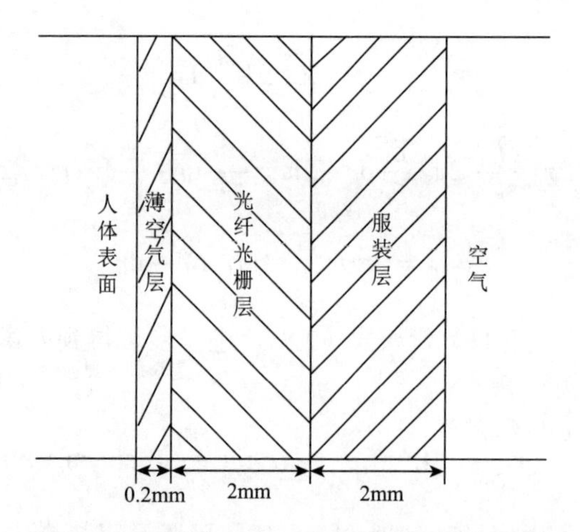

图 2.9　智能服装中光纤光栅温度场 ANSYS 模型

光纤光栅温度场的 ANSYS 仿真参数如表 2.1 所示。

表 2.1　仿真参数

材料层	厚度/mm	导热系数
薄空气层	0.2	0.00027°F[Btu/(ft·h·°F)]
光纤光栅层	2	27.3°F[Btu/(ft·h·°F)]
服装层	2	80.9°F[Btu/(ft·h·°F)]

注：1℃[kcal/(m·h·℃)]=0.672°F[Btu/(ft·h·°F)]。

具体设计步骤如下：

（1）Utility Menu→File→change jobename；

（2）Utility Menu→File→change title；

（3）在命令行输入：/units，BFT；

（4）Main Menu：Preprocessor；

（5）Main Menu：Preprocessor→Element Type→Add/Edit/Delete，选择 Quad 4node 55 选项，如图 2.10 所示。

（6）Main Menu：Preprocessor→Material Prop→Material Models→Thermal→Conductivity→Isotropic，默认材料编号为 1，在 KXX 文本框中输入 0.00027，选择 Apply，输入材料编号为 2，在 KXX 文本框中输入 27.3，选择 Apply，输入材料编号为 3，在 KXX 文本框中输入 80.9，如图 2.11 所示。

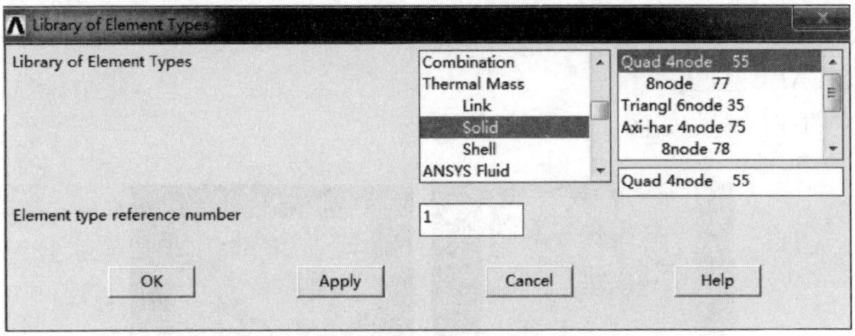

Library of Element Types

Library of Element Types

Combination
Thermal Mass
Link
Solid
Shell
ANSYS Fluid

Quad 4node 55
8node 77
Triangl 6node 35
Axi-har 4node 75
8node 78

Quad 4node 55

Element type reference number　1

OK　Apply　Cancel　Help

图 2.10　单元选择

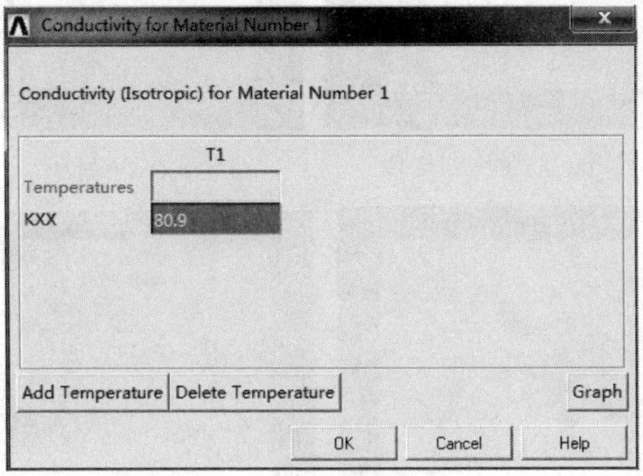

Conductivity for Material Number 1

Conductivity (Isotropic) for Material Number 1

T1
Temperatures
KXX　80.9

Add Temperature　Delete Temperature　Graph

OK　Cancel　Help

图 2.11　材料参数定义

（7）Main Menu：Preprocessor→Modeling→Create→Areas-Circle→By Dimensions，在 RAD1 中输入 15，在 RAD2 中输入 15-2，在 THETA1 中输入–0.5，在 THETA2 中输入 0.5，如图 2.12 所示，单击 Apply 按钮，在 RAD1 中输入 15-2，在 RAD2 中输入 15-4，单击 Apply 按钮，在 RAD1 中输入 15-4，在 RAD2 中输入 15-4.2，单击 OK 按钮。

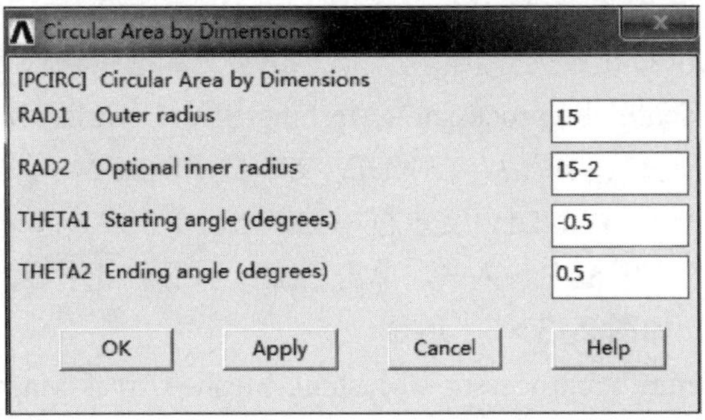

Circular Area by Dimensions

[PCIRC] Circular Area by Dimensions
RAD1　Outer radius　15
RAD2　Optional inner radius　15-2
THETA1　Starting angle (degrees)　-0.5
THETA2　Ending angle (degrees)　0.5

OK　Apply　Cancel　Help

图 2.12　材料编号设定

（8）Main Menu：Preprocessor→Modeling→Operate→Booleane→Glue→Area，单击 PICK ALL 按钮。

建立的三层模型如图 2.13（a）所示。

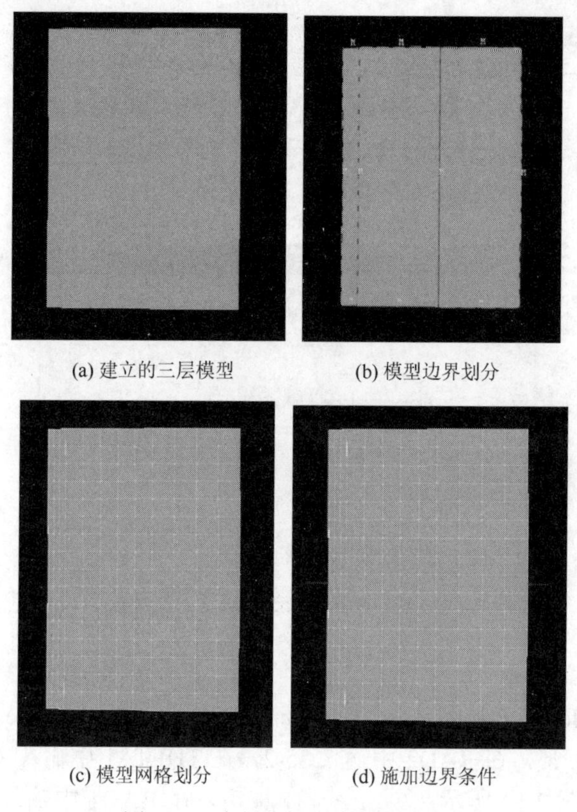

(a) 建立的三层模型　(b) 模型边界划分

(c) 模型网格划分　(d) 施加边界条件

图 2.13　光纤光栅温度场的仿真

（9）Main Menu：Preprocessor→Attributes-Define→Picked Area，选择空气层，在 MAT 文本框中输入 1，单击 Apply 按钮；选择光纤光栅层，在 MAT 文本框中输入 2，单击 Apply 按钮；选择衣物层，在 MAT 文本框中输入 3，单击 OK 按钮。

（10）Main Menu：Preprocessor→Meshing-Size Contrls→ManualSize→Lines-Picked Lines，选择空气层短边，在 NDIV 文本框中输入 2，单击 Apply 按钮；选择光纤光栅层的短边，在 NDIV 文本框中输入 5，单击 Apply 按钮；选择衣物层的短边，在 NDIV 文本框中输入 4，单击 Apply 按钮；选择四个长边，在 NDIV 文本框中输入 16，如图 2.13（b）所示。

（11）Main Menu：Preprocessor→Meshing-Mesh→Areas-Mapped→3 or 4 sided，单击 PICK ALL 按钮，如图 2.13（c）所示。

（12）Main Menu：Solution→Loads-Apply→Thermal-Convection→On lines，选择空气层外壁，在VALI文本框中输入36（注：36℃的体温作用），在VAL2I文本框中输入2.5，单击Apply按钮；选择衣物层内壁，在VALI文本框中输入2.5，在VAL2I文本框中输入20（注：20℃环境温度作用），单击OK按钮，如图2.13（d）所示。

（13）Main Menu：Solution→Solve-Current LS。

（14）Main Menu：General Postproc→Plot Results→Contour Plot-Nodal Solu，选择Temperature选项，图2.14为加载荷后的智能服装中人体温度场模型ANSYS云图。

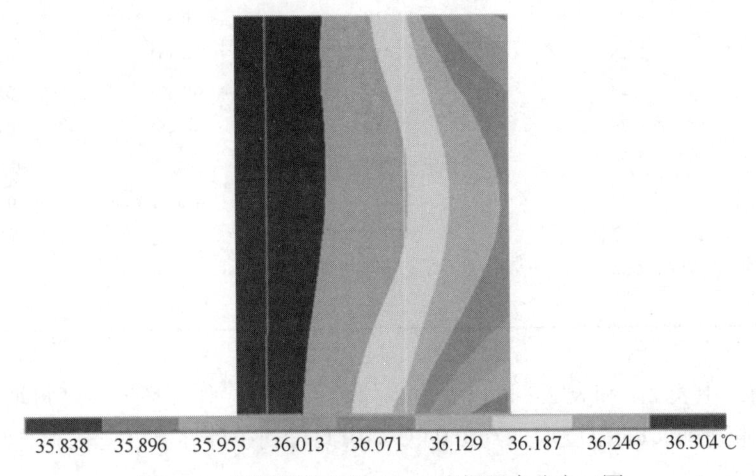

图2.14 智能服装光纤Bragg光栅温度分布云图

从图2.14中可以明显看出人体温度和利用传感器检测到的温度存在明显的误差。体温分别为36℃和38℃时，外界环境的温度从25℃变化到35℃，每次温度增加1℃，得到两组温度云图。由温度云图得到的数据如表2.2和表2.3所示。

表2.2 环境25℃到35℃光纤光栅感测的温度（体温36℃）

体温/℃	环境温度/℃	光纤光栅测得温度/℃	温度误差/℃	温度增量/℃
36	25	35.423	–0.577	
36	26	35.463	–0.537	0.04
36	27	35.503	–0.497	0.04
36	28	35.543	–0.457	0.04
36	29	35.583	–0.417	0.04
36	30	35.623	–0.377	0.04
36	31	35.663	–0.337	0.04
36	32	35.703	–0.297	0.04

续表

体温/℃	环境温度/℃	光纤光栅测得温度/℃	温度误差/℃	温度增量/℃
36	33	35.743	−0.257	0.04
36	34	35.783	−0.217	0.04
36	35	35.823	−0.177	0.04

表 2.3　环境 25℃到 35℃光纤光栅感测的温度（体温 38℃）

体温/℃	环境温度/℃	光纤光栅测得温度/℃	温度误差/℃	温度增量/℃
38	25	37.342	−0.658	
38	26	37.38	−0.62	0.038
38	27	37.419	−0.581	0.039
38	28	37.459	−0.541	0.04
38	29	37.499	−0.501	0.04
38	30	37.539	−0.461	0.04
38	31	37.58	−0.42	0.041
38	32	37.62	−0.38	0.04
38	33	37.658	−0.342	0.038
38	34	37.699	−0.301	0.041
38	35	37.739	−0.261	0.04

结论：由表 2.2 和表 2.3 可以看出当体温不变时，外界环境温度每增加 1℃，光纤光栅能感测到的温度增加约 0.04℃。由此得到了外界温度变化和光纤光栅所测温度的关系。

然后以 33℃到 42℃作为人体温度，体温每增加 0.5℃，外界环境分别为 20℃和 28℃得到的两组温度分别如图 2.15 和图 2.16 所示。

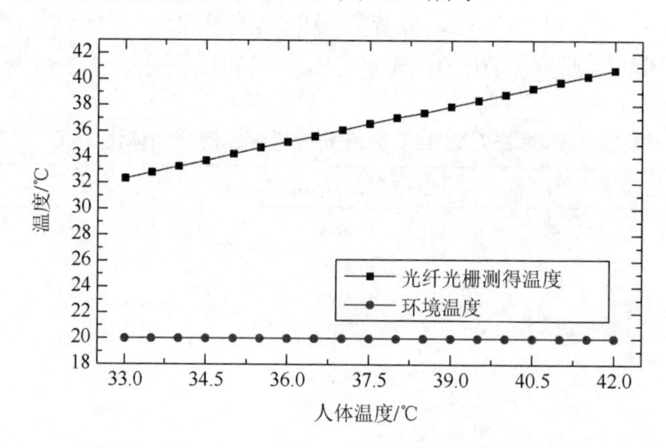

图 2.15　体温 33℃到 42℃光纤光栅测得的温度（环境温度：20℃）

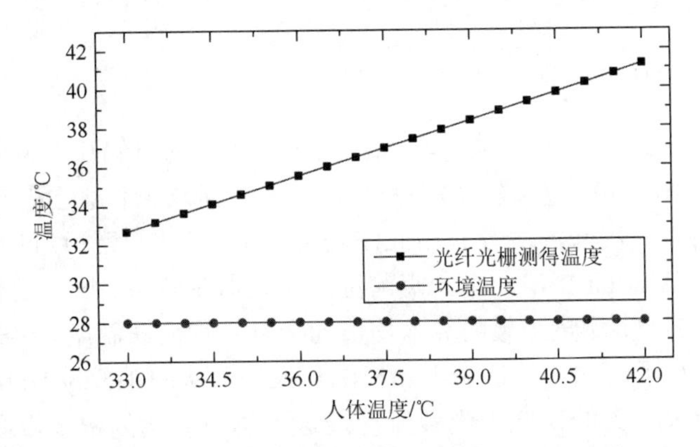

图 2.16　体温 33℃到 42℃光纤光栅测得的温度（环境温度：28℃）

由图 2.15 和图 2.16 可以看出，当外界环境温度不变时，人体温度和外界环境温度相差越小，光纤光栅所感测到的温度越准确。实验和解调的过程中，利用这个理论误差表可以查出相应的理论误差值，对解调精度的提高有很大的帮助。

2.4　可穿戴光纤光栅人体温度检测

分布式光纤光栅温度传感器织入服装后被分别放置于右胸、右腋下、左腋下、后背和左胸共五个点进行测量。由于人体各部分的温度不尽相同，体表的温度会低于深部，在体表不同部位的温度也有一定的差异，体温就是指人体深部的温度，所谓正常体温并不是身体的一个温度点，而是一个温度范围，其正常值的范围会因测量部位的不同而略有差异。我们由光纤光栅温度传感器所测得的五个点的温度肯定也是存在差异的，所以提出对五个点所测得的温度进行加权平均计算，从而得到最终的人体温度值。

2.4.1　人体平均温度

基于人体解剖学，人体存在若干体表温度分布近似的部位，如头部、躯干、上肢、下肢等。对这些部位每一部分设置一点或多点测量体表温度，并对各测得的温度按照一定系数进行加权平均，获得人体全身平均温度，可用式（2.13）表示：

$$T_s = C_1T_{s1} + C_2T_{s2} + \cdots + C_nT_{sn} \tag{2.13}$$

式中，T_{s1}，T_{s2}，…，T_{sn} 分别表示人体各部分的体表温度，℃；C_1，C_2，…，C_n 分别表示各部位相应的加权系数。

目前有关人体平均温度的计算方法主要分为以下 3 种。

1. 多点不加权测温法

1928 年，Francis 等在不同的环境温度条件下用热电偶在受试者体表各部位左右对称地测量了 40 点皮温，将各点皮温值的算术均值作为全身的平均皮肤温度。作为专门研究皮肤温度分布用此法是可行的，但因其测点过多，实际难以采用。1930 年 Aldrich 提出一个 5 点测温法，分别在前额、胸、前臂、背、股等部位设 5 个测温点，测量结果的算术均值为全身平均皮肤温度。1958 年 Teichner 对这种方法进行了研究。他认为不加权法与人们公认的 Hardy-Dubois 加权法同样可用。在后来有关的研究中也曾流行过这种思路，认为根本没必要计算加权系数，只需在体表按相对的面积比例设点测温，然后取所有测点的算术均值即可。Mitchell 的实验结果也肯定了这种方法，认为他选择的 15 点未加权法与 Hardy-Dubois 15 点加权法具有很好的一致性。

2. 加权平均测温法

皮肤是人体与环境间的一层隔膜。皮下组织及组织下器官产生热量，通过血流及组织传导将皮肤加热，再由皮肤向环境散发。在环境温度不变的情况下，人体某一部位皮下组织越多，则该部位对全身皮温形成的作用也相对越大。从这种观点出发，1934 年 Burton 提出根据皮下组织重量对不同部位皮肤温度进行加权的测算方法：T_s=0.50×躯干+0.36×小腿+0.14×前臂，即测定躯干、小腿、前臂 3 个部位的皮肤温度，计算出全身平均皮肤温度——重量加权平均皮肤温度。

人体各部位的解剖特点不同，各部分皮下组织的隔热、传热及产热能力也不同，因此其表面温度分布也不均一，而且各部位的表面积占总体表面积的比例差异很大，这也是各部位在全身平均皮温形成中所起作用有大小之别的主要原因。在同一环境温度条件下，躯干皮温高于四肢，四肢温度又高于手、足等肢端部位，而在冷环境中这种差别就更大。所以按算术均值或根据皮下组织重量进行加权的方法，均不可能精确地反映全身的平均皮肤温度。

1916 年，Dubois 在对人体表面积进行研究的基础上，提出一个体表面积计算公式：总体表面积=0.07×头+0.21×上肢+0.41×下肢+0.31×躯干，在提到的部位中共设定 15 个测温点，然后按照上式的面积系数进行加权计算，用于人体热交换方面的研究。环境生理学方面的工作者却从中受到启发，将其恰当地引用到全身平均皮肤温度的概念之中沿用至今。1936 年 Winslow 等根据 Dubois 的面积系数公式首先提出一个测算人体平均皮肤温度的面积加权平均法。他们在上述提及的 7 个部位中共设 15 个测温点，然后按此式的面积系数进行加权。1938 年，Hardy 和 Dubois 重新计算出头、臂、躯干、小腿、手、足、股等 7 个部位的面积加权系数，同时提出一个新的 20 点皮肤温度测算方程：T_s=0.07×头+0.14×臂

+0.05×手+0.07×足+0.13×小腿+0.19×股+0.35×躯干，这就是 Hardy-Dubois 加权法。此方法至今仍是人们公认的、引用最多的方法。后来人们就以此方法为基础，根据各自不同的实验条件，逐步建立起多种加权公式。例如，QREC10 点加权方程、Teichner 的 6 点方程及其他的 7 点、12 点、4 点方程等。在实际工作中随意演变的方法还远不止这些。这些方法的立足点是一致的，差别仅在于各部位所设的测温点数及每个点所具有的加权系数不同。

Teichner 曾在 12 个不同的环境温度条件下对不同的皮温测算公式进行了比较。相关分析发现，QREC 10 点加权法与 Palmes-Park 6 点法、Hardy-Dubois 7 点法之间高度相关，与 Burton 3 点法及 Newburgh-Spalman4 点法之间中度相关。他以 QREC 10 点加权法为标准，将其他各测点结果与此值进行逐步回归分析发现，股外侧、股内侧中、背、胸、前臂、面颊部 6 个测点有效。用这 6 个测点结果进行加权计算得到的皮温结果与 QREC10 点加权法同样可靠。同时还指出 Palmes-Park6 点法及 Hardy-Dubois 7 点法均可代替 QREC 10 点加权法表示平均皮肤温度的变化，Burton 的 3 点法及 Newburgh-Spalman 4 点法最不可靠。此后，Ramanathan 也通过人体实验提出一个 4 点方程，并认为优于 Burton 3 点法且与 Hardy-Dubois 7 点法高度相关。

3. 单点测温法

从生理学角度分析，股部是身体最大的单一肌肉团，是人体表面唯一对称而又相近的部分。可通过测量该部分的体表温度近似人体平均体表温度。在安静状态下两股间具有相同的辐射温度，其表面温度相对稳定。从这些观点出发，一些人对以股内侧中一点皮温的结果评价全身平均皮肤温度的可能性进行了研究。Teichner 的结果表明：在 12 个试验条件下，股内侧中部一点皮温值的变化均在加权平均值标准差范围之内。研究者认为至少是在与其试验条件相似的情况下，由此一点可得到全身平均皮肤温度。Ramanathan 的实验证实了这一发现，他甚至认为股内侧中一点的皮温值与 7 点加权平均值相同。而 Mitchell 则对此持否定态度。他的实验也证明股内侧中部的温度值与标准值相关程度很高，但通过一致性频率比较，这一点则很差。无疑，通过股内侧中部一点的皮温变化可了解全身平均皮温的变化情况，但不能认为这一点的温度就等于全身的平均皮肤温度。

2.4.2　人体温度加权模型

对于本章所设计的测量人体温度的智能服装，人体体表温度及体表温度分布是人体对环境温度、服装、身体活动类型等综合作用的生理反应，皮温分布很不均匀，通过单点测量或只测量少数点很难获得准确的体表平均温度。Nielsen 曾在10℃条件下进行过穿厚衣的人体实验。他以 Qlesen 的 4 点法为基础建立了一个 13 点公式，以此为标准同另外 11 个加权公式进行了比较。结果表明，Teichner 6 点及 Ramanathan 4 点公式对标准皮温值的测算均欠准确；只有 Mitchell12 点法、Gagge-Nishi 8 点法及 Hardy-Dubois 7 点法与标准皮温值的一致性频率较高。Nielsen 认为在冷环境中用多点加权法为佳。

由于我们研究的智能服装是穿着在上身，所以我们在研究了各种温度加权模型后，结合 Hardy-Dubois 7 点法加以改进，得到了一种新型的 5 点法进行测温，在胸前和腋下各放置两个光纤光栅温度传感器，在后背两肩胛骨中间处放置一个光纤光栅温度传感器，这样构成 5 点测温系统。

将自制的光纤 Bragg 光栅温度传感器织入右胸、右腋下、左腋下、后背和左胸 5 点后，通过对以上 5 点的温度进行加权平均，得到人体体表平均温度，其表达式如式（2.14）所示：

$$T_s = C_1 T_{s1} + C_2 T_{s2} + \cdots + C_5 T_{s5} \tag{2.14}$$

式中，T_{s1}，T_{s2}，…，T_{s5} 分别代表右胸、右腋下、左腋下、后背和左胸 5 点的体表温度，℃；C_1，C_2，…，C_5 分别代表各点相应的加权系数。

由相关文献可知，胸前的温度是最高的，腋窝的温度其次，但左右的差异不显著，背部的温度则是最低的。因此我们在这 5 个点分别测量得到的温度值必须经过平均温度加权计算，才能得到我们最终测量的体温值。表 2.4 和表 2.5 分别为实验中测得的体温为 36.3℃和 36.04℃时右胸、右腋下、左腋下、后背和左胸 5 个点的温度值。

表 2.4　五个光纤光栅温度传感器测得温度值（体温：36.3℃）

序号	1 号光纤光栅/℃	2 号光纤光栅/℃	3 号光纤光栅/℃	4 号光纤光栅/℃	5 号光纤光栅/℃
1	35.5	35.0	35.5	33.8	35.5
2	35.3	35.3	35.7	34.0	35.3
3	35.2	35.5	35.9	33.4	35.2
4	35.2	35.2	35.9	33.7	35.2
5	35.1	35.7	36.1	34.4	35.1
6	35.1	35.8	36.2	35.0	35.1
7	35.0	35.9	36.3	35.5	35.0
8	35.0	36.0	36.4	35.9	35.0
9	35.0	36.1	36.5	36.0	35.0
10	34.9	36.1	36.5	36.1	34.9
11	34.9	36.2	36.5	36.2	34.9

续表

序号	1 号光纤光栅/℃	2 号光纤光栅/℃	3 号光纤光栅/℃	4 号光纤光栅/℃	5 号光纤光栅/℃
12	34.9	36.2	36.6	36.3	34.9
13	34.9	36.3	36.6	36.5	34.9
14	34.9	36.3	36.7	36.5	34.9
15	34.9	36.4	36.8	36.5	34.9
16	34.8	36.5	36.8	36.6	34.8
17	34.9	36.5	36.9	36.6	34.9
18	34.9	36.5	37.0	36.6	34.9
19	34.8	36.5	37.0	36.6	34.8
20	34.9	36.6	37.0	36.7	34.9
21	35.0	36.0	36.5	35.6	35.0

表 2.5　五个光纤光栅温度传感器测得温度值（体温：36.04℃）

序号	1 号光纤光栅/℃	2 号光纤光栅/℃	3 号光纤光栅/℃	4 号光纤光栅/℃	5 号光纤光栅/℃
1	34.4	35.4	35.6	33.4	34.4
2	34.4	35.6	35.7	33.6	34.4
3	34.3	35.7	35.8	36.2	34.3
4	34.2	35.8	35.8	36.6	34.2
5	34.1	35.8	35.9	36.6	34.1
6	34.4	35.9	36.0	37.1	34.4
7	34.3	36.1	36.1	37.1	34.3
8	34.2	36.1	36.2	37.0	34.2
9	34.2	36.2	36.2	36.9	34.2
10	34.2	36.3	36.3	36.7	34.2
11	34.2	36.3	36.3	36.5	34.2
12	34.2	36.3	36.4	36.5	34.2
13	34.1	36.4	36.4	36.4	34.1
14	34.1	36.4	36.4	33.6	34.1
15	34.1	36.4	36.5	33.9	34.1
16	34.1	36.4	36.5	34.0	34.1
17	34.2	36.5	36.5	33.9	34.2
18	34.2	36.5	36.5	33.9	34.2
19	34.9	36.6	36.6	36.5	34.9
20	34.5	36.6	36.6	36.5	34.5
21	34.3	36.2	36.2	35.6	34.3

对外界环境温度变化从 11℃到 22℃时的人体温度场热分析进行 ANSYS 有

限元仿真。外界环境每变化 1℃，得到体温分别为 36.3℃和 36.04℃时（表 2.6 和表 2.7）的数据。

表 2.6　环境 11℃到 22℃光纤光栅感测的温度（体温：36.3℃）

环境温度/℃	光纤光栅测得温度/℃	温度误差/℃
11	35.128	−1.172
12	35.168	−1.132
13	35.209	−1.091
14	35.25	−1.05
15	35.288	−1.012
16	35.328	−0.972
17	35.369	−0.931
18	35.409	−0.891
19	35.448	−0.852
20	35.488	−0.812
21	35.528	−0.772
22	35.568	−0.732

表 2.7　环境 11℃到 22℃光纤光栅感测的温度（体温：36.04℃）

环境温度/℃	光纤光栅测得温度/℃	温度误差/℃
11	35.859	−0.181
12	35.898	−0.142
13	35.938	−0.102
14	34.98	−1.06
15	35.019	−1.021
16	35.058	−0.982
17	35.098	−0.942
18	35.138	−0.902
19	35.179	−0.861
20	35.218	−0.822
21	35.258	−0.782
22	35.298	−0.742

在外界环境温度为 20℃，人体温度分别为 36.3℃和 36.04℃时，自制的光纤 Bragg 光栅所检测出的温度与实际人体温度的误差分别为 0.812℃和 0.822℃。利用该误差对表 2.6 和表 2.7 所测得的温度数据进行修正。

根据表 2.6 和表 2.7 计算可得自制光纤 Bragg 光栅温度传感器的加权系数 C_1、C_2、C_3、C_4、C_5 分别为 0.0826、0.3706、0.3706、0.0936 和 0.0826。

若遇特殊情况，光纤光栅温度传感器损坏，我们将调整各个传感器的加权系数，以得到正确的人体温度值，光纤光栅温度传感器的损坏可分为以下四种情况进行讨论。

（1）前胸或腋窝处的光纤光栅温度传感器损坏了一个，其余传感器完好。由于左右胸和左右腋窝的测温效果是一样的，这时我们只需要用正常工作的另一边传感器测量数据代替即可，加权系数不变。

（2）后背处的光纤光栅温度传感器损坏，其余传感器完好。这时将不考虑后背传感器的测量数据，仅用另外 4 个传感器进行计算，通过重新实验计算得到新的加权系数 C_1、C_2、C_3、C_5 分别为 0.0788、0.4212、0.4212、0.0788。

（3）前胸处两个光纤光栅温度传感器均损坏，其余完好。这时将不考虑前胸两个传感器的测量数据，仅用另外 3 个传感器进行计算，通过重新实验计算得到新的加权系数 C_2、C_3、C_4 分别为 0.4361、0.4361、0.1278。

（4）腋窝处两个光纤光栅温度传感器均损坏，其余完好。这时将不考虑腋窝两个传感器的测量数据，仅用另外 3 个传感器进行计算，通过重新实验计算得到新的加权系数 C_1、C_4、C_5 分别为 0.3112、0.3776、0.3112。

通过这些特殊情况的实验，一旦遇到传感器损坏的情况，可以实时地进行加权系数的调整，保证了实验数据测量的及时准确。

2.5　可穿戴光纤光栅温度解调光电路

2.5.1　温度解调原理

在本章中，嵌入智能服装中的光纤光栅温度传感器将人体温度的变化转换为 Bragg 波长的变化，从而实现对波长的调制。若对温度进行检测，需要获取波长信息，即对波长进行解调。系统对温度检测的精度具有很高要求，因此采用基于可调谐 F-P 滤波器的波长解调方法[10]。

在一定的波长范围内，当一束平行光沿着光纤垂直入射到 F-P 腔，在 F-P 腔的 2 个平行的具有高反射的反射面之间产生多光束干涉。根据形成干涉的条件，当入射光波长 λ 满足式（2.15）时，透射光光强达到极大值。

$$\lambda = \lambda_T = \frac{2n_R d}{m} \tag{2.15}$$

式中，λ_T 为调谐波长；n_R 为两平行反射面之间介质的折射率；d 为两反射面形成的腔长；m 为整数。因此通过改变 n_R 和 d 均可导致 λ_T 变化，从而实现光波长的解调。

由于压电陶瓷具有很好的电能-机械能转换特性，在外加电动势的作用下可产生形变，因此可用压电陶瓷作为 F-P 腔腔长变化的驱动元件。当给压电陶瓷施加一个扫描电压时，压电陶瓷产生伸缩，从而使得 d 随调谐电压线性变化，即

$$d = k \times V + d_0 \tag{2.16}$$

式中，k 为一常数；V 为调谐电压；d_0 为 F-P 腔的原始腔长。将式（2.16）代入式（2.15），得到如下关系式：

$$\lambda_T = \frac{2n_R \times k \times V}{m} + \frac{2n_R \times d_0}{m} \tag{2.17}$$

从式（2.17）可以看出，当调谐电压 V 变化时，F-P 腔的调谐波长 λ_T 随着 V 线性变化，当变化到 λ_T 与 λ_B 相等时，F-P 腔的调谐波长与 FBG 的反射波长重合，此时探测器能探测到最大光强。由式（2.17）可得

$$\lambda_B = a \times V + b \tag{2.18}$$

式中，$a = \dfrac{2n_R k}{m}$；$b = \dfrac{2n_R d_0}{m}$。

从式（2.18）可以看出，光纤光栅的中心波长 λ_B 与调谐电压 V 呈线性关系，因此通过检测透射光强即可得到反射波波长，进而得到所测参变量。

该方法相对目前光纤 Bragg 光栅波长静态解调其他方法具有结构简单、精度高、分辨率高的特点。其解调系统组成如图 2.17 所示。

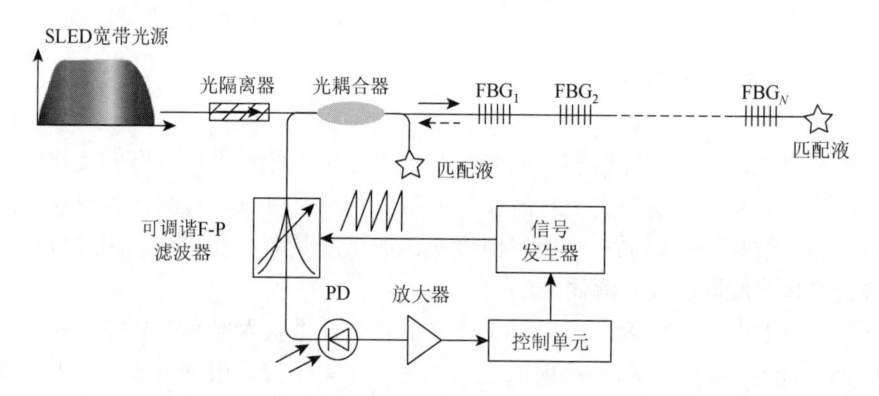

图 2.17　基于可调谐 F-P 滤波器的光纤光栅温度解调系统

宽带光源经光耦合器进入 FBG 传感阵列，FBG 传感器阵列反射若干个窄带信号，经过光耦合器射入可调谐 F-P 滤波器中，通过电压信号对 F-P 滤波器的中

心波长进行调节，当 F-P 滤波器的中心波长与某个 FBG 反射谱的中心波长发生重合时，PD 便会探测到一个光强峰值，从而通过查询 F-P 滤波器的中心波长获得反射谱的中心波长信息。

2.5.2　温度解调光路

智能服装用光纤光栅解调系统的光路由宽带光源、可调谐 F-P 滤波器、2×2 光耦合器、光纤 Bragg 光栅传感器和光电探测器构成。

1. 宽带光源

由于该解调系统要实现多 Bragg 光栅准分布式传感的解调，并且该系统中需要将多个 FBG 熔接到一根光纤上，而各 FBG 的 Bragg 波长分布较宽，因此解调系统需要使用宽带光源。

超辐射发光二极管（Superluminescent Light Emitting Diode，SLED）是具有内增益的非相干光发射器件。它的光学特性介于半导体激光器和发光二极管之间。和半导体激光器相比，超辐射发光二极管有短的相干长度，可以显著降低由光纤圈中的瑞利背向散射和非线性光克尔效应等引起的噪声。和一般发光二极管相比，超辐射发光二极管的较高输出功率和较小的光束发散角，提高了耦合入尾纤的功率和系统的信噪比。正是由于超辐射发光二极管的这些特有性能——较短的相干长度、较高的输出功率和耦合效率，超辐射发光二极管成为高灵敏光纤陀螺应用的标准光源。

鉴于 SLED 光源以上特点，本章中所设计的解调系统采用 SLED 光源作为光路设计所需的宽带光源，选用的是深圳众望达光电有限公司生产的 ZLS-SLED 宽带光源，中心波长为 1545nm，光输出功率典型值 11mW，输出功率稳定性 ±0.01dB，返回损耗 45dB，温度稳定性达 0.05℃。ZLS-SLED 宽带光源实物图如图 2.18 所示。

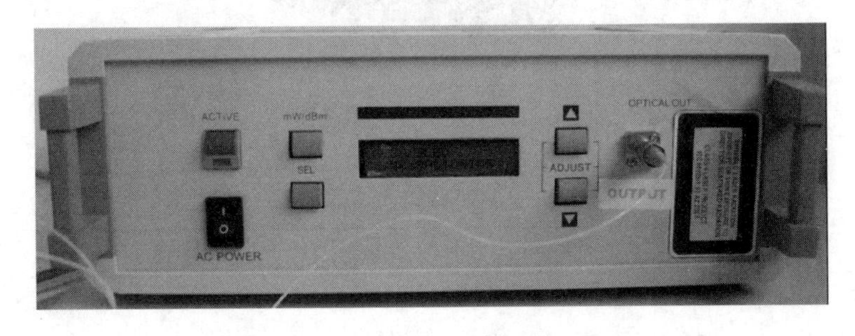

图 2.18　ZLS-SLED 宽带光源实物图

2. 可调谐 F-P 滤波器

可调谐 F-P 滤波器是光纤波分复用系统和光纤传感系统常用的光学元件，其内部结构如图 2.19 所示。其组成分为自聚焦透镜 L_1 和 L_2、由两个高反射镜构成的 F-P 腔（其中间介质为空气）、粘贴在一个高反射镜上的压电陶瓷（PZT）。入射光通过自聚焦透镜 L_1 形成平行光束，进入由两个高反射镜构成的 F-P 腔，在 F-P 腔中发生多波长干涉，只有满足相干条件的某些特定波长的光才能发生干涉，从 F-P 腔透射。所透射的波长与 F-P 腔长有关，通过控制 PZT 的驱动电压，使 PZT 发生形变，从而改变 F-P 腔的长度，从而控制输出 F-P 腔的光波长，实现波长可调谐。F-P 腔透射光经过 L_2 重新汇聚，进行输出。

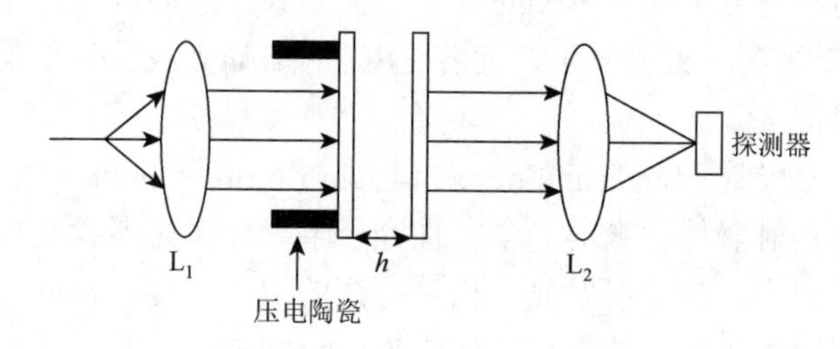

图 2.19　可调谐 F-P 腔结构图

本章采用美国 MOI 公司生产的 FFP-TF2 型光纤可调谐滤波器，其外观如图 2.20 所示。其工作波长为 1520～1570nm，自由光谱范围为 50nm，精细度为 200，输出谱型为高斯型，–3dB 带宽为 300pm（40MHz），插入损耗小于 1.5dB，输入光功率小于 100mW。其电气特性如表 2.8 所示。

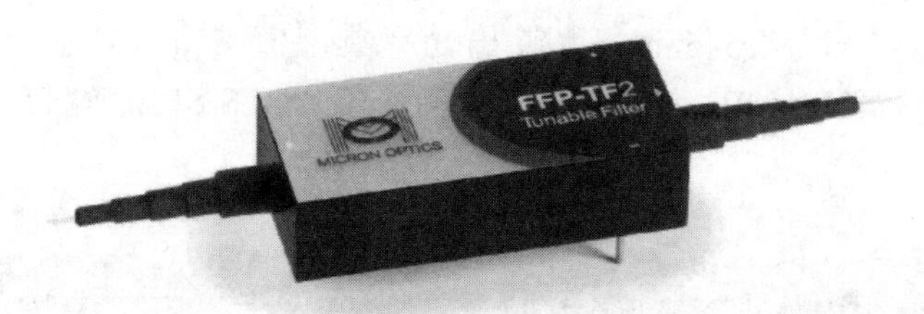

图 2.20　光纤 F-P 滤波器

表 2.8　光纤 F-P 可调谐滤波器的电气特性

参数	数值
调谐电压/FSR	＜18V
电容	＜3.0μF

续表

参数	数值
回扫速率	＜50V/ms
1FSR 循环速度	＜2500Hz
最大调谐电压	70V

3. 光耦合器

在光纤光栅解调用各种器件中，光耦合器是一类能使传输中的光信号在特殊结构区域内发生耦合，并进行再分配的器件。正是由于耦合器的这种特性，在光纤光栅解调系统中，光耦合器具有不可替代的重要地位。本章研究中使用 2×2 光耦合器对光路进行分束。

4. 光纤 Bragg 光栅传感器

光纤 Bragg 光栅是利用光纤材料的光敏性，通过紫外光曝光的方法将入射光相干场图样写入纤芯，在纤芯内产生沿纤芯轴向的折射率周期性变化，从而形成空间的相位光栅，其作用实质上是在纤芯内形成一个窄带的（透射或反射）滤波器或反射镜。当一束宽光谱光经过光纤光栅时，满足光纤光栅 Bragg 条件的波长将产生反射，其余的波长透过光纤光栅继续传输。光纤 Bragg 光栅具有结构简单、波长编码、灵敏度高和不受电磁干扰等优点，因此在温度、应变测量等领域的应用有巨大的潜在优势。

光纤 Bragg 光栅作为人体温度的敏感元件，将人体的温度信息转换为反射波长的变化。本章研究中使用自制封装的光纤光栅人体温度传感器，置于服装中的相应部位，然后进行熔接，形成光纤光栅人体温度传感器阵列，同时采用波分复用方法实现对不同位置光纤光栅传感器的检测。

5. 光电探测器

光电探测器将输入的光强信号转换为电流信号，从而实现光路与电路的连接。常用的光电探测器有光电 PN 管、PIN 型光电二极管、雪崩光电二极管和光电三极管等。光电 PN 管灵敏度高，响应速度快，但价格贵。光电三极管响应速度较慢，且放大倍数与光电流大小有关。光电二极管的光电流与入射光有很好的线性关系，适于精确测量光辐射的光强度，而且它的响应时间短，性能稳定。

在本章所设计的光路中，选用的是 PIN 型光电二极管光探测器，其具有光电转换灵敏度高、响应速度快、稳定性和可靠性高的特点。其工作原理为：当光照到半导体 PIN 结上时，光能转变为电能。这个转变过程是一个吸收过程，与激光二极管的受激辐射过程和发光管的自然辐射过程相反，PIN 型光电二极管电容小，暗电流小，输入阻抗高，可显著降低热噪声，供电电压低，工作稳定，使用方便，具有高线性和高可靠性，相应频率也比光电三极管高。

本章选用的是山东招远招金光电子公司生产的 InGaAs PIN 型光电二极管，如图 2.21 所示，其性能参数如表 2.9 所示。

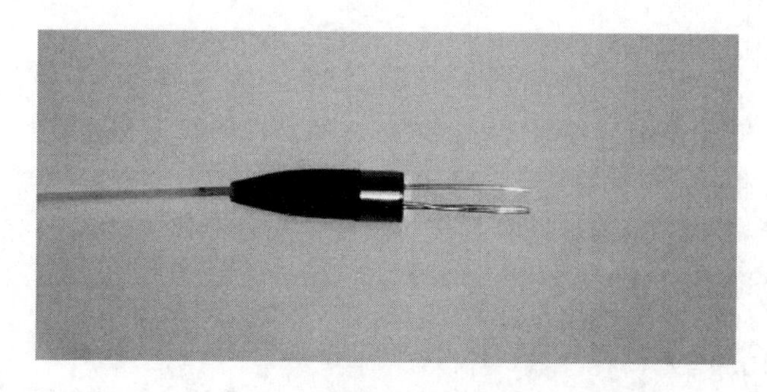

图 2.21　PIN 型光电二极管实物图

表 2.9　PIN 型光电二极管参数表

参数	符号	单位	最小值	标准值	最大值
波长范围	λ_c	nm	1100	—	1650
带宽	B	GHz	2	—	—
响应度	R	A/W	0.8	0.85	—
			0.85	0.9	—
饱和功率	P	nW	4	—	—
暗电流	I_d	nA	—	0.1	1
击穿电压	V_{bd}	V	20	—	—
电容	C_t	pF	—	0.55	0.7
反应速度	t_r	ns	—	—	0.15

2.5.3　温度解调电路

本章所设计的光纤光栅解调系统电路组成框图如图 2.22 所示。系统电路主要由主控制器电路（LPC2106）、协控制器电路（C8051F060）、信号调理电路、F-P 滤波器控制电压放大电路、静态随机存取存储器（Static Random-Access Memory，SRAM）扩展电路、LCD 显示电路、复位电路和电源电路组成。

系统电路采用的是 LPC2106 和 C8051F060 单片机控制器双核结构。LPC2106 作为主控制器，它能够控制单片机对温度信号进行采样并且传输，并对单片机传送来的数据进行分析和处理。C8051F060 单片机作为辅助的控制器，用来输出扫描可调谐 F-P 滤波器的三角波电压，并对通过信号调理电路的电信号进行采样和存储。信号调理电路能够对光电转换输出的微弱电信号进行放大。LCD 显示电路能够将解调出的光纤光栅人体温度信号进行显示。SRAM 扩展电路能够对解调信号数据进行存储。利用放大电路对单片机 D/A 输出的三角波信号进行放大，从而达到驱动可调谐 F-P 滤波器的要求。

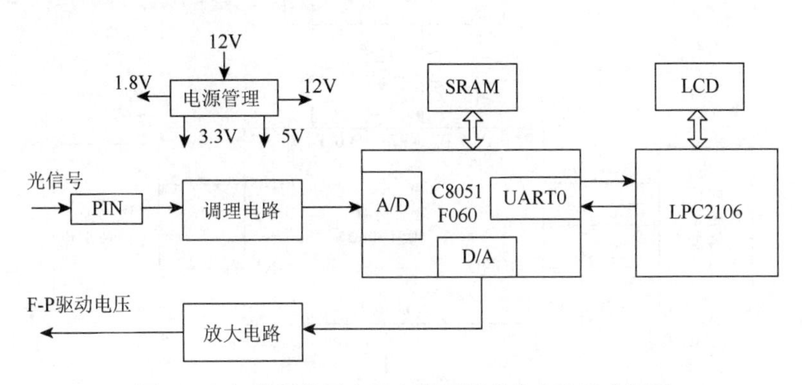

图 2.22　智能服装用光纤光栅解调系统电路组成框图

1. 主控制器电路

本章选用 LPC2106 作为主控制器芯片。LPC2106 为 ARM7 内核，适合于工业控制领域。内核数据总线为 32 位，主频速度快，可以满足本章有关波长信号处理算法实现的实时性。

主控制器电路设计中，在 LPC2106 最小系统基础上增加了对串口和液晶显示屏的控制。串口用于与单片机通信，以及发送和接收命令和数据。液晶显示屏用来显示光纤光栅温度解调系统的解调信息，如光纤光栅解调波长和解调温度等。其主控制器电路设计框图如图 2.23 所示。

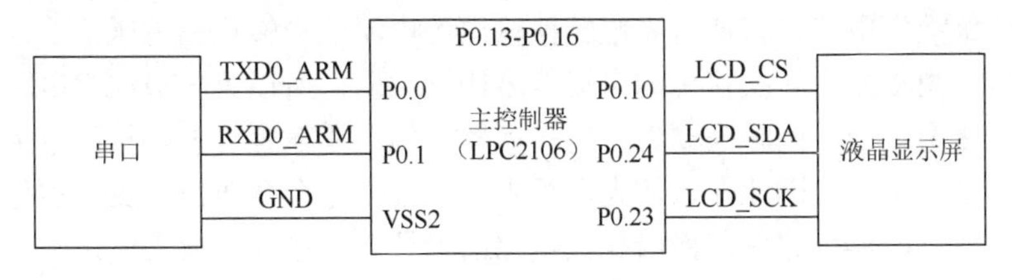

图 2.23　主控制器电路设计框图

2. 协控制器电路

C8051F060 为 8 位单片机，具有两路 16 位 A/D 和两路 12 位 D/A。A/D 的采

样速度可达 1MHz。本章选用 C8051F060 单片机作为协控制器，在 LPC2106 控制下完成对 F-P 滤波器的驱动控制，同时进行信号调理电路输出电压的采样。

在 C8051F060 的外部连接了外部存储器、串口电平转换电路、光电转换信号调理电路、F-P 滤波器控制电压放大电路等外围电路，电路组成如图 2.24 所示。

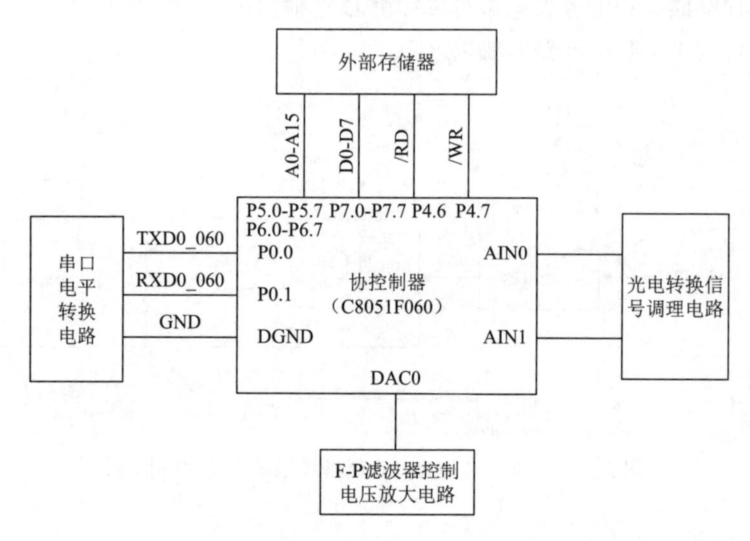

图 2.24　协控制器电路设计框图

3. 信号调理电路

光纤光栅反射带宽较小，进入光电探测器的光强微弱，故需要设计具有较高精度高放大倍数的微弱电流检测电路。

本章设计的信号调理电路利用 PIN 光电探测器实现光电转换，并通过 I/V 变换电路将电流转换为电压，经放大后输出适合 A/D 采样的电压。该信号调理电路分为二级放大电路，其电路如图 2.25 所示。

第一级放大电路是将通过光电转换输出的电流信号转化为电压信号，同时放大该信号。由于光电转换输出的电流信号比较微弱，所以第一级放大电路需要对噪声干扰尽量减少。同时需要将光电转换器工作在零偏置状态，从而避免暗电流引入的不必要干扰。因此在该放大电路中，选用了适合微弱信号放大的超低漂移的集成运放 OP284，来完成两级放大电路的设计。在第一级放大电路中，光电转换输出的电流信号通过电阻 R_2 转换为电压信号。为了达到 A/D 输入电压的要求，第二级放大电路再次对第一级放大电路输出电压进一步放大。通过这两级放大后，输出电压可达到

$$V_{OB} = \left(1 + \frac{R_4}{R_{32}}\right) R_2 I_{PIN} \tag{2.19}$$

式中，R_4是滑动变阻器阻值，通过调节它的电阻值，可以改变放大倍数。

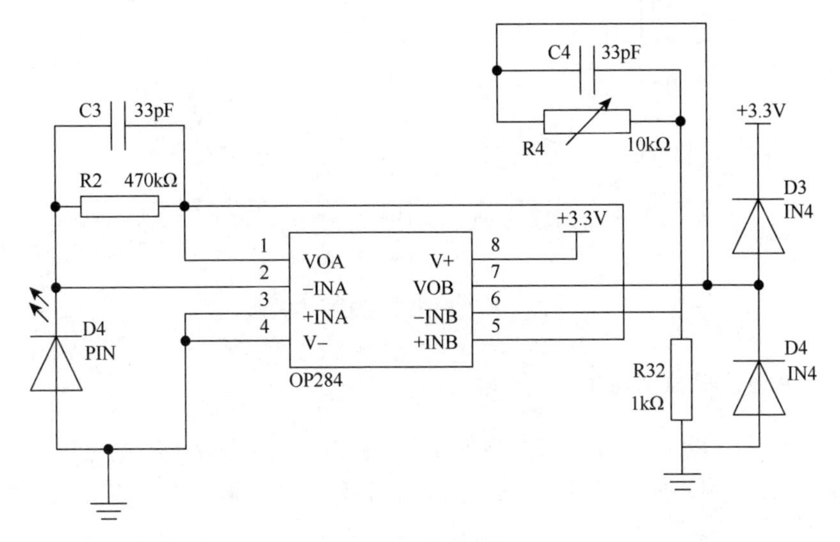

图 2.25　信号调理电路

表 2.10 为该调理电路输出电压与 PIN 输入光强的实验数据，根据该数据可以得到输出电压与输入光强关系曲线如图 2.26 所示，可见该曲线与样本点保持很好的一致性，而且从两组样本点与曲线关系可以看出 PIN 前置放大电路的重复性和迟滞特性较好。其拟合后的关系式为

$$V_1 = 0.00057452 \times P_s - 0.013719 \tag{2.20}$$

表 2.10　调理电路输出电压与 PIN 输入光强关系实验数据

P_s / nW	V_{11}/V	P_s / nW	V_{11}/V	P_s / nW	V_{12}/V	P_s / nW	V_{12}/V
178.9	0.08	1671	0.95	177	0.08	1673	0.95
297.2	0.15	1844	1.049	295	0.15	1846	1.05
439.9	0.24	2017	1.146	442.8	0.24	2019	1.146
600	0.335	2186	1.244	602.3	0.33	2190	1.244
769	0.43	2348	1.335	772.6	0.43	2354	1.336
948	0.53	2512	1.428	951.8	0.535	2517	1.43
1129	0.641	2670	1.516	1128	0.642	2675	1.522
1310	0.744	2820	1.6	1310	0.742	2824	1.604
1492	0.845			1494	0.846		

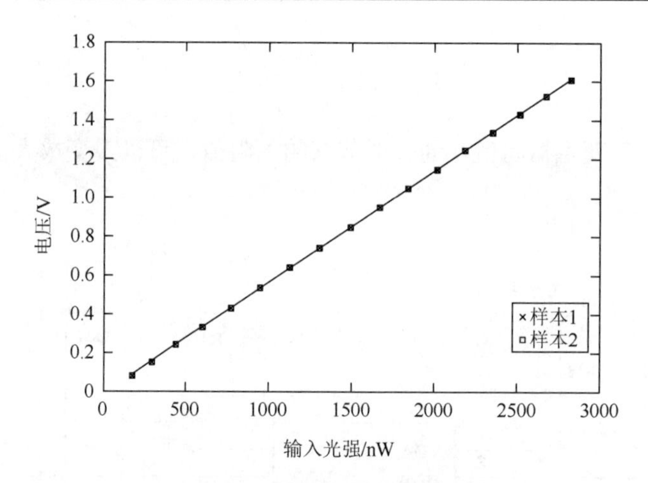

图 2.26　拟合曲线与两组样本关系

4. F-P 滤波器控制电压放大电路

本章利用 C8051F060 内部集成的 D/A 输出 F-P 滤波器的控制电压。由于该 D/A 输出电压幅度为 0～2.4V，为使其满足 F-P 滤波器输出电压的要求，需要加入电压放大电路。

该电压放大电路输出周期性的三角波电压，从而控制 F-P 滤波器进行波长扫描。使用单片机内部 12 位精度的 D/A，要求放大电路输出电压范围为 0～10V，扫描波长频率为 5Hz。由于 F-P 滤波器的工作波长范围为 1520～1570nm，每个自由光谱范围（Free Spectral Range，FSR）扫描电压为 18V，若每个扫描周期输出 4096 个电压值，则理论上波长分辨率可达 6.5pm。

电路中选用运放 OP284 来完成 D/A 的输出放大，电路形式为同相比例放大电路，电路原理图如图 2.27 所示。DAC0 输出进入运放的同向输入端，放大后的输出电压可达

$$V_{\text{out}}=\frac{R_{35}+R_5}{R_{35}}U_{\text{INB}} \tag{2.21}$$

式中，R_5 为滑动变阻器阻值，可以通过改变它的电阻值来改变放大倍数。

图 2.28 为示波器显示的该电压放大电路输出的三角波。从图中可以看出，该电路实现了系统的要求，上升沿输出样本点 30000 个，下降沿输出样本点 500 个，输出间隔 50μs。计算扫描周期为 1.525s，实测扫描周期 1.38s，实测峰峰值为 6.96V。

利用该电路对 F-P 进行三次扫描，其扫描驱动电压与输出波长的关系如图 2.29 所示。上方样本点为电压上升周期，下方采样点为电压下降周期，共测试三次。虽然存在迟滞特性，但再上升或下降时周期的重复性较好。将上/下周期三次测试

取算术均值作为拟合样本得到的 2 次拟合曲线，如图 2.30 所示。根据该拟合曲线得到 F-P 滤波器的输出特性关系为

$$\lambda_{FP\_UP} = -0.090552V^2 - 5.2625V + 1564.7879 \tag{2.22}$$

$$\lambda_{FP\_DW} = -0.024658V^2 - 6.1921V + 1564.3424 \tag{2.23}$$

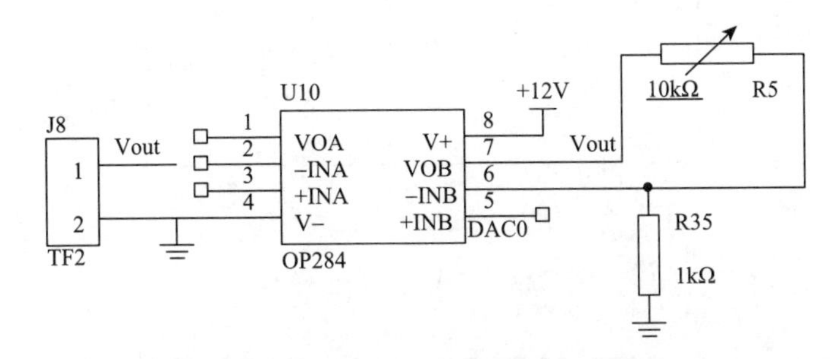

图 2.27　可调谐 F-P 滤波器控制电压放大电路

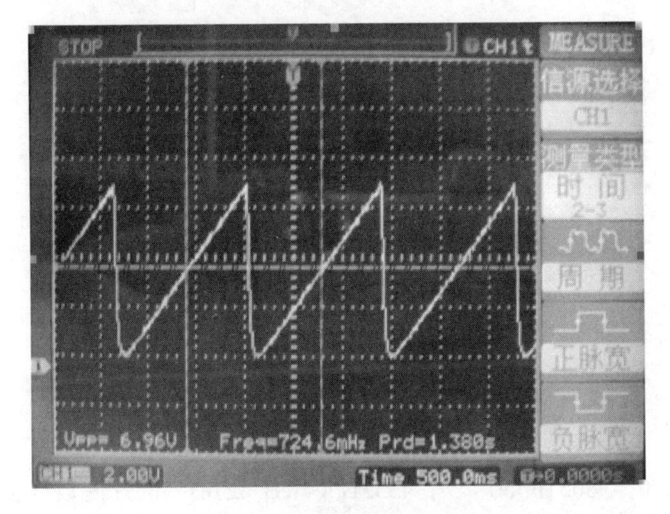

图 2.28　扫描驱动电压波形

5. LCD 显示电路

本章 LCD 显示部分采用的是 RT12864M 汉字图形点阵液晶显示模块，可显示汉字及图形，内置 8192 个中文汉字、128 个字符及 64×256 点阵显示 RAM。由于 RT12864M 的逻辑工作电压是 4.5～5.5V，而其内部自带了–10V 的负压电路，因此只需提供 5V 工作电压即可正常工作，无须另加负压。RT12864M 汉字图形点阵液晶显示模块提供了两种显示数据传输的接口方式，即串口与并口方式。在本章中选用串口工作方式。其接口电路如图 2.31 所示。

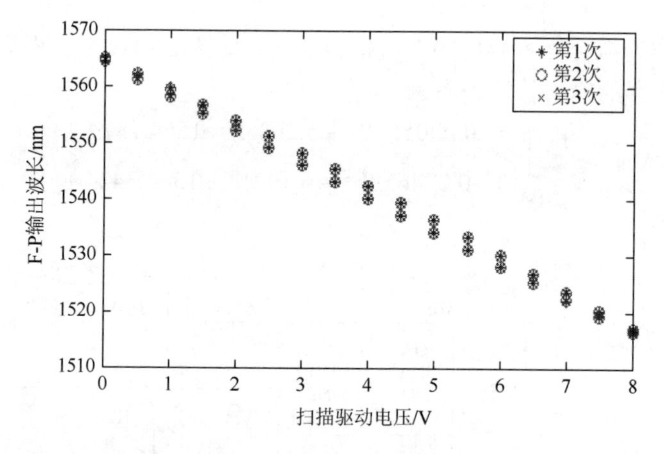

图 2.29　三次测试数据样本

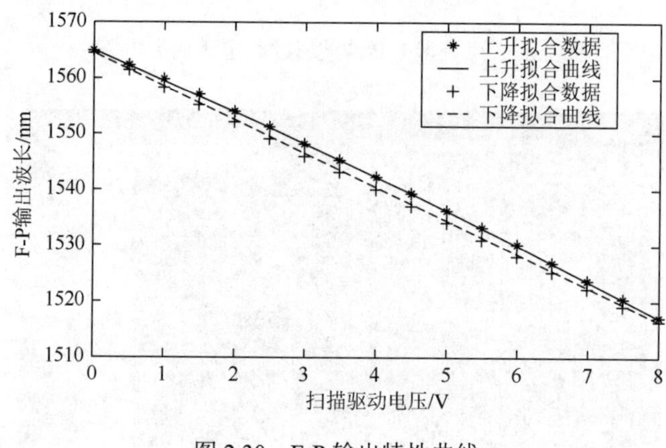

图 2.30　F-P 输出特性曲线

6. SRAM 扩展电路

虽然单片机 C8051F060 具有 4352B（4KB+256B）的片内数据存储器，但是由于解调系统采集和处理的数据量比较大，单片机内的数据存储器不能够满足数据存储的要求，因此需要对数据存储器进行外扩。

数据存储器分为 SRAM 和动态随机存取存储器（Dynamic Random-Access Memory，DRAM）。就不会消失，不需要刷新电路，同时在读出时不破坏原来存放的信息，一经写入可多次读出。DRAM 由于是利用场效应管的栅极对其衬底间的分布电容来保存信息的，所以保存在 DRAM 中的信息会随着电容器的漏电而逐渐消失，若要保存 DRAM 中的信息，需要每隔 1～2ms 对其刷新一次，故 SRAM 更具有优越性。

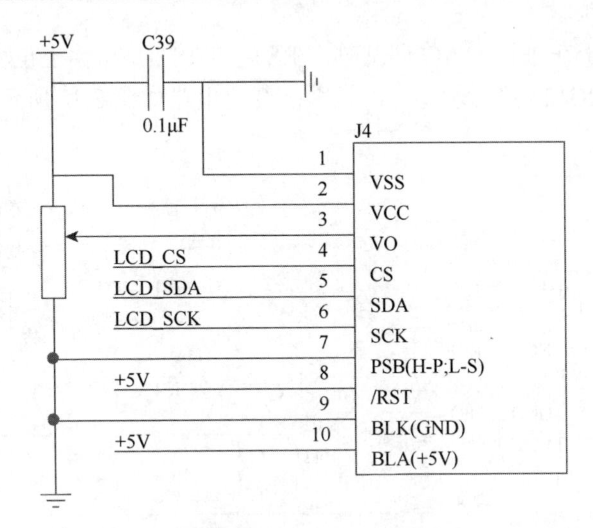

图 2.31 LCD 显示电路

本章利用芯片 IS62WV5128BLL 进行外扩存储器，该芯片为 512KB×8 的低电压、低功耗的 CMOS 静态 RAM。图 2.32 为 IS62WV5128BLL 与 C8051F060 的接口电路图。

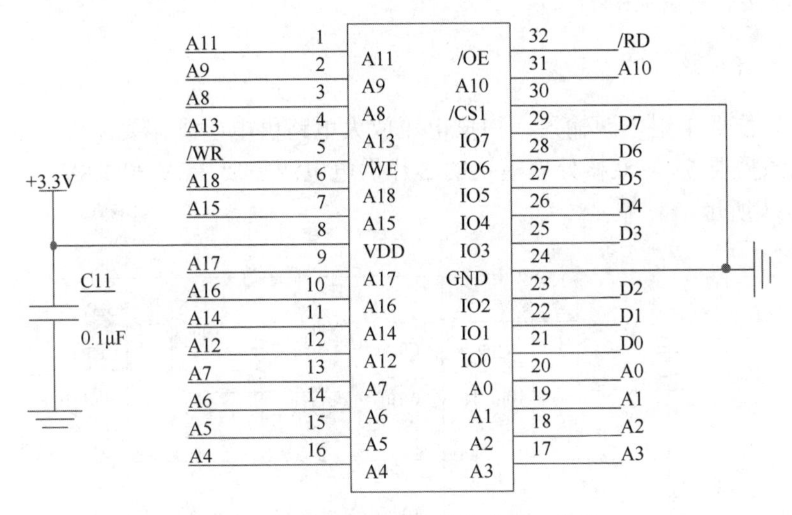

图 2.32 外部存储器与单片机接口电路

7. 复位电路

由于解调系统使用双处理器结构，为使在上电时 C8051F060 和 LPC2106 能够同时复位，从而保证系统同步工作，因此采用同一个复位电路分别实现 C8051F060 和 LPC2106 的复位。为保证复位的可靠性，采用专用微处理器电源监控芯片

MAX708S。由于在进行 JTAG 调试时，/RST、TRST 是可由上位机控制复位的，所以使用了 74HC125 进行驱动。解调系统复位电路如图 2.33 所示。

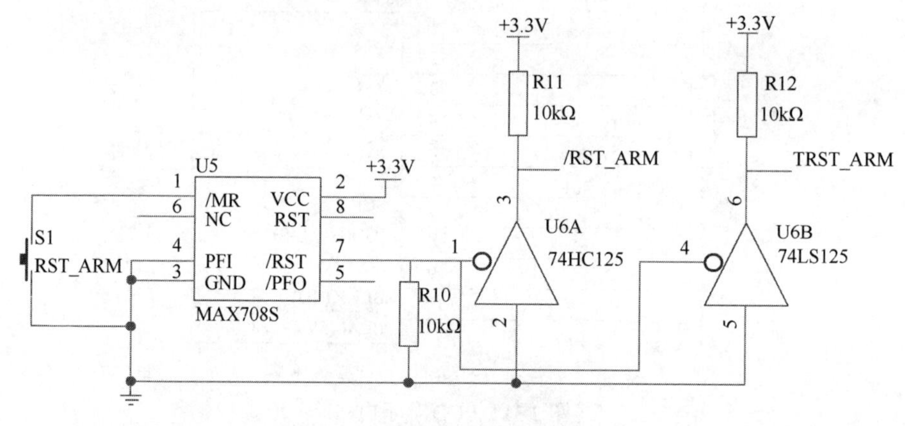

图 2.33　复位电路

由于 ARM 内核的工作电压较低，R_{10} 可保证电压低于 MAX708S 的工作电源还能可靠复位。使用 74HC125 可实现多种复位源对 ARM 复位，如通过 PC 串口或 JTAG 接口复位 ARM。

8. 电源电路

本章需要 4 组电源输入：扫描电压放大电路供电电源需要 12V，显示模块供电电源需要 5V，双核处理模块的芯片供电电源需要 3.3V 和 1.8V。电源电路如图 2.34 所示。

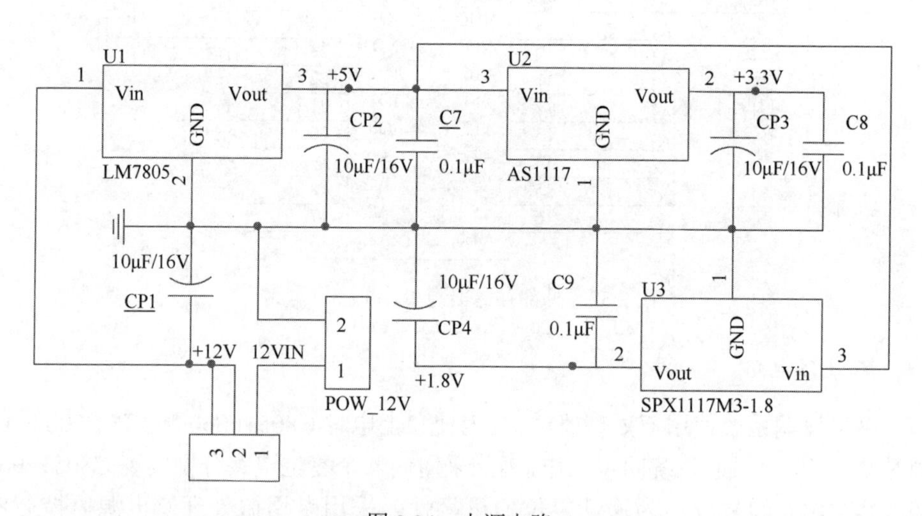

图 2.34　电源电路

2.6　可穿戴光纤光栅温度解调信号处理

本章基于 F-P 扫描滤波原理实现了对传感光栅反射波长的解调。在一次扫描周期中，A/D 采样得到 FBG 传感光路的反射光谱。该反射谱中包含各光纤光栅的反射峰，根据算法获取各反射峰峰值点对应的 D/A 扫描位置，代入已知的 F-P 输入电压与输出波长的关系式，从而计算出各光纤光栅反射峰对应的波长。根据各人体温度传感器输出特性关系式，将计算出的光纤光栅 Bragg 波长代入该关系式，从而计算出各光纤光栅对应位置人体的温度。计算公式如下：

$$T=\frac{\lambda_{\mathrm{B}i}-\lambda_i}{p}+T_0 \tag{2.24}$$

式中，$\lambda_{\mathrm{B}i}$ 为解调出的传感 FBG 反射波长值；T_0 为标定的温度值；λ_i 为温度 T_0 时 FBG 的中心波长值；p 为传感光栅的灵敏度系数。图 2.35 描述了信号处理的具体流程，其中主要包括反射峰峰值检测算法和温度检测算法。

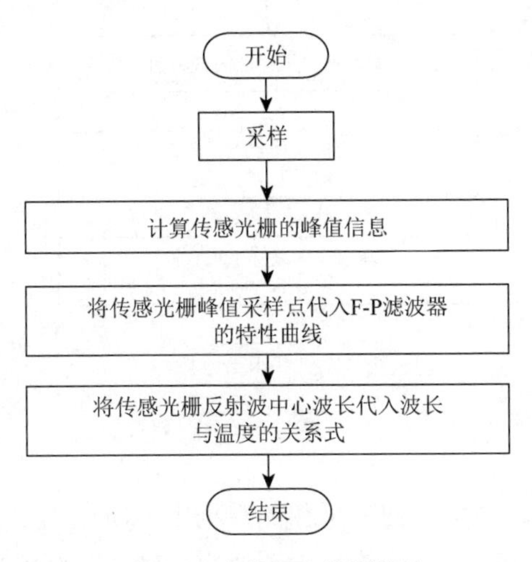

图 2.35　人体温度检测算法

2.6.1　峰值检测算法

直接寻峰法是传统检测峰值的方法，但是它的检测精度不高，满足不了体温检测的精度要求。目前较常用的波长解调方法采用的是高斯拟合算法来重建光谱，虽然该方法比直接寻峰法提高了波长检测的精度，但由于处理的数据量过大，工程中实时性的要求得不到满足。所以通过研究 FBG 的传感原理和 F-P 滤波器的解调原理，编写出了适合本章使用的波长解调算法。该波长解调算法不仅减少了采样的点数，并且满足了人体温度检测的精度要求，保证了数据的实时性。

光纤光栅的反射特性用耦合模理论描述，由耦合模方程给出的光纤光栅反射谱是λ的复杂函数。为了简化反射谱的复杂性和方便数学处理，可以将光纤光栅的反射谱看作高斯分布，其中心波长的位置就是高斯函数的均值。根据高斯分布的对称性特征，可以利用加权平均的方法寻找光纤光栅的反射波波峰的位置。与目前较常用的波长解调算法比较，该波长解调方法不仅减少了采样的点数，降低了驱动电压的要求，并且满足了体温检测的精度要求，同时保证了数据的实时性。其峰值检测算法如图 2.36 所示。

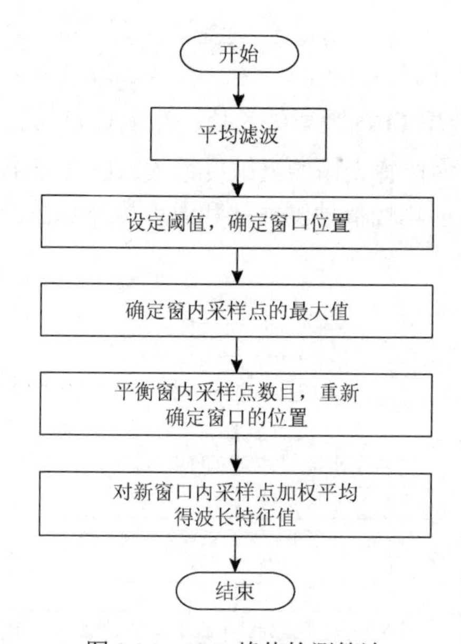

图 2.36　FBG 峰值检测算法

由于开始采样时，噪声会混入采集的数据中，所以当采样完成后需要对其进行平均滤波处理，减小噪声的干扰。设置一定的阈值，滤除大部分的噪声和低于峰值的无用信息。通过阈值，可以确定各个窗口的左右端点，所以现在每个窗口里面都只有一个光纤光栅的波峰信号。利用比较法获得每个窗口里面的最大值及其所对应的数据位置，同时以该点为中心确定左右窗口的端点值，从而使得窗口内的所有数据都大于等于阈值。最后对每个窗口内的采样点加权平均得到波长特征值。式（2.25）为加权平均的公式：

$$\eta = \frac{\sum v_i \times i}{\sum v_i}, \quad i = 1, 2, \cdots, N \tag{2.25}$$

式中，η 是光纤光栅反射波的波长特征值；v_i 代表编号为 i 的采样点的扫描电压值。因为加在 F-P 上的驱动电压跟采样点编号呈线性关系，所以可以利用 η 来表示在该点的驱动电压。

2.6.2　温度检测算法

利用前面所设计的解调系统对人体温度进行检测，采集一系列数据样本点作为实验数据，分别取实验数据的 50%和 5%对之前提出的算法进行比较，验证了在采样数据相差 10 倍的情况下，仍然能够精确地解调出人体的温度。实验中宽带光源的中心波长为 1545.0nm，可调谐 F-P 滤波器的腔长为 0.162nm，其可调范围为 1520～1570nm。

由于解调系统对实时性有一定的要求，需要尽量减少处理的数据量，于是选择对每个扫描周期进行 30000 个样本点的采集。从图 2.37 中可以看出，三个光纤光栅的反射波峰值都在电压值 0.5V 之上。所以可以通过设定阈值的方法对信号进行滤波处理，从而滤掉噪声信号等无用信息。由于有三个光纤光栅的峰值，需要采用逐次比较法来寻找各个峰值所对应的数据位置。因为采样频率足够高，可将峰值点对应数据位置设为实际波长特征值。

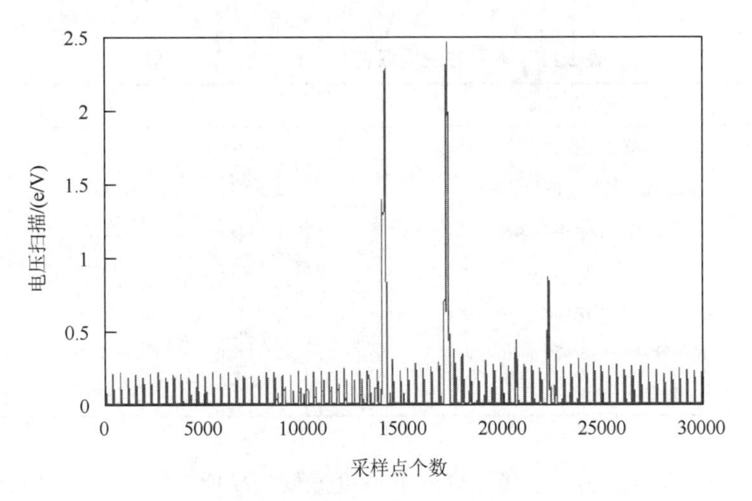

图 2.37　滤波后的采样数据

从采集的 30000 个样本点中分别抽取 1500 个点和 15000 个点，分别以 20 为步长和以 2 为步长，并对其使用加窗加权算法进行波长特征值的查找。

为了便于对采样点数对波长特征值的影响进行分析，对采样点为 1500 个和

15000 个时用加窗加权法得到的波长特征值进行转换，使得其与 30000 个采样点在同一坐标下。比较结果如表 2.11 所示。

表 2.11　不同数量采样点时波长特征值的比较

窗口编号	1	2	3
30000 个采样点的峰值编号	14034	17128	22230
15000 个采样点的波长特征值	14039	17132	22233
1500 个采样点的波长特征值	14039	17122	22238
15000 个采样点波长特征值的相对误差	3.56×10^{-4}	2.34×10^{-4}	1.35×10^{-4}
1500 个采样点波长特征值的相对误差	3.56×10^{-4}	3.50×10^{-4}	3.60×10^{-4}

从表 2.11 中可以看出，在加窗加权算法下，两次实验的采样点虽然相比较呈 10 倍之差，但是利用它们求得的峰值信息的误差却在同一个数量级上。所以证明了在减少采样点的情况下，加窗加权算法仍然能够精确地对人体温度进行检测，同时减少了采样点，使得数据存储和实时性的问题得到了解决。

在相同的条件下，用传统的直接寻峰法和现在较为常用的高斯拟合法对 FBG 反射波进行波峰信息的提取，得到的结果与本章提出的波长解调算法比较结果如表 2.12 所示。

表 2.12　不同方法提取波长特征值的精度比较

窗口编号	1	2	3
直接寻峰法所得波长特征值	14015	17098	22186
高斯拟合法所得波长特征值	14043	17135	22220
加窗加权算法所得波长特征值	14039	17122	22238
准确峰值	14034	17128	22230
直接寻峰法与准确峰值的相对误差	1.35×10^{-3}	1.75×10^{-3}	1.98×10^{-3}
高斯拟合法与准确峰值的相对误差	6.41×10^{-4}	4.09×10^{-4}	4.50×10^{-4}
加窗加权算法与准确峰值的相对误差	3.56×10^{-4}	3.50×10^{-4}	3.60×10^{-4}

从表 2.12 可以看出，直接寻峰法的精度最低，高斯拟合法和加窗加权算法的精度均比直接寻峰法高出了一个数量级，所以直接寻峰法并不适合运用到人体温度的检测处理中。尽管高斯拟合法和加窗加权算法的检测精度在同一个数量级上，但若是运用高斯拟合法，其中需要处理的数据是加窗加权算法的 3 倍以上，满足不了实时性的要求，所以本章提出的加窗加权算法在提取峰值信息的同时不仅能够满足实时性的要求，而且还将解调精度较普遍的算法提高了一个数量级。

2.6.3　软件总体设计

解调系统信号处理软件用于完成 F-P 滤波器扫描电压输出，同时对信号调理电路输出数据进行采样和存储。根据 F-P 滤波器算法完成各传感光栅的反射波长检测，并利用各传感光栅的标定数据计算出人体各部位的温度，最后对人体各部位温度进行加权平均处理。

信号处理软件需要完成的任务较多，因此采用 ARM 加单片机双处理器的结构执行任务。信号处理软件分为 ARM 和单片机程序设计，两者通过串口进行数据传输。信号处理软件结构如图 2.38 所示。ARM 主程序包括数据接收模块、光纤光栅波长信号与人体温度信息处理模块、报警模块和 LCD 显示模块。单片机主程序包括 F-P 滤波器控制电压输出及数据采集子程序、数据预处理子程序和数据传输子程序等。

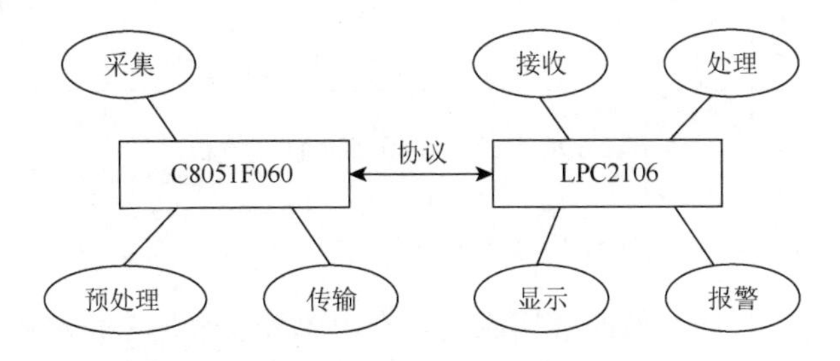

图 2.38　解调系统信号处理软件结构

2.6.4　单片机程序设计

C8051F060 单片机程序主要包括驱动层程序和应用层程序两部分。驱动层程序实现对各硬件电路的控制，同时为应用层程序提供访问硬件的接口。驱动层程序主要包括模/数转换、数/模转换、串口数据发送和接收等。应用层程序主要用于实现基于 F-P 滤波器波长解调算法的数据采集，并与 ARM 通过串口进行通信，完成光栅峰值计算数据的传输。

1. 主程序设计

C8051F060 的主程序流程图如图 2.39 所示。首先对 C8051F060 的各个模块进行初始化，然后检测串口是否发送了数据。当串口接收到完整的数据帧后，对其进行分析，同时完成相应的操作。当 C8051F060 接收到采样的指令时，输出三角波对 F-P 进行扫描并对信号进行采集和将数据存储到外部的 SRAM 中。当完成一个周期的扫描后，通过对采样数据的预处理得到光纤光栅峰值的计算数据，然后向LPC2106发送采样完毕的数据帧，等待LPC2106的响应。当接收到LPC2106发送的数据发送命令时，给LPC2106发送各传感光栅的峰值计算数据。

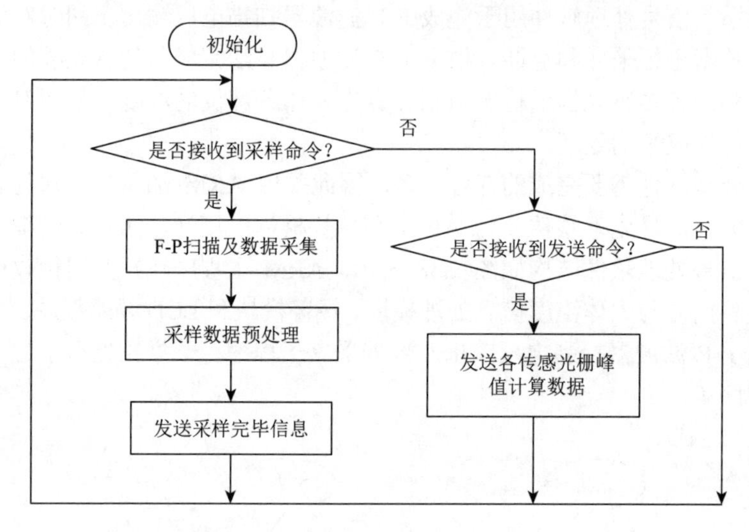

图 2.39 C8051F060的主程序流程

2. 电压扫描及数据采集模块程序设计

根据可调谐F-P滤波器的解调原理，利用单片机输出三角波电压，对F-P进行驱动，当扫描电压稳定后，利用单片机内部的A/D对通过信号调理电路的信号进行采集转换，并将该数据存入外部的SRAM存储器中。F-P扫描及数据采集模块程序流程如图2.40所示。

3. 数据预处理模块设计

通过F-P扫描及数据采集程序模块可以获得传感光栅的输出光谱，根据前面提出的解调算法，需要对该数据进行预处理，以获得各传感光栅的峰值计算数据。预处理程序模块的流程如图2.41所示。逐点对包含传感光栅光谱信息的采样数据进行判断，当采样数据大于所设定的阈值时，判定其为对应光栅的峰值计算数据并进行存储。对所有采样数据进行预处理后，按规定的数据帧格式存储各光栅的峰值计算数据准备发送。

4. 数据传输模块设计

当对采样数据进行预处理后，运行数据传输程序模块，将各光栅峰值计算数据按所设计的通信协议传输给ARM。数据发送程序模块流程如图2.42所示。当

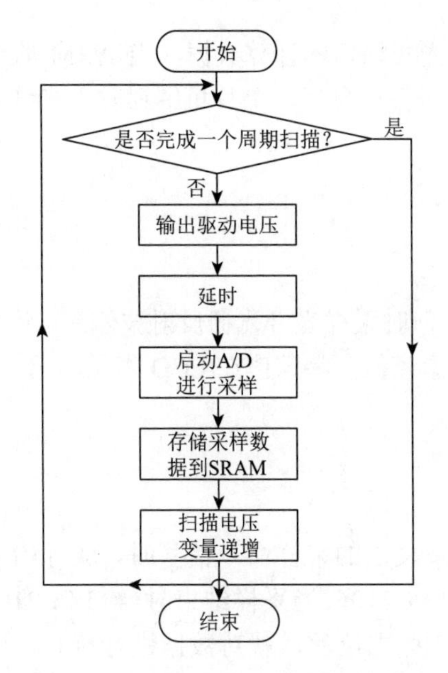

图 2.40　电压扫描及数据采集程序模块

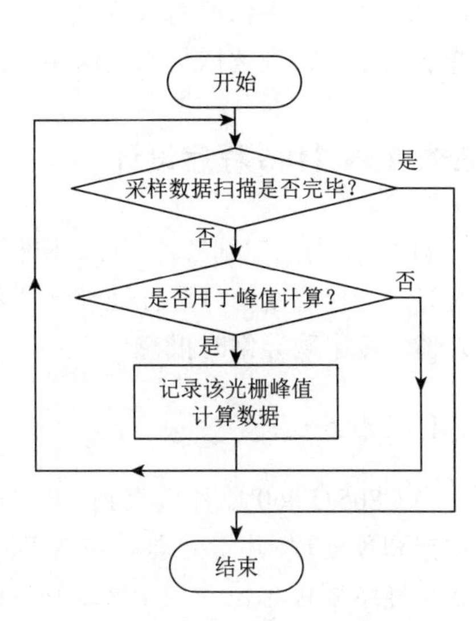

图 2.41　采样数据预处理程序模块

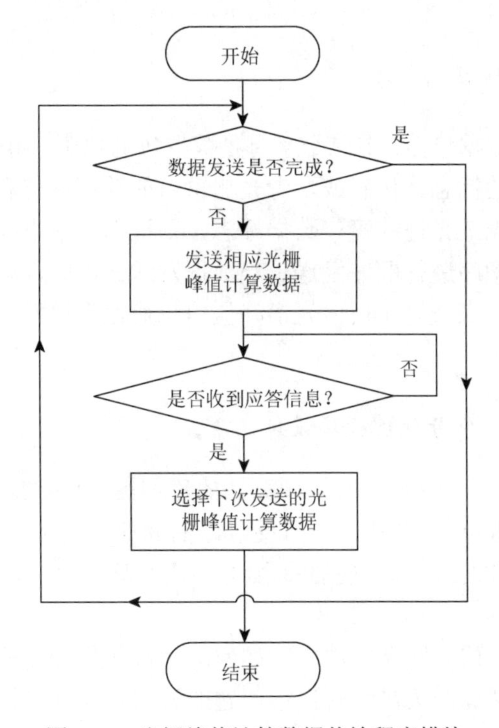

图 2.42　光栅峰值计算数据传输程序模块

数据还未发送完成时，继续发送相应的光纤光栅峰值的计算数据，当 ARM 收到数据时，发送应答信息给单片机，当收到该应答信息后，单片机继续发送光纤光栅峰值数据，直到数据全部发送完毕。

2.6.5 LPC2106 程序设计

ARM 作为主控制芯片，负责控制单片机何时采样光纤光栅反射波信息，并实时对光纤光栅温度信号进行处理，计算人体温度值，将该值在 LCD 中显示出来，当人体温度出现异常时报警。

1. 主程序设计

当 C8051F060 单片机收到 LPC2106 芯片发出的采样命令信号时，就开始采样数据和预处理，并将处理后的结果回传给 LPC2106。当采样结束时，给 LPC2106 发送采样结束标志位。当 LPC2106 接收到该标志位后，就对数据进行接收，同时利用 FBG 解调算法和温度信息处理算法对接收到的信号进行处理，从而完成对温度的检测。最后将检测的温度值在 LCD 中显示出来。该主程序流程如图 2.43 所示。

2. 数据接收模块程序设计

在传送的一个数据包中，前三个字母是数据包的包头，用来判断数据的性质，其中包括测试数据的标志、传感或参考光栅窗口的数据标志和执行通信信号的标志等，假如判断是光纤光栅的窗口数据标志，则根据左端点编号、右端点编号、数据个数以及数据顺序进行顺序发送。当数据发送结束时，就发送占有一个字节的数据结束标志位。光纤光栅反射光谱峰值信息通过串口发送和接收。其接收流程如图 2.44 所示。

3. 光纤光栅波长信号处理模块设计

图 2.45 为光纤光栅波长信号解调算法的流程图。LPC2106 对单片机传送的窗口数据进行峰值检测，将光纤光栅反射谱的峰值所对应的采样点位置记录下来，并将其代入 F-P 滤波器的特性曲线中，从而解调出在特定温度下光纤光栅波长信号。

在光纤光栅波长信号解调算法中，如何准确检测光纤光栅反射光谱峰值对应的数据位置是波长解调的关键。解决该问题的方法是找到采样电压各个峰值时所对应的采样点编号。峰值检测算法的流程如图 2.46 所示。

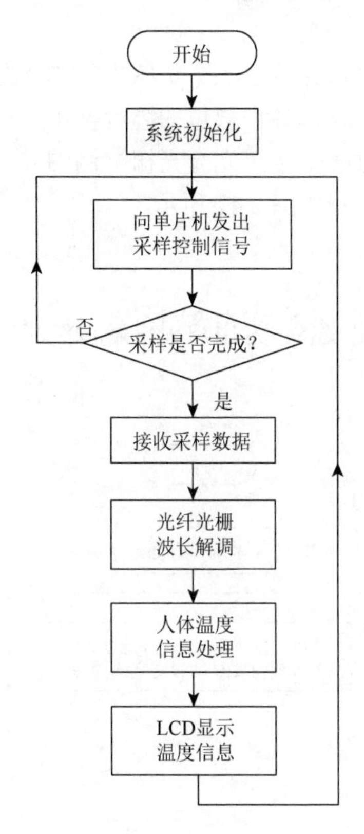

图 2.43　LPC2106 主程序

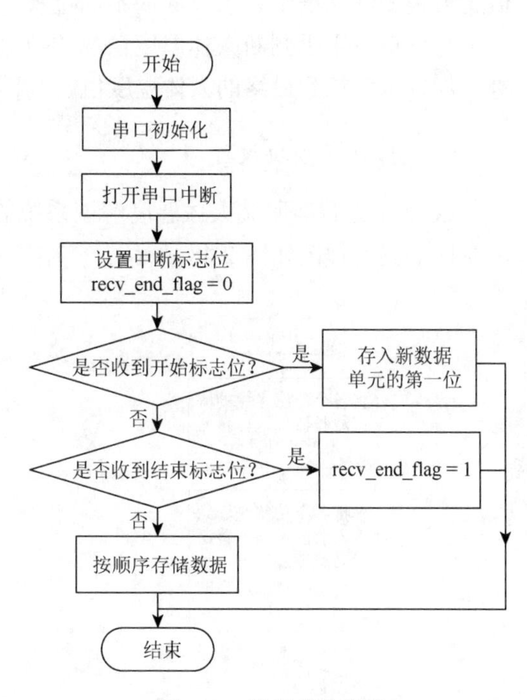

图 2.44　数据接收程序

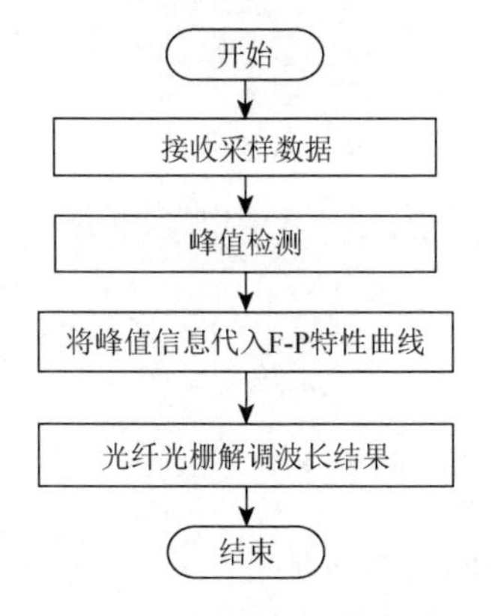

图 2.45　光纤光栅波长信号解调程序

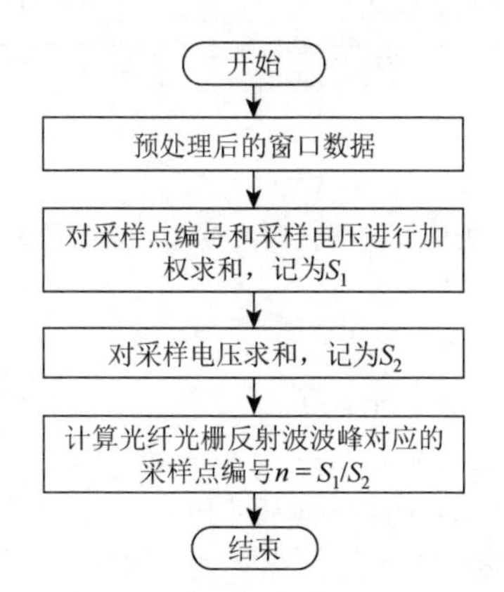

图 2.46　峰值检测算法

4. 人体温度信息处理模块设计

根据光纤光栅解调波长与温度的关系式，可以计算出各个传感光纤光栅测量值。五根光纤光栅织入了衣服的不同位置，由于人体各个部位的温度都不相同，为了得到最终用于判断人体温度情况的数值，对各个传感光纤光栅检测的温度值进行加权求和得到最终的人体温度值。其程序流程如图 2.47 所示。

5. LCD 显示模块设计

LCD 作为智能服装人体温度解调系统的输出设备，为用户提供解调结果的显示窗口，其流程图如图 2.48 所示。

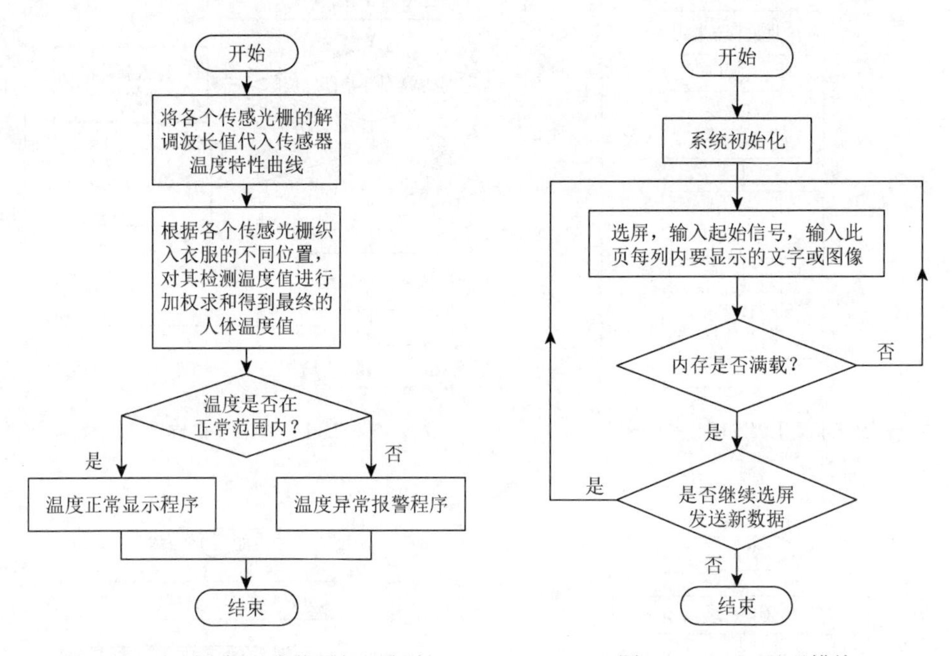

图 2.47　光纤光栅温度信号解调程序　　　图 2.48　LCD 显示模块

参 考 文 献

[1] Rantanen J，Impio J，Karinsalo T，et al. Smart clothing prototype for the arctic environment[J]. Personal & Ubiquitous Computing，2002，6（1）：3-16.

[2] 饶云江，王义平，朱涛. 光纤光栅原理及应用[M]. 北京：科学出版社，2006.

[3] Mather R R，王潮霞. 智能纺织品的开发与应用[J]. 国外纺织技术，2002，（11）：1-4.

[4] 丁笑君，邹奉元，刘伶俐. 智能服装的应用及研发进展[J]. 现代纺织技术，2006，14（2）：51-53.

[5] Murthy H V S，赵丽丽，朱方龙. 智能纺织品概述[J]. 国外纺织技术：纺织针织服装化纤染整，2003，（12）：

1-5.

[6]　刘丽英. 人体微气候热湿传递数值模拟及着装人体热舒适感觉模型的建立[D]. 上海：东华大学，2002.

[7]　王腾，晏雄. 智能复合材料的开发应用及进展[J]. 纺织导报，2004，(4)：20-25.

[8]　Eike K，Xavier B，Emmanuel C，et al. StarTiger：A fresh look at innovation[J]. European Space Agency Bulletin，2003，113：49-54.

[9]　陶肖明. 交互式的织物和智能纺织品[C]. 2006 中国科协年会，北京，2006：116-125.

[10]　皇家飞利浦电子股份有限公司. 选择性施加的可穿着的医疗传感器：中国，CN02821194.4，2002.

第 3 章　可穿戴光纤光栅人体心动传感

3.1　引　　言

随着现代社会物质生活水平的改善，心血管疾病（Cerebrovascular Disease，CVD）的发病率和死亡率也越来越高。2011 年初，世界卫生组织（World Health Organization，WHO）指出：CVD 是全球人类死亡首因。预计至 2030 年，全球每年约有 2360 万人死于 CVD。根据《中国心血管病报告 2010》，中国每年约有 300 万人死于心血管疾病，占全部死亡原因的 40%，居各种死因之首。在 2011 年 4 月第十三届国际心血管疾病学术会议上，广东省医学科学院院长、国内知名心血管专家林曙光教授指出：2010～2030 年，由于人口老龄化与人口增长，中国心血管疾病发生数上升幅度将超过 50%，血压、胆固醇以及糖尿病的增长趋势导致心血管疾病的发生数将额外增长 23%，如果不加以控制，那么在 2030 年，中国心血管疾病患者将增加 2130 万，其中，22%的人位于 35～64 岁，心血管疾病死亡人数将增加 770 万。可见，CVD 已成为危害人类健康、影响全球经济的多发病和常见病，而近几年凸现 CVD 的年轻化趋势，已使得心血管疾病的准确诊断及防治成为医学界面临的首要问题。心血管疾病的致死率之所以居高不下，主要原因是心血管疾病发病突然，患者不能得到及时救助，因此，对心血管病人心动情况的实时监护十分重要[1, 2]。

心动指心脏进行的舒张和收缩的运动中心肌、血液和瓣膜等的机械运动。通过检测心动的情况可以对心脏健康情况进行评估。目前，临床上对心动情况的检测主要通过心电和心音两种方式。心音是指由于心动而产生的复合音，能够有效地反映心脏、瓣膜活动、血液流动的状况。如房室瓣的关闭是产生第一心音的主要因素、半月瓣关闭是产生第二心音的主要因素。许多心血管疾病，尤其是瓣膜类疾病，心音都是重要的诊断信息。特别地，当心血管疾病尚未发展到足以产生其他症状（如心电变化）前，心音中出现的杂音和畸变就是唯一的诊断信息。研究表明：通过对心音的分析，可以先于其他检测方法发现心血管疾病，如冠心病、心肌炎等，心音图具有心电图、超声心动图不可取代的优势。大量实践证明：心音分析能够为心血管疾病的早期诊断提供充分的依据，为心血管疾病的治疗赢得更多的时间。

3.2 可穿戴光纤光栅心音检测

光纤光栅是利用光纤材料的光敏性，即外界入射光子和纤芯内锗离子相互作用引起折射率的永久性变化，在纤芯内形成空间相位光栅，其作用实质上是在纤芯内形成一个窄带的透射或反射滤波器或反射镜。不同的曝光条件、不同类型的光纤可产生多种不同折射率分布的光纤光栅。光纤芯区折射率周期变化造成光纤波导条件的改变，导致一定波长的光波发生相应的模式耦合。对于整个光纤曝光区域，折射率分别可表述为

$$n(r,\varphi,z)=\begin{cases} n_1[1+F(r,\varphi,z)], & |r|<a_1 \\ n_2, & a_1\leqslant|r|\leqslant a_2 \\ n_3, & |r|>a_2 \end{cases} \tag{3.1}$$

式中，a_1 为光纤纤芯半径；a_2 为光纤包层半径；n_1 为纤芯初始折射率；n_2 为包层折射率；n_3 为空气折射率；$F(r,\varphi,z)$ 为光致折射率变化函数。

光纤光栅区域的光场满足模式耦合方程为

$$\begin{cases} \dfrac{\mathrm{d}A(z)}{\mathrm{d}z}=k(z)B(z)\exp\left[-\mathrm{i}\int_0^z q(z)\mathrm{d}z\right] \\ \dfrac{\mathrm{d}B(z)}{\mathrm{d}z}=k(z)A(z)\exp\left[\mathrm{i}\int_0^z q(z)\mathrm{d}z\right] \end{cases} \tag{3.2}$$

式中，$A(z)$、$B(z)$分别为光纤光栅区域中的前向波和后向波；$k(z)$为耦合系数；$q(z)$与光栅周期 $\varLambda$ 和传播函数 β 有关。利用式（3.2）所示的方程和光纤光栅的折射率分布、结构参量及边界条件，利用四阶 R-K 数值算法，可求出光纤光栅的光谱特性。

根据模式耦合理论，当满足相位匹配条件时，光纤光栅的 Bragg 波长（即反射中心波长）为

$$\lambda_{\mathrm{B}}=2n_{\mathrm{eff}}\varLambda \tag{3.3}$$

式中，λ_{B} 为光纤光栅的 Bragg 波长；n_{eff} 为光栅区的有效折射率；$\varLambda$ 为光栅周期（栅距）。只有波长满足式（3.3）条件的光被 Bragg 光栅反射回来，其余波长的光发生透射。Bragg 波长的峰值反射率和透射率分别为

$$R=\tanh^2\left(\frac{\pi\Delta n_{\max}}{\lambda_{\mathrm{B}}}L\right) \tag{3.4}$$

$$T=\cosh^{-2}\left(\frac{\pi\Delta n_{\max}}{\lambda_{\mathrm{B}}}L\right) \tag{3.5}$$

式中，$\Delta n_{\max}$为折射率最大变化量；L为光栅长度。

光纤光栅结构与传光原理如图 3.1 所示。当一宽谱光源入射进入光纤后，经过光纤光栅会有波长为式（3.3）的窄带光返回，其他波长的光将透射。反射中心波长λ_B跟光栅周期Λ和栅区的有效折射率n_{eff}有关。光栅周期和栅区有效折射率受到温度和应变的影响，因此外界的被测量引起光纤光栅温度、应变发生变化会导致光纤光栅反射中心波长的变化，从而实现对外界物理量的检测。

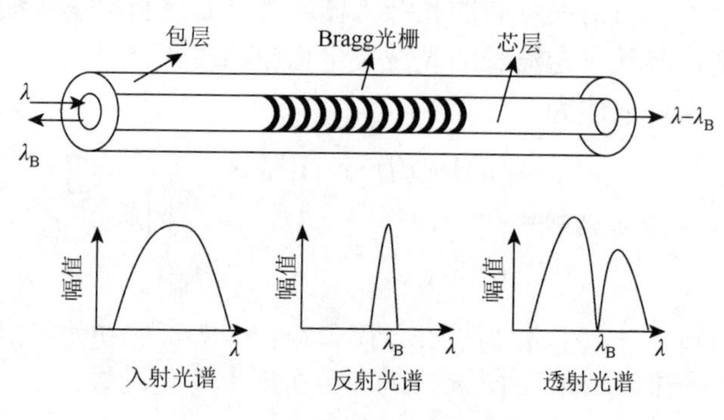

图 3.1　光纤光栅结构与传光原理

当光纤产生轴向应变时，光纤光栅的光栅周期Λ和有效折射率n_{eff}发生变化，引起后向反射光波长移动，反射中心波长的变化$\Delta\lambda_B$可以表示为

$$\Delta\lambda_B = 2\left(\Lambda\frac{\partial n_{\text{eff}}}{\partial L} + n_{\text{eff}}\frac{\partial \Lambda}{\partial L}\right)\Delta L \tag{3.6}$$

式中，ΔL 为光纤光栅的轴向发生的长度变化。由式（3.6）可得反射波长相对变化为

$$\frac{\Delta\lambda_B}{\lambda_B} = \frac{\Delta n_{\text{eff}}}{n_{\text{eff}}} + \frac{\Delta\Lambda}{\Lambda} \tag{3.7}$$

式中，Δn_{eff}为有效折射率的变化；$\Delta\Lambda$为栅距的变化。根据相关文献的研究，轴向应变导致的光栅折射率的变化表达式为

$$\frac{\Delta n_{\text{eff}}}{n_{\text{eff}}} = -\frac{1}{2}n_{\text{eff}}^2[(1-\mu)P_{12} - \mu P_{11}]\varepsilon = -P_e\varepsilon \tag{3.8}$$

式中，P_{11}和P_{12}是光纤的光学应力张量分量；μ为泊松系数；P_e为光纤的弹光系数；ε为光栅轴向应变。假设栅距变化、轴向长度变化和应变存在如下关系：

$$\frac{\Delta\Lambda}{\Lambda} = \frac{\Delta L}{L} = \varepsilon \tag{3.9}$$

则将式（3.8）和式（3.9）代入式（3.7）得到光纤 Bragg 光栅应变测量基本公式为

$$\frac{\Delta\lambda_{\mathrm{B}}}{\lambda_{\mathrm{B}}}=(1-P_{\mathrm{e}})\varepsilon \tag{3.10}$$

对于典型的石英光纤：n_{eff}=1.46，μ=0.16，P_{11}=0.12，P_{12}=0.27，则 P_{e}=0.22。对 1550nm 的光纤 Bragg 光栅，其应变灵敏度系数约为 1.2pm/με。

温度的变化将导致光栅热膨胀并改变折射率，从而使光栅的反射中心波长发生偏移。温度变化导致的反射中心波长变化可表示为

$$\Delta\lambda_{\mathrm{B}}=2\left(n_{\mathrm{eff}}\frac{\partial\Lambda}{\partial T}+\Lambda\frac{\partial n_{\mathrm{eff}}}{\partial T}\right)\Delta T \tag{3.11}$$

式中，T 为环境温度。通过重新整理以上公式，可得

$$\frac{\Delta\lambda_{\mathrm{B}}}{\lambda_{\mathrm{B}}}=\left(\frac{1}{\Lambda}\frac{\partial\Lambda}{\partial T}+\frac{1}{n_{\mathrm{eff}}}\frac{\partial n_{\mathrm{eff}}}{\partial T}\right)\Delta T=(\alpha+\beta)\Delta T \tag{3.12}$$

式中，$\alpha=\dfrac{1}{\Lambda}\dfrac{\partial\Lambda}{\partial T}$ 为光纤的热膨胀系数，用于描述光栅的栅距随温度的变化关系；$\beta=\dfrac{1}{n_{\mathrm{eff}}}\dfrac{\partial n_{\mathrm{eff}}}{\partial T}$ 为光纤的热光系数，用于描述光纤折射率随温度的变化关系。对于典型的中心波长为 1550nm 石英光纤 Bragg 光栅，在室温条件下，温度灵敏度系数为 8.2～12pm/℃。

可以看出，对于 C 波段的光纤 Bragg 光栅，温度灵敏系数仅为 10pm/℃左右。在高温度分辨率的应用中，如使用裸光纤 Bragg 光栅作为温度传感元件，则波长解调系统的波长分辨率要达到 pm 以下量级，现有技术难以实现。为提高温度灵敏度，可将光纤光栅粘贴于热膨胀系数较大的基底材料上。若基底材料的热膨胀系数为 α_{sub}，并满足 $\alpha_{\mathrm{sub}}\gg\alpha$，则粘贴后光纤光栅反射波长随温度的变化关系表达式为

$$\frac{\Delta\lambda_{\mathrm{B}}}{\lambda_{\mathrm{B}}}=\beta\Delta T+(1-P_{\mathrm{e}})\alpha_{\mathrm{sub}}\Delta T=[\beta+(1-P_{\mathrm{e}})\alpha_{\mathrm{sub}}]\Delta T \tag{3.13}$$

此时的温度灵敏度系数 K_{T} 为

$$K_{\mathrm{T}}=\beta+(1-P_{\mathrm{e}})\alpha_{\mathrm{sub}} \tag{3.14}$$

由式（3.11）和式（3.12）可得，光纤 Bragg 光栅反射波长与轴向应变和温度关系的表达式为

$$\frac{\Delta\lambda_{\mathrm{B}}}{\lambda_{\mathrm{B}}}=(1-P_{\mathrm{e}})\varepsilon+(\alpha+\beta)\Delta T \tag{3.15}$$

式（3.15）为光纤 Bragg 光栅进行传感的基本公式，利用光纤 Bragg 光栅对应变和温度敏感的特性，可将其制作成如温度、应变、压力、振动等多种传感器。

3.2.1　膜盒式结构心音检测理论及方法

在人体心动周期中，心肌收缩、瓣膜开闭和血流撞击等因素引起的机械振动，通过周围组织传到胸壁，用听诊器在胸壁的一定部位可听到由上述的机械振动所产生的声音称为心音。每一次心动周期中，一般包含 4 个心音成分，其中可听到的两个心音分别称为第一心音（S1）和第二心音（S2），另外两个心音分别称为第三心音（S3）和第四心音（S4）。第一心音发生在心脏收缩期，标志着心室收缩的开始，其特点是音调低，持续时间较长。第二心音发生在心脏舒张期，标志着心室舒张的开始，其特点是音调较高，持续时间较短。第一心音和第二心音包含了大量关于人体心脏和血管的生理及病理信息，在临床诊断中发挥重要作用，本章所设计的基于光纤 Bragg 光栅的心音传感器主要用于检测第一心音和第二心音。图 3.2 为使用 HKY06 型电学心音传感器采集到的正常心音信号，从中可以明显看到第一心音和第二心音。

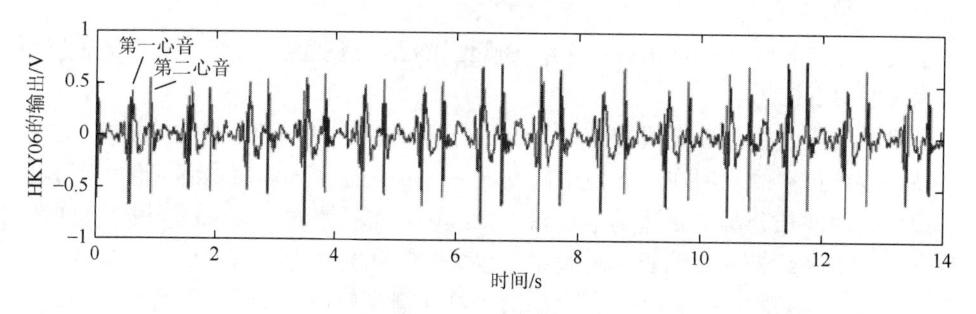

图 3.2　正常心音的谱图

心音的频率范围一般为 5～600Hz，其中第三心音与第四心音在 10～50Hz；第一心音与第二心音频率范围主要集中在 50～100Hz；舒张期隆隆样杂音在 40～80Hz，有些可达到 140Hz；高频杂音（收缩期与舒张期吹风样杂音）在 100～600Hz，有些可达 1000Hz；心包摩擦音在 100～600Hz。因此，为检测出第一心音和第二心音，要求所设计的光纤光栅心音传感器在 50～100Hz 内具有良好的频率响应。

为了获得较好的心音拾取效果，本章研究了膜盒式结构的心音检测理论和方法，所设计的膜盒式心音传感器的剖面结构如图 3.3 所示。该结构主要由环形支架、圆形振动膜片、谐振腔、反射壁构成。环形支架和反射壁固定圆形振动膜片的边缘，反射壁一方面将心音信号反射给圆形振动膜片，起到增强膜片振动的作用，另一方面阻止其他方向振动对膜片的影响。圆形振动膜片的外侧紧贴人体胸腔心音听诊部位的皮肤，心脏跳动引起胸腔微弱的收缩产生声压，使圆形振动膜片内外压强发生变化，导致圆形振动膜片发生形变。将光纤光栅粘贴在圆形振动膜片的合适位置，利用光纤光栅检测膜片的形变，从而实现对心音信号的检测。

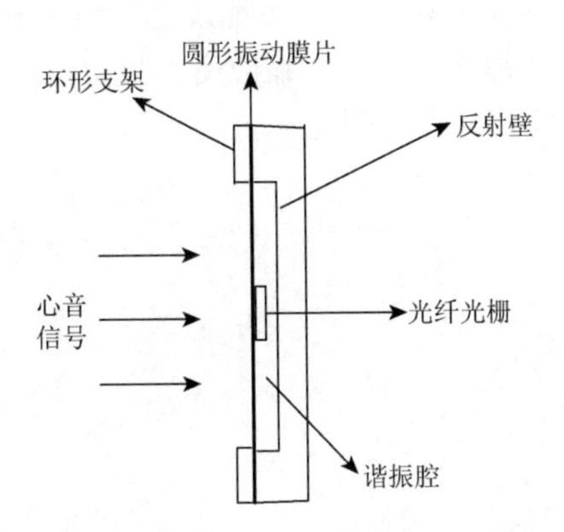

图 3.3　膜盒式心音传感器的剖面结构

根据平面圆形膜片振动原理，在均匀压强差 P 的作用下，平面圆形膜片半径为 r 的圆周上任意一点的径向应变 ε_r 可以表示为

$$\varepsilon_r = \frac{3P(1-\mu^2)(R^2-3r^2)}{8h^2E} \tag{3.16}$$

式中，E 为膜片材料的弹性模量；μ 为膜片材料的泊松比；h 为膜片的厚度；R 为膜片的半径。当膜片所受压差 P 一定时，膜片径向应变与膜片半径的关系如图 3.4 所示（膜片半径 R=20mm），图中纵坐标为归一化应变。

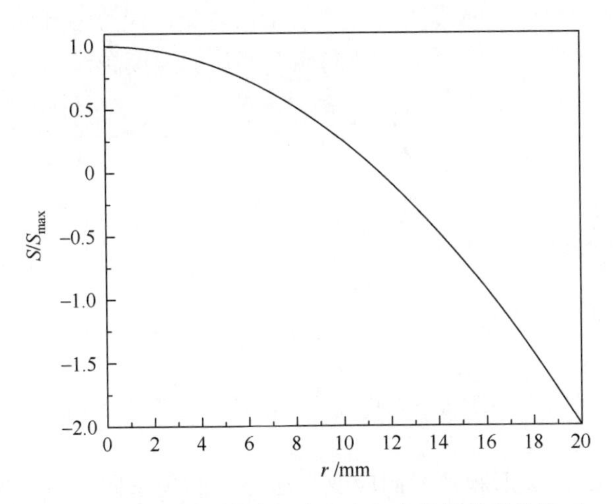

图 3.4　压差 P 固定时，圆形膜片径向应变与半径的关系曲线（R=20mm）

可以看出在均匀压强差 P 的作用下，圆形膜片表面发生不均匀形变，形变情

况如图 3.5 所示。在 $r = R/\sqrt{3}$ 处（图中虚线处）不发生形变；在 $0 \leqslant r < R/\sqrt{3}$ 的圆形区域内，$\varepsilon_r > 0$，膜片发生拉伸应变，在 $r=0$（圆心）处为拉伸应变最大位置；在 $R/\sqrt{3} < r \leqslant R$ 的环形区域内，$\varepsilon_r < 0$，膜片发生压缩应变，且随半径 r 的增大压缩应变也增大，在 $r=R$（边缘）处为压缩应变的最大位置，此时的应变量为圆心处的 2 倍，也为整个圆形膜片发生形变最大处。

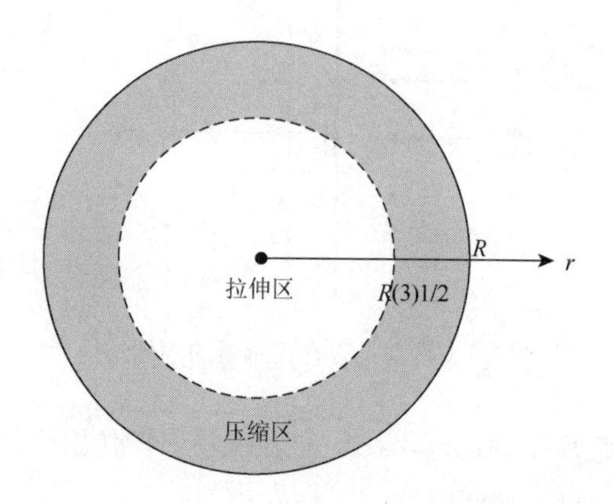

图 3.5　圆形膜片在均匀压强差下的形变示意图

将式（3.16）对半径 r 进行求导，得到膜片径向应变 ε_r 随半径 r 的变化率为

$$\frac{\partial \varepsilon_r}{\partial r} = -\frac{9P(1-\mu^2)r}{4h^2E} \tag{3.17}$$

膜片径向应变变化率曲线如图 3.6 所示。可见，膜片沿径向应变变化率与半径呈线性关系，且随半径的增加，径向应变变化的速度越快。

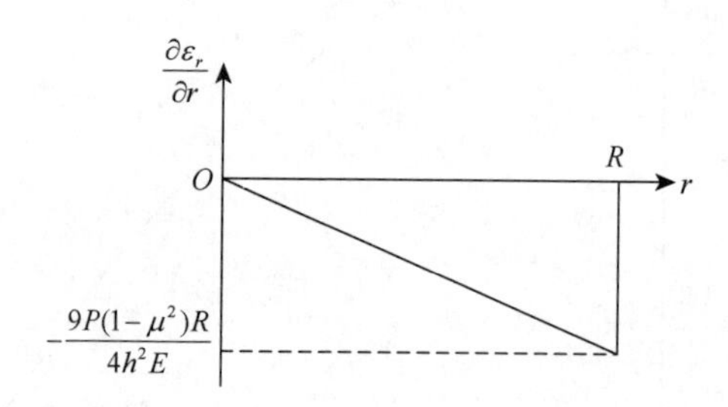

图 3.6　圆形膜片在均匀压强差下径向应变变化率曲线

在不同半径处，圆形膜片径向应变与压强差的关系如图 3.7 所示。可见，在均匀压强差作用下，在同一半径处，压强差越大，径向应变的绝对值越大，形变越明显。但在 $r = R/\sqrt{3}$ 处的径向应变始终为零，与膜片所受压强差大小无关。

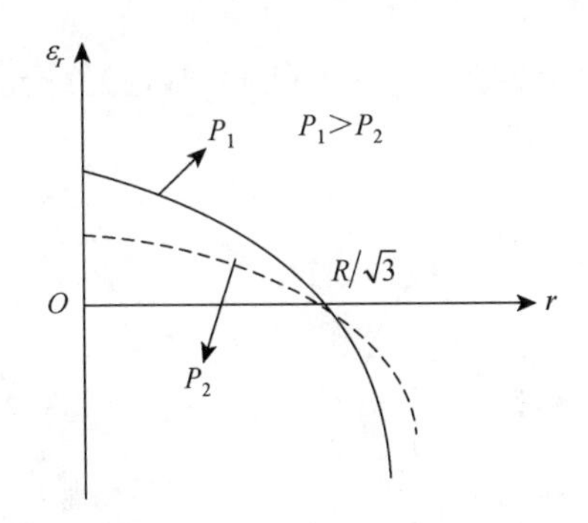

图 3.7　圆形膜片径向应变与压强差的关系曲线

将式（3.16）对压强差 P 进行求导，得到膜片径向应变对压强差的灵敏度表达式为

$$\frac{\partial \varepsilon_r}{\partial P} = \frac{3(1-\mu^2)(R^2-3r^2)}{8h^2E} \tag{3.18}$$

膜片径向应变相对压差的灵敏度曲线如图 3.8 所示。可见，径向应变在不同半径处压差灵敏度不同。r=0（圆心）处，拉伸形变的压差灵敏度最大；$r=R/\sqrt{3}$ 处，压差灵敏度最低；r=R（边缘）处，压缩形变的压差灵敏度最大，且压缩形变的最大压差灵敏度为拉伸形变的最大压差灵敏度的 2 倍。

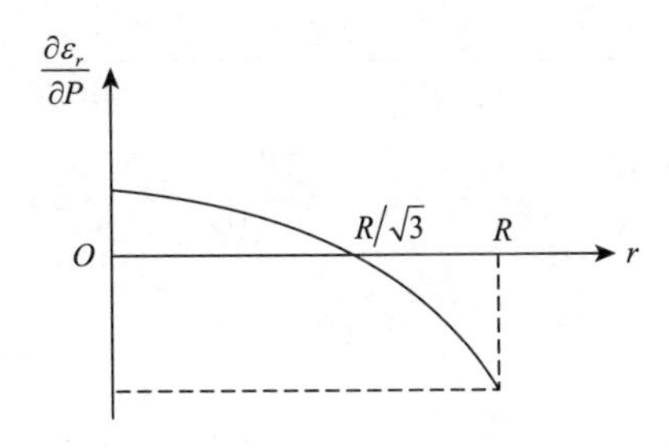

图 3.8　圆形膜片径向应变的压差灵敏度曲线示意图

3.2.2　光纤光栅振动膜片粘贴位置

所设计的膜盒式心音传感器，利用光纤 Bragg 光栅检测圆形振动膜片的径向应变，从而获取心音信号引起的压强差。为获取较高的灵敏度，需要将光纤光栅沿膜片径向粘贴在对形变最敏感的区域。由于在均匀压强差的作用下，圆形膜片径向应变呈现如式（3.6）所示的非均匀关系，与膜片粘贴的光纤光栅发生不均匀的轴向形变，可能导致光栅发生啁啾现象，影响检测精度。本章对沿径向圆心对

称（图 3.9（a））和沿径向边缘（图 3.9（b））两种光纤光栅粘贴位置对心音检测的影响进行了理论分析。

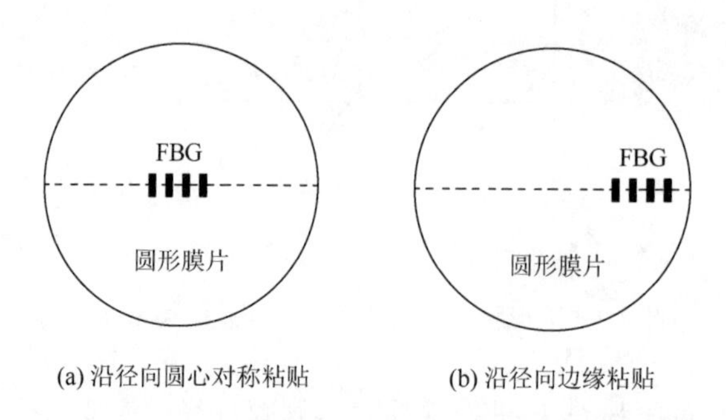

(a) 沿径向圆心对称粘贴　(b) 沿径向边缘粘贴

图 3.9　圆形膜片上光纤光栅两种不同粘贴位置示意图

1. 沿径向边缘粘贴的理论分析

由图 3.8 所示，在均匀压强差的作用下，圆形膜片边缘发生压缩形变，且形变较圆心附近大，可以获得较大的压强灵敏度，但光栅轴向受到应变的不均匀性也比较明显。假设光纤 Bragg 光栅的长度为 l，沿圆形膜片径向粘贴在如图 3.9（b）所示的膜片边缘时，光纤光栅靠近膜片边缘一端的应变（最大应变）ε_1 和远离膜片边缘一端的应变（最小应变）ε_2 分别为

$$\varepsilon_1 = \frac{3P(1-\mu^2)(R^2-3R^2)}{8h^2E} = -\frac{3P(1-\mu^2)R^2}{4h^2E} \tag{3.19}$$

$$\varepsilon_2 = \frac{3P(1-\mu^2)(R^2-3(R-l)^2)}{8h^2E} = \frac{3P(1-\mu^2)}{8h^2E}(-2R^2+6Rl-3l^2) \tag{3.20}$$

则光纤光栅所受应变不均匀性 η_1 可表示为

$$\eta_1 = \frac{\varepsilon_1-\varepsilon_2}{\varepsilon_1} = \frac{3l(2R-l)}{2R^2} \tag{3.21}$$

实验用圆形膜片有效半径 R=16mm，光栅长度 l=8mm，则 η_1=1.125。即光栅所受最大和最小应变差为最大应变的 1.125 倍。可见，将光纤光栅沿膜片径向边缘粘贴，光栅所受的不均匀应变较明显，容易发生啁啾现象，严重时造成光栅反射峰分裂，影响波长解调的准确性。

2. 沿径向圆心对称粘贴的理论分析

将光纤光栅按图 3.9（a）所示以膜片圆心为中心对称粘贴，则在圆心处的应变最大，在光栅末端的应变最小。此时，光纤光栅所受最大应变 ε_3 和最小应变 ε_4 表达式为

$$\varepsilon_3=\frac{3P(1-\mu^2)R^2}{8h^2E} \tag{3.22}$$

$$\varepsilon_4=\frac{3P(1-\mu^2)[R^2-3(l/2)^2]}{8h^2E}=\frac{3P(1-\mu^2)}{8h^2E}\left(R^2-\frac{3l^2}{4}\right) \tag{3.23}$$

则光纤光栅所受应变不均匀性 η_2 可表示为

$$\eta_2=\frac{\varepsilon_3-\varepsilon_4}{\varepsilon_3}=\frac{3}{4}\left(\frac{l}{R}\right)^2 \tag{3.24}$$

取圆形膜片半径 R=16mm，光栅长度 l=8mm，则 η_2=0.1875，即光栅所受最大和最小应变差为最大应变的 18.75%。与将光纤光栅沿径向边缘粘贴相比，虽然在相同压强差下引起的形变较小，但光纤光栅所受应变不均匀性大幅度减小。

通过以上两种光纤光栅粘贴位置的理论分析，采取将光纤光栅以膜片圆心为中心对称粘贴的方案，从而在获得较大压强灵敏度的同时，减小啁啾现象对心音信号检测的影响。

3.2.3　光纤光栅心音检测理论

心脏跳动时，心脏的收缩和舒张产生的机械运动（心音信号）通过周围组织和骨骼传送到皮肤表面。当光纤光栅心音传感器的振动膜片紧贴人体听诊部位时，利用膜盒式结构将心音信号汇聚到振动膜片，使之发生形变。光纤光栅粘贴在圆形膜片中心，在误差允许的情况下，光栅粘贴部分膜片近似发生均匀形变，根据式（3.22），光纤光栅的轴向应变 ε 可表示为

$$\varepsilon=\frac{3(1-\mu^2)R^2P}{8h^2E} \tag{3.25}$$

式中，P 为心音引起的膜片两侧的压强差。根据式（3.15）所描述的光纤 Bragg 光栅反射波长与轴向应变的关系，光纤光栅心音传感器的输出表达式为

$$\frac{\Delta\lambda_{\mathrm{B}}}{\lambda_{\mathrm{B}}}=\frac{3(1-P_{\mathrm{e}})(1-\mu^2)R^2P}{8h^2E}+(\alpha+\beta)\Delta T \tag{3.26}$$

可见，Bragg 波长变化由心音信号引起的压差和温度变化所决定。由于温度相对心音信号变化非常缓慢，在测量心音信号的过程中可视为常量，则光纤光栅心音传感器的输出表达式可简化为

$$\frac{\Delta\lambda_{\mathrm{B}}}{\lambda_{\mathrm{B}}}=\frac{3(1-P_{\mathrm{e}})(1-\mu^2)R^2P}{8h^2E} \tag{3.27}$$

光纤光栅心音传感器的灵敏度系数 S_λ 为

$$S_{\lambda}=\frac{3(1-P_{\mathrm{e}})(1-\mu^{2})R^{2}}{8h^{2}E} \tag{3.28}$$

在传感器外形尺寸、振动膜片材料、光纤光栅初始波长确定的情况下，Bragg 波长变化量只与心音信号引起的压差有关。因此，通过检测 Bragg 波长变化可以实现对心音信号的检测。

3.3 可穿戴光纤光栅心音传感器

3.3.1 光纤光栅心音传感器外壳

根据图 3.3 设计光纤光栅心音传感器的外壳，包括环形支架和反射壁两部分，两者通过侧面的小型螺钉连接，达到固定振动膜片的目的。外壳结构具有拾音功能，可对振动膜一侧的声压进行汇聚。反射壁内侧设计为弧形，当声压透过振动膜和空气腔到达反射壁后，向膜片中心部分反射，从而增强了光纤光栅粘贴处膜片的形变，增强对心音信号的灵敏度。环形支架和反射壁的外形及尺寸如图 3.10 所示。

选用树脂作为外壳加工的材料。一方面树脂质量轻，可以减少传感器的重量；另一方面，树脂的外壳可以避免其他方向的振动对膜片的影响，减少噪声。另外，为了使传感器便于与织物固定，在外壳的侧面对称设计了两个环形构件。传感器外壳的实物如图 3.11 所示。传感器直径为 37.9mm，厚度为 5mm，膜片有效接触皮肤部分的直径为 32mm，空气腔长度约为 2.5mm，出纤孔直径 1mm。

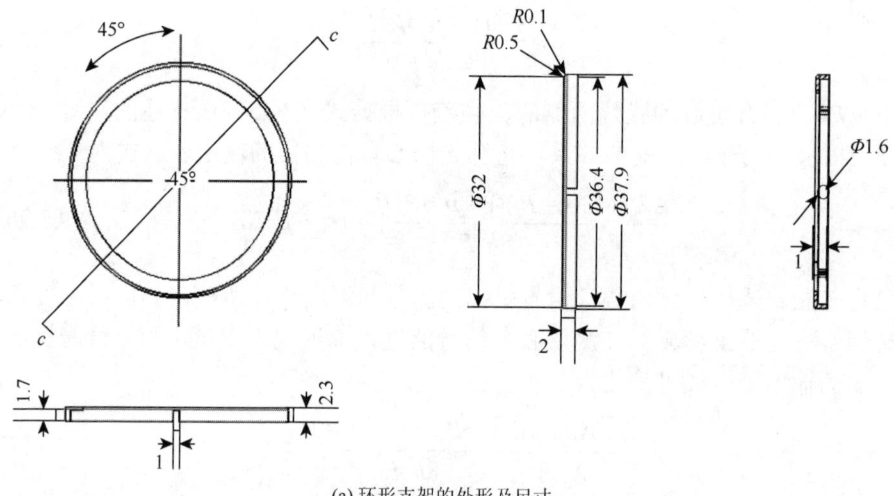

(a) 环形支架的外形及尺寸

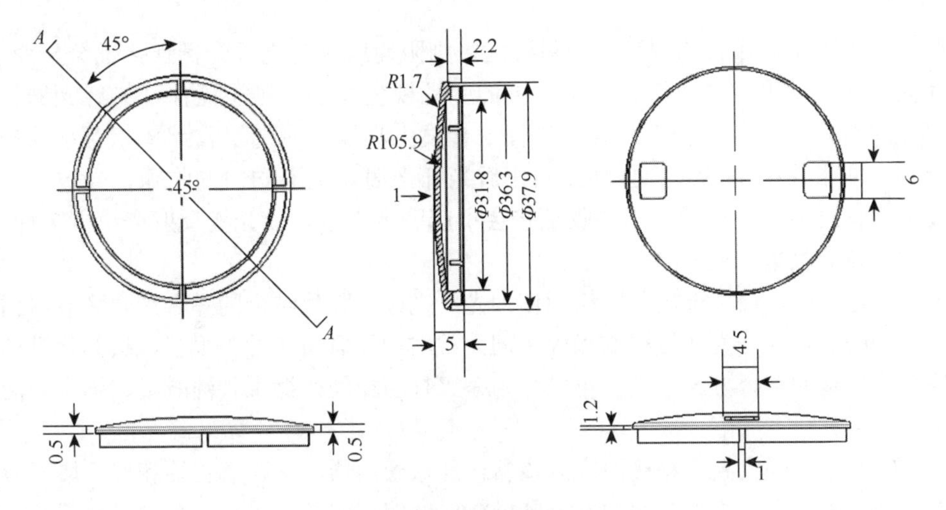

(b) 反射壁的外形及尺寸

图 3.10　膜盒式传感器外壳设计

图中尺寸数据的单位均为 mm

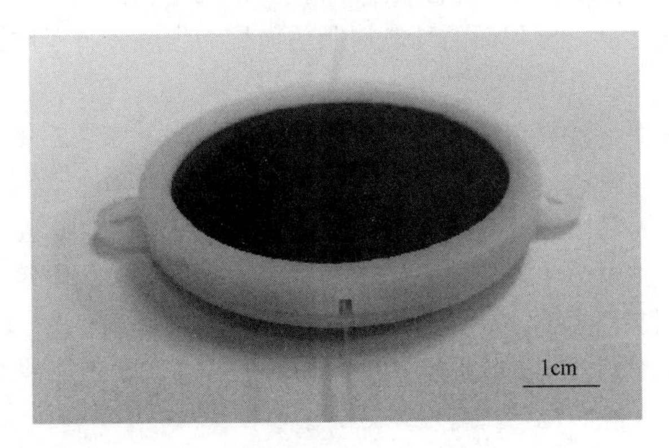

图 3.11　光纤光栅心音传感器外壳实物图

3.3.2　振动膜片与黏合剂

振动膜片的主要作用是拾取心音产生的声压，并对光纤光栅应变测量实现增敏。振动膜片选用医用听诊器膜片，其弹性模量为 4GPa，泊松比为 0.4，远小于石英光纤的弹性模量(55GPa)，从而实现对应变的增敏。所使用膜片直径为 36mm，厚度约为 0.2mm。

黏合剂用于实现光纤光栅与膜片的刚性粘贴，要求不仅粘贴牢固，重复性好，而且固化后不改变膜片和光纤光栅的物理特性。弹性模量和收缩率是黏合剂选择的主要考虑因素。黏合剂在固化后，其弹性模量应与膜片的弹性模量近似。如果固化后黏合剂的弹性模量过大，则阻碍膜片与光纤光栅连接部分形变，降低应变灵敏度；如果固化后黏合剂的弹性模量过小，则不能保证光纤光栅与膜片的有效结合。黏合剂在固化过程中会发生收缩，应选用收缩率相对小的黏合剂。如果收缩率过大，会导致固化后光纤光栅发生不均匀的收缩，导致中心波长偏移过多，严重的不均匀收缩将会引起啁啾现象，使光栅反射谱出现多峰，影响其传感性能。

通过实验，最终选用环氧树脂作为光纤光栅与膜片结合的黏合剂。环氧树脂黏合剂的主要成分为环氧树脂和固化剂。常用的环氧树脂种类很多，按其化学结构和环氧基的结合方式，大体可以分为缩水甘油酯类、缩水甘油醚类、缩水甘油胺类等。其特点如下。

（1）粘接强度高、粘接面广。该黏合剂除聚丙烯、聚四氟乙烯和聚乙烯不能直接粘接外，对于绝大多数的非金属材料如玻璃、陶瓷、木材和金属材料都有良好的粘接性。

（2）收缩率低。环氧树脂的固化收缩率是热固化树脂中最低的品种之一，为1%～2%，如果选用适当填料可使收缩率降至0.2%左右。

（3）机械强度高。固化后的环氧树脂的内聚力很强，分子结构紧密，所以它的机械强度高。

（4）操作简便。环氧树脂黏合剂可以在常温常压下成型固化，不需要过多的技术和设备。

本章选用最为常用的双酚 A 型环氧树脂作为黏合剂。双酚 A 型环氧树脂为淡黄色到棕黄色高黏度透明液体，溶于苯、甲苯、二甲苯、丙酮等有机溶剂。流动性好，易与辅助材料混合，成型加工方便，固化后尺寸稳定性好，收缩率小于 2%，是热固性树脂收缩率最小的树脂，热膨胀系数为 6%～10.5%，粘接性能优异，电绝缘性能、机械性能和化学稳定性均好。

通常不单独使用双酚 A 型环氧树脂，一般要加入固化剂填充料等辅助材料使用，本章选用聚酰胺树脂作为环氧树脂的固化剂，其具有配副随意性大、无毒性、能常温下固化以及柔软不脆等优点，可使环氧树脂具有极好的粘接性、挠曲性、韧性、抗化学品性、抗湿性及表面光洁性[3-5]。

3.3.3 光纤光栅心音传感器封装

光纤光栅的封装方法对传感器的性能至关重要，封装过程使用的材料为：光纤光栅、圆形振动膜片、丙酮、双酚 A 型环氧树脂和反应性聚酰胺树脂。封装步骤主要包括表面处理、位置固定、匀胶、施加预应力、涂胶和固化[6, 7]。具体封装工艺流程如下。

1. 表面处理

对振动膜片中心需要粘贴光栅的位置进行打磨粗化处理，在膜片表面得到一种微观粗糙的结构，使之由憎水性变为亲水性，导致黏合剂对膜片有较好的浸润从而提高粘接性。用 1000CCR/R 细砂纸对膜片的封装部位进行轻微打磨，注意不破坏膜片的整体平整度。用脱脂棉棒蘸取少量丙酮擦拭打磨部位，除去杂质和灰尘。避免用大量丙酮冲洗膜片，否则会造成膜片变形。用脱脂棉棒蘸取少量丙酮擦拭光栅及两侧尾纤，去除表面杂质。

膜片进行表面处理后，应及时粘接，不宜放置太久。膜片打磨部位如图 3.12 所示，打磨尺寸为长 15mm、宽 7mm 的矩形，以膜片圆心为中心。

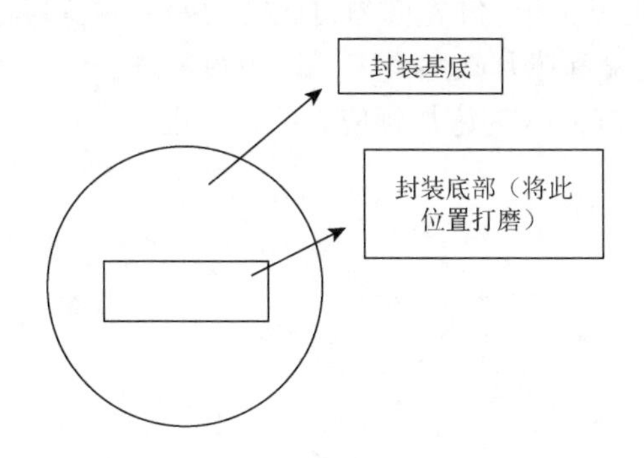

图 3.12　膜片打磨部位示意图

2. 位置固定

将膜片固定在水平平台上，在粘贴部位画出一条过圆心且与矩形长边平行的直线，可以使光栅沿着直线粘贴在准确的位置上。将光栅的位置放好，把光栅一端的尾纤用胶带固定在平台上，另一端悬空。固定后，膜片和光纤光栅的位置如图 3.13 所示。

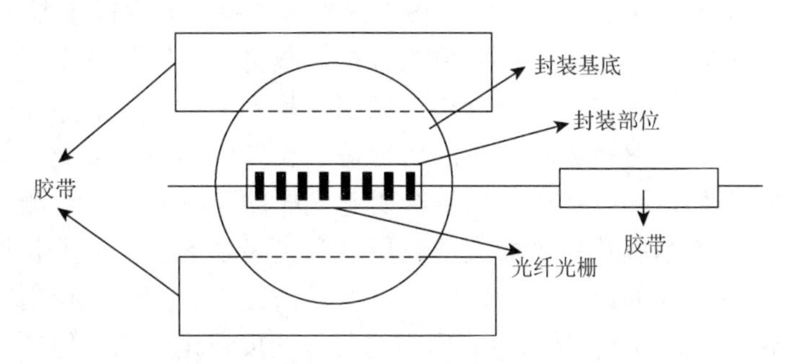

图 3.13　膜片和光纤光栅的固定示意图

3. 匀胶

分别用不同的舀胶勺取出双酚 A 型环氧树脂和反应性聚酰胺树脂，按 1∶0.9 的体积比例配比，配胶比例要严格准确。各组分按配比取出后，用滴管取少量丙酮加入胶中，增加胶的浸润性，丙酮的加入量由胶的量决定。配胶完成后，用匀胶机搅拌均匀备用，放置时间不能超过 5 分钟。

4. 施加预应力

环氧树脂固化 24 小时后达到最大粘接度，固化过程需要给光纤光栅施加一定的预应力，保证粘接效果。涂胶之后，在光纤未固定的一端加上一个 50g 砝码，用于施加预应力。预应力使光纤光栅与衬底之间始终保持着稳定的空间位置和受力关系，保证光纤光栅和膜片接触紧密，避免封装过程中因黏合剂收缩不均匀，使光纤光栅啁啾化。图 3.14 为施加预应力的示意图。

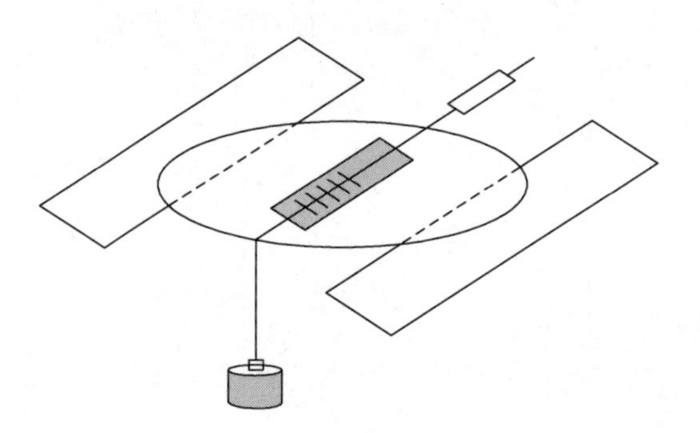

图 3.14　施加预应力的示意图

5. 涂胶

胶层要求很薄，尽量不会因为胶层的厚度影响膜片的弹性形变；同时又要能牢固地粘住光栅，并能长期使用。将光纤光栅和膜片的位置按图 3.13 所示放好，拉直光纤光栅，用刮胶片取适量黏合剂，眼睛与粘贴位置平视并与光栅成直角，刮胶片与光栅远端轻轻接触略微倾斜，呈十字交叉，然后顺序往近端均匀涂抹，胶层要完全覆盖光栅，胶层所覆盖的长度以稍微长于光栅为宜。如果光栅部分裸露在外，那么在固化后将会引起光栅的啁啾效应，对测量造成不利影响。涂胶后，用刮胶片的侧面刮薄胶层，刮去多余的胶，清理膜片封装部位以外的胶层，使胶层的厚度均匀。胶层厚度只需比光纤光栅外径稍厚，厚度大约为 150μm；涂抹过程手要平稳，用力均匀，速度恒定，不能停顿，保证光栅受力均匀。

6. 固化

黏合剂含有挥发性溶剂必须晾置足够的时间，让溶剂挥发完，方可合拢，否则固化后会产生气泡，影响粘接效果。黏合剂晾置一段时间后，在膜片上加盖一层塑料膜，盖住涂胶部分，然后在其上放置重物施加一定的压力，加压不宜过早，逐步加大压力，使固化更牢固。加压固化过程如图 3.15 所示。因为环氧树脂与光纤光栅的热膨胀系数差别较大，温度变化太剧烈，会产生热应力，形成微观裂痕，导致粘接强度的降低，因此在固化过程中环境温度要维持稳定。固化 24 小时后，黏合剂黏性达到最大，性能稳定，至此完成对光纤光栅的封装。

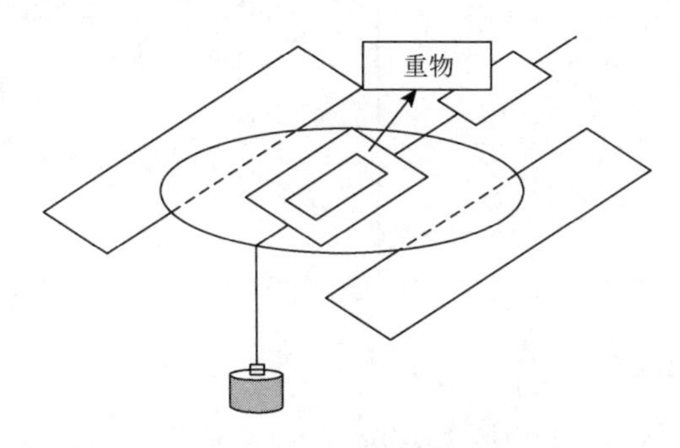

图 3.15　加压固化过程示意图

为对施加预应力对封装效果的影响进行评估，使用 Si725 光纤传感分析仪对未加预应力和预应力两种情况下，粘贴前后光纤光栅的反射谱进行测量。图 3.16 为未加预应力情况下，粘贴前后光纤光栅的反射谱。可见，由于固化时环氧树脂收缩，造成光纤光栅发生不均匀压缩形变，产生了啁啾现象。

图 3.17 为固化过程中加入预应力情况下粘贴前后光纤光栅的反射谱。可见，由于加入预应力，有效避免了固化过程中环氧树脂收缩对光纤光栅造成的影响，粘贴后光纤光栅反射谱型基本保持不变，只是中心波长发生了微小的偏移。

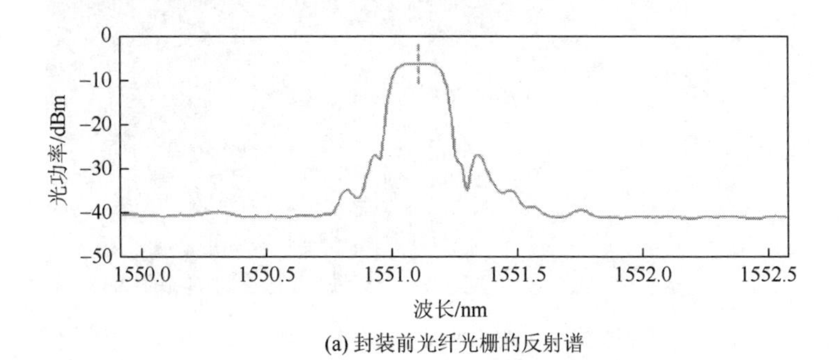

(a) 封装前光纤光栅的反射谱

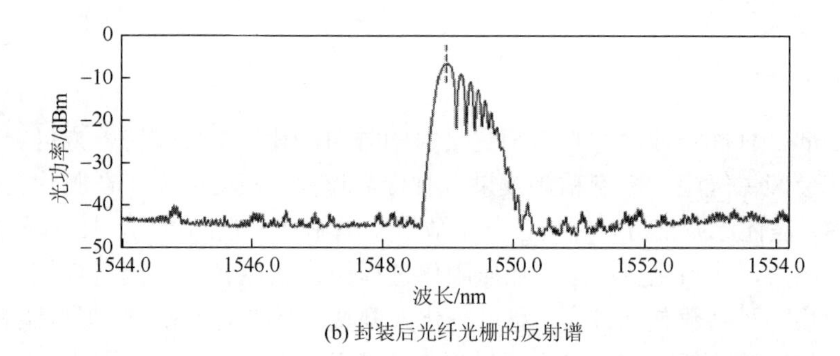

(b) 封装后光纤光栅的反射谱

图 3.16　固化过程中未加预应力情况下粘贴前后光纤光栅的反射谱

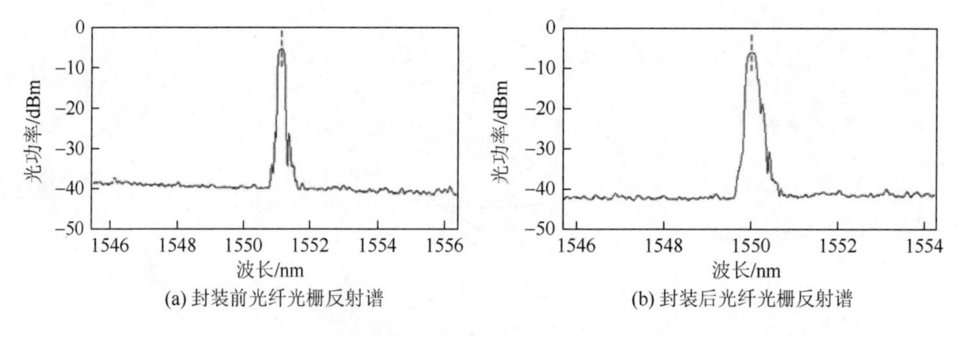

(a) 封装前光纤光栅反射谱　　(b) 封装后光纤光栅反射谱

图 3.17　固化过程中加预应力情况下粘贴前后光纤光栅的反射谱

最终制作的光纤光栅心音传感器实物如图 3.18 所示。光纤光栅材料为 SiO_2，光纤的弹光系数 P_e 为 0.22。膜片材料的弹性模量 E 为 4GPa，泊松比 μ 为 0.4，膜片有效接触皮肤部分的半径 R 为 16mm，膜片厚度 h 为 0.2mm。将以上参数代入式（3.28）得到该传感器波长灵敏度的理论值为 393.12GPa^{-1}。在初始 Bragg 波长为 1550.856（35℃）的情况下，波长灵敏度理论值为 609.67pm/kPa。

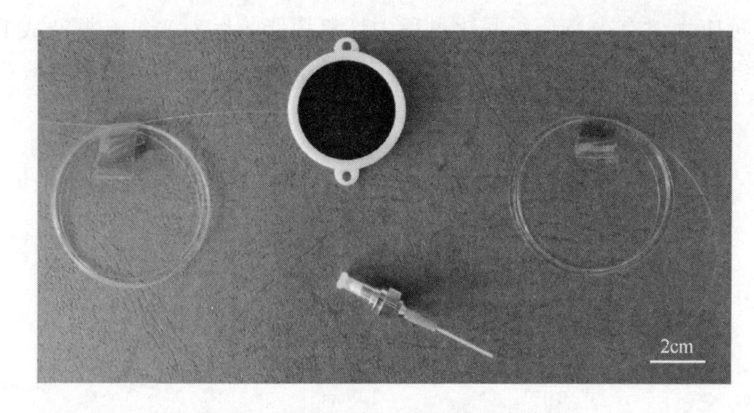

图 3.18　光纤光栅心音传感器实物图

3.4　可穿戴光纤光栅心音传感器解调实验

3.4.1　温度特性

光纤光栅反射波长不仅对轴向应变敏感，而且也受温度变化的影响，因此需要对所设计心音传感器的温度特性进行测试。实验装置如图 3.19 所示，将所制作的光纤光栅心音传感器与温度计一同放入高低温试验箱并且相互靠近，控制箱内温度变化，为避免高低温试验箱内温度不均匀造成测量误差，从温度计读出光纤光栅心音传感器所处的环境温度。光纤光栅心音传感器的尾纤由高低温试验箱出线孔经单模光纤（Single Mode Fiber，SMF）引出与光纤传感分析仪 Si725 相连，通过 Si725 读出不同温度下光纤光栅心音传感器的反射中心波长。

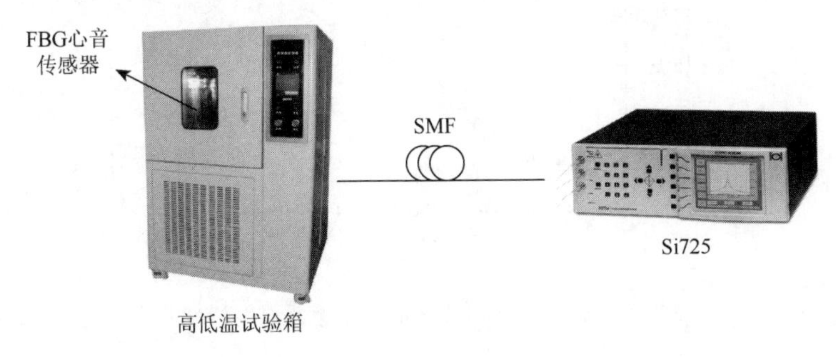

图 3.19　光纤光栅心音传感器温度特性测试装置

实验中使用的高低温试验箱型号为 GD4005，该设备的主要技术指标为：温度精度±1℃，温度测量范围 0～150℃，可调温度分辨率 0.1℃，温控室内波动±1℃，均匀度±2℃。放置在高低温试验箱内的水银温度计分辨率为 0.1℃。Si725 光纤传感分析仪的主要技术参数为：波长精度±1pm，波长分辨率 1pm，刷新频率最大 2Hz。

测试时，调节温控室温度从 30℃变化到 44℃，温度每变化 1℃，通过 Si725 记录该温度下的光纤光栅反射波长值。实验数据如表 3.1 所示，根据该数据得到的光纤光栅心音传感器温度特性曲线如图 3.20 所示。

表 3.1　光纤光栅心音传感器温度特性测试数据

温度/℃	反射中心波长/nm	温度/℃	反射中心波长/nm
30	1550.682	32	1550.712
31	1550.697	33	1550.761

续表

温度/℃	反射中心波长/nm	温度/℃	反射中心波长/nm
34	1550.818	40	1551.083
35	1550.856	41	1551.112
36	1550.904	42	1551.274
37	1550.951	43	1551.302
38	1550.982	44	1551.338
39	1551.028		

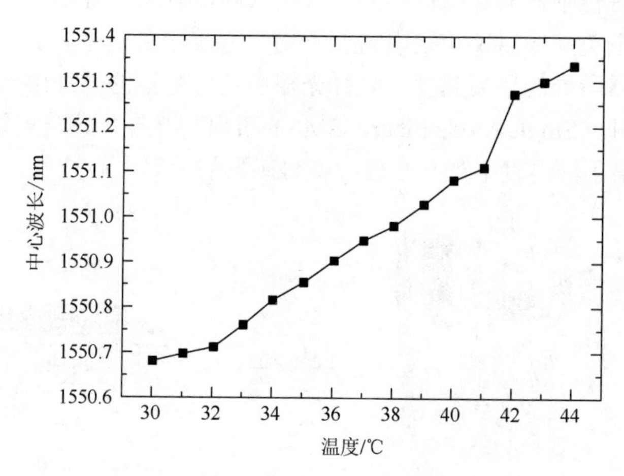

图 3.20　所制作的光纤光栅心音传感器温度特性曲线

从图 3.20 可以看出，随温度的升高，光纤光栅的反射中心波长也增加，特别是在人体温度所处的 35～41℃范围内，该特性曲线呈现较好的线性关系。图 3.21 为 35～41℃范围内对记录的反射中心波长进行线性拟合的结果。

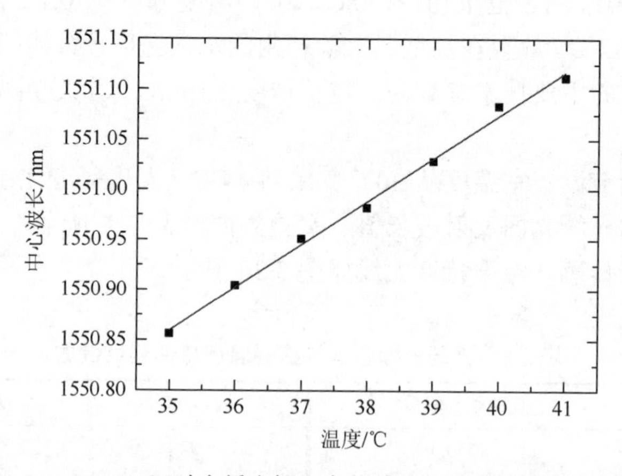

图 3.21　35～41℃时光纤光栅心音传感器的温度特性拟合结果

拟合直线表达式如式（3.29）所示，决定系数 R_2 为 0.9954。可见，在 35～41℃的人体温度范围内，温度变化与反射波长具有较好的线性关系，其温度灵敏度为 43pm/℃，高于裸光纤光栅的 10pm/℃灵敏度系数，这是由于振动膜片和黏合剂的温度系数均大于 SiO_2，对光纤光栅实现了温度的增敏。

$$WL = 1549.356 + 0.043 \times T \tag{3.29}$$

式中，WL 为光纤光栅反射波长变化，单位为 pm。实验结果表明：所设计的光纤光栅心音传感器输出波长与外界温度呈线性关系。在心音信号检测中，利用光纤光栅心音传感器的温度特性曲线，可以消除温度交叉灵敏度，从而提高检测精度。

3.4.2　静态压力特性

心音引起皮肤表面振动导致心音传感器膜片表面所受压力发生变化，从而使膜片产生形变，最终导致光纤光栅的反射波长发生变化。理想情况下，光纤光栅心音传感器所受外界压力与反射波长应为线性关系。为模拟心音传感器紧贴皮肤产生的形变，在心音传感器的膜片上水平放置一底面为球面的塑料托盘，托盘底面中心用双面胶与圆形膜片中心粘贴，避免在放置质量块的过程中托盘位置发生变化，从而对测量结果造成误差。通过在托盘内增加或减少质量块的个数，为心音传感器施加不同的压力，实验中所使用单个质量块的质量为 460mg。光纤光栅心音传感器与光纤传感分析仪 Si725 连接，利用 Si725 读取不同压力情况下的光纤光栅反射中心波长。

实验中，依次从 1 到 24 逐步增加质量块个数，再从 24 到 1 逐步减少质量块个数。每增加或减少 1 个质量块后，记录此时反射中心波长相对初始中心波长的变化。重复 3 次上述实验步骤，所记录的数据如表 3.2～表 3.4 所示，表中波长变化 1 为增加质量块过程所记录的数据，波长变化 2 为减少质量块过程所记录的数据，其对应的波长变化与质量块个数关系曲线如图 3.22 所示。

表 3.2　第 1 次压力变化实验数据

质量块数量/个	波长变化 1/pm	波长变化 2/pm	质量块数量/个	波长变化 1/pm	波长变化 2/pm
1	0	2	8	49	56
2	5	9	9	57	65
3	12	14	10	66	75
4	19	20	11	76	86
5	28	28	12	87	95
6	35	37	13	99	109
7	42	44	14	113	120

续表

质量块数量/个	波长变化 1/pm	波长变化 2/pm	质量块数量/个	波长变化 1/pm	波长变化 2/pm
15	124	132	20	183	194
16	138	147	21	194	207
17	147	161	22	208	214
18	158	176	23	225	225
19	166	186	24	236	236

表 3.3　第 2 次压力变化实验数据

质量块数量/个	波长变化 1/pm	波长变化 2/pm	质量块数量/个	波长变化 1/pm	波长变化 2/pm
1	0	5	13	93	93
2	4	10	14	106	100
3	11	16	15	122	119
4	16	20	16	135	135
5	25	30	17	145	144
6	31	34	18	159	159
7	38	36	19	167	173
8	44	48	20	175	186
9	54	54	21	186	205
10	60	60	22	204	215
11	73	69	23	214	218
12	84	82	24	229	229

表 3.4　第 3 次压力变化实验数据

质量块数量/个	波长变化 1/pm	波长变化 2/pm	质量块数量/个	波长变化 1/pm	波长变化 2/pm
1	0	−5	13	92	98
2	5	0	14	103	107
3	10	7	15	114	123
4	17	12	16	126	137
5	22	21	17	140	148
6	29	29	18	154	160
7	34	37	19	169	176
8	39	45	20	182	189
9	48	56	21	199	204
10	60	64	22	212	219
11	68	75	23	224	228
12	80	88	24	239	239

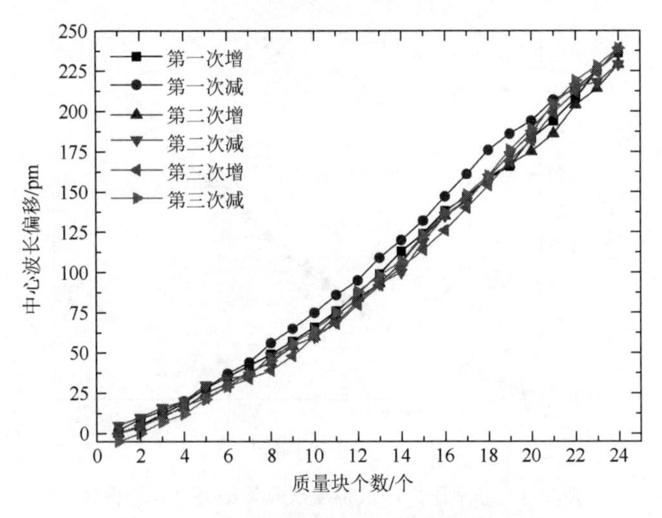

图 3.22　静态压力实验的 3 次测量数据曲线

3 次测量的数据曲线基本一致，说明在所施加的压力范围内，膜片形变具有较好的重复性。对施加相同数目质量块的 3 次测量结果进行算术平均，压力增加和压力减小过程中平均波长变化的数据如表 3.5 所示，所对应的关系曲线如图 3.23 所示。

表 3.5　静态压力特性实验数据

质量块数量/个	波长变化 1/pm	波长变化 2/pm	质量块数量/个	波长变化 1/pm	波长变化 2/pm
1	0	1	13	95	100
2	5	6	14	107	109
3	11	12	15	120	125
4	17	17	16	133	140
5	25	26	17	144	151
6	32	33	18	157	165
7	38	39	19	167	178
8	44	50	20	180	190
9	53	58	21	193	205
10	62	66	22	208	216
11	72	77	23	221	224
12	84	88	24	235	235

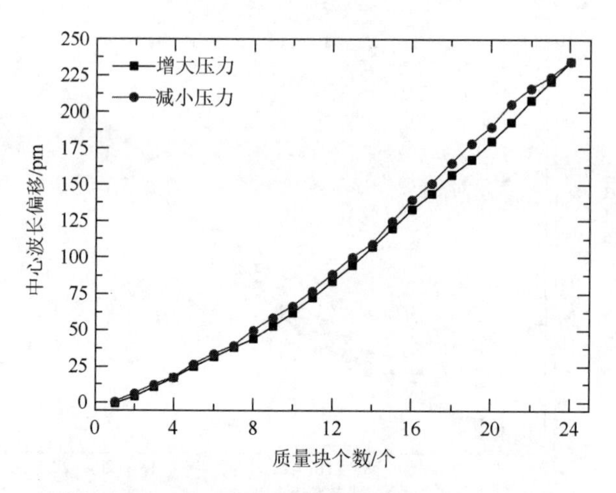

图 3.23　静态压力测试中 3 次测量结果平均值曲线

图 3.23 中的两条曲线基本一致，光纤光栅心音传感器在压力增大和减少的过程中，反射波长没有发生明显的迟滞现象。对表 3.5 中压力增加和减少情况下的波长变化进行算术平均，并对平均后的数据进行线性拟合，拟合结果如图 3.24 所示，其拟合公式为

$$\mathrm{WL} = -29.54 + 10.55 \times n \tag{3.30}$$

式中，WL 为光纤光栅反射波长变化；n 为质量块的个数。可见，每个质量块引起波长的变化为 10pm 左右。

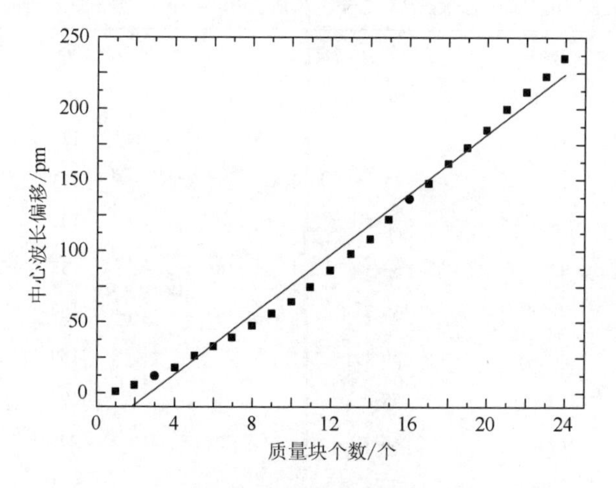

图 3.24　光纤光栅心音传感器压力特性拟合曲线

该实验结果表明：所制作的光纤光栅心音传感器的反射波长与施加的静态压力为线性关系，且在压力增加和压力减小的过程中没有产生迟滞现象。

3.4.3　频率特性

心音信号频率成分主要集中在 200Hz 以内[8]，特别是表征心音主要特征的第一心音、第二心音主要集中在 50～100Hz，因此需要对所设计的传感器在低频的频率特性进行测试。图 3.25 频率特性测试实验装置的原理图。将所制作的光纤光栅心音传感器水平放置在振动台上，在膜片中心放置一质量块。为避免振动过程中的相对运动，质量块、传感器、振动台之间利用双面胶进行固定。

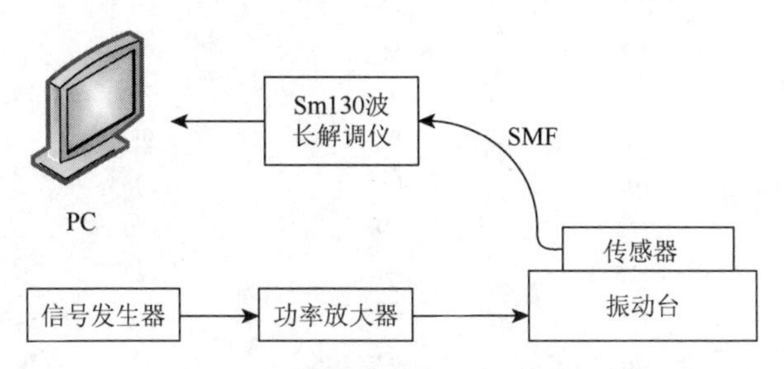

图 3.25　光纤光栅心音传感器频率特性测试实验装置原理

信号发生器输出不同频率正弦波，通过功率放大器进行放大，对振动台进行激励，产生与信号发生器输出相同频率的振动。信号发生器输出信号频率在 20～200Hz 内变化，频率步进为 10Hz，利用 Sm130 波长解调仪记录不同频率对应的波长解调结果，重复进行 4 次实验。Sm130 波长解调仪的测量精度为±1pm，波长检测速率为 1kHz。4 次解调结果中不同频率对应的最大波长值、最小波长值和平均波长值如图 3.26 所示。可见，4 次测量数据基本相同，说明所设计的传感器具有较好的动态测量一致性。

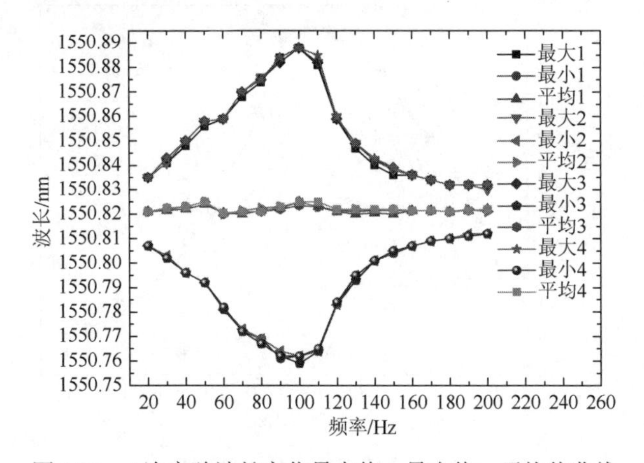

图 3.26　4 次实验波长变化最大值、最小值、平均值曲线

不同频率下，4 次测量的波长变化数据如表 3.6 所示。根据表 3.6 数据得到所设计传感器的频率特性曲线如图 3.27 所示。可见，最大的响应频率出现在 100Hz 附近。

表 3.6　4 次动态实验波长变化数据

频率/Hz	波长变化 1/pm	波长变化 2/pm	波长变化 3/pm	波长变化 4/pm
20	28	28	28	28
30	39	38	41	41
40	52	54	54	54
50	64	66	66	66
60	77	78	78	77
70	96	97	98	98
80	105	107	108	108
90	123	118	120	122
100	126	126	129	126
110	116	118	118	120
120	76	77	75	76
130	54	54	56	54
140	39	41	41	42
150	32	33	34	34
160	29	29	29	29
170	25	25	25	25
180	22	22	22	22
190	21	20	21	21
200	20	18	20	20

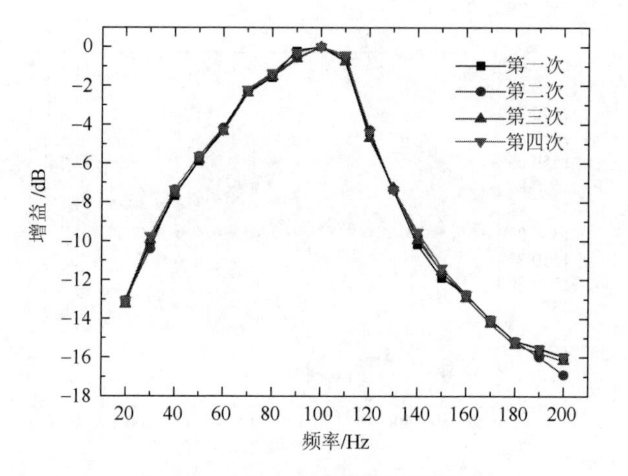

图 3.27　4 次实验的频率特性曲线

对 4 次测量结果进行算术平均，将平均波长变化与对应频率数据进行高斯拟合，得到的拟合曲线表达式为

$$g=-16.59+\frac{1688.11}{82\sqrt{\pi/2}}\cdot\exp\left[-2\cdot\left(\frac{f-88.55}{82}\right)^2\right] \tag{3.31}$$

式中，g 为不同频率下波长变化值相对波长变化最大值的增益；f 为振动的频率，拟合曲线如图 3.28 所示。

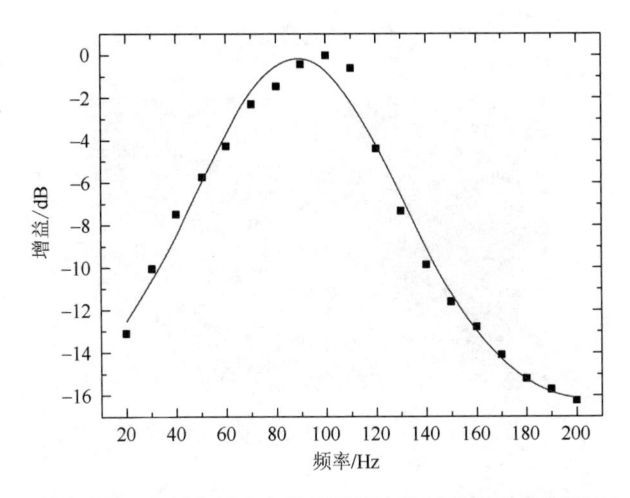

图 3.28　光纤光栅心音传感器频率特性高斯拟合曲线

用该高斯拟合曲线表征光纤光栅心音传感器的频率特性，其最大响应频率为 88.6Hz，−3dB 对应的频率为 61Hz 和 115Hz，3dB 带宽为 54Hz，半峰值带宽为 96.5Hz。50～100Hz 内的动态范围约为 5.9dB。

该实验结果表明：所设计的光纤光栅心音传感器的频率响应范围包含了第一心音和第二心音的主要成分，满足人体心音检测的频率要求。

3.4.4　人体心音测试

对所设计的光纤光栅心音传感器进行人体心音实测，为对测量结果的正确性进行说明，用光纤光栅心音传感器与标准心音传感器对同一心音信号进行同步测量。实验装置如图 3.29 所示，实验中使用的 HKY06 标准心音传感器实物如图 3.30 所示。将光纤光栅心音传感器与 HKY06 标准心音传感器放置在被测者左前胸的听诊部位，被测者保持静止坐姿。利用 Sm130 波长解调仪对光纤光栅反射波长变化进行检测，在进行波长检测的同时，利用 DAQ6221 数据采集卡对 HKY06 输出

信号进行采集。光纤光栅心音传感器和 HKY06 标准心音传感器检测的心音信号同步传输给 PC 进行记录和对比。

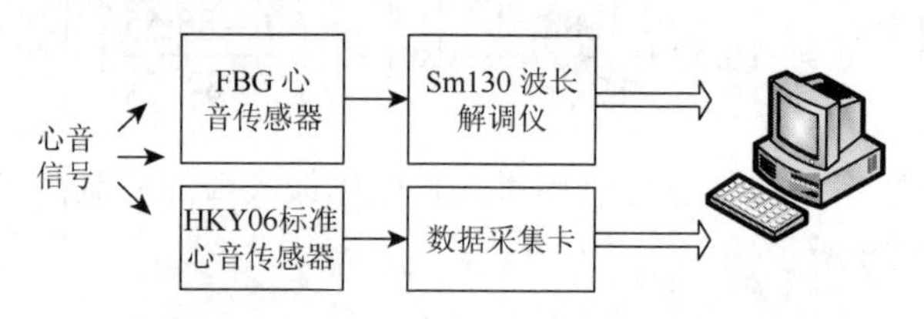

图 3.29 人体心音测试实验装置示意图

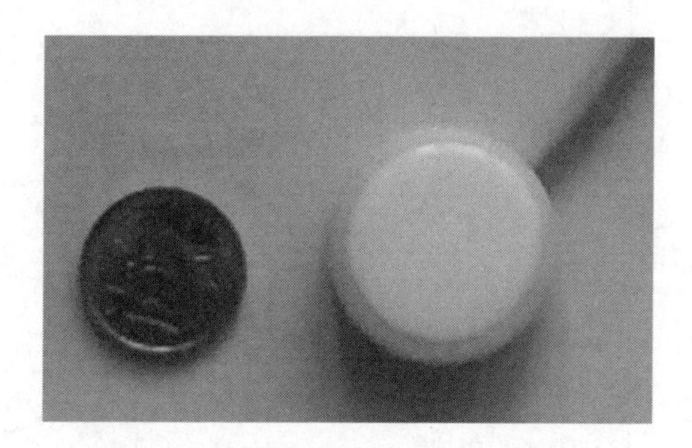

图 3.30 HKY06 标准心音传感器实物图

光纤光栅心音传感器和 HKY06 标准心音传感器同步采集的心音信号波形如图 3.31 所示。可见，HKY06 标准心音传感器采集的心音信号具有较好的信噪比，第一心音、第二心音特征明显，其中包含了约 14 次心动周期。而光纤光栅心音传感器采集的心音信号由于呼吸作用和其他噪声的影响，第一心音、第二心音特征不明显。在 14s 的光纤光栅采样数据中，明显包含了 4 次呼吸信号的包络，在 HKY06 标准心音传感器采样数据中每次第一心音或第二心音位置处，光纤光栅采样数据具有代表心音信号的波长跳变，说明检测出了心音信号，只是心音信号引起波长变化的程度远小于呼吸运动引起的波长变化，即心音信号被淹没在呼吸信号中。

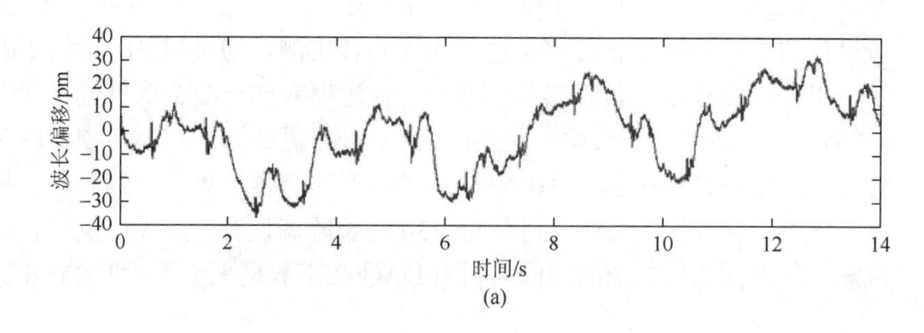

(a)

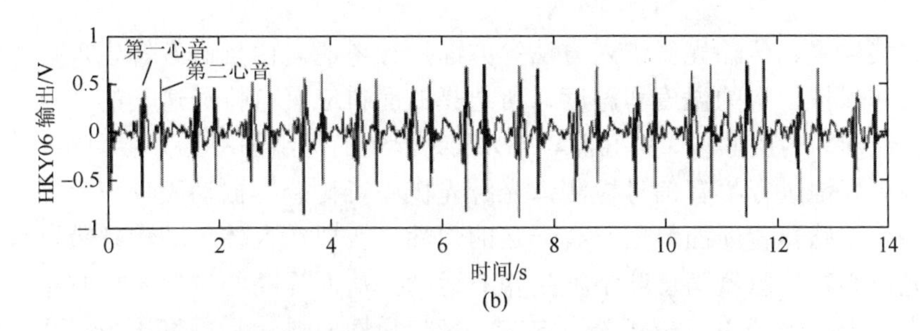

(b)

图 3.31　光纤光栅心音传感器与 HKY06 标准心音传感器输出信号的对比

为从包含呼吸信号的解调心音信号中提取信噪比较好的心音信号，需要对解调心音信号进行相应的处理。本章采用小波消噪的方法进行心音信号的提取，具体算法将在第 5 章进行说明，图 3.31 为图 3.32 所示的两传感器输出信号分别经相同小波消噪算法处理后的结果。可见，处理后的光纤光栅心音传感器与 HKY06 标准心音传感器的输出信号均具有明显的第一心音、第二心音特征，且两组数据中第一心音、第二心音出现位置基本一致。

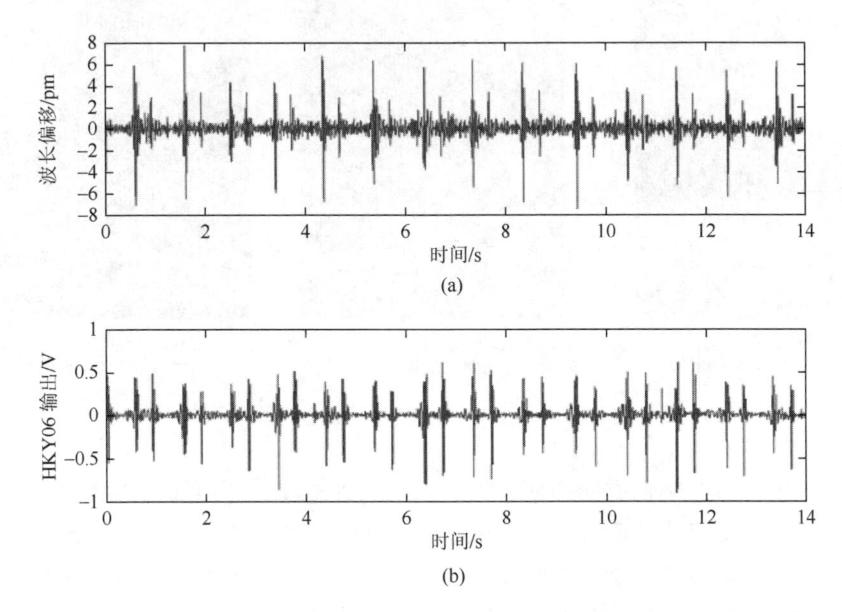

(b)

图 3.32　光纤光栅心音传感器与 HKY06 标准心音传感器输出信号小波处理后的结果

实验结果表明：所设计的光纤光栅心音传感器能够实现人体心音信号的采集，但解调心音信号中包含了较大的人体呼吸信号成分，经心音提取算法处理后可得到信噪比较好的心音信号，从而实现对人体心音信号的检测。

基于光纤光栅心音传感器的智能服装制作需要从面料选择、服装款式、传感器安装位置、传输光纤织入方法等方面进行考虑。由于心音等生理参数测量时，人体保持一定的温度和湿度，所选择的面料应具有排汗速干的特点，因此选用以纯棉为内层面料、95%棉与 5%氨纶混纺的针织面料为外层面料[9-11]。另外，为更好地进行心音信号检测，光纤光栅心音传感器振动膜片应紧贴人体皮肤表面，传感器背面面料应具有一定的弹性，实现在人体运动和呼吸过程中，光纤光栅心音传感器与皮肤不发生相对运动，从而提高心音信号检测精度。因此，先将光纤光栅心音传感器固定在一带状弹性面料上，再将该带状弹性面料缝入服装的心音检测部位。

为便于穿脱，避免穿脱过程中造成传感器和织入光纤的损坏，将服装设计为正面拉链式的款式，并在服装的前胸两侧均缝入带状弹性面料，其中的一片弹性面料中织入了光纤光栅心音传感器。两带状面料采用粘合方式进行连接，从而保证传感器与人体皮肤始终紧密接触。织入服装中的光纤光栅心音传感器和前胸处的带状弹性面料分别如图 3.33（a）和（b）所示。

(a) 织入服装中的光纤光栅心音传感器

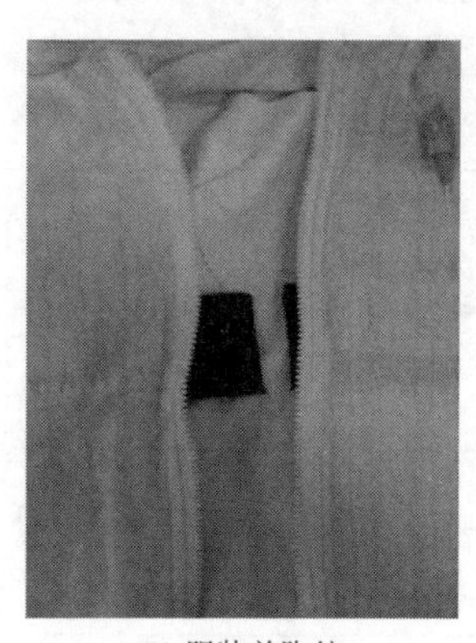

(b) 服装前胸处的弹性带状面料

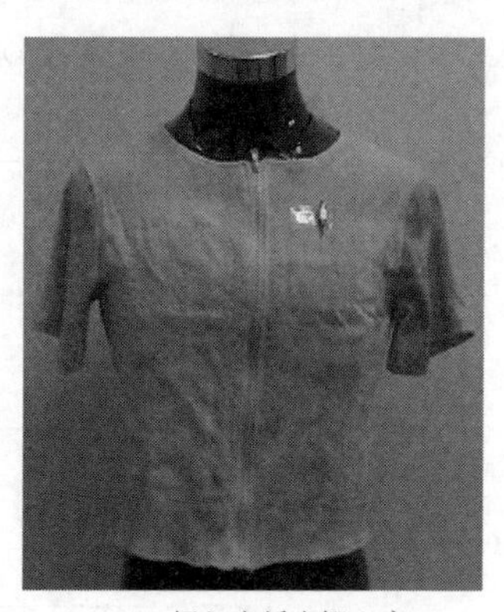

(c) 织入光纤光栅心音传感器的智能服装样衣

图 3.33　光纤光栅心音传感器智能服装

临床上，心音听诊有四个部位，分别是胸骨左缘、心尖部、心底部右侧和心底部左侧[12, 13]。其中，胸骨左缘对源于三尖瓣及右心的心音听诊效果最好，心尖部对源于二尖瓣及左心的心音听诊效果最好，心底部右侧对源于主动脉瓣的心音听诊效果最好，心底部左侧对源于肺动脉瓣的心音听诊效果最好。综合考虑织入服装的复杂程度和与人体皮肤的紧贴程度，将光纤光栅心音传感器放置在胸骨左缘与心尖部之间的位置。

对传输光纤织入服装的方法进行了研究，将光纤光栅尾纤从传感器下部伸出，为尽量减少衣服穿脱及人体运动对传输光纤的损坏，传输光纤在衣服中的走向为从传感器位置向下延伸，从衣服下部伸出。为避免传输光纤受力对光栅造成影响，传输光纤在服装中呈S状放置，并用纱线固定在内层面料中，从而有效减小了在人体运动过程中，由于光纤受力产生的光纤光栅轴向应变。

基于以上方案，最终制作出基于光纤光栅检测技术的具有人体心动检测功能的智能服装样衣，其外观如图3.33（c）所示。

3.5　可穿戴光纤光栅人体心动信号处理

3.5.1　心音信号提取算法

根据解调心音信号的特点，采用小波分析方法实现心音信号与呼吸信号及其他噪声的分离。小波分析方法是一种窗口大小固定但其形状可变，时间窗和频率窗都可改变的时频局域化分析方法，即在低频部分具有较高的频率分辨率和较低的时间分辨率，在高频部分具有较高的时间分辨率和较低的频率分辨率。这种特性使小波变换具有对信号的自适应性。

小波变换的基本定义为：把一称为基本小波的函数 $\Psi(t)$进行位移 τ 后，再在不同尺度 a 下与待分析信号 $f(t)$进行内积，其表达式为

$$\mathrm{WT}_x(a,\tau)=\frac{1}{\sqrt{a}}\int_{-\infty}^{+\infty}f(t)\Psi\left(\frac{t-\tau}{a}\right)\mathrm{d}t,\quad a>0 \tag{3.32}$$

式中，$\mathrm{WT}_x(a,\tau)$为连续小波变换系数，其值随 a 和 τ 的取值变化；a 称为尺度（伸缩）参数；τ 称为平移参数。

在实际应用中，考虑到离散小波变换节约计算时间、易于实现，对信号 $f(t)$ 进行离散采样来进行处理，得到 M 点的离散信号 $f(m)$（m=0, 1, 2, ⋯, M–1），其小波变换表达式为

$$\mathrm{WT}_x(j,k)=2^{\frac{-j}{2}}\sum_{m=0}^{M-1}f(m)\Psi(2^{-j}m-k) \tag{3.33}$$

式中，$j,k\in Z$；$\mathrm{WT}_x(j,k)$为离散小波变换系数，随着 j,k 的不同而不同，简称为小波系数。

利用小波进行心音信号提取的基本步骤为：首先对解调心音信号进行小波分解，根据心音信号特点选择合适的小波基函数，并选择合适的分解层数；然后对每一层得到的高频系数（细节信号）选择合适的阈值进行处理；最后根据每一层分解的低频系数（逼近信号）和阈值处理后的高频系数进行信号的重构。

与标准的傅里叶变换相比，小波分析中所用的小波函数具有不唯一性，当选用不同的小波函数分析同一个问题时，可能会产生不同的结果。因此，进行小波

分析时，小波基的选择十分重要，但目前仍没有较好的方法，主要是通过用小波分析方法处理的结果与理论结果的误差来判定小波基的好坏，并由此选定小波基。目前常用的小波函数主要有 haar 小波、db 小波、coif 小波、sym 小波、meyer 小波和 dmey 小波。通过对解调心音信号使用不同小波基进行处理的结果进行比较，选用 db4 作为小波基。

利用 Mallat 分解算法进行信号分解，小波分解算法如图 3.34 所示。该算法以一个离散逼近 $C_{2^{j+1}}f$ 开始，并且把它分解为一个逼近成分 $C_{2^j}f$ 和一个细节 $D_{2^j}f$ 。这一过程在后续的每一分辨率 j 处重复。

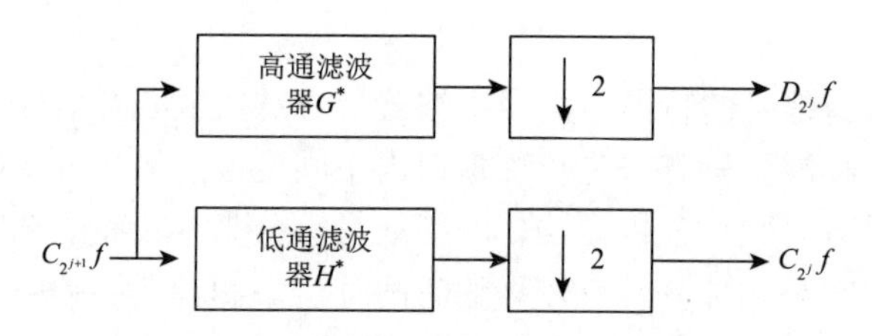

图 3.34　小波分解算法示意图

逼近成分 $C_{2^j}f$ 可通过 $C_{2^{j+1}}f$ 与滤波器 H^* 进行卷积计算得到，并且每隔一个输出进行抽样保存，即

$$
\begin{aligned}
C_{2^j}f &= \left\langle f(x), \phi_{2^j}(x-2^{-j}n) \right\rangle \\
&= \sum_{k=-\infty}^{+\infty} \bar{h}(2n-k) \left\langle f(x), \phi_{2^{j+1}}(x-2^{-j-1}k) \right\rangle
\end{aligned}
\tag{3.34}
$$

式中，ϕ 为尺度函数；$h(n)=\dfrac{1}{2}\left\langle \phi\left(\dfrac{x}{2}\right), \phi(x-n) \right\rangle$；$\bar{h}(n)=h(-n)$ 。

细节信号 $D_{2^j}f$ 可以通过 $C_{2^{j+1}}f$ 与滤波器 G^* 进行卷积计算得到，并且每隔一个输出抽样保存，即

$$
\begin{aligned}
D_{2^j}f &= \left\langle f(x), \varphi_{2^j}(x-2^{-j}n) \right\rangle \\
&= \sum_{k=-\infty}^{+\infty} \bar{g}(2n-k) \left\langle f(x), \varphi_{2^{j+1}}(x-2^{-j-1}k) \right\rangle
\end{aligned}
\tag{3.35}
$$

式中，φ 为小波函数；$g(n)=\dfrac{1}{2}\left\langle \varphi\left(\dfrac{x}{2}\right), \varphi(x-n) \right\rangle$；$\bar{g}(n)=g(-n)$ 。

对各层的细节信号进行不同的阈值处理从而实现对某一频段信号的提取或消噪。阈值的选取不宜过大或过小，根据实际情况选择；阈值处理中，常用到的阈值函数有硬阈值函数和软阈值函数。

硬阈值函数为

$$\mathrm{Wf}_{j,k}^{*}=\begin{cases}\mathrm{Wf}_{j,k}, & \left|\mathrm{Wf}_{j,k}\right| \geqslant Y \\ 0, & \left|\mathrm{Wf}_{j,k}\right|<Y\end{cases} \tag{3.36}$$

软阈值函数为

$$\mathrm{Wf}_{j,k}^{*}=\begin{cases}\mathrm{Wf}_{j,k}-Y, & \mathrm{Wf}_{j,k}>Y \\ \mathrm{Wf}_{j,k}+Y, & \mathrm{Wf}_{j,k}<-Y \\ 0, & \left|\mathrm{Wf}_{j,k}\right| \leqslant Y\end{cases} \tag{3.37}$$

式中，$\mathrm{Wf}_{j,k}$ 为原始的小波系数；$\mathrm{Wf}_{j,k}^{*}$ 为阈值处理后的小波系数；Y 为所选择的阈值。通常情况下，硬阈值处理后能够保留信号的一些有用的特征，但是它的平滑性较差，软阈值处理后的信号平滑性较好。

对阈值处理后的各层细节信号和逼近信号进行信号重构得到小波处理后的结果。$C_{2^{j+1}}f$ 可以通过在每一个抽样值 $C_{2^j}f$ 和 $C_{2^j}f$ 之间加 0，并且分别用滤波器 H 和 G 与分解所得信号进行卷积而重构得到。

由于心音信号的采样速率为 1kHz，进行 5 层小波分解后，每层对应的频率范围为 d1：1kHz～500Hz，d2：500～250Hz，d3：250～125Hz，d4：125～62.5Hz，d5：62.5～31.25Hz，a5：31.25～0Hz。图 3.35 为对光纤光栅传感器解调信号进行 db4 小波 5 层分解的结果。可见，第一心音和第二心音主要出现在 d5 和 d4 层，这与第一心音和第二心音主要集中在 50～100Hz 范围相吻合。

对分解后的小波系数，保留 d5 和 d4 层，其余阈值强制为零，重构后的信号作为所提取出的心音信号。图 3.36 为对图 3.35 信号保留 d5 和 d4 层的归一化输出结果。从图中可以看出提取出的 d5 和 d4 层信号具有明显的第一心音和第二心音成分，对其取绝对值，进行包络提取，确定第一心音和第二心音起止点和峰值点位置，从而提取第一心音和第二心音的特征参数。

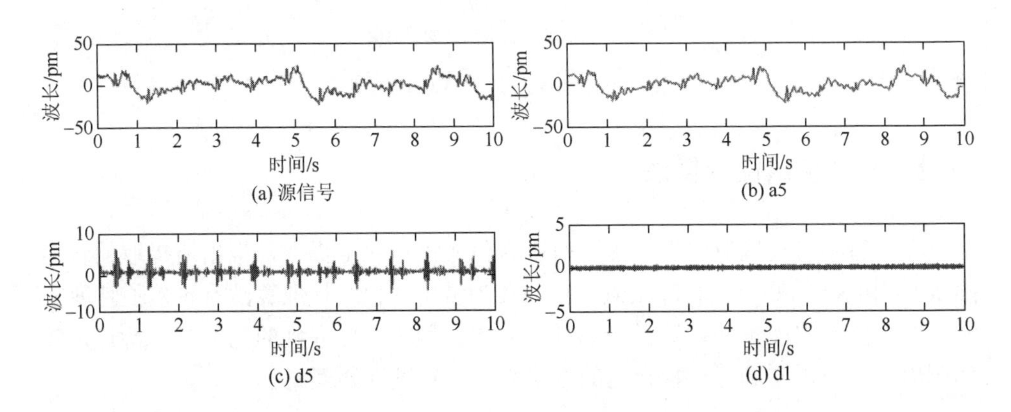

(a) 源信号　(b) a5　(c) d5　(d) d1

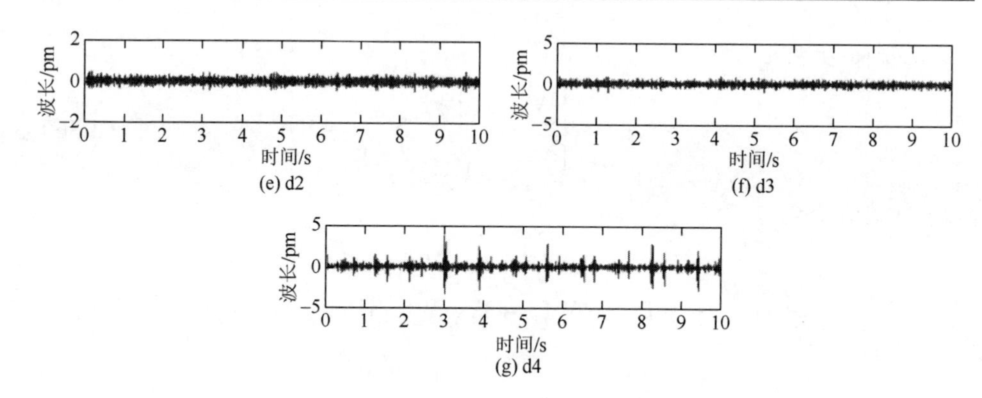

图 3.35　解调心音信号小波分解各层信号波形

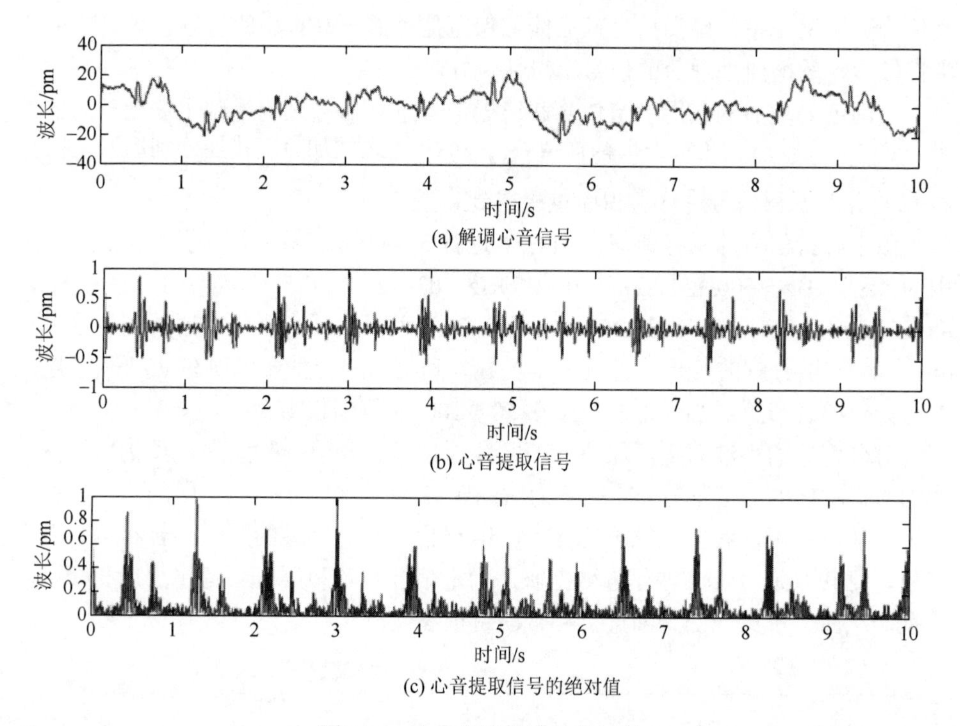

图 3.36　心音提取算法处理结果

3.5.2　心音包络提取算法

在心音信号处理算法中，需要对心音信号进行包络提取，根据所提取的包络确定 S1 和 S2 的峰值点和起止点。目前较为常用的包络提取算法有希尔伯特变换法、归一化香农能量法、数学形态学法，这三种方法提取到的包络各具特点，实际应用中根据需要选择一种合适的方法来对信号进行处理。

1. 常用包络提取算法基本原理

1）希尔伯特变换法

假设一个连续信号为 $y(t)$，其希尔伯特变换 $\hat{y}(t)$ 可以定义为

$$\hat{y}(t)=\pi^{-1}\int_{-\infty}^{+\infty}\frac{y(\tau)}{t-\tau}\mathrm{d}\tau=\pi^{-1}\int_{-\infty}^{+\infty}\frac{y(t-\tau)}{\tau}\mathrm{d}\tau=y(t)^{*}\frac{1}{\pi t} \tag{3.38}$$

可见 $\hat{y}(t)$ 可以看作 $y(t)$ 通过一滤波器得出的，该滤波器的单位冲激响应为 $h(t)=1/(\pi t)$，$y(t)$ 的解析信号为 $z(t)=y(t)+\mathrm{j}\hat{y}(t)$。将 $y(t)$ 进行离散，得到其离散信号 $y(n)$，其希尔伯特变换 $\hat{y}(n)$ 可表示为

$$\hat{y}(n)=y(n)*h(n)=2\pi^{-1}\sum_{m=-\infty}^{+\infty}\frac{y(n-2m-1)}{2m+1} \tag{3.39}$$

$y(n)$ 的解析信号为 $z(n)=y(n)+\mathrm{j}\hat{y}(n)$，对解析信号取绝对值，$b(n)=|z(n)|$ 则为离散信号的包络。

2）归一化香农能量法

归一化香农能量法的基本原理是对原始数据进行分段，从起点开始 N 个数据为一段，每段的起点相隔 $N/2$ 个点，每一段数据的能量为

$$E=-N^{-1}\sum_{i=1}^{N}x^{2}(i)\lg x^{2}(i) \tag{3.40}$$

式中，x 为段中采样点的值与本段中最大绝对值的比值。以 M 代表所分的段数，每段的能量表示为 $E(m)$，其中 $m=1,2,\cdots,M$，那么信号的归一化香农能量表示为

$$P(m)=\frac{E(m)-M[E(m)]}{S[E(m)]} \tag{3.41}$$

式中，$M[E(m)]$ 代表 $E(m)$ 的平均值；$S[E(m)]$ 代表 $E(m)$ 的标准差。

3）数学形态学法

数学形态学法的基本运算包括膨胀、腐蚀、开运算、闭运算。基于这些基本运算可以组合得出不同的数学形态学法。

设一维离散输入信号 $f(n)$ 和序列结构元素 $g(m)$ 的定义域分别为 $F=\{0,\cdots,N-1\}$ 和 $G=\{0,\cdots,M-1\}$，且 $N>M$，则 $f(n)$ 关于 $g(m)$ 的腐蚀 (Θ) 和膨胀 $(\oplus)$ 运算分别定义为

$$(f\Theta g)(n)=\min\{f(n+m)-g(m)\} \tag{3.42}$$

$$(f\oplus g)(n)=\max\{f(n-m)+g(m)\} \tag{3.43}$$

式中，$(n+m)$、$(n-m)\in F$，$m\in G$。基于上面两个公式，形态学开 $(\circ)$ 和闭 $(\bullet)$ 运算相应地定义为

$$(f\circ g)(n)=[(f\Theta g)\oplus g](n) \tag{3.44}$$

$$(f\bullet g)(n)=[(f\oplus g)\Theta g](n) \tag{3.45}$$

对心音信号取绝对值后再进行闭运算便能够得到心音包络。包络提取效果的好坏在很大程度上与结构元素的选取有关，结构元素一般选取几何形状比较简单的图形，如直线形、余弦形、三角形、圆形等，一般比较常用的是直线形和余弦形结构元素，其图形定义如图 3.37 所示。

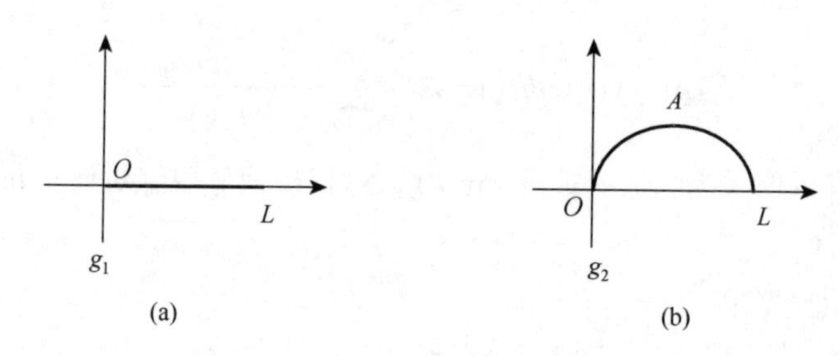

图 3.37　直线形和余弦形结构元素

图中，g_1 为直线形结构元素，g_2 为余弦形结构元素，长度均为 L。直线形结构元素的幅度为 0，余弦形结构元素的幅度为 A，结构元素随着其长度和幅度的大小而改变。

2. 三种包络提取算法的比较

利用以上三种包络提取算法对同一段心音数据进行处理，通过对处理结果的分析说明其各自的特点，从而选择一种最适合心音包络提取的方法。图 3.38 为希尔伯特变换进行心音包络提取的结果，图中黑框内所标注的数字为心音峰值点的横坐标。可见，希尔伯特变换所提取的包络具有毛刺，包络提取前后峰值点的横坐标发生了变化。变化虽然很微小，但对于后续心音特征参数的提取会造成影响，从而影响心音信号正常或异常的判断。

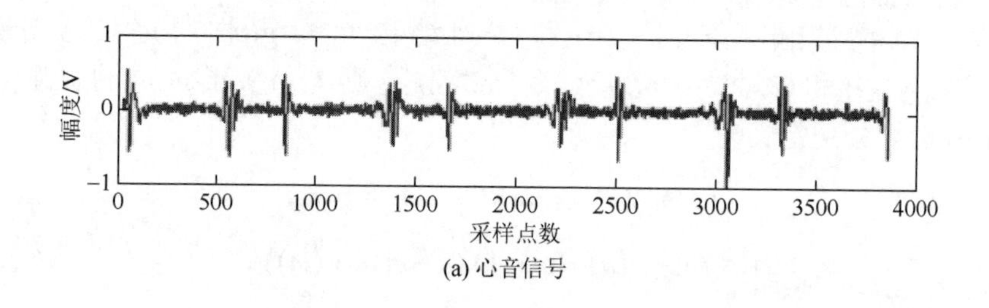

(a) 心音信号

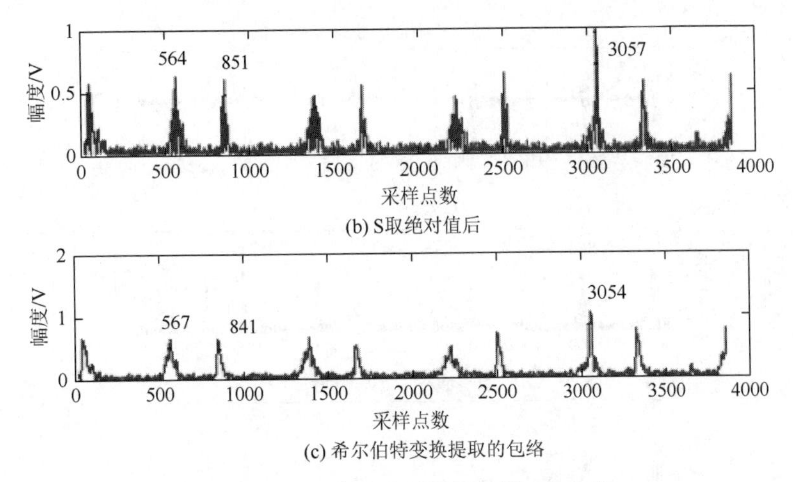

(b) S取绝对值后

(c) 希尔伯特变换提取的包络

图 3.38　希尔伯特变换法提取的心音包络

图 3.39（a）为归一化香农能量法提取到的心音包络，可见所提取的心音包络比较平滑。图中小黑框所示部分的 S1 和 S2 在包络提取后幅度发生了明显的相对变化，而 S1 和 S2 的幅值之比是衡量心力储备能力的重要参考参数，因此使用归一化香农能量法提取包络，也会对后续心音特征提取产生影响。

图 3.39（b）为使用直线形结构元素数学形态学法提取到的心音包络，所提取的包络能够正确表示心音信号的特征轮廓，不会对心音信号的峰值点位置进行改变，并且对 S1 和 S2 的幅度没有造成影响，从而保证了包络提取后不会改变原有心音的特征参数。

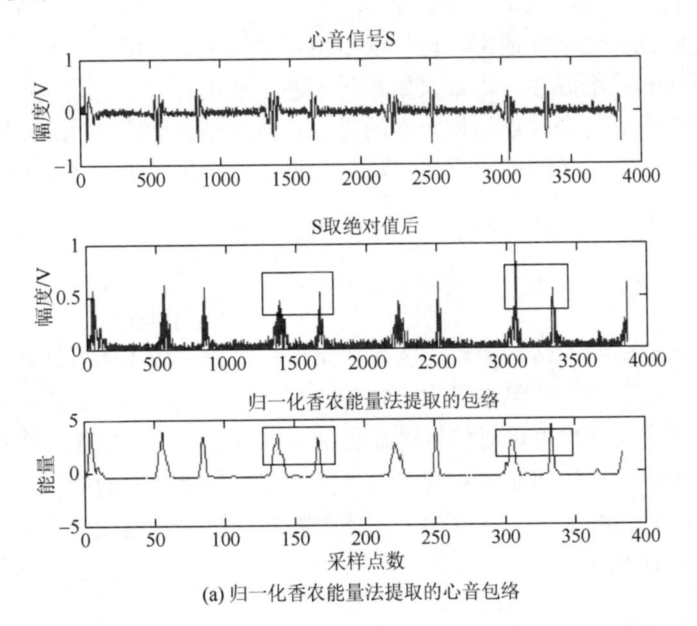

(a) 归一化香农能量法提取的心音包络

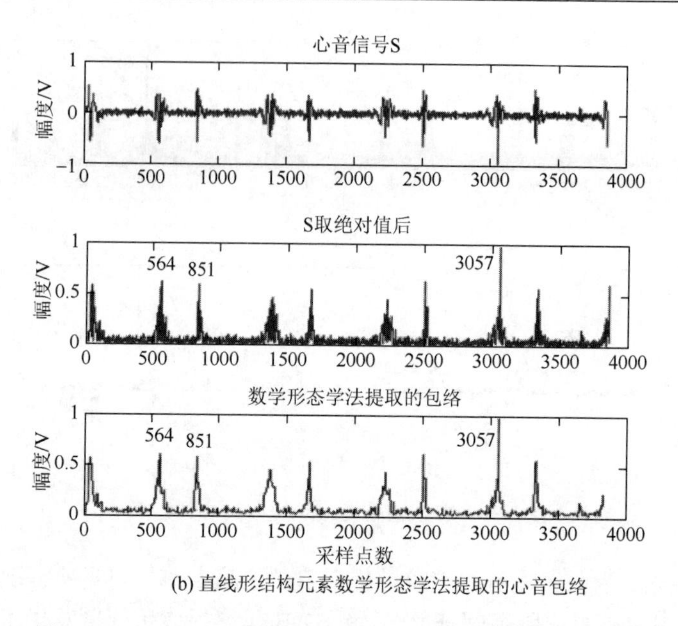

(b) 直线形结构元素数学形态学法提取的心音包络

图 3.39　归一化香农能量法和数学形态学法提取的心音包络

上述三种包络提取算法对同一心音信号进行包络提取的结果表明：希尔伯特变换法和归一化香农能量法都使原始心音信号的峰值点位置或峰值幅度发生了变化，这些变化直接导致所提取的心音特征参数产生误差，从而影响正常或异常心音的判断。数学形态学法提取的包络，具有不改变心音特征参数的优点，但相较于归一化香农能量法，数学形态学法提取的包络阶梯状比较严重，尤其是直线形结构元素提取到的包络。通常，这一缺点可以通过某种平滑方法进行弥补。为提高心音特征检测的准确性，本章采用数学形态学法进行心音包络的提取，并提出将直线形结构元素与余弦形结构元素所提取包络相结合的方法确定心音峰值点和起止点，从而克服了单纯使用直线形结构元素提取包络平滑性差对心音起止点检测准确性的影响。

3. 包络提取算法中结构元素的选择

数学形态学法中，结构元素的选取决定着包络提取效果的好坏，直线形结构元素被广泛应用于信号的包络提取，它能较好地提取到信号的包络。另外，实验发现余弦形结构元素也可以对信号进行包络提取，它们的包络各具特点。图 3.40 是用直线形和余弦形结构元素对同一心音信号进行包络提取的结果，从整体图形上看包络提取效果都很好，截取两个图形中的同一段信号进行放大比较，放大部分包络如图 3.41 所示。

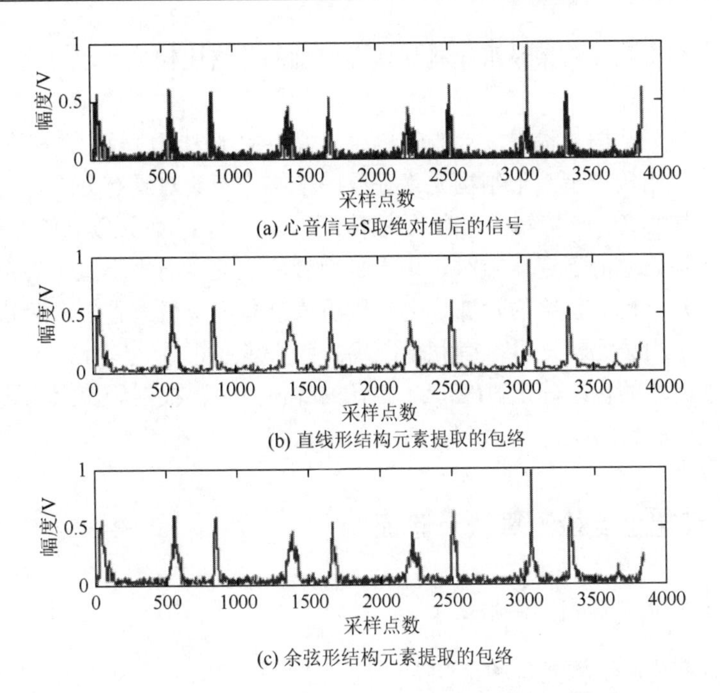

(a) 心音信号S取绝对值后的信号

(b) 直线形结构元素提取的包络

(c) 余弦形结构元素提取的包络

图 3.40　直线形和余弦形结构元素提取到的心音包络

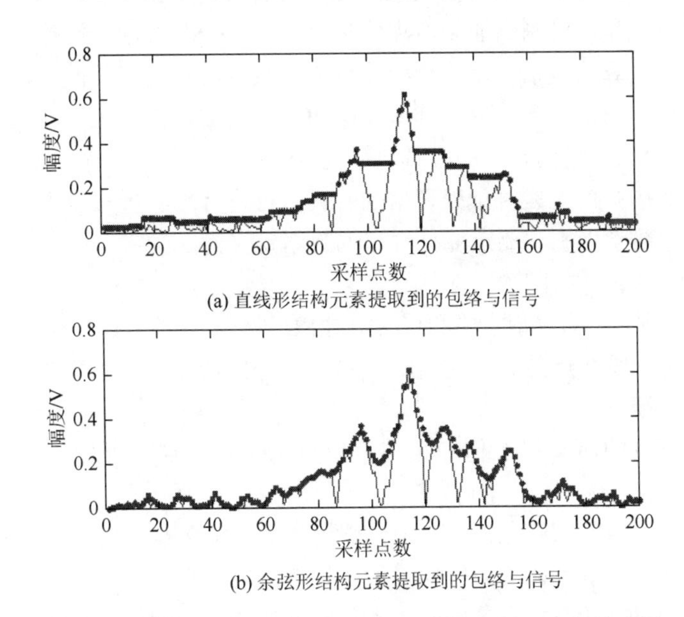

(a) 直线形结构元素提取到的包络与信号

(b) 余弦形结构元素提取到的包络与信号

图 3.41　直线形和余弦形结构元素提取心音包络的局部放大图

图 3.41 中，实线为取绝对值后的心音信号，由“•”表示的分别为直线形和余弦形结构元素提取到的包络。可见，直线形结构元素提取到的包络具有阶梯状，

对峰谷削去程度明显；余弦形结构元素提取到的包络比较平滑，对信号峰谷削去的程度相对较小。

由于直线形结构元素提取的心音包络对峰谷的削去程度较大，在进行 S1、S2 心音判别时，相较于余弦形结构元素提取的包络，不会对具有分裂特征的心音误判为两个正常心音，或将其中一个认为是干扰峰去除，从而导致峰值点检测错误。而在确定 S1、S2 心音起止点时，由于采用峰值点前后的极小值作为判别依据，直线形结构元素提取包络的阶梯状会对极小值判断产生极大影响，余弦形结构元素提取的包络由于比较平滑，有利于准确找到心音起止点。因此，本章利用直线形结构元素提取的包络确定 S1 和 S2 心音的峰值点，再根据峰值点位置和余弦形结构元素提取的包络确定 S1 和 S2 心音的起止点。

3.5.3　心音起止点检测算法及验证

1. 心音起止点检测算法描述

根据对直线形结构元素和余弦形结构元素所提取的包络特点进行的分析，本章提出了在利用直线形结构元素提取的包络得到心音峰值点后，利用余弦形结构元素提取的包络和已检测出的峰值点信息来确定 S1 和 S2 起止点位置的心音起止点检测算法。该算法包括：基于余弦形结构元素的心音包络提取、起止点阈值的计算和起止点的确定三个部分，具体算法如下。

1）基于余弦形结构元素的心音包络提取

选择余弦形结构元素对预处理后的心音数据进行数学形态学闭运算。将经余弦形结构元素数学形态学闭运算处理后的包络定义为 SC。

2）起止点阈值的计算

这一步用到了心音峰值点检测算法中对 SL 进行分段的起点和终点，具体如下。

（1）取每一段终点前 a_1 个数据（$a_1 < a$），分别计算该部分数据中的极小值和极大值，并进行记录。

（2）将记录的所有极小值和极大值取算术平均，将该平均值作为平均噪声水平。

如前所述，所提取每段终点前的 a_1 个数据中不包含心音成分，均在噪声区域，对该部分数据的极小值和极大值的算术平均值可表示平均噪声水平。根据医学相关方面的研究，S1 和 S2 心音的起止点与噪声的应处于同一个数量级，所以将计算出的平均噪声水平作为心音起止点判断的阈值。

3）起止点的确定

在已确定的心音峰值点位置前后，分别从余弦形结构元素提取的心音包络数据 SC 中，寻找第一个幅值小于起止点判断阈值的极小值点，将该极小值点作为相应心音成分的起止点。

2. 心音起止点检测算法验证

正常心音和异常心音样本运用上述算法进行心音起止点检测，其中，余弦形结构元素长度 L 取值为 12，幅度 A 取值为 0.1。图 3.42 为采用余弦形结构元素提取的心音包络 SC。

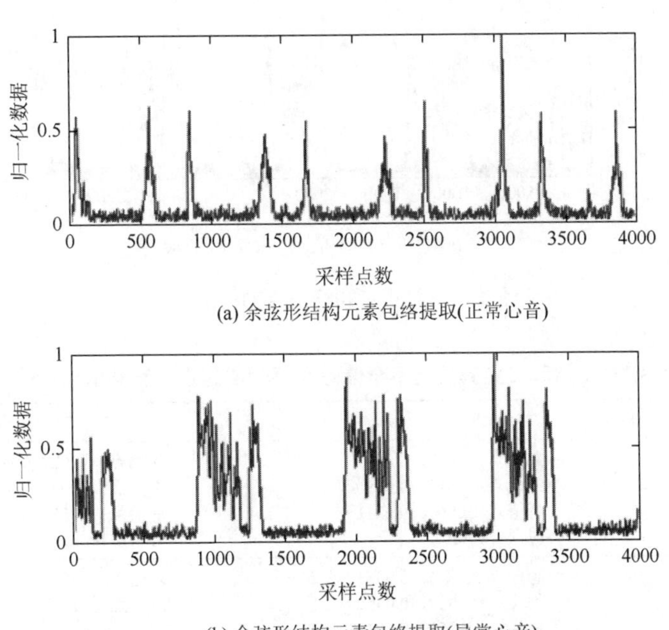

(a) 余弦形结构元素包络提取(正常心音)

(b) 余弦形结构元素包络提取(异常心音)

图 3.42　基于余弦形结构元素提取的心音包络

在进行起止点阈值计算中，a_1 取值为 50，所计算出的正常心音信号的起止点阈值为 0.033，异常心音信号的起止点阈值为 0.028。在确定心音起止点的过程中，用到已检测出的如图 3.43 所示的峰值点信息。在每个峰值点的前后从 SC 数据中搜寻第一个小于阈值的极小值点作为相应心音成分的起止点。正常和二尖瓣关闭不全信号 S1、S2 起止点检测结果如图 3.43 所示。其中，心音成分的起点以“+”标注，心音成分的止点以“。”进行标注，峰值点以“*”进行标注。顺序得到的起止点坐标如表 3.7 和表 3.8 所示，其中，各心音成分从左到右依次用 1 到 8 来进行标号，同时表中还列出了每个心音成分的持续时间，即心音时限，来说明起止点确定的合理性。

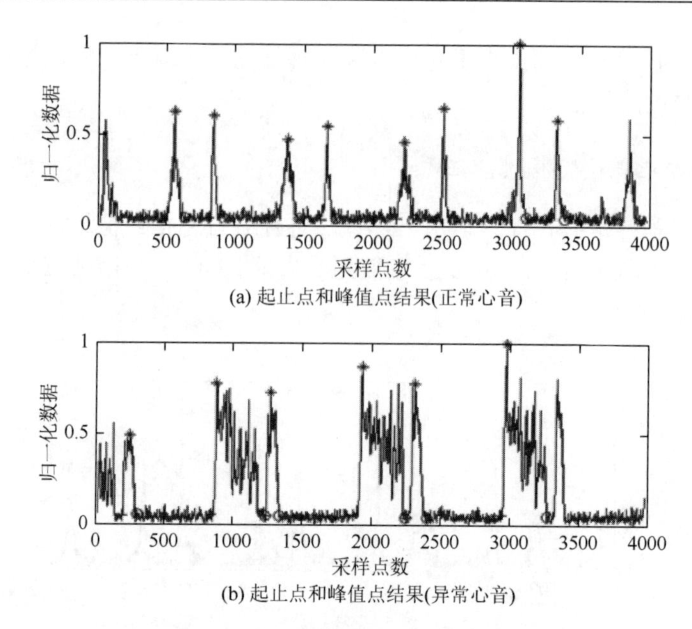

(a) 起止点和峰值点结果(正常心音)

(b) 起止点和峰值点结果(异常心音)

图 3.43　起止点和峰值点的检测结果

表 3.7　正常和二尖瓣关闭不全信号 S1 和 S2 起止点和峰值点（一）

心音成分序号	正常心音	二尖瓣关闭不全
1	起始点：（462，0.0301） 终止点：（642，0.039） 峰值点：（564，0.6211） 时限：180ms	起始点：（202，0.043） 终止点：（307，0.0512） 峰值点：（255，0.4885） 时限：105ms
2	起始点：（816，0.0381） 终止点：（939，0.0352） 峰值点：（851，0.601） 时限：123ms	起始点：（856，0.0503） 终止点：（1237，0.0512） 峰值点：（894，0.7755） 时限：381ms
3	起始点：（1203，0.0358） 终止点：（1467，0.0363） 峰值点：（1383，0.4708） 时限：264ms	起始点：（1246，0.0438） 终止点：（1345，0.0434） 峰值点：（1278，0.7268） 时限：99ms

表 3.8　正常和二尖瓣关闭不全信号 S1 和 S2 起止点和峰值点（二）

心音成分序号	正常心音	二尖瓣关闭不全
4	起始点：（1629，0.0326） 终止点：（1737，0.0405） 峰值点：（1672，0.5447） 时限：108ms	起始点：（1876，0.055） 终止点：（2254，0.041） 峰值点：（1937，0.8686） 时限：378ms
5	起始点：（2172，0.0371） 终止点：（2292，0.0349） 峰值点：（2229，0.4603） 时限：120ms	起始点：（2260，0.041） 终止点：（2410，0.0418） 峰值点：（2321，0.7752） 时限：150ms

续表

心音成分序号	正常心音	二尖瓣关闭不全
6	起始点：（2457，0.0345） 终止点：（2583，0.0371） 峰值点：（2512，0.639） 时限：126ms	起始点：（2944，0.0524） 终止点：（3274，0.0498） 峰值点：（2981，1） 时限：330ms
7	起始点：（2922，0.0417） 终止点：（3108，0.0451） 峰值点：（3057，1） 时限：186	
8	起始点：（3249，0.0401） 终止点：（3390，0.0401） 峰值点：（3333，0.5815） 时限：141ms	

3.5.4　心音特征提取及分析

心音正常或异常判断时，需要将心音特征参数与医学所规定的正常心音的特征参数进行比较，如果被测信号的特征参数值在所规定的正常范围内，那么将被测心音判定为正常；如果被测心音的特征参数值不在所规定的正常范围内，那么将被测心音判定为异常。本章需要提取的心音特征参数如下。

（1）心动周期 HC：心房或心室每收缩与舒张一次构成心脏的一个机械活动的周期。在每一个心动周期里面，一般可听到两个心音，分别称为第一心音（S1）和第二心音（S2）。

（2）心率 HR：每分钟心脏跳动的次数，为心动周期的倒数。人的心率有显著的个体差异，通常正常范围为 60～100 次/分，平均为 75 次/分。如果心率大于 100 次/分，被认为是心率过快，心率小于 60 次/分时，被认为是心率过慢。

（3）第一心音（S1）时限 S1t：S1 持续的时间，即 S1 终止点与起始点的时间差。正常人第一心音的持续时间较长，通常是在 80～160ms。如果第一心音的时限大于 160ms，则被认为可能存在收缩期杂音或 S1 分裂。

（4）第二心音（S2）时限 S2t：S2 持续的时间，即 S2 终止点与起始点的时间差。正常人第二心音的持续时间较短，通常是在 60～120ms。如果第二心音的时限大于 120ms，则被认为可能存在舒张期杂音或 S2 分裂。

（5）心力 R：心力参数用于表示心脏的储备能力，S1 的幅度与心肌收缩能力相关，S2 幅度与外周阻力相关，通常用 S1 与 S2 幅度的比值衡量心力情况。当 R 值在 0.5～2.5 时被认为是正常；当 R 小于 0.5 时，认为是 S2 增强或是 S1 减弱；当 R 大于 2.5 时，认为是 S1 增强或是 S2 减弱。

通过各心音特征参数的定义可以发现，只要确定了 S1 和 S2 的起止点和峰值点即可通过计算得到以上心音特征参数。由于 S1 代表心脏的收缩，S2 代表心脏的舒张，则 S1、S2 的间隔时间要小于 S2、S1 的间隔时间，依据该规律通过计算各心音成分峰值点横坐标差值判断出 S1 和 S2。显然正常心音样本的 S1 所对应的心音成分序号为 1、3、5、7，S2 所对应的心音成分序号为 2、4、6、8，包括 4 次心动周期；异常心音样本的 S1 对应的心音成分序号为 2、4、6，S2 对应的心音成分序号为 1、3、5，包括 3 次心动周期。

由于心音信号具有周期性，可以用 S1 或 S2 的重复性来描述心动周期，本章把 N 个 S1 中第一个 S1 和第 N 个 S1 所对应的峰值点的横坐标相减，然后除以 $N-1$ 所得到的值称为以 S1 为基准的平均心动周期 S1C；把 M 个 S2 中第一个 S2 和第 M 个 S2 所对应的峰值点的横坐标相减，然后除以 $M-1$ 所得到的值称为以 S2 为基准的平均心动周期 S2C；然后取 S1C 和 S2C 的平均值就得到了该心音信号的心动周期。对心动周期取倒数作为心率。

另外，S1 和 S2 时限、心力等参数均采用对每个心动周期的心音参数进行平均得到。心音信号特征参数如表 3.9 所示。

表 3.9　心音处理算法计算得到的心音特征参数

心音样本	心动周期/ms	心率/(次/分钟)	S1 平均时限/ms	S2 平均时限/ms	心力
正常心音	829	72	187.5	124.5	1.084
二尖瓣关闭不全	1038	58	363（异常）	118	1.094

根据相关医学规定，对计算出的心音特征参数进行分析，可以初步判断心音是否正常，异常情况可能对应的病理情况。如表 3.9 中正常心音的各项特征参数均在正常心音特征参数值范围内或附近，说明该心音基本正常。而异常心音的 S1 平均时限明显大于正常范围的平均时限，说明在心脏收缩过程中存在杂音，出现异常。

参 考 文 献

[1] Baurley S. Interactive and experiential design in smart textile products and applications[J]. Personal and Ubiquitous Computing，2004，(8)：274-281.

[2] Edmison J，Jones M，Nakad Z. Using piezoelectric materials for wearable electronic textile[J]. Processings of the 6th International Synposiμmon Wearable Computers，2002：245-248.

[3] 谢建宏，张为公. 智能材料结构的研究与发展[J]. 传感技术学报，2004，(1)：164-167.

[4] 王艳玲，沈新元. 智能纤维的研究现状与应用前景[J]. 产品用纺织品，2003，21 (3)：42-45.

[5] 杜密宁，万振江. 智能材料在纺织品中的应用[J]. 北京纺织，2003，24 (6)：60-61.

[6] 王荣荣. 医用智能纤维及纺织品的开发现状[J]. 现代纺织技术，2007，(3)：64-66.

[7] 刘伶俐，廖丽芳，邹奉元. 可测心率智能服装初探[J]. 浙江理工大学学报，2009，26 (4)：530-533.

[8] Haahr R G，Duum S，Thomsen E V，et al. A wearable “electronic patch” for wireless continumous monitoring of chronically diseased patients[J]. Porceedings of the 5th International Workshop on Wearable and Implantable Body Sensor Networks，2008：1-3.

[9] Loriga G，Taccini N，de Rossi D. Textile sensing interfaces for cardiopulmonary signs moinitoring[C]. Processings of the IEEE Engineering in Medicine and Biology 27th Annual Conference，Shanghai，2005：7349-7352.

[10] Gibbs P，Asada H H. Wearable conductive fiber sensor arrays for measuring multi-axis joint motion[C]. Proceedings of the 26th Annual International Conference of the IEEE EMBS，San Francisco，2004：4755-4758.

[11] Axisa F，Gehin C，Delhomme G，et al. Wrist ambulatory mointoring system and smart glove for real time emotional，sensorial and physiological analysis[C]. Proceedings of the 26 Annual International Conference of the IEEE EMBS，San Francisco，2004：2161-2164.

[12] Borges L M，Rente A，Velez F J. Overview of progress in smart-clothing project for health monitoring and sport applications[J]. Proceedings of 1st International Symposiμm on Applied Sceences in Biomedical and Communication Technologies，2008：1-4.

[13] Mazzoldi A，程中浩. 用于可穿性运动捕获系统的智能纺织品[J]. 国外纺织技术，2003，(6)：36-38.

第4章　光纤光栅解调光子集成概述

4.1　引　　言

近年来，硅基光子器件的研究取得飞速进展：已研制出高探测灵敏度的锗硅探测器、谐振腔增强型的锗硅光电二极管、硅量子点激光器、多孔硅发光二极管、基于受激拉曼散射（Stimulated Raman Scattering，SRS）的硅基激光器、硅和Ⅲ-Ⅴ族半导体材料键合在一起的混合型激光器、高速率硅基调制器、硅基光子晶体功能器件、硅基阵列波导光栅、规模化硅基光开关阵列等[1-3]。这些器件无一不展现出硅基光子器件的巨大魅力和无穷潜力，世界各国投入大量的科研技术力量和财力研究和开发硅基光子器件，其主要原因在于在现有的大规模集成电路工艺线的基础上，可实现硅基光电子器件的大规模集成，从而促使现有的信息技术突飞猛进。并且，在现有大规模集成电路的技术平台上实现的硅基光子器件已经显示出相比于其他各种信息基础硬件的技术优势。因此，硅基光子集成方面的研究工作正在成为硅基光子学中的关键技术。

硅基光子学的主要目标就是利用标准的微电子制造工艺实现阵列化、模块化的硅基光子芯片，具有标准化的光电信息接口或界面，与现有的集成电路单元和模块完美组合、硅基光子集成是一项以硅基光子学为理论基础并涵盖了光电子学、微电子学、材料学、集成工艺技术以及各个基础学科知识的新兴研究领域，在通信、计算、能源、化工、医疗、航空航天和科学探索等诸多领域中均有广泛应用前景，根据所用材料体系和制造工艺的特征来划分，硅基光子集成包含单片集成和混合集成两大类型[4-6]。其中单片硅基光子集成是指在同一片硅晶圆上利用半导体制造工艺技术，使多个相同或不同功能的硅基光子器件在整体上构成阵列化、模块化的单个芯片，以此实现基于硅基光子单元的一种或多种光学信息处理功能，如光波信号收发、光编码解码、光波长调谐和变换、光开关和路由选择、光波分复用/解复用、滤波和功率控制、光学模数/数模转换、物理信号检测、化学及生物信息监测等，混合硅基光子集成所要实现的功能目标与单片硅基光子集成基本相似，但所用材料通常为多个孤立的半导体衬底，且往往包含不同体系的材料，如Ⅲ-Ⅴ族半导体材料、铁电体材料、有机聚合物、液晶等，早期曾采用低熔点金属或合金焊料将不同规格和尺寸的芯片分别焊接在公共衬底或同一块印刷电路板（Printed Circuit Board，PCB）上，而近年来已逐渐开发出各种类型键合技术，可直接将多种已制成的半导体芯片从物理结构上组合为一个整体，通过内部的传输波导和互连导线进行光信号和电信号的对接，从而实现异质薄膜材料的转移以及完整的光学信息处理功能。

就研究现状和发展趋势而言，单片硅基光子集成可看作硅基光子学研究的终极目标之一，目前的研究重点是电子与光子集成回路（Electronic-Photonic Integrated Circuits，EPIC），其中包括单一功能器件如激光器、探测器、调制器、滤波器和传感器等，而混合硅基光子集成自诞生起就具有整合现有半导体材料和工艺的特点，其初衷或许是为结合硅基光子集成的发展现状而采取的从电子时代向光子时代的过渡方案和衔接途径，使当前可实现的各种光电子集成回路（Optoelectronic Integrated Circuits，OEIC），通过实用化的方法组合起来，混合硅基光子集成由于结合了复杂的材料体系并采用了非标准化的微电子制造工艺，而具有独特的生命力，除实现各类光学信息处理功能外，还可研制成太阳能发电、发光照明、信息显示和存储等多种应用模块[7]。因此，单片硅基光子集成和混合硅基光子集成都具有广泛的研究价值。

从硅基光子学关注的内容来看，硅基光子集成的研究领域主要包括以下几个方面[8-10]：

（1）硅基光子集成回路：传输波导、分束/合束器、模斑变换器（Spot Size Converter，SSC）、环形谐振腔（Split Ring Resonators，SRR）、光纤输入/输出耦合界面等基本单元与有源光子器件的集成化设计和制造；

（2）硅基光子器件与电子器件的集成：光子器件和电子器件的兼容设计和制造；

（3）硅基键合技术，以及硅基异质结构外延生长技术；

（4）硅基光子器件和硅基光子集成回路在光互联、光通信、光计算等领域中的应用；

（5）硅基生物光子传感器、生物信息芯片以及在医药行业中的应用；

（6）混合硅基光子集成的制作工艺和可扩展应用于非信息领域的标准模块。

已发展成熟的硅大规模集成电路制造工艺为硅基光子学提供了坚实的技术支持，也奠定了今后 10 年内硅基光子集成的发展方向，概括地说，硅基光子集成技术的研究工作主要集中在以下 4 个方面：

（1）适用于光电器件的硅基异质结构外延生长和键合技术；

（2）硅基异质结构与量子结构的光发射和光探测；

（3）硅基光波导器件和光互联模块；

（4）硅基光电子器件同电子器件的集成。

4.2 单片硅基光子集成技术

对于电子和光子器件而言，集成化都有很多个好处：缩小体积、提高性能、减少损耗和降低成本。电子集成的目标是将尽可能多的高性能晶体管集中在同一块芯片上，目前最新的超大规模集成电路（Very Large Scale Integration Circuit，VLSI）技术可在 25mm^2 晶圆内集成超过 5000 万只晶体管，且时钟频率达到 60 亿赫兹以上，使得计算机中央处理器（Central Processing Unit，CPU）具有超强的指令处理能力，由数千个这样的 CPU 就可构建出运算速率每秒 200 万亿次的超级计算机“曙光 5000”（2008 年 6 月）。然而，随着集成电路技术的发展，光刻线宽 90mn 以下的制造工艺面临越来越苛刻的物理条件，采用缩减晶体管尺寸的办法来提高集成电路性能的技术难度逐渐增大，为了延续计算机硬件的“摩尔定律”，不断扩展集成电路的功能，半导体行业自 2005 年以来纷纷转向以 IBM 公司 cell 处理器为代表的加速器、多核心和片上系统等发展方向。无论如何，对于 CPU 内部的晶体管间通信和片外信息传递，电互联导线难以有效地解决因信号延迟所引发的各种问题，目前微电子行业普遍寄望于采用硅基光子集成器件或模块来实现高速率、大容量的芯片内、外通信[11-13]。

和电子集成不同的是，现有的光子集成包括种类繁多、形态各异的组合元件，连接关系复杂，衬底材料丰富，因此，实现光子集成必须解决平台和工艺等多方面的问题。采用硅基光子集成特别是单片集成在性能和成本方面具有显著的实际价值和深远的技术意义。究其原因，位列第一的就是硅材料在微电子时代天然享有的霸主地位，无论材料特性还是工艺成本都难有匹敌。所以，光子集成选择以硅材料体系为基础，有现实基础的理由，也与硅基光子集成自身的优势有关，比如材料缺陷少、内应力均匀、散热系数高、电稳定性好等[14]。

在硅基光子学的含义范围内，单片硅基光子集成所使用的材料以绝缘体上硅（SOI）为基础，并包括外延生长的锗（Ge）量子点、锗硅（GeSi）量子阱等Ⅳ族元素化合物，广义上还应涵盖纯硅器件（如集成电路）、二氧化硅（SiO_2）、氮化硅（Si_3N_4）和氮氧化硅（SiO_xN_y）波导器件以及含碳或掺碳元素的硅基波导介质。对于现有的硅基光子集成工艺和已制成模块来说，单片硅基光子集成器件或模块是指以 SOI 和 GeSi 为主体的光、电器件组合，其首要目标就是硅基光子集成回路，这不仅是未来大规模集成化的起点，也是各种实际应用的基础。

4.2.1 硅基光子集成回路

硅基光子集成回路通常意义上是指硅基光子功能器件与其驱动电路在单一

硅芯片上的结合，广义上应该包括硅基光子器件单元阵列和与之协同完成光电信息处理的片内集成电路，其代表即为将采用光数据线片内互连的多核心 CPU。EPIC 一词在近几年才开始广泛使用，与其他一些概念在含义上互有交叠，基本上可以视为近义词，如微光子集成电路（Micro-Photonic Integrated Circuits，MPIC）、光学印刷电路板（Optical Printed Circuit Boards，O-PCB）、光子大规模集成电路（Photonic VLSI）等，这些概念都可以归类为更一般的光电子集成回路的子集。与 EPIC 有区别的名词是平面光波回路（Planar Lightwave Circuits，PLC）和光子集成回路（Photonic Integrated Circuits，PIC）。其中 PLC 源于早期的集成光学采用的定义，所用光波导材料包括前面所述的所有材料，只使用少量的半导体制造工艺如光刻和扩散等，PLC 在硅基光子学中主要特指用轻度掺杂的 SiO_2 波导制造成的各类光通信器件，在现有光通信系统中占有一席之地。而 PIC 常用于指自 20 世纪 70 年代中期至今的 40 多年中基于Ⅲ-Ⅴ族半导体材料的各类光子、电子器件的组合体，其中大部分已实现微米、纳米尺度的集成，并可与驱动电路整合为单一芯片，在当前的光通信网络和光互联系统中占主导地位，并有融入新一代无线通信（如 4G、5G）和个人数字信息终端（Personal Digital Assistant，PDA）的趋势，因此我们通常把特指Ⅲ-Ⅴ族的 PIC 和特指硅基的 EPIC 看作两个并列的概念。随着混合光子集成技术的发展，PIC 在未来极有可能会演化成一个复杂体系，用于泛指基于各种混合材料的光子集成，而 EPIC 则专指单片硅基光子集成[15]。

构成 EPIC 的基本单元包括传输波导及各种无源和有源器件，其中传输波导阵列或称波带线，是所有 EPIC 的基础。由于光子波长比电子大，光子器件在尺寸上要比电子器件大。但这并不妨碍硅基光子器件和 VLSI 实现集成，也不影响大规模集成化后的实际应用，对于硅基光波导而言，芯层和包层的高折射率差（High Index Contrast，HIC）一般大于 1，弯曲半径可小至 1μm（与单个晶体管尺寸相当），而保持较低传输损耗（＜10dB/cm），最小器件尺寸约为 10μm。决定小尺寸硅基光波导传输损耗的主要因素是波导侧壁散射损耗，这也是硅基无源波导及其波导线的研究关注点。与低传输损耗（0.1dB/km）的光纤相比，实用化 EPIC 中硅基波导的传输损耗力求减小到 0.1dB/cm。目前由于制造工艺水平等原因，采用简单的工艺步骤尚不能达到这一要求，未来将尝试微电子工艺中的其他方法，如利用折射率渐变界面和新型刻蚀工艺等[16, 17]。

在 EPIC 中，硅基无源光波导阵列的主要应用是一些基本的分束/合束单元、光路选择和切换单元、波分复用（Wavelength Division Multiplexing，WDM）单元等。此处仅列举部分相关无源组件，介绍基本情况。有源阵列部分在后面内容中详细讨论。

1. 基于微环的波分复用以及上下载光路

要在单个芯片上实现 WDM 通信，首先要有小体积、高速率的上下载多路复用器和解复用器。微环谐振腔通过消逝场把入射光场按波长耦合到 WDM 波导总线中。每个微环谐振腔就像一个具有洛伦兹线型的滤波器，分别允许不同波长的光波通过或让其在输入波导中继续传播直到从另一端输出为止。这些滤波器的品质因数 Q 约为 5000，其下载效率接近 100%。微环的 FSR 随着环周长的减小而增加，它决定着上下载信道的选择。通过改变环长可以优化 WDM 上下载性能。

2. 基于 Bragg 光栅的波长复用解复用器

采用 M-Z 干涉仪结构与 Bragg 光栅结合的方法也可以实现波长相关的复用/解复用功能，从而实现光波长信号上下载。在该集成方案中，两种相同的 Bragg 光栅对称地制作在 M-Z 调制臂上。此 Bragg 光栅的工作波长在 1530～1560nm 范围内，其一阶周期为 225nm，此周期必须严格控制才能准确地实现上下路功能。

3. 基于 AWG 的复用解复用器

AWG 与有源器件集成，可以组成功能优异的光信号处理、交换和发射/接收模块。目前，基于 SOI 纳米光波导的 AWG 器件极其紧凑，长度仅有几百微米。日本横滨大学报道了尺寸为 60μm×70μm、通道间隔为 11nm 的硅纳米线 AWG，器件插入损耗＜1dB，串扰为–13dB。比利时根特大学制备出了 16 通道、通道间隔为 200GHz 的硅纳米线 AWG，芯区面积为 200μm×500μm，插入损耗为 3dB，串扰为–20～–15 dB。

4. 基于光子晶体的波长复用解复用器

随着光子晶体制作工艺的完善，硅基光子晶体的应用研究也取得了巨大进展。光子晶体可利用其独特的色散特性，在极小面积内实现并行解复用的功能，这有利于提高单片硅基光子集成的器件密度。这些紧凑的波长解复用器件可用于分离多个不同波长的光学信道，具有高谱分辨率和低串扰特性。

美国佐治亚理工学院的研究者将光子晶体的多种色散特性组合起来，研制出紧凑的高分辨率解复用器。由于超棱镜效应、负衍射和负折射的三种色散特性的共同作用，目标信号在光子晶体解复用器中受到的串扰显著减小。最新开发的平板型二维光子晶体超棱镜解复用器件，光子晶体区域的面积小于 50μm×100μm。在器件的输出端面，每个分离出的波长信道对应于两个输出波导，TE 模信道实现了完全的空间分离，且输出光斑尺寸较小。波长间隔 8nm 的 4 个信道在这个器件中几乎被完全分离，信道隔离度大于 6.5dB。采用相同原理，$4mm^2$ 的光子晶体结构可作为 64 信道解复用器。

5. 硅基光子集成模块及其应用

单片硅基光子集成回路（有源模块）是将电子器件，如 GeSi 量子器件、异质结双极型晶体管（Heterojunction Bipolar Transistor，HBT）、双极型互补金属氧化物半导体晶体管（Bipolar Complementary Metal-Oxide-Semiconductor，BiCMOS）、射频器件、隧道二极管等，光子器件如激光器、探测器、光开关、光调制器等，光波导无源回路集成在同一硅片或 SOI 片上，构成具有特殊光电性能的光子集成回路，可用于光通信、光互联和光计算。

根据具体的器件功能和应用目标，EPIC 可划分为无源阵列、发光阵列、探测阵列、开关阵列和存储阵列等。

4.2.2 硅基光子集成模块及其应用

1. 发光阵列和光源模块

已经提出的几种能产生光增益的硅基介质材料包括硅纳米晶粒、高纯体单晶硅和掺 Er^{3+}的硅纳米晶粒、基于内子带跃迁的硅/锗量子结构、具有受激拉曼散射特性的 SOI 光波导结构以及半导体硅化铁等。这些材料均可在现有工艺平台上实施单片硅基光子集成。然而，多数设计在 1550nm 通信波长附近可获得的光增益还十分微弱。因此，实现高效率硅基发光和激光器阵列模块的关键在于提高介质增益。

实现硅基发光二极管（Si-LED）仍是硅基光子集成研究中的一个主要方向。对于硅纳米晶粒而言，目前报道最好的结果是韩国科学家研究的由镶嵌在 SiN_x 膜层中的硅纳米晶粒所制成的电致发光 LED，室温下的外量子效率可高达 1.6%。

掺铒硅在室温下可发光，因此被认为是能够实现单片硅基光子集成的理想方法，在掺铒纳米团簇硅的波导中，铒发射截面得到了增加，并在室温条件下实现电致发光。这些都对未来与 CMOS 兼容、具有有效电子注入的铒基器件的制造指明了道路。

在结构设计方面，微环谐振腔能把光增益与 WDM 滤波作用结合在一起，可获得具有高波长选择性和低反转阈值的器件。集成微环谐振腔的激光器结构有助于实现紧凑型光学泵浦激光器，在掺铒 SiO_2/Si_3N_4 系统中，要求硅基光波导光学传输损耗降低到小于 0.4dB/cm。对于硅基光子集成而言，这既是对制造工艺技术的挑战，也是目前实现电泵浦硅基激光器最可行的方案之一。

掺铒发光二极管在整体上是个 MOS（Metou-Oxide-Semiconductor）结构，铒原子和硅纳米粒都处于薄氧化层中。即使在没有硅纳米晶粒的情况下，发光管的光输出也能和Ⅲ-Ⅴ族材料的发光管相比。但器件需要施加的电压特别高，限制了发光效率。报道的掺铒发光二极管的外量子效率为 10%或者更高，预期这些器件的功率效率可以达到商用器件的要求。

与硅纳米晶粒发光二极管相比，体硅发光二极管需要高纯硅表面纹理化，而且器件尺寸比较大，这给硅微电子芯片和发光管的集成带来困难。特征尺寸为纳米量级的海绵状多孔硅光发射特别强。经过改进，发光管功率效率可以达到 0.1%，稳定性可以超过 100 个小时，1996 年第一次报道了一个多孔硅发光二极管和一个硅基晶体管电路的集成。

就在硅基发光二极管和激光器面临材料特性的困境之际，研究人员找到了硅中的受激拉曼散射效应，且硅中一阶拉曼效应的峰值波长在 1675nm 处，接近 1550mm 光通信波段。Intel 公司展示了世界上第一款光泵浦硅基级联拉曼激光器，该激光器的谐振腔采用跑道形结构，腔长约 3cm。泵浦光波长为 1550nm，激光输出的波长范围是 1686～1848nm。通过多阶拉曼级联效应，最终输出中红外激光，峰值功率达到 5mW。通过改变泵浦光的波长与谐振腔响应波长实现匹配，可实现输出波长调谐。通过设计在波导两侧的 PIN 二极管可消除双光子吸收效应，使谐振腔内的光增益提高 35 倍。利用微电子工艺，基于环形谐振腔的级联拉曼激光器可实现单片硅基光子集成。这种硅基激光器特别适合作为微型传感器的集成光源，并能与集成电路实现单片集成，具有广阔的应用前景。当然，这种外腔光泵浦模块还需要外加大功率光源，还不能制成光收发模块。单片硅基光子集成的努力方向仍然是电泵浦的硅基激光阵列。

2. 探测器阵列

WDM 技术以及光纤到户（Fiber To The Home，FTTH）技术的发展需要把宽带高速探测器集成到硅芯片上。因此，硅光电探测器是单片光子集成系统中的重要组成部分，尽管硅光电探测器具有响应速度快、探测灵敏度高、暗电流小和频带宽等特点，但常规的硅探测器受到硅吸收边的本征限制无法用于光通信波段的光信号探测。锗（Ge）材料刚好能填补这个空缺。Ge 跟目前存在的硅生产工艺兼容、具有高的载流子迁移率以及在光通信波段（1530～1610nm）具有高的光吸收效率，因此它是制造理想的低成本高性能光电探测器的材料。利用低温氧化物（Low Temperature Oxide，LTO）作为绝缘层和钝化层，可以制造出与 CMOS 技术完全兼容的 PIN 二极管。

法国 IEF 研究所采用选择外延生长技术，将 Ge 生长在 SOI 波导末端，制备出与 Si 波导集成的 Ge 金属-半导体-金属（MSM）探测器，在 1.55μm 波段、25GHz

和 6V 偏压下探测效率为 1A/W。Intel 公司则报道了工作频率达 40GHz 的 Ge-on-SOI 长波长探测器，美国麻省理工学院林肯实验室利用离子注入在 Si 中形成双空位复合物缺陷的光吸收，研制成功全 Si 横向 PIN 波导结构长波长探测器，其工作波长为 1.27～1.74μm，1.5μm 处的响应度为 800mA/W，3dB 带宽为 10～20GHz 微纳结构硅探测器。

有效的光电探测器/波导耦合是实现大规模硅基光子集成的基本要求。把 Si 基光电探测器和无源 Si 波导集成在一起的典型方案可以分为两大类：对接耦合（Butt Coupling）或轴向辐射耦合（End-Fire Coupling）和消逝耦合（Evanescent Coupling）。在对接耦合中，光电探测器串联在波导上，可提高光子的吸收比例。但精确的对接耦合需要复杂的高精度的制造能力。此外，还必须通过抗反射涂层来抑制探测器/波导界面处的后反射（特别是在高折射率差的材料中）。

在消逝耦合结构中，探测器放在波导的上端，通过波导的消逝波进行耦合。当波导及探测器都通过外延方法生长时（Si/Ge、Si/$Si_xGe_{(1-x)}$或者III-V族半导体材料系统），消逝耦合方法提供了可控的波导/光电探测器界面的单片集成工艺，并且不再需要精确的侧面对准，这样就可以生产出更多的能满足可靠集成的稳定耦合结构。

3. 开关、滤波和调制阵列

在硅基材料体系中，最先实现开关、滤波和调制等功能的光子集成器件是基于微机电系统（Micro-Electro-Mechanical System，MEMS），并由此衍生出微光机电系统（Micro-Opto-Electro-Mechanical System，MOEMS）等概念。采用 MEMS 可实现 16 信道规模以上的光开关等功能，也可作为集成化的滤波模块。

经过最近几年的技术突破后，硅基光波导调制结构成为性能更加优越的集成单元。GHz 以上速率的调制器先后研制成功，而美国 Luxtera 公司在此基础上发布了 40Gbit/s 单片硅基光子集成芯片。该芯片采用 130nm SOI-COMS 工艺，在单片内集成了 4 个 10Gbit/s 的 M-Z 型电光调制器、AWG 复用器、驱动电路和收发电路，在 1 条光纤上实现 40Gbit/s 的光传输，误码率为 10^{-12}，功能为 120mW。这是硅基光子集成的成功范例之一，并为单片硅基光子集成打下了良好的基础。

4. 光子存储模块

光信号延迟存储是实现光交换和光计算的前提。IBM 公司采用 SOI 上制作的级联型微环谐振腔展示了约 500ps 的光延时，所用微环谐振腔的片内总面积小于 $0.09mm^2$。整个延时系统集成于单个硅基芯片上，分别采用 100 个耦合型微环谐振腔和 56 个微环构成的全带通滤波器两种结构，在 20Gbit/s 速率条件下最多能存储 10bit 光信息位，并且无误码传输可达到 5Gbit/s 以上。与之前的硅纳米线弯曲波导相比，其结构非常紧凑，有利于单片硅基光子集成。然而从光延时存储能力来看，其存储时间和比特位仍然没有达到光信息交换的要求。

4.2.3 单片硅基光子集成发展方向

经过近几年的快速发展，单片硅基光子集成已取得长足进展，尤其是片上灵敏度探测器、高速率电光调制器件、高频带 HBT 等基础单元的不断进步和集成尝试，为硅基光子集成展现了一幅美好的前景。从集成技术的角度而言，现有的 SOI 材料、光波导设计技术和微电子制造工艺已能满足硅基光接收模块（40Gbit/s）和波分复用模块（1Tbit/s）等应用的基本要求。单片硅基光子集成的实际成品，已接近实用化水平，下一步的主要工作将会是改进和完善使之商用化。而硅基光源领域，问题不在于硅基光子集成技术，而是至今尚未在发光理论上出现更进一步的突破，也就是没有实现硅基材料在常温下电泵浦的高效率发光，无法制造出单片集成的硅基光源模块或者光收发器，因此暂时也就难与其他材料体系进行直接竞争，从技术角度和实用潜力来看，目前普遍寄望的混合硅基光子集成并不能从根本上取代单片硅基光子集成在未来的地位，这是由技术、性能、成本等多方面因素决定的。所以，从长期来说，在努力使混合硅基光子集成技术实用化的同时，还需要在已实现的单片集成硅基接收模块等领域继续深入研究，寻找性能更佳的可集成器件单元，并为单片硅基光子发射模块探索新思路和新方法，其中一种可能就是在摆脱现有光通信网络和光互联系统的概念束缚，如工作波长和模式特征等，为单片硅基光子集成提供更多的选择。

现有的单片硅基光子集成还面临两个应首先解决的问题：成本和复杂度。事实上单个组件的封装决定着生产成本，规模化集成才更能体现单片硅基光子集成的优势，这也正是硅基光子学的初衷和单片集成的驱动力的源泉。无论如何，单片硅基光子集成始终是硅基光子学所追求的目标。大规模集成则要建立在高生产效率和工艺集成技术实现的基础上。除了研究更低损耗硅基无源波导器件和更高效率调制器件外，要获得可观的大规模集成的硅基光子器件，还需持续地关注硅基体系的异质外延生长和制造技术以及工艺集成方法。该技术发展过程中的第一步就是在 CMOS 或者 BiCMOS 电路上进行芯片上的异质外延生长（Heterepitaxial Growth of on-Chip）。单片硅基光子集成需要 Si 上的 Ge 外延生长。同时，Si 上高质量的 Ge 也可用于 Ge 基晶体管，这对于硅基光子集成也有助益。从目前的技术路径来看，GeSi 量子阱尤其是级联结构是实现硅基激光器件的重大希望所在。

Si 上外延生长 Ge 的主要困难就是它们之间 4%的晶格失配。该失配必须通过应变或者位错的形式来释放。特别地，线位错会降低载流子吸收效应从而降低器件的性能；另外，漏电流应力（Leakage Current Strain）也会使表面粗糙或者形成薄膜岛。其中一个成功的降低位错密度的方法是利用缓冲层第一个渐变的缓冲层是由 Fitzgerald 等在贝尔实验室利用分子束外延（Molecular Beam Epitaxy，MBE）方法获得的，把 Ge 沉积在 Si 上，然后通过退火的方式重结晶，可获得纯 Ge 外延层。虽然这些结果令人鼓舞，但直接外延 Ge 或者 GeSi 合金仍然存在高的位错密度的问题，由于晶格失配，在 Ge 组分超过 30%的 $Si_xGe_{(1-x)}$合金中，位错密度为 1011～1012cm^{-2}。材料生长后循环退火可以将其位错密度降低到 107cm^{-2}，这种方法能够生长出满足高质量光电探测器需要的 Ge 薄膜，在持续快速发展的单片硅基光子集成领域，以上问题都在等待更好的解决方案，助推单片集成的更新突破。

混合硅基激光器是近年硅基光发射模块的耀眼之星，极大地拓展了硅基光子集成的发展空间，使徘徊不前的硅基光子集成系统在技术进步方面获得新的动力。其实，混合集成技术自光子集成甚至更早的电子集成研究开始就一直在不断发展，可以说无论电子集成还是光子集成，都包含大量的混合集成技术。严格意义上说凡是硅基材料体系之外的任何器件和模块与硅基芯片的集成技术都可称为混合集成而在硅基光子学的研究范围内，混合硅基光子集成通常是指以硅材料为衬底或作为无源波导的方法或技术。例如，以硅晶圆作为衬底的砷化锌（GaAs）、氮化镓（GaN）外延生长，以硅晶圆上的电路或波导作为传播电或光信号的无源回路，在后一种情况中，核心电路和驱动电路都采用单独的材料制作完成，之后再通过物理手段如焊接使之与公共衬底结合（一般是另一块硅晶圆），附加光源往往采用Ⅲ-Ⅴ族材料激光器甚至非半导体激光器。

在混合集成的发展过程中，出现了各种方法，如异质外延、倒装焊、锡焊以及压焊等。从技术手段上说，都能使混合光子集成达到实用化要求，并能在可接受成本范围内投入商用产品，其好处在于：①实现途径灵活简便，可选择使用已成熟的 PIC 单元作为更高层次混合集成的基础；②可独立制造出高性能的光子器件各单元之间在组合以前互不干扰；③制造和封装过程分离，增加了后工艺的选择空间；④对单元器件的技术要求降低，允许使用各种不同的芯片制造方法。但其不足也是显而易见的，例如：①不适合大规模集成，各类焊接技术一般只适用于少量单元（如每个衬底 10 件以内）的低密度情形；②工艺过程不易通用化，不同材料的集成技术差异较多；③非硅基材料加工和器件制造成本较高；④分离模块的对准和耦合也并不容易，有时需要双面光刻等辅助手段。尽管如此，混合集成允许不同的材料在工艺过程中结合在一起，仍然为集成工艺提供了一种机会。在选择集成器件时更加灵活，这给非硅基光源集成到其他全硅器件上增加了自由空间。要完全实现混合材料的集成，在工艺中也需要作适当取舍，这对集成模块的性能和产量是有显著影响的。

混合硅基光子集成一方面吸取了常见混合集成技术的方面也提供了新的技术，以最近突破的混合硅基激光器为例，美国加利福尼亚大学和 Intel 公司的联合研究者发明了新一代的材料键合技术，使III-V族材料能更好地与SOI结合，共同组成光波导；此外还采用了诸如质子注入方法实现光及电的局域隔离，这不仅为混合硅基光子集成提供了更新的技术手段，也为其他混合集成提供了新的思路。

依照所用材料和所制器件，混合硅基光子集成包含众多实例，如混合硅基光源模块、集成硅基锁模激光器阵列、有机聚合物光电子器件和硅基光波导的混合集成等。

4.3　阵列波导光栅解调光子集成

4.3.1　阵列波导光栅解调系统

AWG 传感解调系统如图 4.1 所示，宽带光源发出的宽光谱光经光隔离器、光纤耦合器传输后入射到 FBG 传感阵列，FBG 传感阵列将满足 Bragg 条件的窄带光反射回来，窄带光信号经过耦合器入射到 AWG 的输入端，经 AWG 分光后，不同波长的窄带光信号将分散到 AWG 对应的相邻两输出通道输出。如图 4.1 所示，FBG 反射谱与 AWG 透射谱出现重叠，重叠部分的大小即 AWG 各输出通道的输出光强，当传感 FBG 受外界参量变化影响而导致中心波长发生偏移时，AWG 相邻两输出通道的输出光强大小也随之发生变化，即波长的偏移转化为光强的变化，通过实验得到 AWG 输出通道光强变化与 FBG 中心波长偏移量之间的关系，即可实现波长解调。

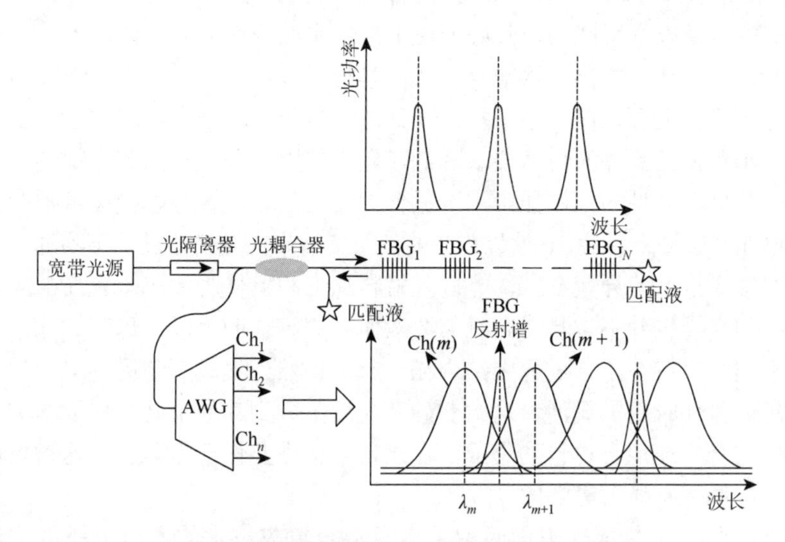

图 4.1　AWG 输出通道与 FBG 反射谱解调示意图

FBG的中心波长偏移量由AWG中心波长在FBG中心波长附近的两个相邻输出通道的相对光强变化进行解调，以单个FBG传感器为例，如图4.2所示，λ_{FBGm}为第m个FBG传感器的中心波长，第m个FBG中心波长对应的AWG两输出通道为Ch(m)、Ch(m+1)，λ_m、λ_{m+1}为AWG相邻两通道m和m+1的中心波长，FBG反射谱与AWG通道透射谱的重叠部分决定了阵列波导光栅通道输出光强的大小，图4.2中P_m和P_{m+1}分别为AWG通道m和通道m+1的输出光强。如图4.2（b）所示，当温度下降时，FBG传感器中心波长向左移，则AWG通道m的输出光强增强，AWG通道m+1的输出光强减弱；如图4.2（c）所示，当温度升高时，FBG传感器中心波长向右移，则AWG通道m的输出光强减弱，AWG通道m+1的输出光强增强。

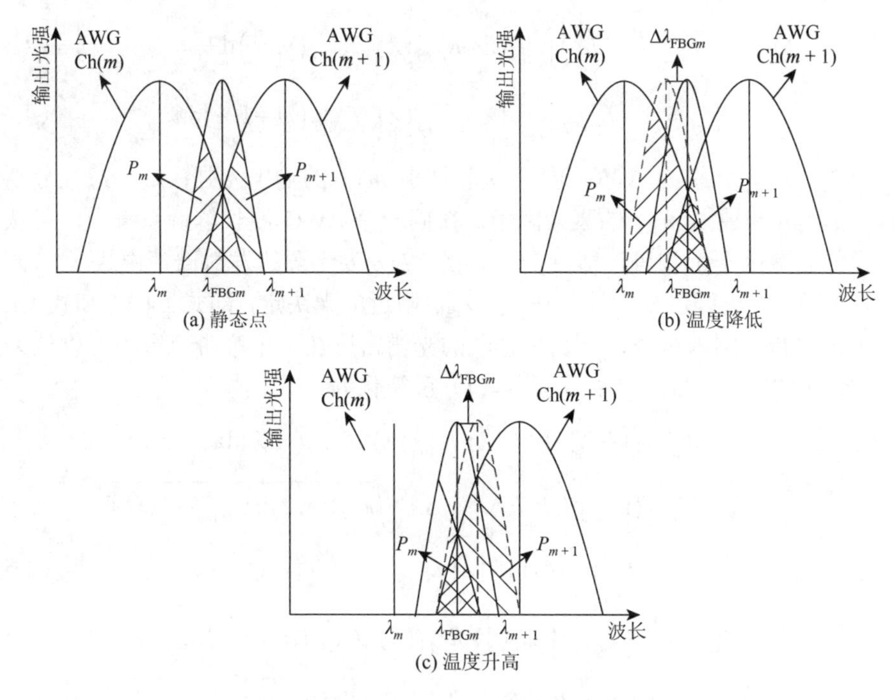

图4.2　AWG波长解调原理

为了便于理论分析，只考虑温度影响因素，光纤Bragg光栅反射谱与阵列波导光栅通道的透射谱均近似地用高斯函数来表示，因此，AWG通道m的透射谱函数表达式为

$$T_{\mathrm{AWG}}(m,\lambda)=T_0\exp\left[-4\ln 2\frac{(\lambda-\lambda_m)^2}{\Delta\lambda_m{}^2}\right]\tag{4.1}$$

式中，T_0为 AWG 透射谱的归一化因子；λ 和 λ_m 分别表示入射光波长和 AWG 通道 m 的中心波长；$\Delta\lambda_m$ 为 AWG 通道 m 透射谱的半峰值带宽（Full Width at Half Maximu，FWHM）。FBG 反射谱的函数表达式为

$$R_{\mathrm{FBG}}(\lambda)=R_0\exp\left[-4\ln 2\frac{\left(\lambda-\lambda_{\mathrm{FBG}}\right)^2}{\Delta\lambda_{\mathrm{FBG}}{}^2}\right] \tag{4.2}$$

式中，R_0为 FBG 反射谱的归一化因子；λ_{FBG}为 FBG 的中心波长；$\Delta\lambda_{\mathrm{FBG}}$为 FBG 反射谱的半峰值带宽。

AWG 各通道的输出光强为光源的发射谱、FBG 反射谱和 AWG 透射谱三者的乘积在整个光谱范围的积分，由式（4.1）和式（4.2）可得到通道 m 和通道 m+1 的输出光强分别为

$$P_m=\left(1-L_m\right)\int_0^{\infty} I_{\mathrm{s}}(\lambda)\cdot R_{\mathrm{FBG}}(\lambda)\cdot T_{\mathrm{AWG}}\left(m,\lambda\right)\mathrm{d}\lambda \tag{4.3}$$

$$P_{m+1}=\left(1-L_{m+1}\right)\int_0^{\infty} I_{\mathrm{s}}(\lambda)\cdot R_{\mathrm{FBG}}(\lambda)\cdot T_{\mathrm{AWG}}\left(m+1,\lambda\right)\mathrm{d}\lambda \tag{4.4}$$

式中，P_m、P_{m+1}分别为 AWG 通道 m 和通道 m+1 的输出光强；L_m、L_{m+1}分别为 AWG 通道 m 和通道 m+1 的衰减因子，在同一个 AWG 波长解调系统中，可认为各通道的衰减因子都相等，即 $L_m=L_{m+1}=L$；$I_{\mathrm{s}}(\lambda)$为光源的发射谱，由式（4.1）和式（4.2）可知，光强主要由波长在 λ_m、λ_{FBG}附近的光决定，即式（4.3）和式（4.4）只在一个窄带范围内积分，而宽带光源的光谱密度在一个窄带范围内可以认为是一个定值 $I_{\mathrm{s}}(\lambda)=I_{\mathrm{s}}$，则式（4.3）、式（4.4）可简化为

$$\begin{aligned}P_m&=\left(1-L_m\right)\int_0^{\infty} I_{\mathrm{s}}(\lambda)\cdot R_{\mathrm{FBG}}(\lambda)\cdot T_{\mathrm{AWG}}(m,\lambda)\mathrm{d}\lambda\\&=(1-L)I_0R_0T_0\Delta\lambda_{\mathrm{FBG}}\Delta\lambda_m\sqrt{\pi/4(\ln 2)\left(\Delta\lambda_{\mathrm{FBG}}^2+\Delta\lambda_m^2\right)}\\&\quad\times\exp\left[-4\left(\ln 2\right)\times\left(\lambda_{\mathrm{FBG}}-\lambda_m\right)^2/\left(\Delta\lambda_{\mathrm{FBG}}^2+\Delta\lambda_m^2\right)\right]\end{aligned} \tag{4.5}$$

$$\begin{aligned}P_{m+1}&=\left(1-L_{m+1}\right)\int_0^{\infty} I_{\mathrm{s}}(\lambda)\cdot R_{\mathrm{FBG}}(\lambda)\cdot T_{\mathrm{AWG}}\left(m+1,\lambda\right)\mathrm{d}\lambda\\&=(1-L)I_0R_0T_0\Delta\lambda_{\mathrm{FBG}}\Delta\lambda_{m+1}\sqrt{\pi/4\left(\ln 2\right)\left(\Delta\lambda_{\mathrm{FBG}}^2+\Delta\lambda_{m+1}^2\right)}\\&\quad\times\exp\left[-4(\ln 2)\times\left(\lambda_{\mathrm{FBG}}-\lambda_{m+1}\right)^2/\left(\Delta\lambda_{\mathrm{FBG}}^2+\Delta\lambda_{m+1}^2\right)\right]\end{aligned} \tag{4.6}$$

在 AWG 各通道传输系数、半峰值带宽相等的情况下，将式（4.5）与式（4.6）进行比值得 AWG 通道 m 和通道 m+1 的光强比：

$$\frac{P_{m+1}}{P_m}=\frac{\exp\left[-4(\ln 2)\times\left(\lambda_{\mathrm{FBG}}-\lambda_{m+1}\right)^2/\left(\Delta\lambda_{\mathrm{FBG}}^2+\Delta\lambda_{m+1}^2\right)\right]}{\exp\left[-4(\ln 2)\times\left(\lambda_{\mathrm{FBG}}-\lambda_m\right)^2/\left(\Delta\lambda_{\mathrm{FBG}}^2+\Delta\lambda_m^2\right)\right]}$$

$$=\exp\left\{-4(\ln 2)\left[\frac{2\left(\lambda_m-\lambda_{m+1}\right)}{\Delta\lambda_{\mathrm{FBG}}^2+\Delta\lambda_m^2}\lambda_{\mathrm{FBG}}+\frac{\lambda_{m+1}^2-\lambda_m^2}{\Delta\lambda_{\mathrm{FBG}}^2+\Delta\lambda_m^2}\right]\right\}$$

$$=\exp\left[\frac{8(\ln 2)\Delta\lambda}{\Delta\lambda_{\mathrm{FBG}}^2+\Delta\lambda_m^2}\lambda_{\mathrm{FBG}}-\frac{4(\ln 2)\left(\lambda_{m+1}^2-\lambda_m^2\right)}{\Delta\lambda_{\mathrm{FBG}}^2+\Delta\lambda_m^2}\right] \tag{4.7}$$

式中，$\Delta\lambda=\lambda_{m+1}-\lambda_m$。AWG 相邻两通道间隔可认为是一个定值，对式（4.7）两边取以 e 为底的对数可得

$$\ln\left(\frac{P_{m+1}}{P_m}\right)=\frac{8(\ln 2)\Delta\lambda}{\Delta\lambda_{\mathrm{FBG}}^2+\Delta\lambda_m^2}\lambda_{\mathrm{FBG}}-\frac{4(\ln 2)\left(\lambda_{m+1}^2-\lambda_m^2\right)}{\Delta\lambda_{\mathrm{FBG}}^2+\Delta\lambda_m^2} \tag{4.8}$$

式（4.8）为 AWG 波长解调算法的理论公式，AWG 输出光强比对数与 FBG 传感器中心波长呈线性关系，因此通过检测 FBG 中心波长对应的 AWG 相邻两输出通道的输出光强信号即可实现对 FBG 波长信息的检测。从式（4.8）中可以看出，对于 AWG 固定的相邻两通道来说，不同半峰值带宽 $\Delta\lambda_{\mathrm{FBG}}$ 的 FBG 传感器解调结果是不同的，因此基于 AWG 的光纤 Bragg 光栅解调系统对 FBG 传感器的性能参数有一定的要求。AWG 光纤光栅解调系统的波长检测分辨率 δ_λ 主要取决于输出信号的归一化幅度 T、AWG 输出光功率谱曲线的波长测量灵敏度 $\mathrm{d}P/\mathrm{d}\lambda$ 和测量系统的最小可探测光功率 δ_P，用公式可以表示为

$$\delta_\lambda=\frac{\delta_P}{(\mathrm{d}P/\mathrm{d}\lambda)T} \tag{4.9}$$

式中，T 可表示为 $\Delta\lambda_{\mathrm{FBG}}\Big/\sqrt{\Delta\lambda_{\mathrm{FBG}}{}^2+\Delta\lambda_m{}^2}$。

4.3.2　阵列波导光栅解调光子器件

基于阵列波导光栅解调法设计的光子集成芯片主要包括 4×1 垂直腔面发射激光器（VCSEL）阵列、输入光栅耦合器（Input Grating Coupler）、多模干涉耦合器（Multi-Mode Interference Coupler，MMI）、阵列波导光栅、输出光栅耦合器（Output Grating Coupler）和 8×1 光电探测器（Photoelectric Detector），整体结构如图 4.3 所示。VCSEL 光源和光电探测器通过硅片键合技术，键合在输入光栅和输出光栅上，外部 FBG 传感器通过端面耦合器完成与 MMI 耦合器的光路连接。

1. 4×1VCSEL 阵列

VCSEL 阵列为整个光子集成芯片提供输入光源，是整个集成系统里不可缺少

的一部分，其主要特点为体积小、功率大、带宽小、集成度高且易于键合，适合作为片上光源。

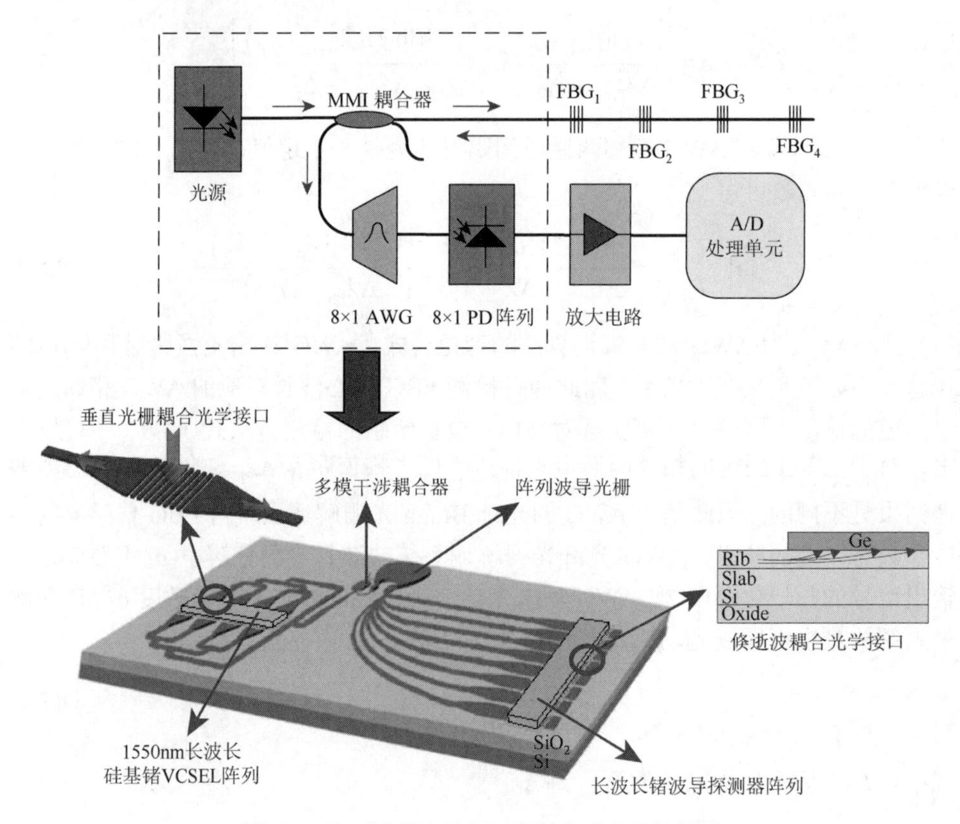

图 4.3　阵列波导光栅解调光子集成芯片结构图

2. 光栅耦合器

光栅耦合器可以实现自由空间和介质波导内光的输入/输出耦合，其光栅结构呈现周期性，在光学系统中有着非常重要的作用，光栅耦合器作为平面光波导与单模光纤之间的耦合器，既可以实现将光耦合输入于光波导平面，也可以实现将光耦合输出于光波导平面。

3. 2×2MMI 耦合器

MMI 耦合器是一类能使传输中的光信号在多模波导区域内发生耦合，并进行再分配的器件。MMI 耦合器可作为光功率分配器件，正是由于 MMI 耦合器的这种特性，在光纤光栅解调系统中，具有不可替代的重要地位。

4. 8×1 阵列波导光栅

阵列波导光栅器件就是利用了罗兰圆光栅聚焦原理，实现对光波长的复用/解复用，即合波和分波的功能。作为整个光子集成芯片中的解调元件，阵列波导光栅的各个通道需要与输入光源严格对应，通过与 VCSEL 光源阵列中心波长的匹配实现光的强度调制，进而达到解调的目的。

5. 8×1PD 阵列

光电探测器是指在该解调系统中将入射到输入光波导的光信号，并在光敏面上将光信号转换为相应电信号的器件。系统中 AWG 的八个输出端输出的光信号经光电探测器转换为对应的电信号，通过电连接与后端的信号处理单元相连，完成对待测信号的解调。

参 考 文 献

[1] Keyvaninia S，Verstuyft S，van Landschoot L，et al. Heterogeneously integrated III-V/silicon distributed feedback lasers[J]. Optics Letters，2013，38（24）：5434-5437.

[2] Rakuljic G A，Leyva V. Volume holographic narrow-band optical filter[J]. Optics Letters，1993，18（6）：459-461.

[3] Leyva V，Rakuljic G A，Conner B O. Narrow bandwidth volume holographic optical filter operating at the Kr transition at 1547.82 nm[J]. Applied Physics Letters，1994，65（9）：1079-1081.

[4] Taillaert D，Bienstman P，Baets R. Compact efficient broadband grating coupler for silicon-on-insulator waveguides[J]. Optics Letters，2004，29（23）：2749-2751.

[5] Roelkens G，Vermeulen D，van Thourhout D，et al. High efficiency SOI fiber-to-waveguide grating couplers fabricated using CMOS technology[C]. Intergrated Photonics and Nanophotonics Research and Applications，Boston，2008.

[6] Vermeulen D，Selvaraja S，Verheyen P，et al. High-efficiency fiber-to-chip grating couplers realized using an advanced CMOS-compatible silicon-on-insulator platform[J]. Optics Express，2010，18（17）：18278-18283.

[7] Selvaraja S K，Vermeulen D，Schaekers M，et al. Highly efficient grating coupler between optical fiber and silicon photonic circuit[C]. Conference on Lasers and Electro-Optics/Quantμm Electronics and Laser Science Conference，Baltimore，2009：1293-1294.

[8] Chen X，Li C，Fung C K Y，et al. Apodized waveguide grating couplers for efficient coupling to optical fibers[J]. IEEE Photonics Technology Letters，2010，22（15）：1156-1158.

[9] Li C，Zhang H，Yu M，et al. CMOS-compatible high efficiency double-etched apodized waveguide grating coupler[J]. Optics Express，2013，21（7）：7868-7874.

[10] Liang D，Roelkens G，Baets R，et al. Hybrid integrated platforms for silicon photonics[J]. Materials，2010，3（3）：1782-1802.

[11] Roelkens G，Vermeulen D，Liu L，et al. III-V/silicon photonic integrated circuits for FTTH and on-chip optical interconnects[C]. 5th International Conference on Broadband and Biomedical Communications，Malaga，2010.

[12] Chen X，Tsang H K. Polarization-independent grating couplers for silicon-on-insulator nanophotonic

waveguides[J]. Optics Letters，2011，36（6）：796-798.

[13] Gao D，Zhou Z. Nonlinear equation method for band structure calculations of photonic crystal slabs[J]. Applied Physies Letters，2006，88（16）：163105-1-3.

[14] Wang S，Ma H，Jin Z. Finite difference beam propagation analysis of wide-angle crossed waveguide[J]. Chinese Journal of Lasers，2008，35（2）：231-234.

[15] Huang W P，Xu C L. Simulation of three-dimensional optical waveguides by a full-vector beam propagation method[J]. IEEE Journal of Quantµm Electronics，1993，29（10）：2639-2649.

[16] Hadley G R. Wide-angle beam propagation using padé approximant operators[J]. Optics Letters，1992，17（20）：1426-1428.

[17] Eggleton B，Kerbage C，Westbrook P，et al. Microstructured optical fiber devices[J]. Optics Express，2001，9（13）：698-713.

第 5 章　光纤光栅解调光波导耦合器

5.1　引　　言

在光纤光栅解调用各种器件中，光耦合器是一类能使传输中的光信号在特殊结构区域内发生耦合，并进行再分配的器件[1]。正是由于该耦合器的这种特性，在光纤光栅解调系统中，光耦合器具有不可替代的重要地位。从功能上看，光耦合器可划分为光功率分配器、光波长分配耦合器[2-5]。从端口形式划分，传统的光耦合器可划分为 Y 分支耦合器、X 型耦合器，后来出现了 X 型耦合器的替代物 Cross Gap Coupler（CGC）耦合器、多模干涉（MMI）耦合器、T 分支耦合器等新型耦合器。从结构上看，光耦合器可划分为微光元件型耦合器、光纤耦合器、光波导耦合器。其中，光波导耦合器是本章研究的重点。作为组成光纤光栅传感系统和光纤通信系统中光收发组件的重要元器件，光波导耦合器是实现光收发模块一体化光电集成的基础[6-9]。通常把平面介质光波导工艺制作的光耦合器称为集成光波导耦合器，它是集成光学中最基本的器件，是组成光开关、光插/分复用器、波分复用/解波分复用器等光学器件的基本元件，也是光网络中光信号处理、路由选择的基本器件。集成光波导耦合器具有结构紧凑、稳定性好、带宽大、损耗低、成本低、适合批量生产等优点，是未来光耦合器的发展方向[10, 11]。

5.2　多模干涉耦合器

5.2.1　多模波导

多模干涉耦合器是一种能使传输中的光信号在多模波导区域内发生耦合，并进行再分配的器件。它有三种干涉结构：普通干涉 GI-MMI、配对干涉 PI-MMI、对称干涉 SI-MMI。本章采用的是配对干涉。

配对干涉中，输入波导设置在 $\pm W_e/6$ 处，$\pm W_e/6$ 为考虑到古斯-汉欣（Goos-Hanchen）展宽后多模波导的有效宽度：

$$W_e = W + \frac{\lambda_0}{\pi}\cdot\left(\frac{n_c}{n_r}\right)^{2\sigma}\left(n_r^2 - n_c^2\right)^{-\frac{1}{2}} \tag{5.1}$$

式中，W 为多模波导宽度；λ_0 为自由空间波长；σ 为模式极化因子；对于 TE 模 $\sigma=0$，对于 TM 模 $\sigma=1$；n_c 为侧向限制层的有效折射率；n_r 为多模波导区的有效折射率。

设多模波导中导模个数为 m，阶数分别为 $v=0,1,2,\cdots,m-1$，则 β_v 为第 v 阶模的传播常数。根据波导色散方程可得

$$L_\pi=\frac{\pi}{\beta_0-\beta_1}\approx\frac{4n_rW_e^2}{3\lambda_0} \tag{5.2}$$

式中，L_π 为最低阶导模 $v=0,1$ 的拍长。

利用基于光束传播法（Beam Propagation Method，BPM）的 Opti-BPM 软件对器件进行仿真设计，分别设置多模波导宽度为 $W=48\mu m$、$24\mu m$、$15\mu m$、$12\mu m$、$6\mu m$、$3\mu m$，对不同尺寸 MMI 耦合器进行了仿真，图 5.1 为 Opti-BPM 软件中 MMI 耦合器版图界面，多模波导宽度 $W=6\mu m$。图 5.2 为其输出端的光强分布图。由图 5.2 可知，多模波导宽度 W 越大，可被激发的模式数目就越多，映像点就越清晰，但同时器件的尺寸会越大。因此本章中，从 $W=48\mu m$ 开始，逐步缩小多模波导的尺寸，以寻求器件尺寸较小、性能较为良好的 2×2MMI 耦合器。

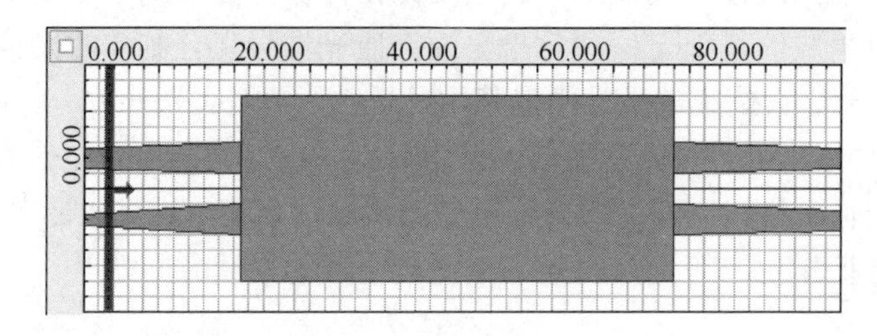

图 5.1　MMI 耦合器版图

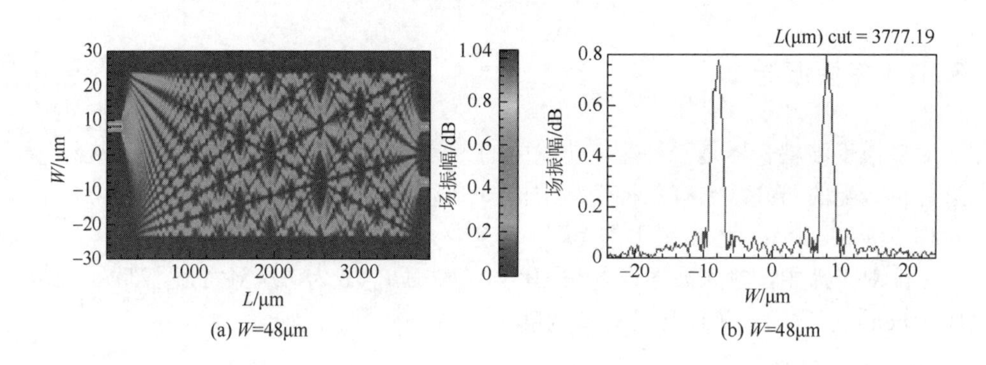

(a) W=48μm　　(b) W=48μm

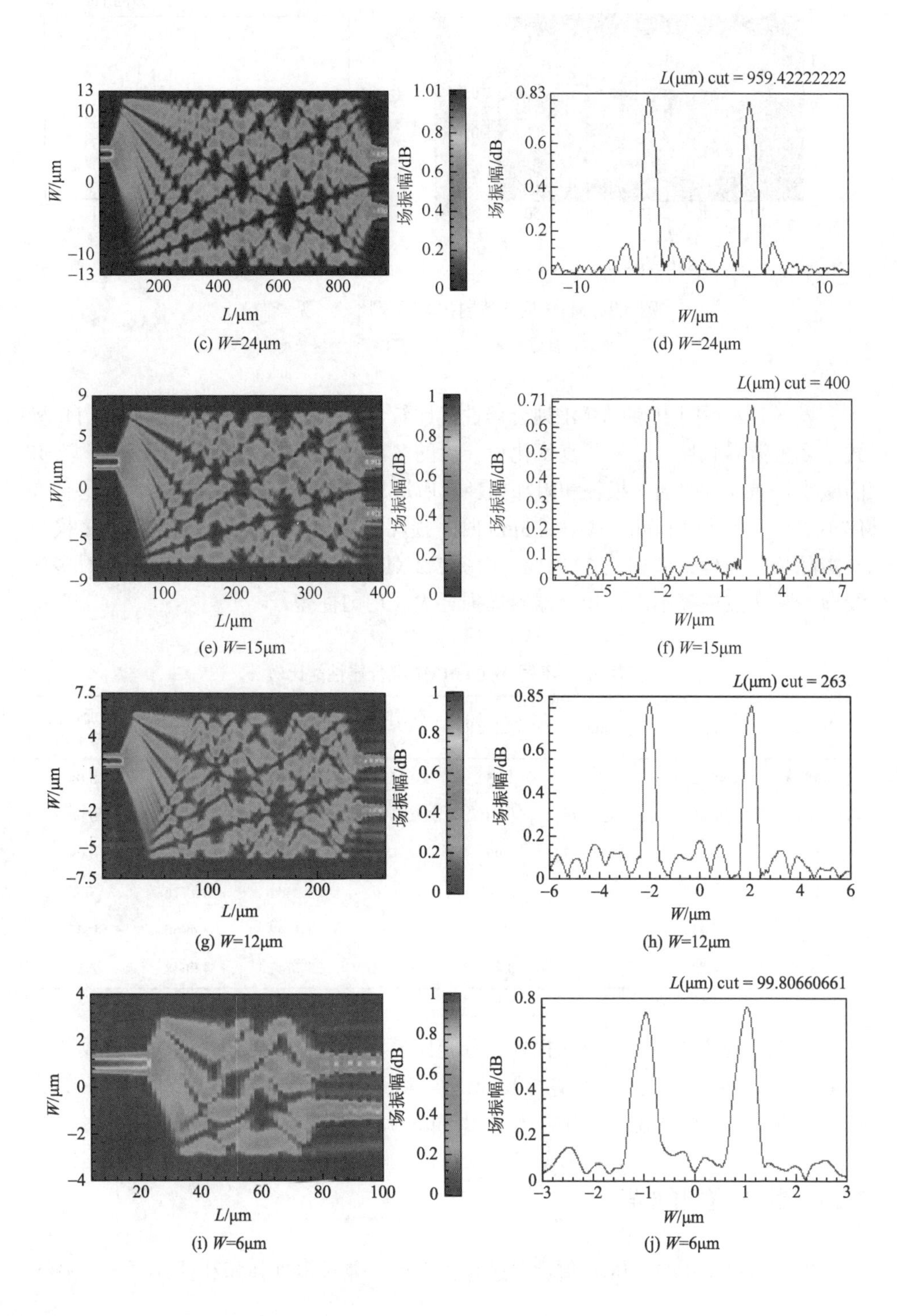

(c) W=24μm　(d) W=24μm

(e) W=15μm　(f) W=15μm

(g) W=12μm　(h) W=12μm

(i) W=6μm　(j) W=6μm

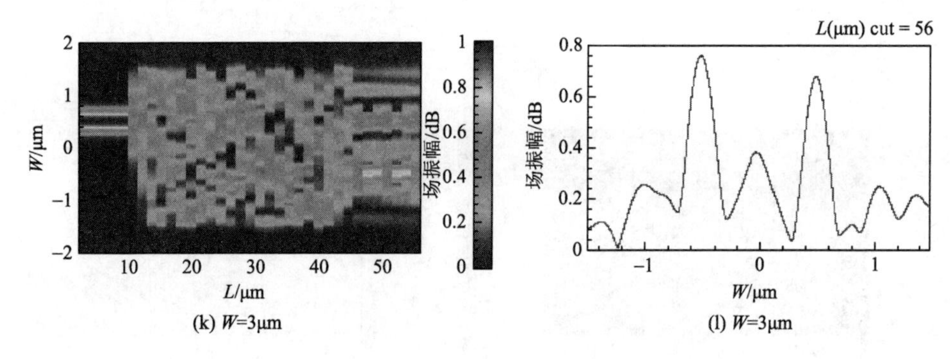

图 5.2　MMI 耦合器的仿真结果比较（见彩图）

W 表示多模波导宽度；*L* 表示多模波导区长度

表 5.1 为不同 *W* 的 MMI 耦合器性能比较，其中 L_0 为理论计算得出的 TE 模式下多模波导长度，*L* 为仿真优化设计后的多模波导长度。由表 5.1 可知，随 *W* 的减小，耦合器的插入损耗和附加损耗有所增加。当 6μm≤*W*≤48μm 时，这种变化不明显，当 *W* 由 6μm 减小到 3μm 时，损耗明显增大，器件均匀性差，多模波导实际长度与理论值相差 59.91%。由图 5.2（k）、（i）也可看出，*W*=3μm 时多模波导中映像点模糊不清，耦合器附加损耗大、均匀性差。

表 5.1　不同 *W* 的 MMI 耦合器性能比较

W/μm	L_0/μm	*L*/μm	分光比(CR)	不均匀性(UL)/dB	插入损耗(IL_1)/dB	插入损耗(IL_2)/dB	附加损耗(EL)/dB
48	3451.23	3515	1.03	0.1284	2.9964	3.1256	0.05
24	868.45	888	0.98	0.0877	3.1149	3.0260	0.06
15	341.89	337	0.99	0.044	3.1220	3.0786	0.09
12	219.95	223	0.985	0.0656	3.2431	3.1776	0.2
6	57.41	57	1.013	0.06	3.4448	3.4960	0.46
3	14.83	37	0.83	0.8092	5.7741	4.9648	2.34

图 5.3 为插入损耗、附加损耗、分光比随多模波导宽度变化的关系曲线图。由图 5.3 可以看出，当 6μm≤*W*≤48μm 时，耦合器的插入损耗、附加损耗随 *W* 的减小有所增加，但变化不明显，当 *W* 由 6μm 减小到 3μm 时，损耗明显增大。

5.2.2　输入/输出波导

在对不同尺寸的 MMI 耦合器进行仿真后，兼顾器件体积和损耗要求，最终

取 W=6μm，将数据代入式（5.1）、式（5.2），求得在 TE 偏振模式下，L_{MMI}≈57.41μm，在 TM 偏振模式下，L_{MMI}≈54.07μm。

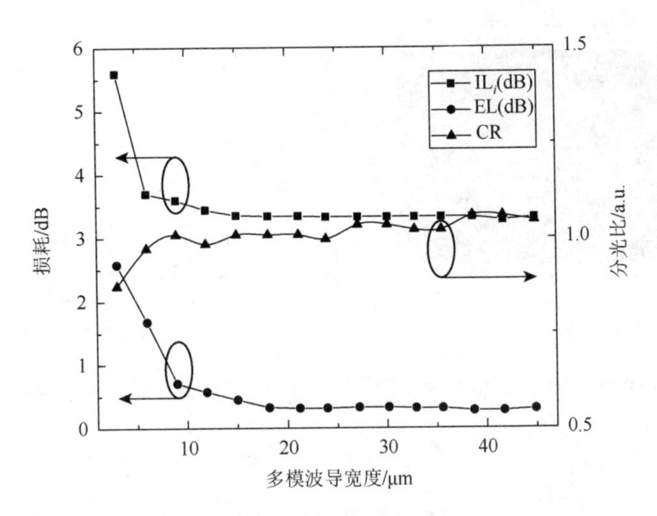

图 5.3　插入损耗、附加损耗及分光比与 W 的关系

在仿真过程中对映像点进行观察分析，寻求最佳映像点，使分光更均匀，附加损耗更低，最终取 L_{MMI}=57μm。图 5.4 为输入/输出波导为直波导时仿真所得耦合器的光场和光强分布图。

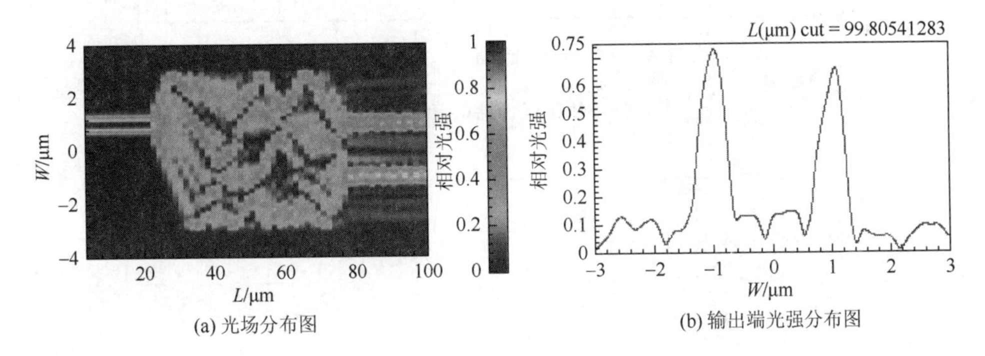

(a) 光场分布图　　(b) 输出端光强分布图

图 5.4　W=6μm、输入/输出波导为直波导时的 MMI 耦合器仿真结果（见彩图）

输入/输出波导采用倒锥形结构，可使映像点更清晰，减小器件的附加损耗，改善分光比。图 5.5 为优化设计后耦合器的光场和光强分布图。优化前，耦合器的附加损耗为 1.09dB，分光比为 0.901（47.4:52.6），优化后，耦合器的附加损耗为 0.46dB，分光比为 1.012（50.3:49.7）。由此可知改善后的耦合器附加损耗得到

了明显的减少，分光比得到了明显的改善。图 5.6 和图 5.7 为最终 MMI 耦合器的光功率监控图和光场的重叠积分。

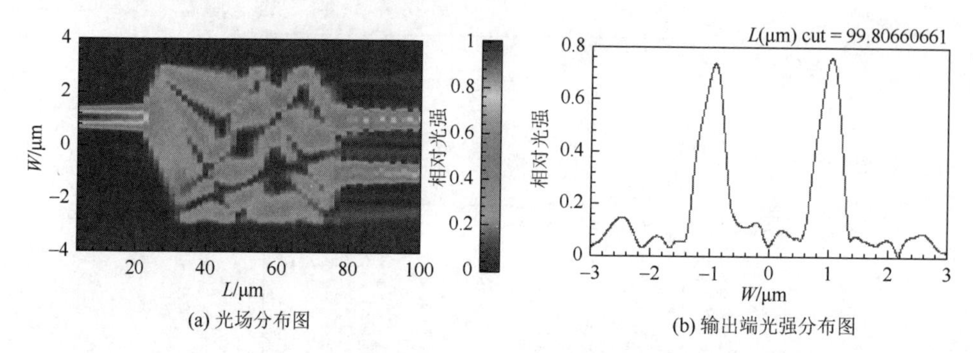

(a) 光场分布图　　(b) 输出端光强分布图

图 5.5　W=6μm、输入/输出波导为锥形波导时的 MMI 耦合器仿真结果（见彩图）

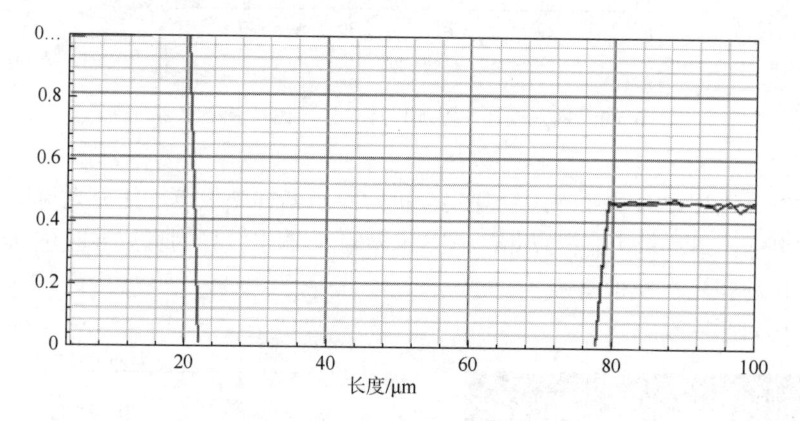

图 5.6　MMI 耦合器的光功率监控图

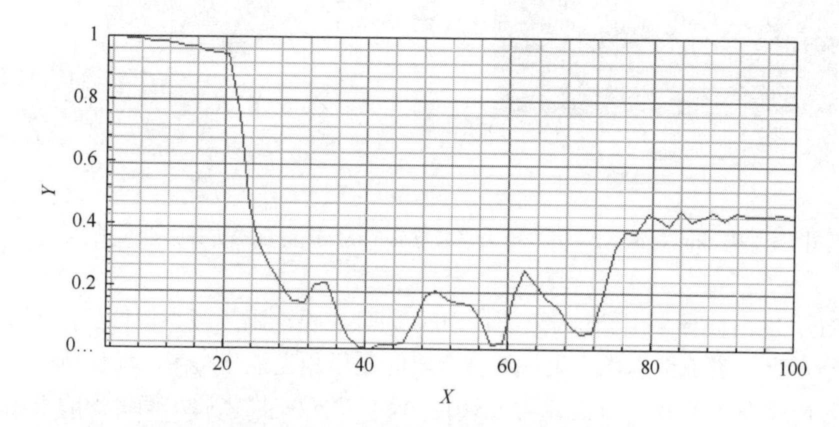

图 5.7　MMI 耦合器中光场的重叠积分

5.2.3　工作波长

改变中心波长 λ，观察耦合器的输出特性。本章对 W=6μm 的 MMI 耦合器在不同中心波长下进行仿真。图 5.8 为插入损耗、附加损耗、分光比随多中心波长变化的关系曲线图。由图 5.8 可知，在 1.49～1.59μm 波长范围内耦合器的附加损耗小于 1.55dB。仿真结果表明本章所设计的耦合器具有较宽的波长响应范围。

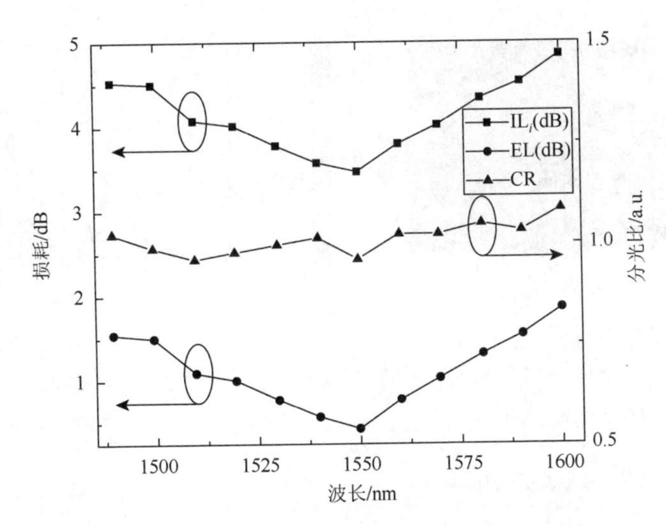

图 5.8　插入损耗、附加损耗及分光比与 λ 的关系

5.2.4　偏振特性

对于弱限制性波导，n_c/n_r≈1，在 TE 和 TM 偏振态下，所得的多模干涉区长度 L_{MMI} 差别不大，因此弱限制性材料制作的 MMI 耦合器偏振特性良好；而对于强限制性波导，例如，n_c=1.45，n_r=3.46，n_c/n_r=0.419，在 2 种不同的偏振态下所求得的 L_{MMI} 有较明显的差异，且 W 越小，L_{MMI} 的差异越明显，因此强限制性材料制作的 MMI 耦合器偏振特性相对较差。图 5.9 为 W=15μm、W=6μm 时 TM 偏振模式下的光场和光强分布图。由图 5.9 可知，W=15μm 的 MMI 耦合器的偏振特性优于 W=6μm 的 MMI 耦合器。

图 5.10 为最终设计的 MMI 耦合器的版图。为使损耗降至最低，输入/输出波导与多模波导相连的一端宽度均设为 1μm。①、②、④号锥形波导末端宽度设为 0.65μm。为了便于和 AWG 连接，③号锥形波导末端宽度设置为 0.35μm。表 5.2 为近年来分光比为 50∶50 的 2×2 多模干涉耦合器的国内外研究成果比较。

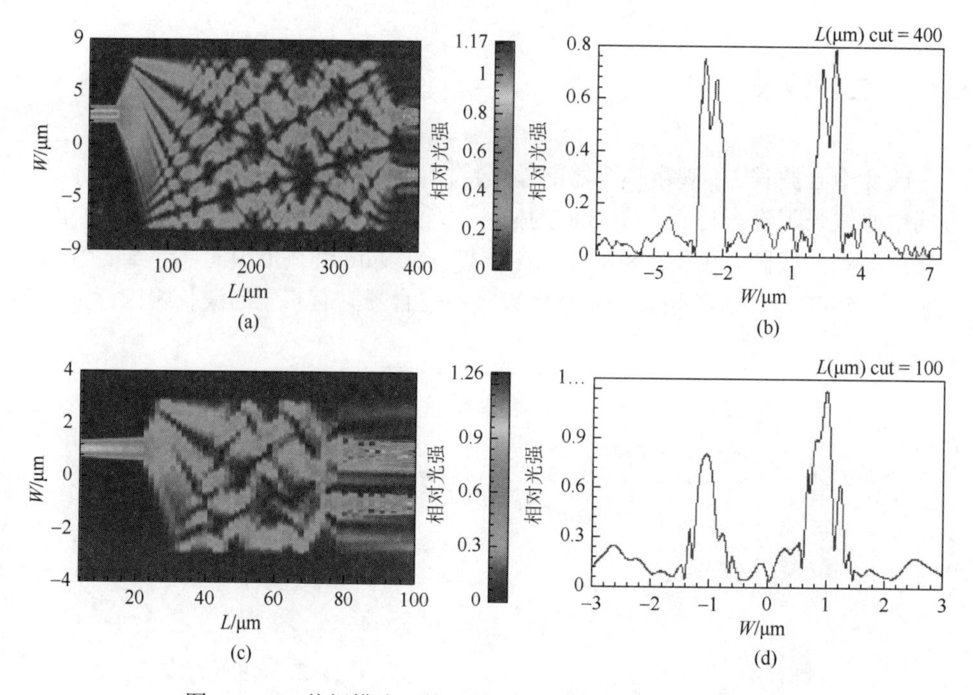

图 5.9　TM 偏振模式下的 MMI 耦合器仿真结果（见彩图）

光场分布图：（a）W=15μm，（c）W=6μm；输出端光强分布图：（b）W=15μm，（d）W=6μm

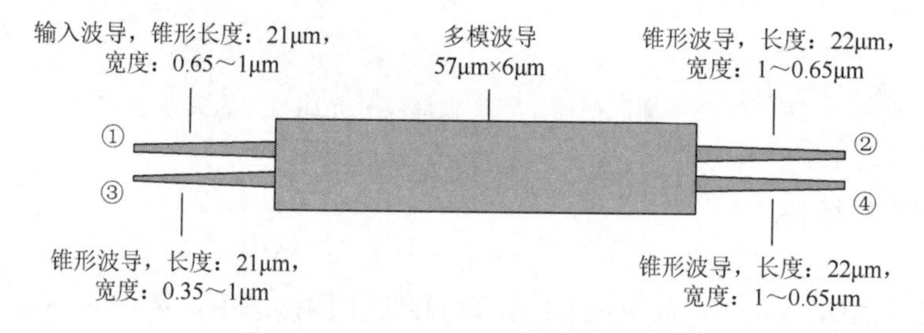

图 5.10　2×2 MMI 耦合器的版图（W=6μm）

表 5.2　2×2 MMI 耦合器性能比较

年份	作者	制作材料	多模干涉区尺寸/(μm×μm)	附加损耗/dB	波长响应范围/μm
2003	Hill	InP/InGaAsP	15.92×358	0.5	未提及
2006	Solehmainen	SOI	30.5×1394	0.5	1.51～1.57
2006	Xu	SOI	5×54	未提及	未提及
2007	Tseng	SOI	24×1080	未提及	1.5～1.6
2008	杨柳	SU-8	5.3×34.2	1.3	1480～1630

续表

年份	作者	制作材料	多模干涉区尺寸/(μm×μm)	附加损耗/dB	波长响应范围/μm
2009	Takeda	InP/InGaAsP	12×650	未提及	1.53～1.578
2009	Singh	SiO_2	3×600	0.16	未提及
2010	Tanaka	SOI	1.8×12	1.15	1.7.1.6
2013	李鸿强	SOI	6×57	0.46	1.49～1.59

单模光纤的芯径为 10μm，而图 5.10 中两输出波导之间的间距为 2μm，考虑到测试需要，在输出波导末端加弯曲波导。最终，两输出波导的间距为 10μm。图 5.11 为在图 5.10 基础上加弯曲波导后的光场和光强分布图。

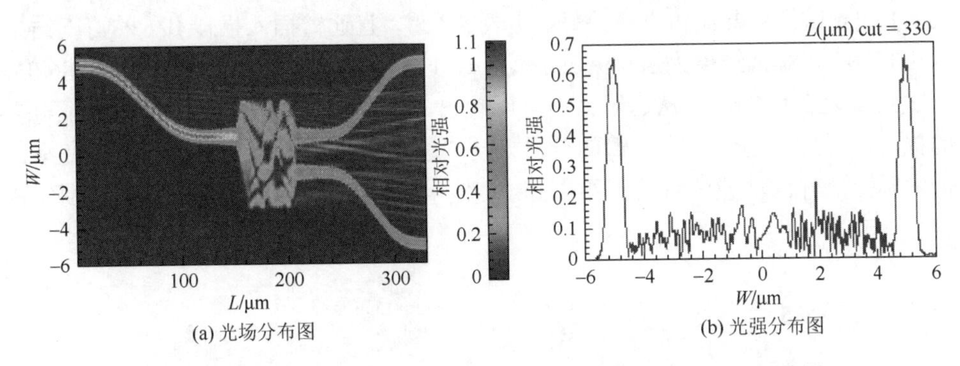

(a) 光场分布图　(b) 光强分布图

图 5.11　W=6μm 的 MMI 耦合器在加弯曲波导后的仿真结果（见彩图）

流片时添加了附加损耗低、偏振特性好、体积稍大的 W=15μm 时的 MMI 耦合器。图 5.12 为 W=15μm 的 MMI 耦合器加弯曲波导后的光场和光强分布图。

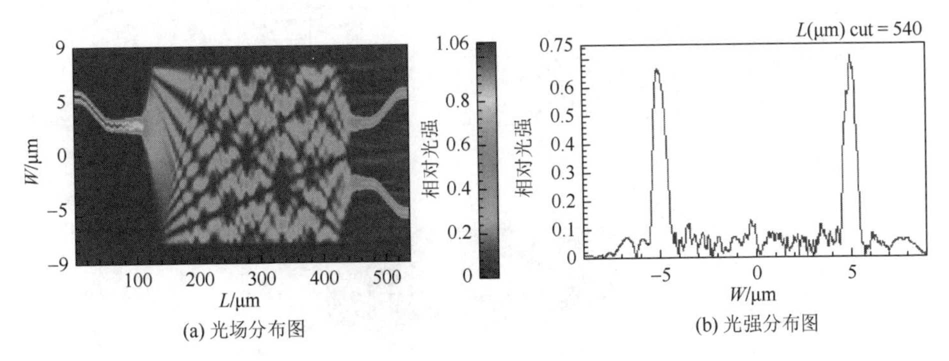

(a) 光场分布图　(b) 光强分布图

图 5.12　W=15μm 的 MMI 耦合器在加弯曲波导后的仿真结果（见彩图）

仿真结果表明本章所设计的2×2 MMI耦合器体积小、附加损耗低、波长响应范围宽、分光均匀，能够用于阵列波导光栅解调集成微系统。

5.3　多模干涉耦合器测试

5.3.1　光学性能测试

图5.13为制备完成的W=15μm的MMI耦合器样品的光学显微图。图5.14为其输出光谱图及红外显微镜观察所得MMI耦合器输出端的光斑。表5.3给出W=15μm的MMI耦合器仿真结果与实验结果的比较。由表5.3可以看出，W=15μm的MMI耦合器插入损耗、附加损耗的测试结果与仿真结果较为吻合，不均匀性（UL）的测试结果要比仿真结果好。由表5.3得，直通臂插入损耗IL1的仿真结果为3.1220dB、测试结果为3.1495dB，耦合臂插入损耗IL2的仿真结果为3.0786dB、测试结果为3.1547dB，从这组数据可以看出，器件制作过程中耦合臂产生了更多的损耗，导致直通臂与耦合臂的输出光功率差值减小，表面上看不均匀性变小，但实际上器件的性能没有仿真结果好。总体来说，W=15μm的MMI耦合器制作较理想。

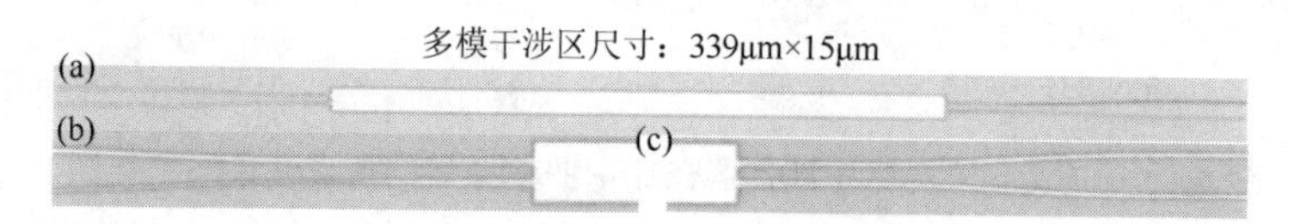

图5.13　15μm×400μm的MMI耦合器光学显微图

（a）全貌；（b），（c）细节

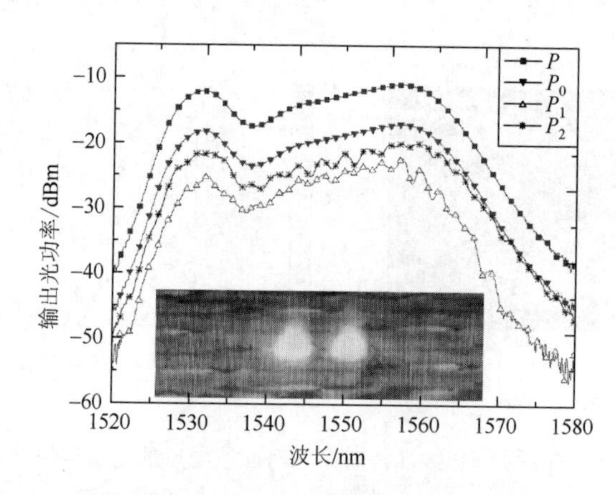

图5.14　15μm×400μm的MMI耦合器输出光谱图及输出光斑

表 5.3　W=15μm 时 MMI 耦合器性能比较

结果	CR	UL/dB	IL_1/dB	IL_2/dB	EL/dB
仿真结果	0.99	0.044	3.1220	3.0786	0.09
实验结果	1.0122	0.0053	3.1495	3.1547	0.1418

图 5.15 为制备完成的 W=6μm 的 MMI 耦合器样品的光学显微图。图 5.16 为其输出光谱图及红外显微镜观察所得 MMI 耦合器输出端的光斑。表 5.4 列出 W=6μm 的 MMI 耦合器仿真结果与实验结果的比较。由表 5.4 可以看出，W=6μm 的 MMI 耦合器插入损耗、附加损耗的测试结果与仿真结果较为吻合，不均匀性的测试结果要比仿真结果好，这是因为器件制作过程中直通臂产生了更多的损耗，导致直通臂与耦合臂的输出光功率差值减小，表面上看不均匀性变小。总体来说，W=6μm 的 MMI 耦合器制作较理想。

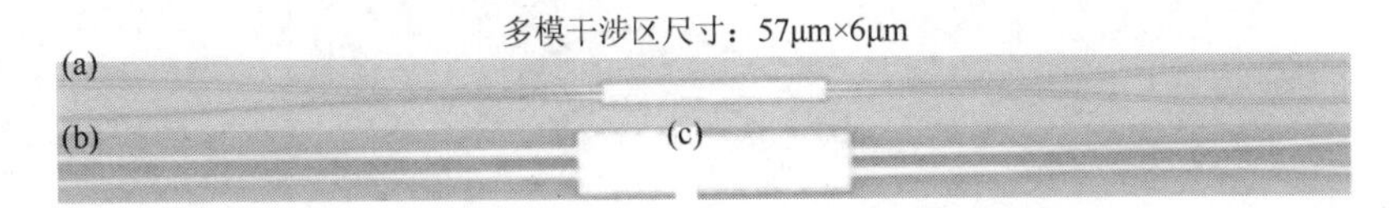

图 5.15　6μm×100μm 的 MMI 耦合器光学显微图

（a）全貌；（b），（c）细节

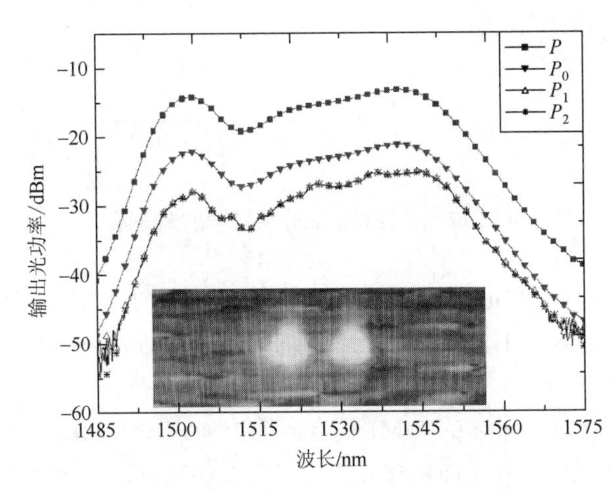

图 5.16　6μm×100μm 的 MMI 耦合器输出光谱图及输出光斑

表 5.4　W=6μm 时 MMI 耦合器性能比较

结果	CR	UL/dB	IL_1/dB	IL_2/dB	EL/dB
仿真结果	1.013	0.06	3.4448	3.4960	0.46
实验结果	1.0122	0.0053	3.5495	3.5558	0.5423

5.3.2　偏振特性测试

在测试耦合器偏振特性的实验中更换了宽带光源，所用的 SLED 光源最大输出光功率为 10dBm，中心波长为 1545nm，光谱宽度为 1497.1595nm。图 5.17 为实验测试所得光源和偏振分束器输出光谱图，其中 S 代表光源输出光谱图，TE 代表偏振分束器 TE 模式输出光谱图，TM 代表偏振分束器 TM 模式输出光谱图，实验数据显示，$P_{S(1550)} = -20.60$dBm，$P_{TE(1550)} = -23.40$dBm，$P_{TM(1550)} = -23.95$dBm，偏振分束器附加损耗 EL=0.0560dB（S、TE、TM 分别表示光源、TE 模式和 TM 模式）。由此可得宽带光源中分布在 TE 模式中的能量要比 TM 模式中的多。

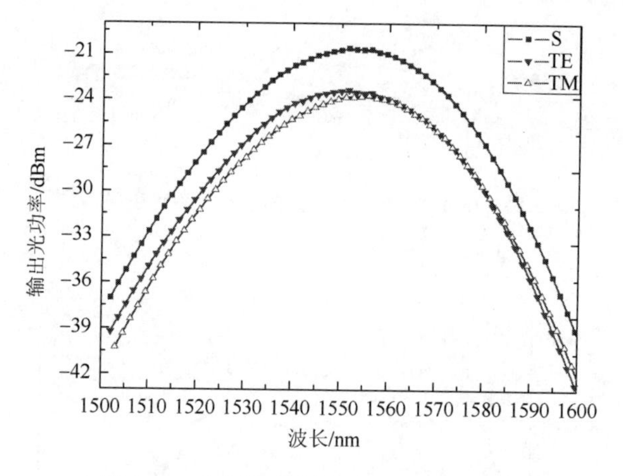

图 5.17　光源和偏振分束器输出光谱图

图 5.18（a）为 W=15μm 的 MMI 耦合器输出光谱图。从图中可以看出，MMI 耦合器附加损耗较低、TE、TM 偏振态下均匀性都较好，且偏振相关损耗小，总体来说该器件制作较理想。

图 5.18（b）为 W=6μm 的 MMI 耦合器输出光谱图。从图中可以看出，MMI 耦合器附加损耗较低、TE、TM 偏振态下均匀性都较好，且偏振相关损耗小，总体来说该器件制作较理想。

表 5.5 列出了本章制作的耦合器偏振相关损耗。从表中可以看出，MMI 耦合器有相对较小的偏振相关损耗。由于 SOI 材料具有较大折射率差，制作的波导为强限制性波导，因此器件的偏振特性较差。

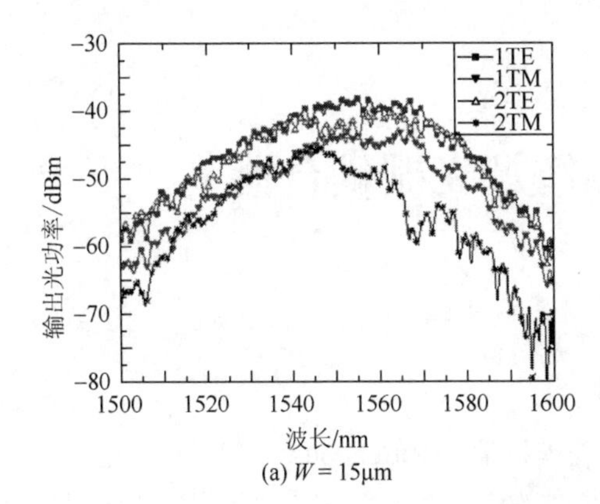

(a) $W = 15\mu m$

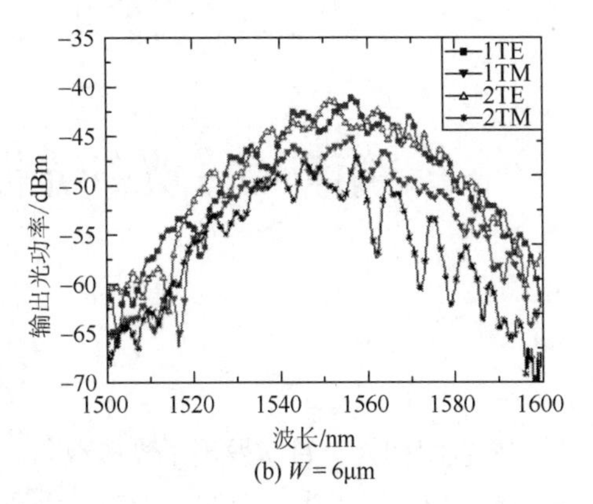

(b) $W = 6\mu m$

图 5.18　MMI 耦合器输出光谱图

表 5.5　耦合器偏振相关损耗比较

耦合器	PDL_1/dB	PDL_2/dB
MMI（W=15μm）	3.8930	4.9780
MMI（W=6μm）	3.5790	5.3040

参 考 文 献

[1] 冯丽爽，许光磊，李菲. 一种硅基二氧化硅波导耦合器的设计与分析[J]. 光学技术，2007，33（2）：202-205.

[2] Lee J，Ahn J T，Cho D H，et al. Vertical coupling of polymeric double-layered waveguides using a stepped MMI coupler[J]. ETRI Journal，2003，25（2）：81-88.

[3] Solehmainen K，Kapulainen M，Harjanne M，et al. Adiabatic and multimode interference couplers on silicon-on-insulator[J]. IEEE Photonics Technology Letters，2006，21（18）：2287-2289.

[4] Dan X，Janz S，Cheben P. Design of polarization-insensitive ring resonators in silicon-on-insulator using MMI couplers and cladding stress engineering[J]. IEEE Photonics Technology Letters，2006，2（18）：343-345.

[5] Tseng S Y，Hernandez C F，Owens D，et al. Variable splitting ratio 2×2 MMI couplers using multimode waveguide holograms[J]. Optical Society of America，2007，14（15）：9015-9021.

[6] Chen W，Eaton S M，Zhang H，et al. Broad band directional couplers fabricated in bulk glass with high repetition rate femtosecond laser pulses[J]. Optics Letters，2008，16（15）：11470-11480.

[7] Yang L，Yang B，Sheng Z，et al. Compact 2×2 tapered multimode interference couplers based on SU-8 polymer rectangular waveguides[J]. Applied Physics Letters，2008，93（20）：203304.

[8] Pu M B，Yao N，Hu C G，et al. Directional coupler and nonlinear Mach-Zehnder interferometer based on metalinsulator-metal plasmonic waveguide[J]. Optics Letters，2010，18（20）：21030-21037.

[9] Tanaka D，Ikμma Y，Tsuda H. Comparative simulation of three types of 3-dB coupler using a Si wire waveguide[C]. Proceedings 3rd ICCE，Nha Trang，2010：389-393.

[10] Le T，Cahill L W. The design of 4×4 multimode interference coupler based microring resonators on an SOI platform[J]. Journal of Telecommunications and Information Technology，2009，2：98-102.

[11] Dai D，Wang Z，Liang D，et al. On-chip polarization handling for silicon photonics[C]. SPIE Newsroom，Belingham，2012.

第6章　光纤光栅解调光栅耦合器

6.1　引　　言

18世纪初人类首次发现了光栅现象，美国科学家Rittenhouse在1786年通过一块丝绸手帕实现了光的衍射，光的衍射现象首次在人类科学史上出现[1]。德国科学家Fraunhofer在1821年对Rittenhouse发现的现象进行了重现，通过金属丝光栅实现的光的衍射[2]。随着人类对光栅认识逐步加深，光栅的应用变得越来越广，光栅的结构也在推广中逐步提高。美法两国科学家Debye等于1932年通过实验观察到了由体相位光栅产生的光动态衍射现象[3]。美国科学家Stroke在1967年对光栅进行进一步的研究，实现了光栅在天线方面的应用[4]。随着科技的进步，人类对光学及光栅知识的逐步加深，光栅的应用已经开始在各个学科领域推广开来。波导光栅随着集成光学的发展不断被推广，已经成为集成光学中重要的研究对象。

基于光栅的衍射现象现象，当光照射到光栅耦合器的光栅表面时，光栅耦合器能够使照射到光栅表面的光传播方向改变并耦合进光波导从而实现光纤与光波导间的光耦合。通过光栅耦合器耦合进光波导中的光既可以输入光路系统也可以通过波导与锥形光纤端面耦合输出[5, 6]。光纤与光栅耦合器之间的耦合如图6.1所示。由图6.1可以看出，光纤与硅基波导上光栅耦合器之间的耦合属于端面耦合，光纤中的输入光通过光栅耦合器使输入光转向并耦合进尺寸较小的光波导，由于光栅耦合器的作用降低了模斑不匹配所造成的损耗；图右侧为波导的输出端与光纤进行的端面耦合，虽然使用锥形光纤能够降低模斑不匹配造成的损耗，但仍会存在较大的损耗，另外波导对接面及锥形光纤的制作及要求比较复杂，需要保证对接面光滑、锥形光纤拉锥匹配等条件。由此可见，在集成光学系统中光栅耦合器有着较大的优势，有着不可替代的地位。

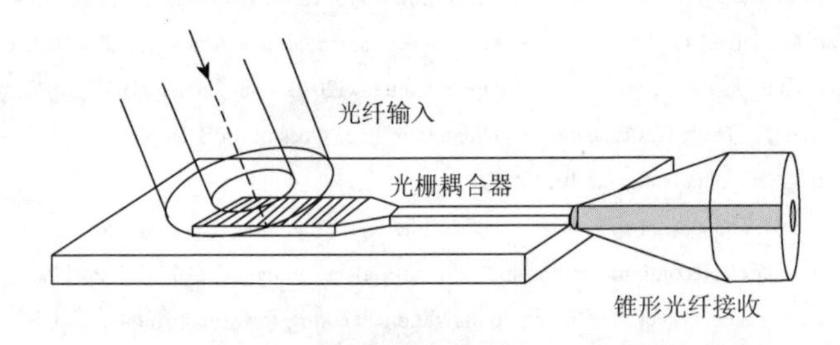

图6.1　光栅耦合器光耦合的示意图

6.2　光栅耦合器理论

6.2.1　等效介质理论

等效介质理论是亚波长结构表面更直观的研究方法。在理论上，当浮雕结构的周期比入射波波长小很多时，透射以及反级衍射只发生在零级处。当光波经过入射光的介质进入亚波长结构区时，可以看作光波通过了一种与亚波长结构等效折射率相等的等效介质，传输光波的波阵面保持原有的形状，这个过程中浮雕的结构特征决定了等效介质的光学参数[7]。此外，可以通过改变光栅上层的刻槽结构，如介质齿宽度、刻蚀深度或者光栅的周期，来实现对透射和反射波的相位和振幅的相关调制。因此，对于光栅结构，当垂直入射光波进入到亚波长光栅表面时，由于所设计的亚波长光栅周期小于入射光波长，光栅表面被刻蚀成波导与自由空间相间的周期性结构，光栅层可以被视为一个均匀介质。

一维亚波长光栅横截面示意图如图 6.2 所示，两种不同的电介质材料构成了光栅结构的一个周期 T。其中 ε_1 和 ε_2 分别代表两种电介质材料的介电常数，两种不同电介质材料的宽度可以分别用 w_1 和 w_2 表示。当入射光波长远远大于光栅的周期时，即 $\lambda \gg T$ 时，我们将整个光栅的内部结构看作一个均匀的介质，分别对应 TE 波和 TM 波，然后分别用 n_{TE} 和 n_{TM} 代替 TE 波和 TM 波的等效折射率。

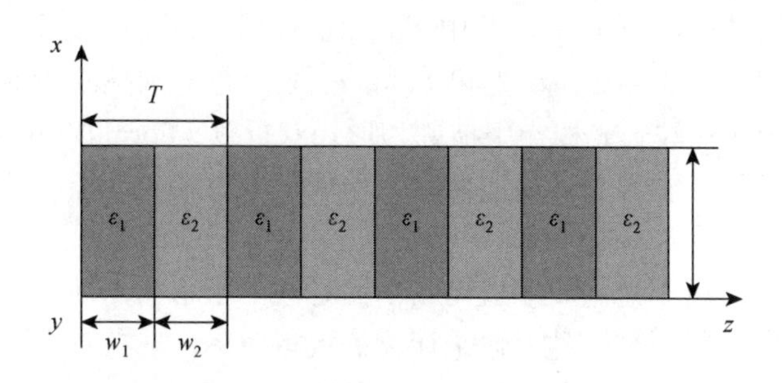

图 6.2　一维亚波长光栅横截面示意图

为了保持整个光栅区域值的一致性，TE 波沿 y 方向的线偏振电场矢量 E_y 必须在折射率突变界限的地方连续。因此，在一个光栅的周期 T 内，与之相对应的电通量平均密度为

$$\overline{D_y} = \frac{w_1\varepsilon_1 E_y + w_2\varepsilon_2 E_y}{w_1 + w_2} = \frac{w_1\varepsilon_1 + w_2\varepsilon_2}{w_1 + w_2} E_y \tag{6.1}$$

那么，表示 TE 等效介电常数 ε 的一阶近似表示为

$$\varepsilon_{\rm TE}^{(1)}=\frac{\overline{D}}{\overline{E}}=\frac{w_1\varepsilon_1+w_2\varepsilon_2}{w_1+w_2}=\frac{w_1\varepsilon_1+w_2\varepsilon_2}{T}=f\varepsilon_1+(1-f)\varepsilon_2 \tag{6.2}$$

定义式（6.2）中的f=w_1/T为介质ε_1的占空比。

TM 波的磁场矢量沿y方向，电矢量沿z方向，其中电矢量是一个非零矢量。此事，由于电流密度区边界的连续性，所以D_z在光栅区域的值都是一样的。一个周期内相应的电场E_z的平均值为

$$\overline{E_z}=\left(\frac{w_1D_z}{\varepsilon_1}+\frac{w_1D_z}{\varepsilon_2}\right)\Big/T \tag{6.3}$$

因此 TM 波等效介电常数的一阶近似为

$$\varepsilon_{\rm TM}^{(1)}=\frac{\overline{D}}{\overline{E}}=\frac{1}{\dfrac{f}{\varepsilon_1}+\dfrac{1-f}{\varepsilon_2}} \tag{6.4}$$

等效介电薄膜折射率的亚波长光栅的计算公式为

$$n_{\rm eff}=\begin{cases}n_{\rm TE}^1=\sqrt{\varepsilon_{\rm TE}^{(1)}}=\sqrt{fn_1^2+(1-f)n_2^2}\\[2ex] n_{\rm TM}^1=\sqrt{\varepsilon_{\rm TM}^{(1)}}=\sqrt{\dfrac{1}{f\dfrac{1}{n_1^2}+(1-f)\dfrac{1}{n_2^2}}}\end{cases} \tag{6.5}$$

式中，n_1和n_2分别为不同材料的折射率。从式（6.5）不难发现 TE 波（即 o 光）的折射率比 TM 波（即 e 光）大，因此，在一般的情况下，一维亚波长光栅与厚度为H的负单轴晶体是等价的，其中由式（6.5）可以算出 o 光和 e 光的折射率。通过公式计算可以得出结论，o 光和 e 光的折射率差与天然双折射晶体相比大得多，因此该效应在亚波长光栅当中被称为形式双折射（Form Birefringence），人们利用这一性质设计了一系列的功能器件，如偏振分束器、偏振滤波器以及二元闪耀光栅耦合器。

一阶近似仅适用于光栅周期值比较小的时候，当增大光栅周期时，一阶近似已不再适用。所以需要另一种近似来计算等效折射率，现在对高阶近似进行进一步介绍。通过式（6.5）可以得出结论，等效折射率不仅与光栅折射率分布以及占空比有关，除此之外，等效折射率还与光栅周期与波长之比即T/λ有关。等效折射率在通常的情况下还可以写成式（6.6）所示的形式：

$$n_{\rm eff}=n_0+n_1\frac{T}{\lambda}+n_2\left(\frac{T}{\lambda}\right)^2+n_3\left(\frac{T}{\lambda}\right)^3+\cdots \tag{6.6}$$

式（6.6）是一个泰勒公式，当泰勒公式展开的级数越高，所得精确度也会越高，但是加大了计算难度，所以计算也越复杂，具体的推导过程参见文献[8]，由推导得到二阶近似的表达式为

$$n_{\text{eff}}=\begin{cases}n_{\text{TE}}^{(2)}=\left[n_{\text{TE}}^{(1)2}+\dfrac{1}{3}\left(\dfrac{T}{\lambda}\right)^2\pi^2 f^2(1-f)^2(n_1^2-n_2^2)^2\right]^{1/2}\\ n_{\text{TM}}^{(2)}=\left[n_{\text{TM}}^{(1)2}+\dfrac{1}{3}\left(\dfrac{T}{\lambda}\right)^2\pi^2 f^2(1-f)^2\left(\dfrac{1}{n_1^2}-\dfrac{1}{n_2^2}\right)^2\times n_{\text{TE}}^{(1)2}n_{\text{TM}}^{(1)6}\right]^{1/2}\end{cases}\tag{6.7}$$

本章中选取 SOI 材料的光栅结构，令占空比 f=0.5，n_1=3.5，n_2=1，此时可以得到各阶近似情况以及等效折射率与 T/λ 的关系图形。图 6.3 所示为 TE 和 TM 波在近似条件下的等效折射率与 T/λ 的关系图。

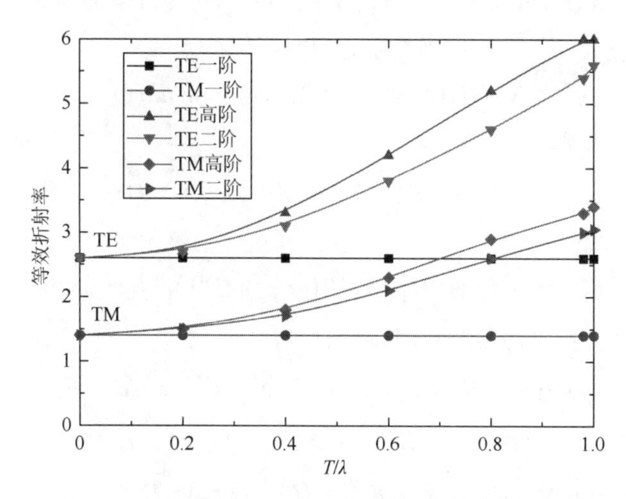

图 6.3　TE 和 TM 波在近似条件下的等效折射率与 T/λ 的关系

从图 6.3 可以看出，当周期与波长的比值远远小于 1 时，即 $T/\lambda \ll 1$ 时，各阶近似值相差不大，在这种情况下可以通过一阶近似来计算。但是随着 T/λ 的增大，各阶近似值也会相差越来越大。所以当光栅周期和入射光波长相近时，等效介质膜就不再近似。例如，当 $T/\lambda>0.6$ 时，对于 TE 波的二阶近似和高阶近似有效折射率大于光栅介质最高的折射率 3.5，这说明当周期与波长比值大于 0.6 时这种分析方法是不合理的。因此，等效介质膜近似定理成立的条件是在光栅周期相比光波长小很多时才成立。

6.2.2　严格耦合波理论

人们先后提出了耦合波理论[9, 10]、微扰理论[11, 12]、波恩近似方法[13]、等效电流理论[14]、光线方法[15, 16]、共振方法[17, 18]等六种不同的理论分析方法来设计波导光栅器件，各种理论有不同的适用范围。设介电常数由 $\varepsilon(r)$改变为 $\varepsilon(r)+\Delta\varepsilon(r)$，则电位移 D 可表示为

$$D(r,t)=\left[\varepsilon(r)+\Delta\varepsilon(r)\right]E(r,t)=\varepsilon_0 E(r,t)+P_0(r,t)+\Delta\varepsilon(r)E(r,t) \tag{6.8}$$

$P_0(r, t)$的微扰项表示为

$$\Delta P(r,t)=\Delta\varepsilon(r)E(r,t)=\varepsilon_0\Delta\varepsilon_r(r)E(r,t) \tag{6.9}$$

$E(r)$和 $H(r)$满足的方程

$$\begin{aligned}\nabla\times E(r)&=\mathrm{j}w\mu_0 H(r)\\ \nabla\times H(r)&=-\mathrm{j}w\varepsilon(r)E(r)-\mathrm{j}w\Delta P(r)\end{aligned} \tag{6.10}$$

式中，$\Delta P(r)$是 $\Delta P(r, t)$的复振幅。E_1、H_1 和 E_2、H_2 为方程的两组解。

$$\nabla\times E_{1(r)}=\mathrm{j}w\mu_0 H_1(R) \tag{6.11}$$

$$\nabla\times H_2(r)=-\mathrm{j}w\varepsilon(r)E_2(r)-\mathrm{j}w\Delta P_2(r) \tag{6.12}$$

将结果的两边相减得

$$\nabla\cdot(f\times g)=g\cdot(\nabla\times f)-f\cdot(\nabla\times g) \tag{6.13}$$

从而得到

$$\nabla\cdot\left(E_1\times H_2^*\right)=\mathrm{j}w\mu_0 H_2^*(r)\cdot H_1(r)-\mathrm{j}w\varepsilon(r)E_1\cdot E_2^*-\mathrm{j}w\Delta P_2^*\cdot E_1 \tag{6.14}$$

改变下标 1、2，将方程的复共轭相加得

$$\nabla\cdot\left(E_1\times H_2^*+E_2^*\times H_1\right)=\mathrm{j}w\Delta P_1\cdot E_2^*-\mathrm{j}w\Delta P_2^*\cdot E_1 \tag{6.15}$$

用 $E(r)$、$H(r)$、$E^{(0)}(r)$和 $H^{(0)}(r)$分别替 E_1、H_1、E_2、H_2 得

$$\nabla\cdot\left(E\times H^{(0)^*}+E^{(0)^*}\times H\right)=\mathrm{j}w\varepsilon_0\Delta\varepsilon_r E^{(0)^*}\cdot E \tag{6.16}$$

将它左右两边对 xy 积分得

$$\iint\frac{\partial}{\partial z}\left[E_t\times H_t^{(0)^*}+E_t^{(0)^*}\times H_t\right]_z \mathrm{d}x\mathrm{d}y=\mathrm{j}w\varepsilon_0\iint\Delta\varepsilon_r E^{(0)^*}\cdot E\mathrm{d}x\mathrm{d}y \tag{6.17}$$

假定切线分量为

$$E_t^{(0)}=E_{t\mu}(x,y)\exp(\mathrm{j}\beta_\mu z),\quad H_t^{(0)}=H_{t\mu}(x,y)\exp(\mathrm{j}\beta_\mu z) \tag{6.18}$$

则 E_t 和 H_t 为

$$E_t=\sum_v a_v E_{tv}(x,y)\exp(\mathrm{j}\beta_v z),\quad H_t=\sum_v a_v H_{tv}(x,y)\exp(\mathrm{j}\beta_v z) \tag{6.19}$$

基准波导基础上的微扰 $\Delta\varepsilon_r(r)$表示为

$$\Delta\varepsilon_r(r)=\sum_q\Delta\varepsilon_q(x)\exp(\mathrm{j}qK\cdot r) \tag{6.20}$$

将光栅矢量 $K=K_y e_y+K_z e_z$，位矢 $r=xe_x+ye_y+ze_z$，$K=|K|=2\pi/T$ 代入式（6.20）整理得

$$\Delta\varepsilon_r(r)=\sum_q \Delta\varepsilon_q(x)\exp(\mathrm{j}qK_y y)\exp(\mathrm{j}qK_z z) \tag{6.21}$$

将式（6.21）代入式（6.17），化简得

$$\frac{\mathrm{d}}{\mathrm{d}z}a_\mu(z)=\sum_q\sum_v K_{\mu v}^{(q)}a_v(z)\exp\left[-\mathrm{j}\left(\beta_\mu-qK_z-\beta_v\right)z\right] \tag{6.22}$$

得 q 阶耦合系数为

$$K_{\mu v}^{t(q)}=K_{\mu v}^{t(q)}+K_{\mu v}^{z(q)} \tag{6.23}$$

$$K_{\mu v}^{t(q)}=\pm\mathrm{j}\frac{\omega\varepsilon_0}{4}\iint E_{t\mu}^*(x,y)\cdot\left[\Delta\varepsilon_q(x)\mathrm{e}^{\mathrm{j}qK_y y}E_{tv}(x,y)\right]\mathrm{d}x\mathrm{d}y \tag{6.24}$$

$$K_{\mu v}^{z(q)}=\pm\mathrm{j}\frac{\omega\varepsilon_0}{4}\iint E_{z\mu}^*(x,y)\cdot\left[\Delta\varepsilon_q(x)\mathrm{e}^{\mathrm{j}qK_y y}E_{zv}(x,y)\right]\mathrm{d}x\mathrm{d}y \tag{6.25}$$

要使 β_μ 和 β_v 能更好地耦合，须满足

$$\beta_\mu-qK_z-\beta_v=0 \tag{6.26}$$

式（6.26）即为前面提到的 Bragg 条件（相位匹配条件），解析计算光栅耦合的问题请参考文献[19]、[20]。

6.3　光栅耦合器数值模拟

光栅耦合器的工作原理虽然可以通过其理论分析得到很好的解释，但它们有的不能精确地计算出光栅耦合器的耦合效率，有的只能在弱耦合的情况下计算光栅耦合器的耦合效率，有的则会需要用到烦琐的公式推导来计算，所以当光栅结构更加复杂时计算量也会更加大。所以现在对光栅进行设计和优化更多的是采用数值仿真方法，而上面所介绍的理论知识更多地用来指导光栅耦合器的设计和优化。现在常用的数值仿真方法包括时域有限差分（Finite Difference Time Domain，FDTD）算法和光束传播法（Beam Propagation Method，BPM）。下面将重点对时域有限差分算法和光束传播法进行介绍。

6.3.1　时域有限差分算法

时域有限差分算法最早是由 Yee 在 1966 年提出的，经过不断的发展演进，日臻成熟。FDTD 算法是对麦克斯韦方程组进行时间和空间上交替抽样离散化，差分形式的求解，进而对电磁波在计算区域内随时间变化进行了计算。伴随各种边界条件的不断改善和进步，FDTD 算法的计算精度得到了很大提高，并且它是全方向性的，能够模拟散射现象、非线性效应等其他很多现象。但它仍有一些缺点

就是其计算速度较慢，需要消耗大量的计算机 CPU 和内存。这一算法基本上对于任何光无源器件都可适用，因此对于光栅耦合器的计算和分析也适用。

FDTD 算法是将麦克斯韦方程中的偏微分方程组进行离散化，变成一组差分方程后，计算域中的各个点在任意时刻的电磁场。FDTD 算法是通过将空间划分成为一个个小的格点 $\Delta x\times\Delta y\times\Delta z$，时间划分成为一个个小的步长 Δt，两者之间有一定的限制关系，也就是稳定性条件。Δx、Δy、Δz 分别为单元网格沿 x、y、z 方向上的步长，按照电场和磁场相互正交和交联的关系对空间网格进行划分，每个电场分量的四周均由磁场分量环绕着，每个磁场分量的四周也均由电场分量对其进行环绕，对于格点的划分和电场分量、磁场分量的分布如图 6.4 所示。在时间域中，电场分量和磁场分量之间有半个时间步长（$\Delta t/2$）的时差，这样的电磁场的空间配置满足电磁理论的基本规律：法拉第电磁感应定律和安培环路定理，同时使介质交界面处的切向场分量连续的边界条件得到满足。当格点的大小和时间步长都足够小时，基于这样的递推数值计算可以较准确地计算出任意结构的光波导器件中的电磁场传播。

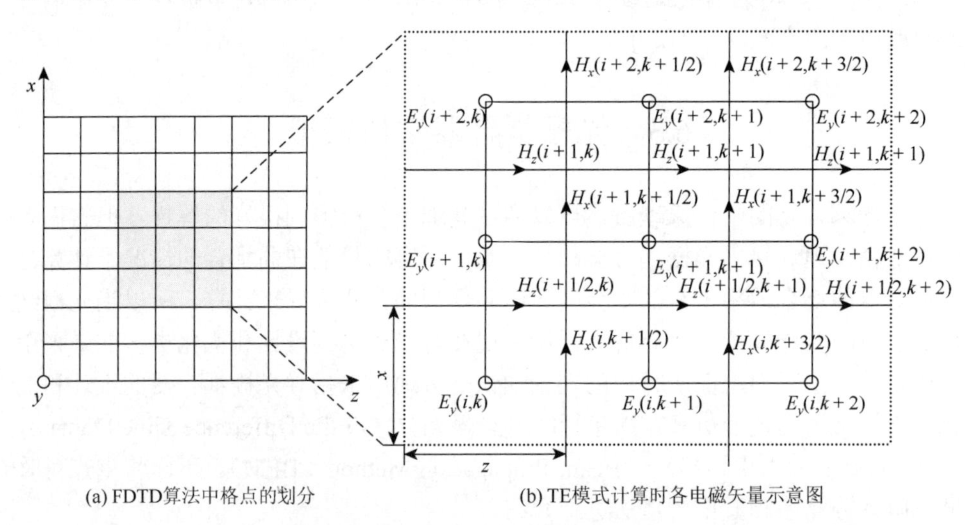

(a) FDTD算法中格点的划分　　(b) TE模式计算时各电磁矢量示意图

图 6.4　FDTD 算法中格点的划分与 TE 模式计算时各电磁矢量分布

FDTD 算法是通过对麦克斯韦方程组以及对电磁场的数值分析得出来的，由于 FDTD 算法在处理电磁场问题时，将对时空进行采样，采样点的疏密将直接影响存储数据的大小，所以该算法对计算机硬件的要求比较高，例如，CPU 的处理速度和存储空间的大小等。FDTD 算法的原理如下。

我们考虑非磁性介质，麦克斯韦旋度方程组如下：

$$\nabla\times H=\frac{\partial D}{\partial t}+J$$

$$\nabla \times E = -\frac{\partial B}{\partial t} \tag{6.27}$$

假设介质是各向同性的，则有

$$D = \varepsilon\varepsilon_0 E, \quad B = \mu_0 H, \quad J = \sigma E \tag{6.28}$$

引入中间 $\tilde{D}$ 变量，将麦克斯韦旋度方程组改写成如下形式：

$$\nabla \times H = \frac{\partial \tilde{D}}{\partial t} \tag{6.29}$$

$$\frac{\partial \tilde{D}}{\partial t} = \varepsilon\varepsilon_0 \frac{\partial E}{\partial t} + \sigma E \tag{6.30}$$

$$\nabla \times E = -\mu_0 \frac{\partial H}{\partial t} \tag{6.31}$$

再将 E 和 $\tilde{D}$ 分别进行归一化处理如下：

$$E = \sqrt{\frac{\varepsilon_0}{\mu_0}} E, \quad D = \sqrt{\frac{1}{\varepsilon_0 \mu_0}} \tilde{D} \tag{6.32}$$

我们知道真空光速 c 可以表示为

$$c = \sqrt{\frac{1}{\varepsilon_0 \mu_0}} \tag{6.33}$$

式（6.31）～式（6.33）可以化简为

$$\nabla \times H = \frac{1}{c} \cdot \frac{\partial D}{\partial t} \tag{6.34}$$

$$\frac{\partial D}{\partial t} = \varepsilon \frac{\partial E}{\partial t} + \frac{\sigma}{\varepsilon_0} E \tag{6.35}$$

$$\nabla \times E = -\frac{1}{c} \cdot \frac{\partial H}{\partial t} \tag{6.36}$$

在直角坐标系中将上述矢量写成分量的形式：

$$H = \left(H_x, H_y, H_z\right), \quad E = \left(E_x, E_y, E_z\right), \quad D = \left(D_x, D_y, D_z\right) \tag{6.37}$$

则麦克斯韦旋度方程组可以化为标量形式：

$$\frac{\partial H_z}{\partial y} - \frac{\partial H_y}{\partial z} = \frac{1}{c} \frac{\partial}{\partial t} D_x \tag{6.38}$$

$$\frac{\partial H_x}{\partial z} - \frac{\partial H_z}{\partial x} = \frac{1}{c} \frac{\partial}{\partial t} D_y \tag{6.39}$$

$$\frac{\partial H_y}{\partial x} - \frac{\partial H_x}{\partial y} = \frac{1}{c} \frac{\partial}{\partial t} D_z \tag{6.40}$$

$$\frac{\partial E_y}{\partial z} - \frac{\partial E_z}{\partial y} = \frac{1}{c} \frac{\partial}{\partial t} H_x \tag{6.41}$$

$$\frac{\partial E_z}{\partial x}-\frac{\partial E_x}{\partial z}=\frac{1}{c}\frac{\partial}{\partial t}H_y \tag{6.42}$$

$$\frac{\partial E_x}{\partial y}-\frac{\partial E_y}{\partial x}=\frac{1}{c}\frac{\partial}{\partial t}H_z \tag{6.43}$$

FDTD 算法的基本思想是采用 Yee 氏网格划分，将麦克斯韦方程中的电磁场分量进行空间离散化。Yee 氏网格如图 6.5 所示。

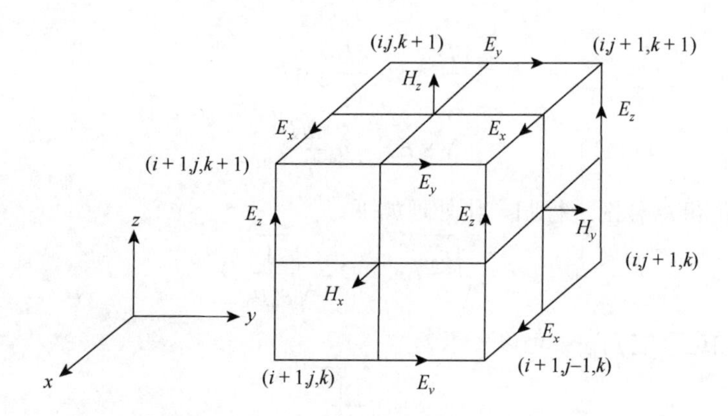

图 6.5　FDTD 算法 Yee 氏网格单元

用（i, j, k）表示格点的坐标，将时间 t 以步长 Δt 离散化，那么任意一个时间和空间的函数可以表示为

$$F(r,t)=F(x,y,z,t)=F(i\Delta x, j\Delta y, k\Delta z, n\Delta t)=F^n(i,j,k) \tag{6.44}$$

其一阶偏导数形式为

$$\frac{\mathrm{d}F(r,t)}{\mathrm{d}x}\approx\frac{F^n(i+1/2,j,k)-F^n(i-1/2,j,k)}{\Delta x} \tag{6.45}$$

$$\frac{\mathrm{d}F(r,t)}{\mathrm{d}t}\approx\frac{F^{n+1/2}(i,j,k)-F^{n-1/2}(i,j,k)}{\Delta t} \tag{6.46}$$

取时间和空间步长分别为

$$\Delta t=\frac{\Delta s}{2c},\quad \Delta x=\frac{\Delta s}{r_x},\quad \Delta y=\frac{\Delta s}{r_y},\quad \Delta z=\frac{\Delta s}{r_z} \tag{6.47}$$

为了让 FDTD 算法的时域迭代运算收敛，时间和空间步长应当满足 Courant 稳定性条件：

$$c\Delta t\leqslant\frac{1}{\sqrt{\frac{1}{\Delta x^2}+\frac{1}{\Delta y^2}+\frac{1}{\Delta z^2}}} \tag{6.48}$$

同时为减少数值色散，空间步长必须满足

$$\min(\Delta x, \Delta y, \Delta z) \leqslant \frac{\lambda}{12} \tag{6.49}$$

按照 Yee 氏网格，将麦克斯韦方程组分量用中心差分式进行离散化，可以得到空间各点的电磁场分量的表达式为

$$\begin{aligned} D_x^{n+1/2}(i+1/2,j,k) = & D_x^{n-1/2}(i+1/2,j,k) \\ & + \frac{r_y}{2}\left[H_z^n(i+1/2,j+1/2,k) - H_z^n(i+1/2,j-1/2,k)\right] \\ & - \frac{r_z}{2}\left[H_y^n(i+1/2,j,k+1/2) - H_y^n(i+1/2,j,k-1/2)\right] \end{aligned} \tag{6.50}$$

$$\begin{aligned} D_y^{n+1/2}(i,j+1/2,k) = & D_y^{n-1/2}(i,j+1/2,k) \\ & + \frac{r_z}{2}\left[H_x^n(i,j+1/2,k+1/2) - H_x^n(i,j+1/2,k-1/2)\right] \\ & - \frac{r_x}{2}\left[H_z^n(i+1/2,j+1/2,k) - H_z^n(i-1/2,j+1/2,k)\right] \end{aligned} \tag{6.51}$$

$$\begin{aligned} D_z^{n+1/2}(i,j,k+1/2) = & D_z^{n-1/2}(i,j,k+1/2) \\ & + \frac{r_x}{2}\left[H_y^n(i+1/2,j,k+1/2) - H_y^n(i-1/2,j,k+1/2)\right] \\ & - \frac{r_y}{2}\left[H_x^n(i,j+1/2,k+1/2) - H_x^n(i,j-1/2,k+1/2)\right] \end{aligned} \tag{6.52}$$

$$\begin{aligned} H_x^{n+1}(i,j+1/2,k+1/2) = & H_x^n(i,j+1/2,k+1/2) \\ & + \frac{r_z}{2}\left[E_y^{n+1/2}(i,j+1/2,k+1) - E_y^{n+1/2}(i,j+1/2,k)\right] \\ & - \frac{r_y}{2}\left[E_z^{n+1/2}(i,j+1,k+1/2) - E_z^{n+1/2}(i,j,k+1/2)\right] \end{aligned} \tag{6.53}$$

$$\begin{aligned} H_y^{n+1}(i+1/2,j,k+1/2) = & H_y^n(i+1/2,j,k+1/2) \\ & + \frac{r_x}{2}\left[E_z^{n+1/2}(i+1,j,k+1/2) - E_z^{n+1/2}(i,j,k+1/2)\right] \\ & - \frac{r_z}{2}\left[E_x^{n+1/2}(i+1/2,j,k+1) - E_x^{n+1/2}(i+1/2,j,k)\right] \end{aligned} \tag{6.54}$$

$$\begin{aligned} H_z^{n+1}(i+1/2,j+1/2,k) = & H_z^n(i+1/2,j+1/2,k) \\ & + \frac{r_y}{2}\left[E_x^{n+1/2}(i+1/2,j+1,k) - E_x^{n+1/2}(i+1/2,j,k)\right] \\ & - \frac{r_x}{2}\left[E_y^{n+1/2}(i+1,j+1/2,k) - E_y^{n+1/2}(i,j+1/2,k)\right] \end{aligned} \tag{6.55}$$

至此我们得到从 H 到 D 和从 E 到 H 的 FDTD 算法迭代公式，而从 D 到 E 的迭代公式则需要将式（6.35）差分得到：

$$\frac{D^{n+1/2}-D^{n-1/2}}{\Delta t}=\varepsilon\frac{E^{n+1/2}-E^{n-1/2}}{\Delta t}+\frac{\sigma}{\varepsilon_0}\frac{E^{n+1/2}+E^{n-1/2}}{2} \tag{6.56}$$

化简得到

$$E^{n+1/2}=\mathrm{CPE}^{n-1/2}+\mathrm{CQ}\left(D^{n+1/2}-D^{n-1/2}\right) \tag{6.57}$$

式中

$$\mathrm{CP}=\frac{\dfrac{\varepsilon}{\Delta t}-\dfrac{\sigma}{2\varepsilon_0}}{\dfrac{\varepsilon}{\Delta t}+\dfrac{\sigma}{2\varepsilon_0}} \tag{6.58}$$

$$\mathrm{CQ}=\frac{1}{\left(\dfrac{\varepsilon}{\Delta t}+\dfrac{\sigma}{2\varepsilon_0}\right)\Delta t} \tag{6.59}$$

是与结构介电常数和磁导率空间分布相关的系数。可以看出，FDTD 算法由于它是由麦克斯韦方程直接推得，能够得到很精确的结果，因此它不仅能对任意的器件结构和材料进行处理分析，还可以对金属进行分析。在利用 FDTD 算法进行计算时，需要说明以下三点。

（1）边界条件。

由于在实际仿真过程中，只能计算空间中一定的范围，这个和实际中无限边界是不一样的，所以常用到的边界条件是散射边界、完美匹配层（Perfectly Matched Layer，PML）边界等边界条件。FDTD 算法中所采用的边界条件是完美匹配层边界条件。能量在区域边界上完全被吸收而不产生任何反射，这样就可以模拟周期性无限延展的结构，例如，光子晶体或光栅等周期性结构，实际模拟时，只需要取其中的一个基本单元进行模拟。

（2）稳定性条件。

FDTD 算法中，为保证运算的收敛性和稳定性，格点大小和时间步长是有一定的限制关系的，即 Courant 稳定性条件如式（6.48）所示。当缩短空间步长 Δx、Δy、Δz 时（减小网格大小），时间步长 Δt 也应相应的缩小来保持解的收敛性。由前面公式可以看出，时间步长的大小受到格点尺寸大小的限制。

（3）格点大小。

在进行 FDTD 计算时，决定计算精度和计算速度的格点大小也是其中一个重要参数，如图 6.6 所示。当选取的格点越小时计算精度相应越高，进而其计算的速度也会越慢；当选取的格点较大时，计算速度相应地会较快，占用的内存也会较小，但当选取的格点太大时，计算的速度会很快，计算结果就会有很大出入。所以，计算的准确度和速度对 FDTD 算法是两个矛盾的参数。特别是三维结构的计算，耗时惊人，通常只能利用其他的近似理论来计算三维的结构，最后用 FDTD 算法来验证结果的准确性。例如，三维光子晶体的设计，人们往往利用有效折射率的方法将三维问题变为二维计算，显著缩短计算时间和所需内存[21]。决定格点大小的一个重要因素即为介质中的波长 λ，由于每种材料的折射率不一样，进而不同的介质中所采用的最大格点的大小也不一样，通常采用的格点大小不大于材料中波长 λ 的 1/10，实际计算中往往选用的格点会更小一些。由于 FDTD 算法的准确性和普适性，在后面的光学器件模拟中，如光栅耦合器的模拟仿真，采用的 FDTD 算法来实现器件仿真，输入/输出光栅耦合器仿真结构如图 6.7 所示。

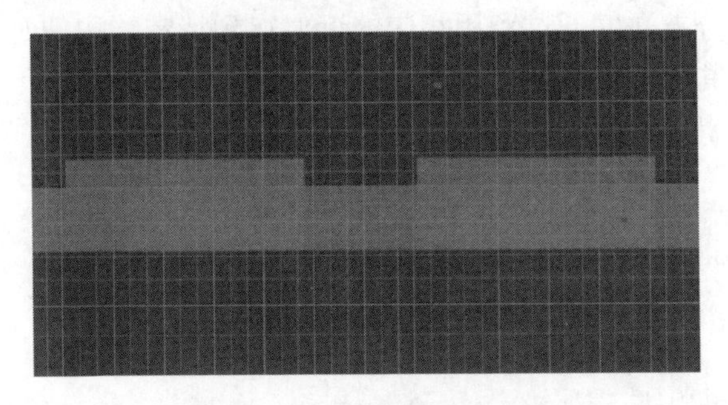

图 6.6　均匀光栅耦合器网格

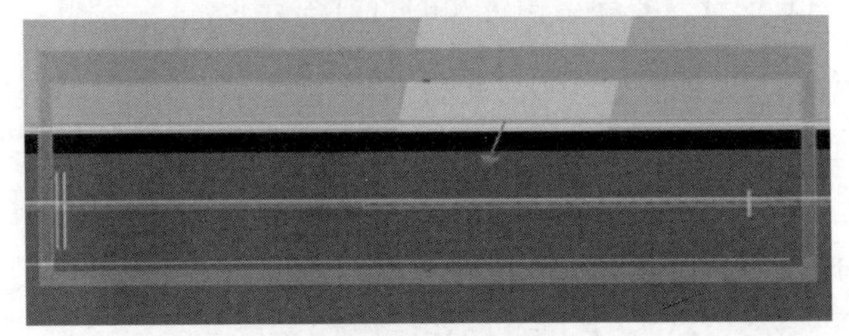

(a) 输入光栅仿真结构示意图

(b) 输出光栅仿真结构示意图

图 6.7　输入/输出光栅耦合器仿真结构

6.3.2　光束传播法

在光学领域中，过去的 20 多年，一直致力于大规模光束传播法（BPM）[21]

的开发。它是光波导器件研究领域常用的方法之一，它的基本思想就是在给定初始场的前提下，一步步地计算出各个传播截面上的场。BPM 与 FDTD 算法有许多相类似的地方，但是它们也有不同，差异在于，FDTD 算法每次都要同时计算整个波导的模场，而 BPM 只需计算一个面。因此 BPM 计算量比较小，并且其主要是以光束的自然单向传播的数值描述为基础的，所以它被广泛应用于光波导器件的分析中，以及常常被用来分析波导连接、传输、光栅的传输特性等。

BPM 被广泛应用在计算光波导的模场分布和光波在波导中的传播规律。它是一种采用有限差分方法并通过利用相应的近似得到特定结构的时谐场的亥姆霍兹方程，下面将对其进行主要的介绍。

单色波的亥姆霍兹波动方程可以表示为

$$\left(\nabla^2 + k^2\right)\psi = 0 \tag{6.60}$$

通过将式（6.60）展开，也可表示为

$$\frac{\partial^2\psi}{\partial x^2} + \frac{\partial^2\psi}{\partial y^2} + \frac{\partial^2\psi}{\partial z^2} + k\left(x,y,z\right)^2\psi = 0 \tag{6.61}$$

式中，标量电场可以表示为 $E(x,y,z,t) = \psi(x,y,z)\mathrm{e}^{-\mathrm{j}wt}$； $k(x,y,z) = k_0 n(x,y,z)$，其中，$k_0 = \dfrac{2\pi}{\lambda}$，$n(x,y,z)$ 为波导结构定义的折射率分布。

起初应首先考虑傍轴近似，设 z 轴方向为光的传播方向，且场 ψ 的分量都主要集中在 z 方向上。因此引入慢变场 u，将 z 轴的相位变化提出来：

$$\psi(x,y,z) = u(x,y,z)\mathrm{e}^{\mathrm{i}k_1 z} \tag{6.62}$$

式中，k_1 为表示电场 ψ 的平均相位变化常量，也被称为参考波数。将式（6.61）代入式（6.62），亥姆霍兹波动方程可以改写为

$$\frac{\partial^2 u}{\partial z^2} + 2ik\frac{\partial u}{\partial z} + \frac{\partial^2 u}{\partial x^2} + \frac{\partial^2 u}{\partial y^2} + \left(k^2 - k_1^2\right)u = 0 \tag{6.63}$$

由于假定 u 为慢变场，式（6.63）的第一项就可以忽略不计，然后重新改写式（6.63），就可以得到标量 BPM 的基本初始值方程：

$$\frac{\partial u}{\partial z} = \frac{i}{2k_1}\left[\frac{\partial^2 u}{\partial x^2} + \frac{\partial^2 u}{\partial x^2} + (k^2 - k_1^2)u\right] \tag{6.64}$$

因而对于给定的输入场 $u(x，y，z)$，根据式（6.64）就可确定其在沿 z 轴方向的传播和演变。通过采用上面的近似不仅简化了计算的复杂性，而且也使得模拟计算的效率更高，使得 BPM 也更适用于结构变化较缓慢、角度变化较小、折射率差较小的材料。但是，许多假设也同样对该算法的适用范围进行了限制。对电磁场的标量近似，使 BPM 不能模拟电磁场的偏振特性；傍轴条件近似也对其模拟波前大角度变化的情况进行了限制：由于慢变包络近似，BPM 对结构变化快速的波

导模拟不能有效进行；并且对只考虑正向传输，不考虑后向传输使得在模拟高折射率差材料时变得不能使用。所以对于上面的种种局限，多种改进型的 BPM 被提出，如三维全矢量 BPM（解决了光的偏振特性）[22]和广角 BPM（能够对高折射率差的波导结构进行计算）[23]等。最后，BPM 仍不能对大弯曲角度的波导结构以及其强反射的结构进行计算。

6.4　输入光栅耦合器

光栅耦合器可以实现自由空间和介质波导内光的输入输出耦合，光栅是一种具有周期性变化结构的光学器件，它可以在系统的任何地方实现信号的上载/下载，从而大大增强了系统的灵活性，其在光学系统中有着非常重要的作用。

（1）光栅耦合器基本结构。光栅耦合器可以实现自由空间和介质波导内光的输入输出耦合，光栅是一种具有周期性变化结构的光学器件，在光学系统中有着非常重要的作用，图 6.8 所示为典型的光栅耦合器结构示意图。实际上，光栅耦合器作为平面光波导与单模光纤之间的耦合器，既可以实现将光耦合输入于光波导平面，也可以实现将光耦合输出于光波导平面。这里，仅以输出光栅耦合器为例，来介绍光栅耦合器的工作原理和其基本结构。

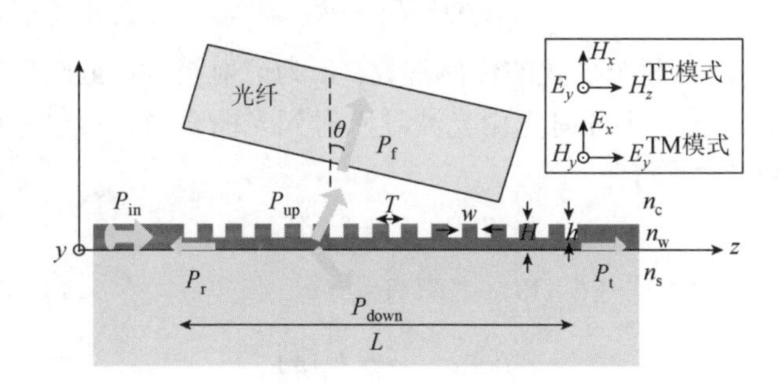

图 6.8　光栅耦合器输出耦合结构示意图

首先来直观地描述一下光栅耦合器的工作过程，光波从波导中入射，输入光的光功率为 P_{in}，进入光栅区域后，光会受到光栅的影响发生衍射和反射，因此能流会被分为四个部分，一部分会被光栅后向反射回波导，表示为 P_r；一部分会经过光栅透射进入另一侧波导，表示为 P_t；另外两个部分分别向上和向下衍射出光栅结构，其中向上的部分的光功率为 P_{up}，向衬底的部分损耗的光功率为 P_{down}。显然，为了提高到光纤的耦合效率，需要增强光栅向上的衍射同时减小向下的能量损失，即增强光栅衍射的方向性。

对光栅耦合器的结构作如下定义。

①光波导厚度方向为 x 方向，沿着光波导方向向右为 z 方向即光栅长度方向，光栅方向为 y 方向；电场方向为 y 方向的光波为横电场模式，即 TE 偏振模，磁场方向为 y 方向的光波为横磁场模式，即 TM 偏振模。

②波导层折射率为 n_w，上包层折射率和下包层折射率分别为 n_c 和 n_s。由于本章中所讨论的结构均以 SOI 结构为基础，所以上包层和下包层分别为空气和 SiO_2，波导层一般为硅材料或掺杂硅材料。

③光栅的主要物理设计参数有光栅长度 L、光栅刻蚀深度 h、波导厚度 H、光栅周期 T、光栅齿的宽度 w 和光栅占空比 $f\,(f=w/T)$。

（2）Bragg 条件和波矢图。Bragg 条件（Bragg Condition）是光栅耦合的基本理论[24]，它是通过矢量运算来计算光栅衍射的各个级次，通过计算的结果来了解哪些衍射级次可能会出现，进而确定光栅各衍射级次传播的方向。并且它还对光栅的入射光、光栅矢量以及各衍射级各波矢间关系进行了描述。其中，光栅矢量 K 的方向为沿光栅长度的方向，大小与光栅周期有关，可以表示为

$$K = |K| = 2\pi/\Lambda \tag{6.65}$$

假设波矢量 k 的入射光波进入光栅区域后，由于周期性介电微扰引起的周期性相位调制，产生了若干衍射波，波矢分别为 $k+qK$，其中 q 为整数。由光栅引起的两个导模之间的耦合必须满足

$$\beta_a = \beta_b + qk \tag{6.66}$$

式中，β_b 和 β_a 分别为两个模式的传播常数；q 为衍射级次。此时以输出耦合器为例，来对其进行讨论，则此时光由光波导入射到光栅表面，经过光栅的衍射后向上耦合进入光纤中，则有

$$\beta + q \cdot K = k_z(q) \tag{6.67}$$

将式（6.65）代入式（6.67），则应有

$$\beta + q \cdot \frac{2\pi}{\Lambda} = k_z(q) \tag{6.68}$$

式中，β 为光栅区域的光模有效传播常数；$k_z(q)$为特定衍射级次光波波矢的 z 轴分量。图 6.9 所示为一个基本衍射光栅的截面示意图，并且从图中也可以看到与耦合过程相关的各级衍射级的 Bragg 矢量关系，以及上包层和衬底中各个衍射级次的波矢与光栅矢量和入射光的传播常数之间的关系。硅衬底和包层中的衍射角度也可以通过这些介质中的色散关系确定。对于各向同性介质来说，硅衬底和包层中的波数大小为

$$k_{\text{cla,sub}} = k_0 \cdot n_{\text{c,s}} = \frac{2\pi}{\lambda} \cdot n_{\text{c,s}} \tag{6.69}$$

式中，k_0 为真空波数；λ 为真空波长。

对于光栅耦合器的应用来说，需要对其进行合理的设计，来限制其他的衍射级次，将光衍射限制为仅包含一阶的耦合，即对应于 $q=-1$ 时，此时得到

$$\beta-\frac{2\pi}{\Lambda}=k_0\cdot n_{\mathrm{c}}\cdot\sin\theta \tag{6.70}$$

而光栅区域的模传播常数 β 可表示成

$$\beta=\frac{2\pi}{\lambda}\cdot N_{\mathrm{effavg}} \tag{6.71}$$

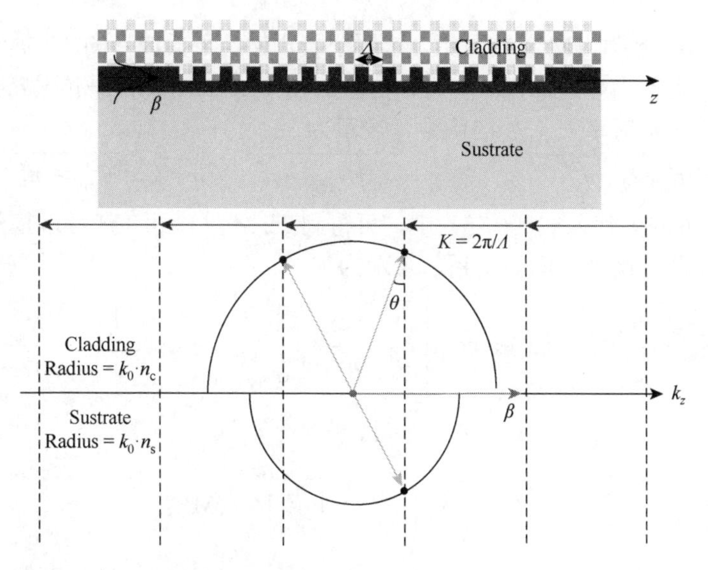

图 6.9　一个基本衍射光栅结构的截面图以及相关的 Bragg 矢量图

式中，N_{effavg} 为光栅中光模式的平均有效折射率。将式（6.71）代入式（6.70），可得到

$$\frac{2\pi}{\lambda}\cdot N_{\mathrm{effavg}}=\frac{2\pi}{\Lambda}+\frac{2\pi}{\lambda}\cdot n_{\mathrm{c}}\cdot\sin\theta \tag{6.72}$$

这个关系式称为光栅耦合的 Bragg 条件，也称为相位匹配条件，它可以用光波导光线传输理论中的相位匹配来解释：当光波在波导中传输，经过一个光栅周期后，相位和下一个光栅周期相同或相差 2π 的整数倍，这时光波因为相干匹配而相干叠加，从而使光栅的耦合得到实现。Bragg 条件作为光栅耦合器设计的参考，但是在光栅结构的具体参数的设计过程中，更要用到较为精确的解析或数值算法。

（3）波导层厚度对耦合的影响。由于光是电磁波，所以光波电场和磁场分布可以按照电磁波的形式表达为

$$E(r,t)=E(r)\mathrm{e}^{-\mathrm{i}\omega t},\quad H(r,t)=H(r)\mathrm{e}^{-\mathrm{i}\omega t} \tag{6.73}$$

对于 TE 模和 TM 模分别利用 $\dfrac{\mathrm{d}E_y}{\mathrm{d}_x}$ 和 $n^{-2}\left(\dfrac{\mathrm{d}H_y}{\mathrm{d}_x}\right)$ 在 x=0 和 x=H 处连续的条件可以得到 K、p、q 之间的关系分别为

$$KH = m\pi + \arctan\left(\frac{p}{K}\right) + \arctan\left(\frac{q}{K}\right) \tag{6.74}$$

$$KH = m\pi + \arctan\left[\left(\frac{n_2}{n_1}\right)^2 \cdot \frac{p}{K}\right] + \arctan\left[\left(\frac{n_2}{n_1}\right)^2 \cdot \frac{q}{K}\right] \tag{6.75}$$

式中，m 为 TE 模和 TM 模的阶数。这两个公式就是平板波导的 TE 模和 TM 模的模式方程，也称为导模的模式本征值方程。由于 K、p、q 都是传输常数 β（或 m 阶导模的有效折射率 N_{effm}）的函数，表示为

$$K = k_0\sqrt{n_2^2 - N_{\mathrm{effm}}^2}, \quad p = k_0\sqrt{N_{\mathrm{effm}}^2 - n_1^2}, \quad q = k_0\sqrt{N_{\mathrm{effm}}^2 - n_3^2} \tag{6.76}$$

将式（6.76）代入式（6.75）中，可得到 TE 各阶模和 TM 各阶模的有效折射率、波长和波导厚度之间的关系，表示为

$$\left(n_2^2 - N_{\mathrm{effm}}^2\right)^{\frac{1}{2}} \cdot \frac{2\pi}{\lambda} H = m\pi + \arctan\left[C_1 \cdot \left(\frac{N_{\mathrm{effm}}^2 - n_1^2}{n_2^2 - N_{\mathrm{effm}}^2}\right)^{\frac{1}{2}}\right] + \arctan\left[C_2 \cdot \left(\frac{N_{\mathrm{effm}}^2 - n_3^2}{n_2^2 - N_{\mathrm{effm}}^2}\right)^{\frac{1}{2}}\right]$$

$$\begin{cases} C_1 = C_2 = 1, \ \text{TE模} \\ C_1 = \left(\dfrac{n_2}{n_1}\right)^2, \ C_2 = \left(\dfrac{n_2}{n_3}\right)^2, \ \text{TM模} \end{cases} \tag{6.77}$$

对于 SOI 结构，n_1=l(Air)，n_2=3.48(Si)，n_3=1.48(SiO_2)。因为要分析波导的厚度影响，所以就要分析波导的截止厚度，即最小的厚度。由于式（6.77）中有三个变量，而分析的条件是在 1550nm 入射波长的情况，所以还有 N_{effm} 和 H 两个变量。因为要确定 SOI 波导中 TE 模和 TM 模的截止厚度，即 H 取最小值，当 $N_{\mathrm{effm}}=n_3$ 时 H 取最小值。所以在 $N_{\mathrm{effm}}=n_3$ 的条件下，将式（6.77）化简可得 SOI 波导中 TEm 和 TMm 模式的截止厚度和波长之间的关系可表示为

$$\left(n_2^2 - n_3^2\right)^{1/2} \cdot \frac{2\pi}{\lambda} H = m\pi + \arctan\left[C_1 \cdot \left(\frac{n_3^2 - n_1^2}{n_2^2 - n_3^2}\right)^{1/2}\right]$$

$$\begin{cases} C_1 = C_2 = 1, \ \text{TE模} \\ C_1 = \left(\dfrac{n_2}{n_1}\right)^2, \ C_2 = \left(\dfrac{n_2}{n_3}\right)^2, \text{TM模} \end{cases} \tag{6.78}$$

由于式中只有 H 和 λ 两个变量，所以波长和截止厚度是线性的关系，如图 6.10 所示。图中显示了 5 个不同的工作区域。

Ⅰ区：所有的模式都截止；
Ⅱ区：只有 TE0 模；
Ⅲ区：存在模 TE0 和 TM0 模；
Ⅳ区：存在 TE0 模、TE1 模和 TM0 模；
Ⅴ区：存在 TE0 模、TE1 模、TM0 模、TM1 模……。

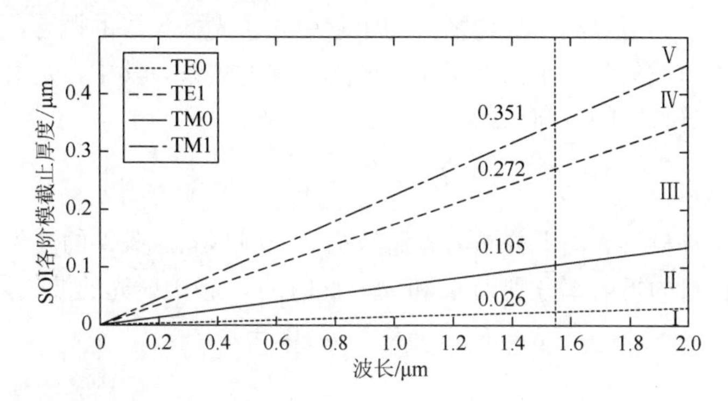

图 6.10　SOI 波导中零阶模和一阶模截止厚度和波长的关系

通常选择的工作区域是Ⅲ区，其区域内的波导中仅有 TE0 模和 TM0 模存在。在波长 λ 为 1550nm 的情况下，TE0 模和 TM0 模波导层的截止厚度分别为 270nm 和 350nm。这就是说一般选择 SOI 的顶层硅的厚度不大于 270nm，也就是说在进行光栅结构的设计时，所选取的波导层硅层的厚度要不大于 270nm。

6.4.1　均匀光栅耦合器

图 6.11 为均匀光栅耦合器结构示意图。光波导方向（光栅长度方向）为 z 方向，光波导厚度方向为 x 方向，光栅方向为 y 方向；电场方向为 y 方向的光波为 TE 模，磁场方向为 y 方向的光波为 TM 模；波导层的厚度为 H_{w}，光栅刻蚀深度

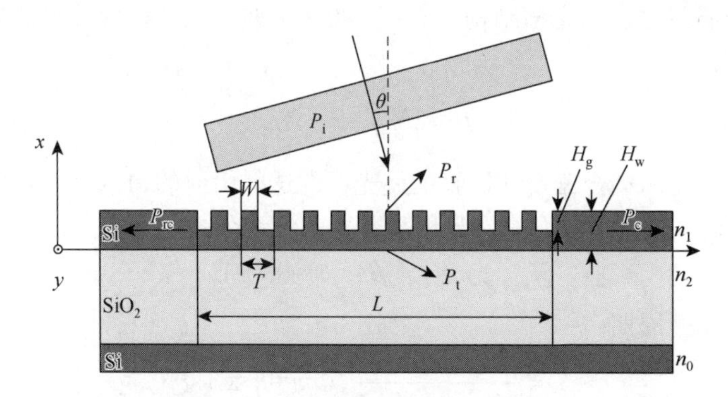

图 6.11　均匀光栅耦合器结构示意图

为 H_g，波导层的折射率为 n_1，埋层折射率为 n_2，衬底的折射率为 n_1；输入光的输入角度为 θ，输入光能量为 P_i，耦合光能量为 P_c，反向耦合光能量为 P_r，反射光能量为 P_{rc}，透射光能量为 P_t。

Bragg 条件是对光栅进行分析的一种基本方法。它是通过矢量运算来对光栅衍射的各个级次进行计算，根据计算结果能够知道光栅衍射的哪些级次可能发生，并且可以知道各个衍射级次的传播方向。它引入了光栅矢量的概念，并利用光栅矢量描述了入射波矢与各个衍射级次的波矢之间的关系。其中，定义光栅矢量的方向是沿着光栅长度的方向（z 方向），其大小为

$$|K_T| = \frac{k_0}{T} = \frac{2\pi}{\lambda T} \tag{6.79}$$

对于在两种材料界面上分布的光栅结构，光栅 Bragg 条件的波矢图如图 6.12 所示，两种材料的折射率分别为 n_a 和 n_b，此时的 m 级衍射光的波矢为

$$K = K_{\text{in}} + mK_T\,,\quad m=0, \pm 1, \cdots \tag{6.80}$$

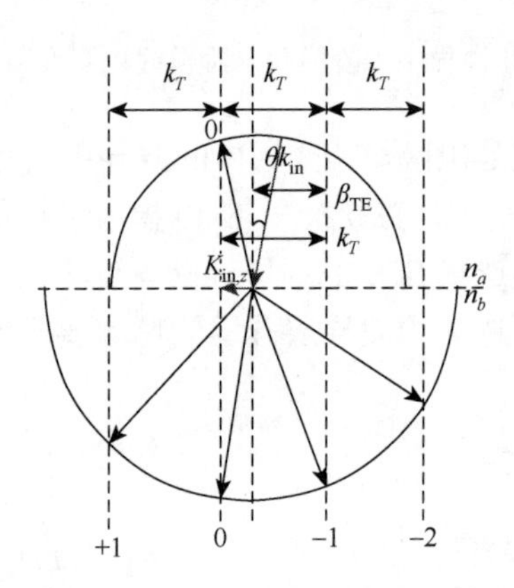

图 6.12 光栅 Bragg 条件的波矢图

对于介质波导上的光栅结构，式（6.80）中的矢量的模应该为波导中的模式的传播常数：

$$\beta = k_0 N_{\text{eff}} = \frac{2\pi}{\lambda} N_{\text{eff}} \tag{6.81}$$

对于均匀光栅耦合器设计，我们使光栅的透射衍射的+1 级或−1 级沿着光栅长度 z 方向进入波导中，则得到光栅耦合器的设计公式：

$$K_{\text{in},z} \pm mK_T = \beta\,,\quad m=0, \pm 1, \cdots \tag{6.82}$$

计算得光栅周期：

$$T = \frac{m\lambda}{N_{\text{eff}} \mp n_1 \cdot \sin\theta}\,,\quad m=0, \pm 1, \cdots \tag{6.83}$$

式（6.62）中取负号时，对应透射衍射+1 级，耦合进入的光波向 z 正方向传播；当式（6.62）中取正号时对应透射衍射−1 级，耦合进入的光波向 z 负方向传播。

考虑到目前 SOI 平台工艺设计参数，光栅耦合器顶层 Si 厚度为 220nm，掩埋层 SiO_2 厚度为 2μm。在确定光栅耦合器 Si 层和掩埋层 SiO_2 厚度的前提下对均匀光栅耦合器进行设计和优化。根据光栅 Bragg 条件对均匀光栅耦合器的周期进行估算，由于是完全垂直耦合输入，入射角为零度，则光栅周期大约为 $T=\lambda_0/N_{\text{eff}}$=564nm。估算出光栅耦合器周期后，通过 OptiFDTD 软件对光栅耦合器进行了建模和仿真（图 6.13），对光栅耦合器的性能进行了优化。

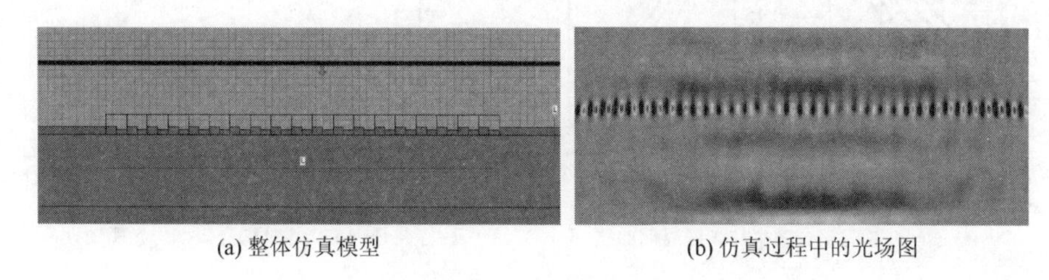

(a) 整体仿真模型　　(b) 仿真过程中的光场图

图 6.13　光栅耦合器

在光栅耦合器模型中对光栅耦合器的周期 T 进行扫描仿真，通过输出端观察线和掩埋层观察线，记录光栅耦合器在各个周期时所对应的耦合光光谱和透射光光谱。图 6.14（a）为占空比固定时，均匀光栅耦合器耦合输出端光谱图与光栅周期之间的关系。当光栅周期为 570nm 时，对于 1550nm 波长的输入光，光栅耦合器的耦合效率达到最高，可达 30.273%，图 6.14（b）为各个周期在 1550nm 波长时光栅耦合器的耦合效率。

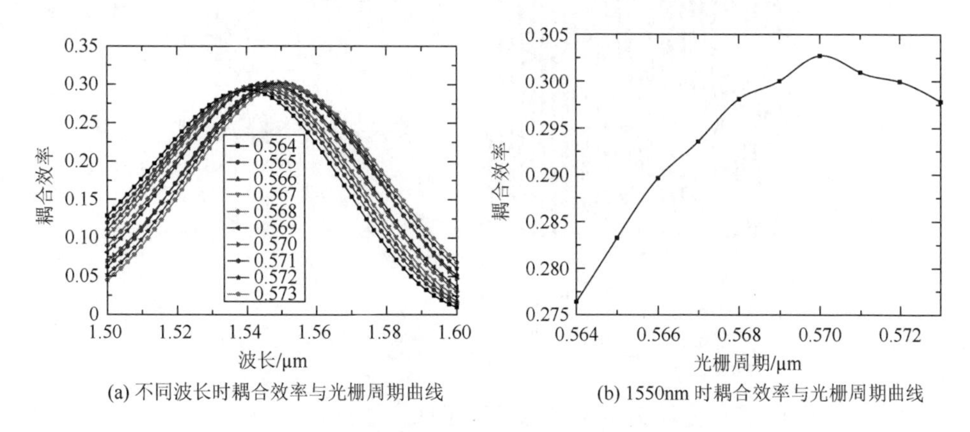

(a) 不同波长时耦合效率与光栅周期曲线　　(b) 1550nm 时耦合效率与光栅周期曲线

图 6.14　光栅耦合器的周期对耦合效率的响应

当光栅周期为 570nm 时，光栅耦合器耦合效率最高，在固定光栅周期的情况下对光栅的占空比进行扫描。图 6.15（a）为不同中心波长时耦合效率与光栅占空比之间的关系，图 6.15（b）为 1550nm 中心波长时光栅耦合器耦合效率和占空比之间的关系。当光栅耦合器占空比为 0.5 时，光栅耦合器有最高耦合效率。

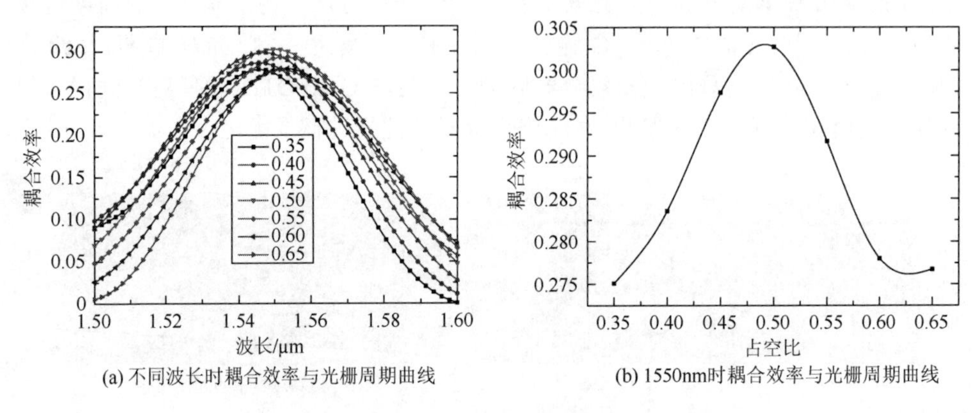

(a) 不同波长时耦合效率与光栅周期曲线　　(b) 1550nm时耦合效率与光栅周期曲线

图 6.15　光栅耦合器占空比对耦合效率的响应

通过 OptiFDTD 软件绘制出均匀光栅耦合器位于 *xy* 平面的结构模型，如图 6.16 所示。由 OptiFDTD 中 *xy* 平面的结构模型可导出用于制作的均匀光栅耦合器 GDS 版图，导出结果如图 6.16 所示。

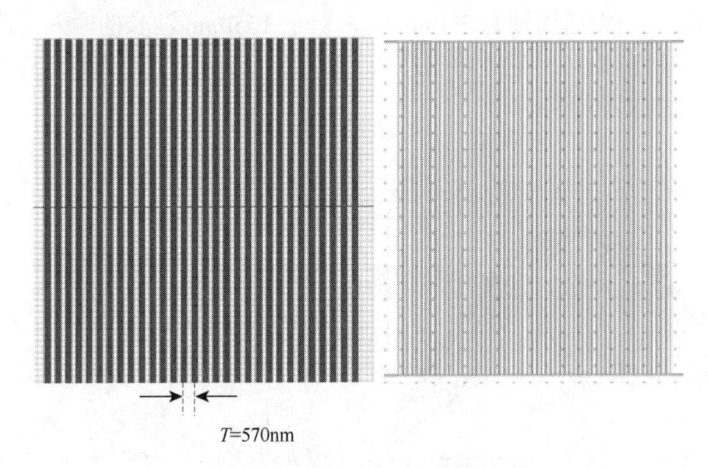

图 6.16　均匀光栅耦合器平面结构图和 GDS 版图

周期为 570nm，占空比为 0.5 的均匀光栅耦合器在中心波长为 1550nm 输入高斯光时，仿真结果如图 6.17 所示。6.17（a）为 *xz* 平面光场图，6.17（b）为 y=0.12 处光归一化强度，6.17（c）为 x=18.31 处光归一化强度，6.17（d）为三维光场图。

此时耦合效率为30.027%，耦合3dB带宽为63nm，图6.18为此时光谱曲线及平面光场图。

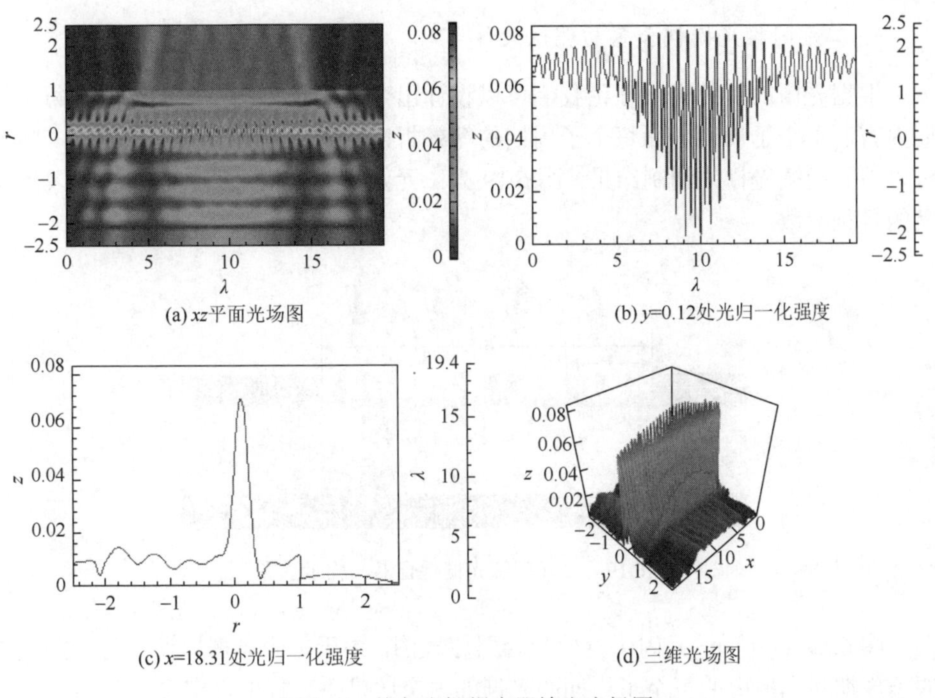

(a) xz平面光场图　(b) y=0.12处光归一化强度

(c) x=18.31处光归一化强度　(d) 三维光场图

图6.17　均匀光栅耦合器输出光场图

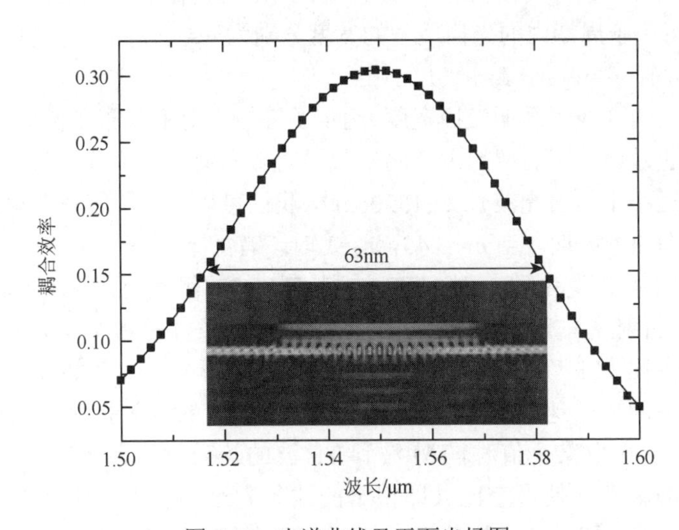

图6.18　光谱曲线及平面光场图

6.4.2 二元闪耀光栅耦合器

1. 二元闪耀光栅耦合器的理论设计

根据光栅的等效介质理论我们可以设计出二元闪耀光栅。由于光栅在每个周期内有若干个子周期，而每个子周期的等效折射的结构是不同的，利用这一特性可以得到闪耀光栅的调制结果。图 6.19 为二元闪耀光栅耦合器的示意图以及所定义的各种参数。

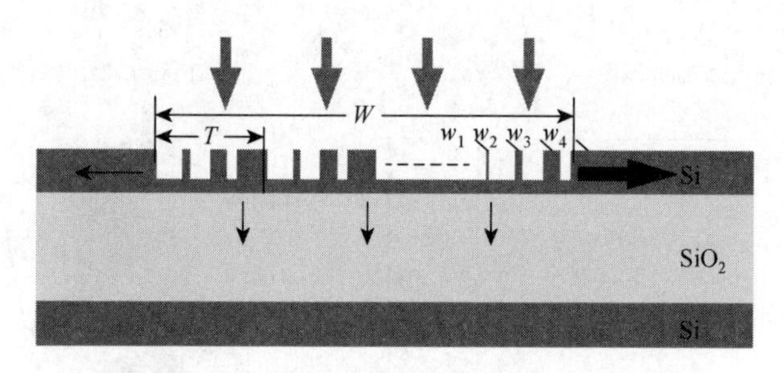

图 6.19　二元闪耀光栅耦合器结构示意图

图 6.19 为分析二元闪耀光栅耦合器原理图，由于每个光栅周期内有一定数量的子周期和光栅内的每个子周期的光栅的占空比是不一样的，定义：

（1）假如每个光栅周期内有 N 个子周期，定义光栅的子周期为 $\Lambda=T/N$；

（2）在每个子周期内的光栅线条的宽度分别为 $w_1, w_2, w_3, \cdots$，其相应的占空比分别为 $f_1=w_1/\Lambda$，$f_2=w_2/\Lambda$，$f_3=w_3/\Lambda$，$\cdots$。

光栅占空比 f(或子周期光栅宽度)确定了等效折射率分布在各个时期的分布。我们也就是通过调节子周期的占空比来获得闪耀光栅的相位调制效果。由于每个子周期 Λ 远远小于入射光波长 λ（1550nm)，我们可以用一阶等效介电薄膜近似计算等效折射率的子周期。当 $n_1=3.45$，$n_2=1$ 时，有如下结论。

当占空比从 0 变化到 1 时，TE 波和 TM 波的等效折射率都逐渐变大，且 TE 波的等效折射率总是大于 TM 波，两者相等的条件是占空比为 0，或者没有光栅时即占空比为 1；TE 波和 TM 波的增长趋势不同。一开始 TE 波比 TM 波的等效折射率的增长速率快，后来 TM 波比 TE 波的等效折射率的增长速率要快。所以当占空比取某个值时，TM 波和 TE 波的等效折射率之差有一个最大值。考虑到工艺的因素，使占空比（即很窄的线条）过小和占空比（即很窄的缝）过大都会很困难。但是让占空比取值为 0（即刻掉整个子周期）和 1（即不刻蚀）是可行的。若令 $f_{\min}$ 和 $f_{\max}$ 分别为工艺所能达到的最小占空比和最大占空比，那么实际上占空比能取的值为[0，$f_{\min}$–$f_{\max}$，1]。

二元闪耀光栅的占空比的分布情况可以通过对一般的闪耀光栅结构进行离散处理分析来得出。离散过程如图6.20所示，设n_1为闪耀光栅的折射率，n_2为周围介质的折射率，H_1为一般闪耀光栅的高度，N为一个周期被离散后所含子周期的个数，光栅中第i个阶梯的高度表示为h_i（i=1, 2, 3, ⋯, N），二元闪耀光栅的刻槽深度为H_3，f_i（i=1, 2, 3, ⋯, N）表示第i周期的占空比，则有

$$h_i = 1\Big/2\times\left[\frac{H_1}{N}\cdot i+\frac{H_1}{N}(i-1)\right]=\frac{(2i-1)H_1}{2N}, \quad i=1, 2, 3, \cdots, N \tag{6.84}$$

$$\frac{h_i}{H_3}n_1+\frac{H_3-h_i}{H_3}n_2=n_{\text{eff}}, \quad i=1, 2, 3, \cdots, N \tag{6.85}$$

$$f_i=\begin{cases}\dfrac{\left[\dfrac{2i-1}{2N}\dfrac{H_1}{H_3}(n_1-n_2)+n_2\right]^2-n_2^2}{n_1^2-n_2^2}\\[2ex] \dfrac{\left[\dfrac{n_1n_2}{\dfrac{2i-1}{2N}\dfrac{H_1}{H_3}(n_1-n_2)+n_2}\right]^2-n_2^2}{{n_2}^2-n_1^2}\end{cases}, \quad i=1, 2, 3, \cdots, N \tag{6.86}$$

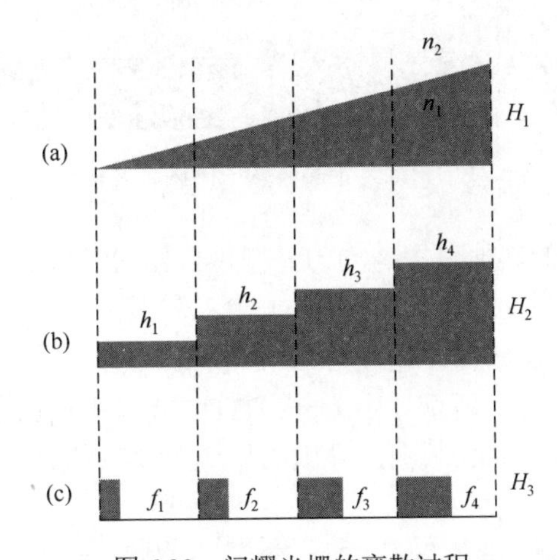

图6.20　闪耀光栅的离散过程

（a）一般闪耀光栅；（b）阶梯闪耀光栅；（c）二元闪耀光栅

根据式（6.86），我们可以通过求出每个子周期的占空比分布，从而得到各子周期内的光栅宽度取值$w_1, w_2, w_3, \cdots$。当入射光为TE模式，自由空间为BCB即n_2=1.54时，取N=2，由式（6.86）有

$$f_i = \frac{\left[\frac{(2i-1)}{8}\frac{H_1}{H}(3.46-1.54)+1.54\right]^2 - 1.54^2}{3.46^2 - 1.54^2} \tag{6.87}$$

由式（6.87）得，f_1=0.21，f_2=0.82。

2. 二元闪耀光栅耦合器的模拟分析

闪耀光栅耦合器建模与仿真过程与均匀光栅耦合器类似，需要注意之处是闪耀光栅耦合器子周期的设置。在闪耀光栅耦合器子周期设置中，主要通过对一维光子晶体周期及子周期内各刻线宽度的设置来实现子周期占空比的调整。由一维光子晶体构成的闪耀光栅结构如图 6.21 所示。在一维光子晶体阵列组成的闪耀光栅结构中，每个光子晶体在 z 方向的周期与闪耀光栅耦合器的周期相同等于 T；刻蚀深度为 h。在本章设计的闪耀光栅耦合器中，每一个周期包含两个子周期 Λ，即 $2\Lambda=T$。每个光子晶体单元由 a、b、c、d 四根线性波导构成。

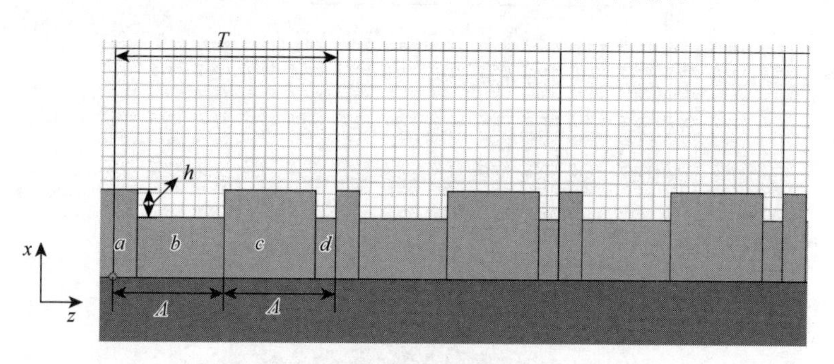

图 6.21　一维光子晶体构成的闪耀光栅结构

闪耀光栅耦合器的其他设置与均匀光栅耦合器的设置类似，闪耀光栅耦合器的仿真的平面结构如图 6.22（a）所示。与均匀光栅耦合器类似，需要建立二元闪耀光栅耦合器的 xy 平面结构才能导出 GDS 版图。通过 OptiFDTD 软件仿真得到的光场图，如图 6.22（b）所示。由 OptiFDTD 中 xy 平面的结构模型可导出用于制作的均匀光栅耦合器 GDS 版图，导出结果如图 6.22（c）所示。

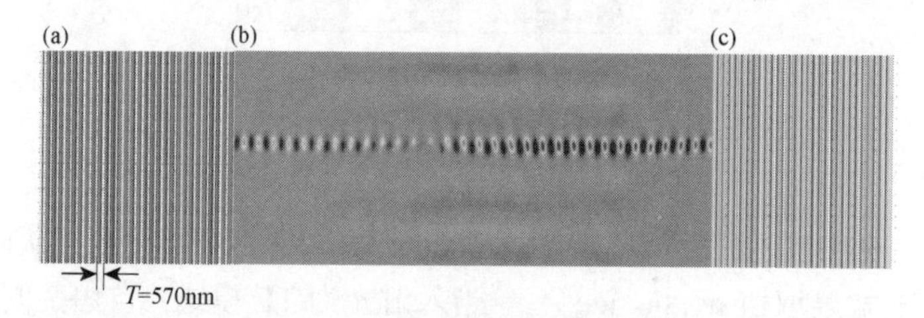

图 6.22　二维闪耀光栅耦合器平面结构图、光场和 GDS 版图

二元闪耀光栅耦合器与均匀光栅耦合器基础类似，顶层 Si 波导厚度和掩埋层 SiO_2 厚度均为定值，不再进行顶层 Si 波导厚度和掩埋层 SiO_2 厚度对光栅耦合器特性影响的讨论，只对光栅耦合器的周期、刻蚀深度等进行仿真优化。

类似于均匀光栅耦合器，根据光栅 Bragg 条件可以对二元闪耀光栅耦合器的周期进行估算，光栅周期大约应为 $T=\lambda_0/N_{\mathrm{eff}}$=564nm，由于取 N=2，此时二元闪耀光栅耦合器的子周期约为 $\Lambda=T\times0.5$=282nm。由本节讨论可知，只需对二元闪耀光栅耦合器的周期 T 进行扫描仿真，便能通过观察线所记录的光谱图得到二元闪耀光栅耦合器的输出耦合效率。图 6.23（a）为 N=2，f_1=0.21，f_2=0.82 时，二元闪耀光栅耦合器耦合输出端光谱图与光栅周期之间的关系。由图 6.23（a）可以看出，二元闪耀光栅耦合器与均匀光栅耦合器类似，均为光栅周期为 0.570μm 时，对于 1550nm 波长的输入光，耦合效率达到最高。相对于均匀光栅耦合器，二元闪耀光栅耦合器耦合效率更高，可达 45.352%，图 6.23（b）为各个周期在 1550nm 波长时光栅耦合器的耦合效率。

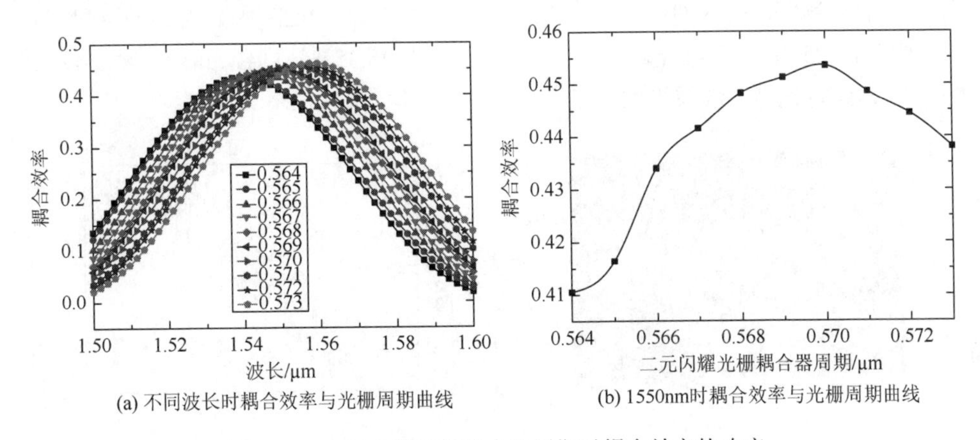

(a) 不同波长时耦合效率与光栅周期曲线　(b) 1550nm时耦合效率与光栅周期曲线

图 6.23　二元闪耀光栅耦合器周期对耦合效率的响应

由二元闪耀光栅耦合器的推导原理可以看出，刻蚀深度对于光栅耦合器的性能有不可忽视的影响。通过图 6.21 及一维光子晶体结构分析可知，只需对所建模型中 a 波导与 b 波导之宽度差（也称为 c 波导与 d 波导的宽度差）即 h 进行扫描并记录输出结果便能够对刻蚀深度对二元闪耀光栅耦合器耦合性能进行分析。图 6.24（a）为不同入射波长时光栅耦合效率与刻蚀深度之间的关系，图 6.24（b）为 1550nm 波长时，光栅耦合效率与刻蚀深度之间的关系。由图 6.24 可以得出，所设计的二元闪耀光栅耦合器具有较大的刻蚀容差，当刻蚀深度在 60～80nm 变化时，光栅耦合效率可以保持在 40%以上。

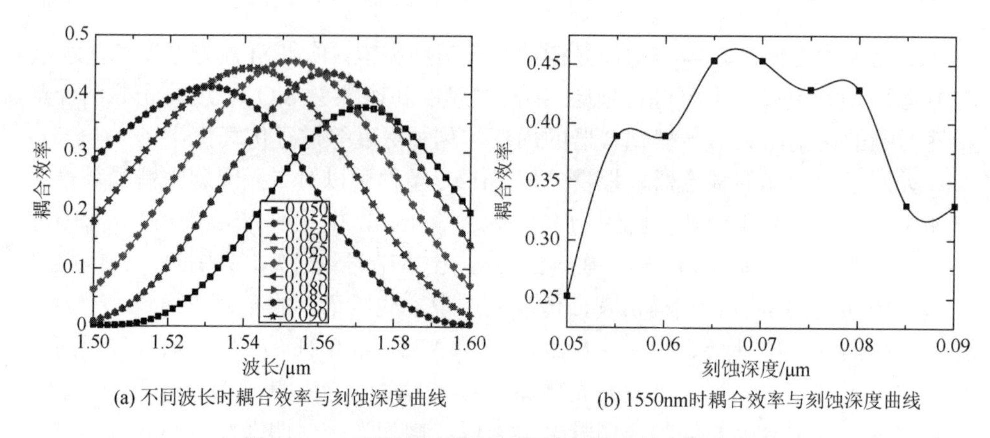

(a) 不同波长时耦合效率与刻蚀深度曲线　　(b) 1550nm时耦合效率与刻蚀深度曲线

图 6.24　二元闪耀光栅刻蚀深度对耦合效率的响应

周期为 570nm，子周期个数 N=2，子周期占空比为 f_1=0.21，f_2=0.82 的二元闪耀光栅耦合器在中心波长为 1550nm 输入高斯光时，仿真结果如图 6.25 所示。6.25（a）为 xz 平面光场图，6.25（b）为 y=0.12 处光归一化强度，6.25（c）为 x=18.4 处光归一化强度，6.25（d）为三维光场图。此时耦合效率为 45.352%，耦合 3dB 带宽为 69nm，图 6.26 为此时光谱曲线及平面光场图。

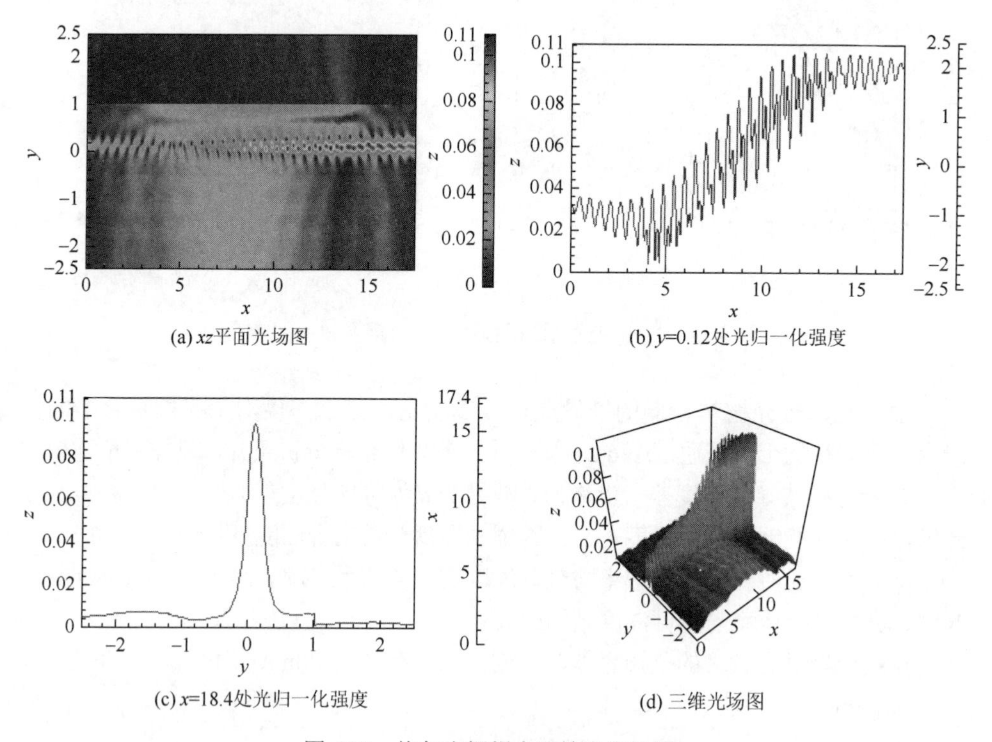

(a) xz平面光场图　　(b) y=0.12处光归一化强度

(c) x=18.4处光归一化强度　　(d) 三维光场图

图 6.25　均匀光栅耦合器输出光场图

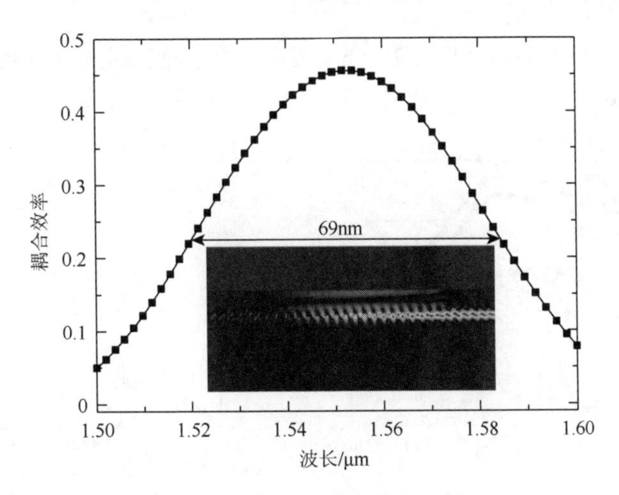

图 6.26　光谱曲线及平面光场图

6.4.3　光栅耦合器器件测试

流片后的均匀光栅耦合器如图 6.27 所示，图 6.27（a）为均匀光栅耦合器输出光谱图，其中 P_0 为光源输出光谱，P_1 为光栅耦合器输出光谱。经实验测试结果计算可得光栅耦合器耦合效率为 18.3%，耦合 3dB 带宽为 40nm，耦合效率与波长之间的关系如图 6.27（b）所示。由于测试时光纤连接及输出波导存在损耗，与仿真结果相比，均匀光栅耦合器测试结果有所降低。

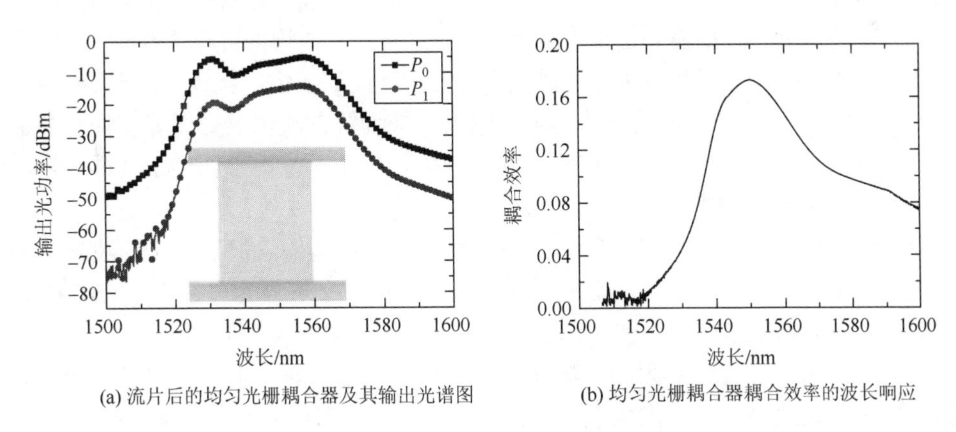

(a) 流片后的均匀光栅耦合器及其输出光谱图　　(b) 均匀光栅耦合器耦合效率的波长响应

图 6.27　制备完成的均匀光栅耦合器

图 6.28（a）为通过显微镜观察到的二元闪耀光栅耦合器及二元闪耀光栅耦合器输出光谱图，其中 P_0 为光源输出光谱，P_1 为光栅耦合器输出光谱。经实验测试结果计算可得二元闪耀光栅耦合器耦合效率为 24.7%，耦合 3dB 带宽为 61nm，耦

合效率与波长之间的关系如图 6.28（b）所示。由于测试时光纤连接及输出波导存在损耗，与仿真结果相比，闪耀光栅耦合器测试结果有所降低。

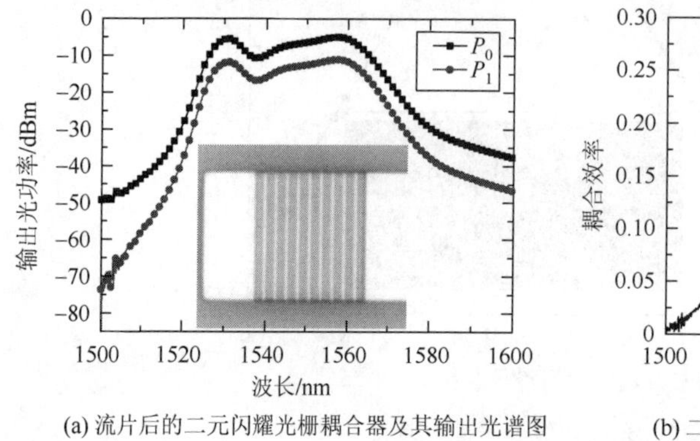

(a) 流片后的二元闪耀光栅耦合器及其输出光谱图

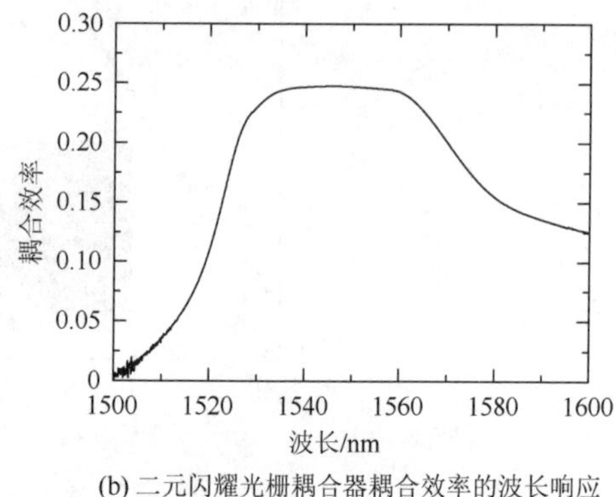

(b) 二元闪耀光栅耦合器耦合效率的波长响应

图 6.28　制备完成的二元闪耀光栅耦合器

6.5　输入光栅耦合器阵列

6.5.1　2×1 耦合器

MMI 耦合器的主要设计原理是根据光波多模波导中的自映像效应。当输入光波在多模波导中传播时，由于多模波导中被激励的多个模式相长干涉，沿着光场的传播方向将成周期性的复制出单像或者多像，这种现象便称为自映像效应[22, 23]。在讨论多模干涉时，对模相位因子的周期进行分析便能够求出单像或者多像的位置。设计 MMI 耦合器时，根据设计需求将输出波导设置在映像点处便能实现光的输出，由此设计的 MMI 耦合器可分为 $1\times N$、$N\times N$、$M\times N$ 等不同类型的耦合器，在本节设计中 MMI 耦合器为 2×1 耦合器。

根据 MMI 耦合器的结构特点，可以将耦合器分为输入波导、平面波导（多模波导）和输出波导三部分。根据干涉结构的不同，又可分为普通干涉 GI-MMI、配对干涉 PI-MMI 和对称干涉 SI-MMI 三种干涉结构的 MMI 耦合器[24]。普通干涉结构对输入场的位置没有限制，激发模是任意的，是一般性干涉。配对干涉和对称干涉统称为限制性干涉，对输入场的位置有限制。对输入光场位置选择确定后，多模波导内的导模只有一部分被激励起，从而实现限制性干涉，这样就能缩短模相位因子的长度周期，最终实现减小器件尺寸的目的。配对干涉和对称干涉中不被激发的模不同，v=2, 5, 8, …的模在配对干涉时不被激发，v=1, 3, 5, …的模在对称干涉时不被激发。

在表 6.1 中，N 代表输入输出波导的个数，为正整数，最低阶导模 v=0、1 的拍长用正整数 L_π 表示。根据表中数据可以得出，普通干涉下相位因子长度周期最小，配对干涉下相位因子长度周期有所减小，其大小为普通干涉下的 1/3，对称干涉结构减小到普通干涉下相位因子长度周期的 1/4，在三种干涉下对称干涉结构相位因子长度周期最小。

表 6.1　MMI 耦合器三种干涉结构的总结

干涉结构	普通干涉（GI）	配对干涉（PI）	对称干涉（SI）
输入×输出	$N \times N$	$2 \times N$	$1 \times N$
1 映像出现的第一个位置	$3L_\pi$	L_π	$3L_\pi/4$
N 映像出现的第一个位置	$3L_\pi/N$	L_π/N	$3L_\pi/4N$
激发模 v	任何	$\mathrm{mod}3[v(v+2)]=0$	$\mathrm{mod}4[v(v+2)]=0$
输入光场的位置	任何	$\pm W_e/6$	0

输入波导在配对干涉中设置的位置位于 $\pm W_e/6$ 处，多模波导的有效宽度在考虑到古斯-汉欣展宽后用 W_e 表示：

$$W_e = W + \frac{\lambda_0}{\pi} \cdot \left(\frac{n_c}{n_r}\right)^{2\sigma} (n_r^2 - n_c^2)^{-\frac{1}{2}} \tag{6.88}$$

式中，W 指的是多模波导宽度；λ_0 指的是自由空间波长；σ 指的是模式极化因子，在 TE 模式下 σ=0，载 TM 模式下 σ=1；n_c 指的是在侧向限制层中的有效折射率；n_r 指的是在多模波导区中的有效折射率。由于对不同的导模有着不同的古斯-汉欣展宽，所以不同导模的有效宽度同样存在着差异，通常情况下取基模的有效宽度作为所对应各导模的有效宽度。一般情况下认为 $W_e \approx W$ 在高折射率差波导中成立。

若用 m 来表示多模波导中导模个数，用 v=0, 1, 2, ⋯, m−1 分别表示各个阶数，根据波导色散方程，将第 v 阶模的传播常数 β_v 代入可得

$$k_{yv}^2 + \beta_v^2 = k_0^2 n_r^2 \tag{6.89}$$

式中，k_{yv} 表示多模波导中第 v 阶模的横向波数：

$$k_{yv} = \frac{(v+1)\pi}{W_e} \tag{6.90}$$

真空中的波矢 k_0 为

$$k_0 = \frac{2\pi}{\lambda_0} \tag{6.91}$$

因为存在 $k_{yv}^2 << k_0^2 n_r^2$，所以可将式（6.89）二项式展开，并由式（6.90）、式（6.91）可得

$$\beta_v = (k_0^2 n_r^2 - k_{yv}^2)^{1/2} \approx k_0 n_r - \frac{k_{yv}^2}{2k_0 n_r} = k_0 n_r - \frac{(v+1)^2 \pi \lambda_0}{4 n_r W_e^2} \tag{6.92}$$

整理可得

$$L_\pi = \frac{\pi}{\beta_0 - \beta_1} \approx \frac{4 n_r W_e^2}{3\lambda_0} \tag{6.93}$$

此处，对多模波导的自映像效应进行分析时通过导模传输法来实现，该方法把输入场看作所有导模的线性组合，忽略辐射模所造成的影响考虑。

当输入光场在多模波导中传播时，激发出各阶导模，若用 $F(x, 0)$表示 z=0 处的输入光场，则经分解后的输入光场为

$$F(x,0) = \sum_{v=0}^{m-1} c_v \phi_v(x) \tag{6.94}$$

式中，$\varphi_v(x)$表示 v 阶导模的场分布函数；c_v 表示 v 阶导模的场振幅：

$$c_v = \frac{\int F(x,0)\phi_v(x)\mathrm{d}x}{\sqrt{\int \phi_v^2(x)\mathrm{d}x}} \tag{6.95}$$

各导模场相互叠加便可以得到多模波导 z 方向上任意一点处的光场分布值，所以有

$$F(x,z) = \sum_{v=0}^{m-1} c_v \phi_v(x) \exp[\mathrm{j}(\omega t - \beta_v) z] \tag{6.96}$$

考虑到基模相位理论：

$$F(x,z) = \sum_{v=0}^{m-1} c_v \phi_v(x) \exp[\mathrm{j}(\beta_0 - \beta_v) z] \tag{6.97}$$

因此可以得到任意 $z = L$ 处多模波导光场分布为

$$F(x,L) = \sum_{v=0}^{m-1} c_v \phi_v(x) \exp\left[\mathrm{j}\frac{v(v+2)\pi}{3L_\pi} L\right] \tag{6.98}$$

在本章中，设计了 2×1 耦合器作为输入光栅耦合器阵列的合束器。在所设计的 2×1 耦合器中，多模波导的尺寸为 18μm×4μm；输入波导由两个锥形波导组成，锥形波导长度为 20μm，锥形波导输入端宽度为 0.65μm，与多模波导连接端宽度为

1.2μm；输出波导宽度为 0.65μm。图 6.29 为所设计的 2×1 耦合器。图 6.30（a）为 2×1 耦合器的光场图，由光场图可以看出 2×1 耦合器两输入端将光耦合进输出波导，经计算附加损耗为 0.46dB。图 6.30（b）为耦合器截面场强。6.31 为 2×1 耦合器 GDS 版图。

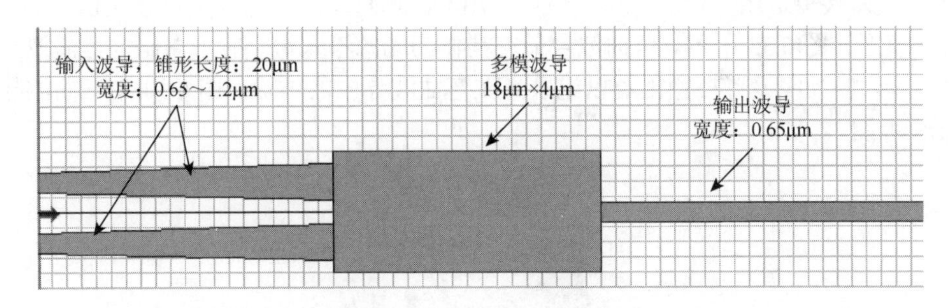

图 6.29　2×1 耦合器模型

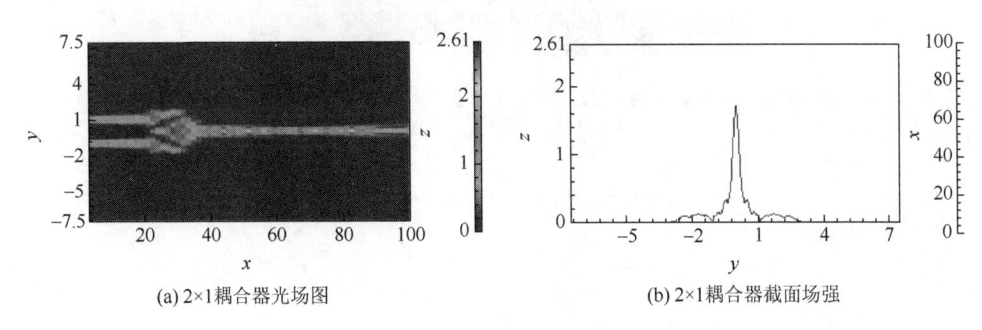

(a) 2×1耦合器光场图　(b) 2×1耦合器截面场强

图 6.30　2×1 耦合器的仿真结果

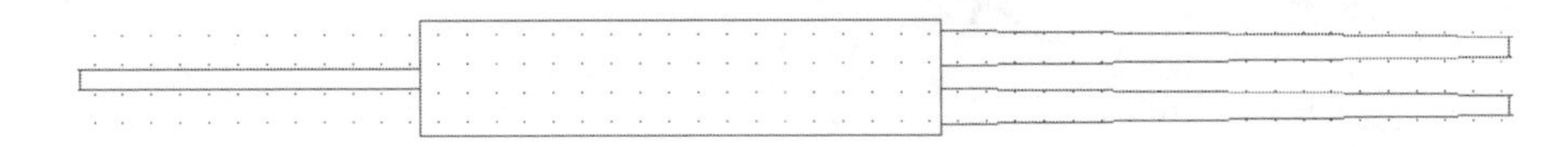

图 6.31　2×1 耦合器 GDS 版图

6.5.2　弯曲波导

输入光栅耦合器阵列通过 2×1 耦合器和弯曲波导以及直波导来实现。考虑到集成微系统其他器件的参数设计，弯曲波导由宽度为 0.65μm，高度为 0.22μm 的条形波导来构成，SOI 条形波导示意图如图 6.32 所示。对于弯曲波导而言，弯曲波导的弯曲半径越小，光发生 90°偏转时弯曲波导的传输损耗越大；弯曲波导的弯曲半径越大，光发生 90°偏转时传输损耗减小，但随着弯曲半径的增大，传输波导变长，传输损耗也会相应增加。所以，对于固定宽度和高度的条形弯曲波导的设计而言，弯曲半径和波导长度成为两个相互制约的因素，因此对于固定宽度和高度的条形弯曲波导的设计优化，需要权衡波导长度和弯曲半径两方面的影响。

在 6.3 节中已经讨论过，当光传输方向大于等于 90°时，FDTD 算法相对于 BPM 而言会更适用，误差更小，所以采用 OptiFDTD 对弯曲波导进行建模仿真，所建模型如图 6.33 所示。弯曲波导最左端作为光源输入端，右下端作为弯曲波导输出端，监控线设置在输出端以记录光在弯曲波导中的传输。图 6.34 为弯曲波导 GDS 版图。

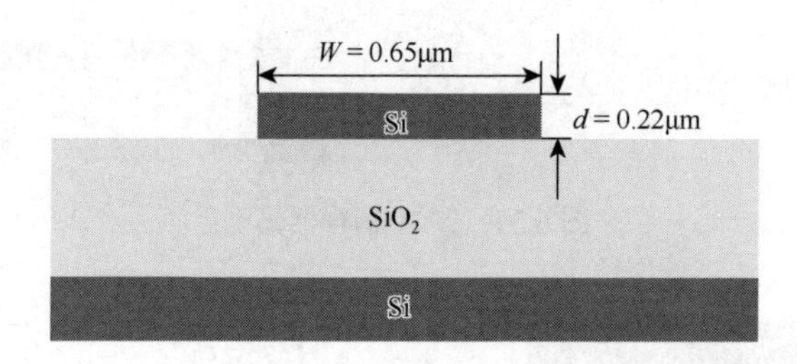

图 6.32　SOI 条形波导示意图

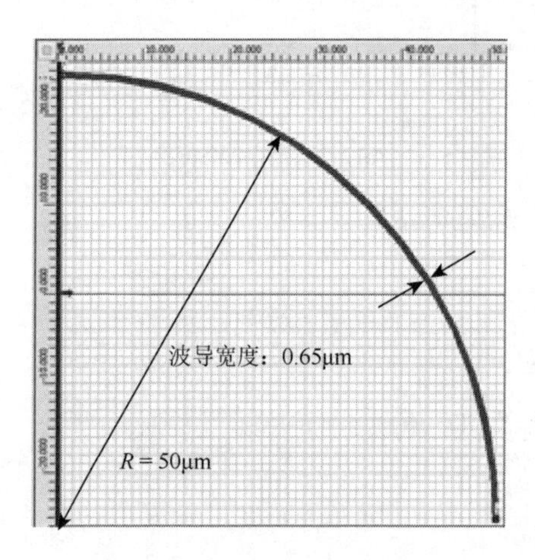

图 6.33　弯曲波导仿真模型图

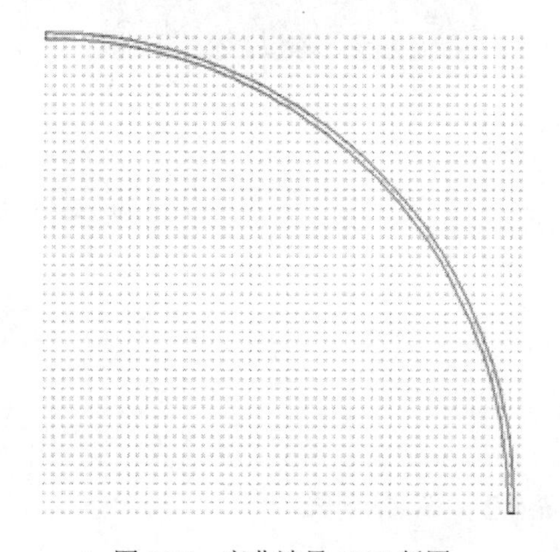

图 6.34　弯曲波导 GDS 版图

通过对弯曲波导半径的扫描，图 6.35 为当条形波导宽度为 6μm，高度为 0.22nm 时，传输效率随弯曲波导半径变化的曲线。由图 6.35 可以看出，波长为 1550nm，弯曲半径为 50μm 时，传输效率最高，可达 96.13%。图 6.36 为弯曲波导仿真结果图，其中，图 6.36（a）为 xz 平面光场图，图 6.36（b）为 $y = -25.9$ 处光归一化强度，图 6.36（c）为 x=50.78 处光归一化强度，图 6.36（d）为三维光场图。

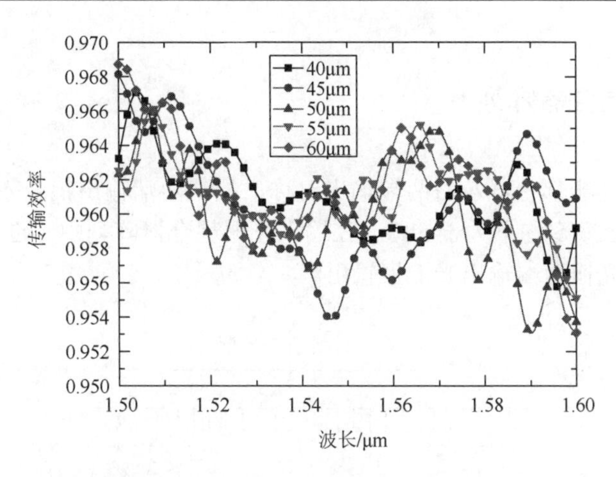

图 6.35　弯曲波导传输效率与弯曲半径

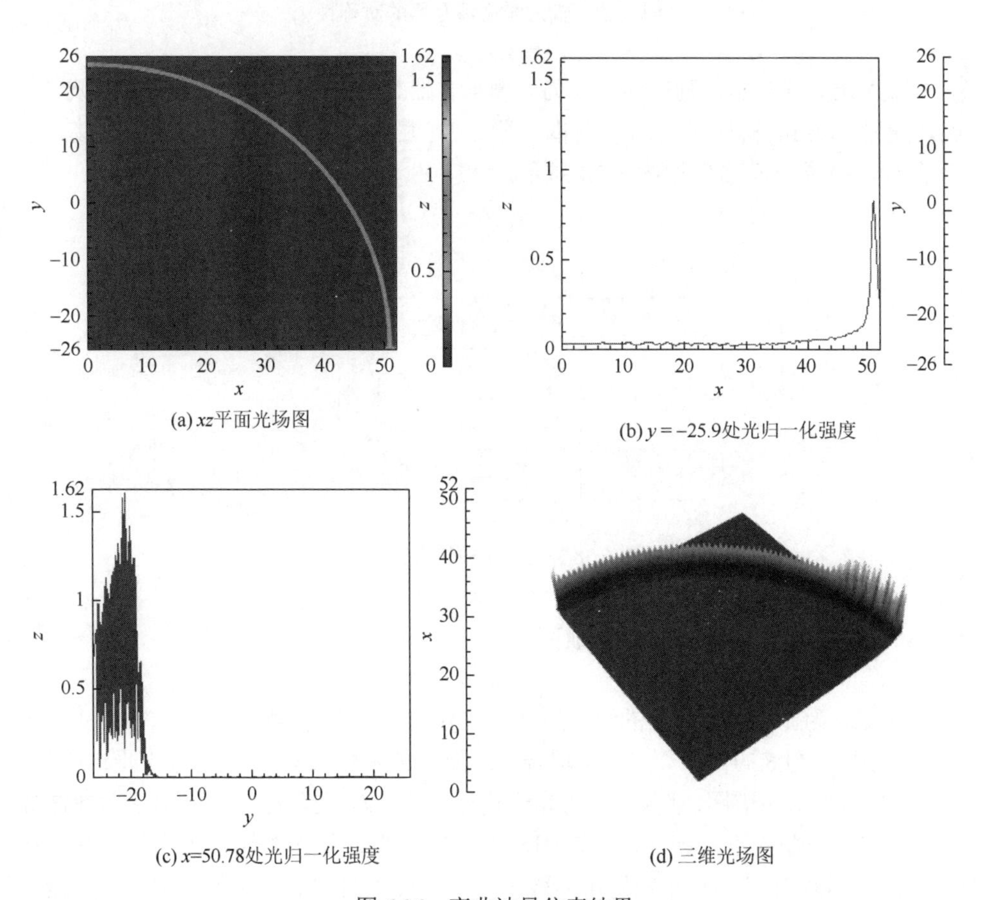

图 6.36　弯曲波导仿真结果

6.5.3 光栅耦合器阵列

由于均匀光栅耦合器左右两端输出对称，故从两端输出耦合效率相同，如图 6.37 所示，耦合效率均不大于 50%。在输入光栅耦合器阵列中，通过 2×1 耦合器和弯曲波导将光栅两端输出光汇聚输出。

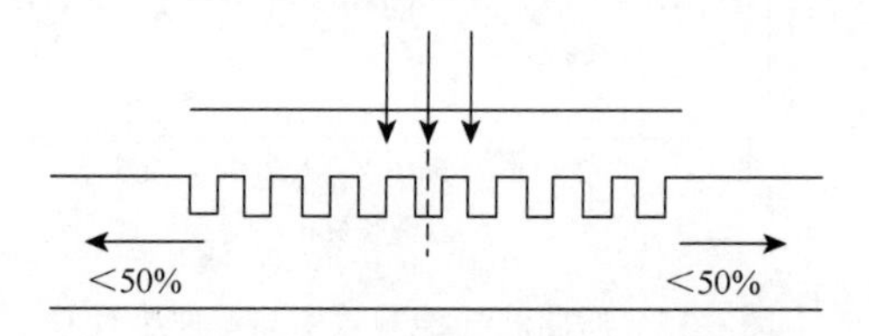

图 6.37　输入光栅耦合器的对称性

输入光栅耦合器阵列由四个均匀光栅耦合器、七个 2×1 耦合器和弯曲波导组成。通过 L-Edit 软件对均匀光栅耦合器、2×1 耦合器和弯曲波导进行拼接，最终输入光栅耦合器阵列如图 6.38 所示。

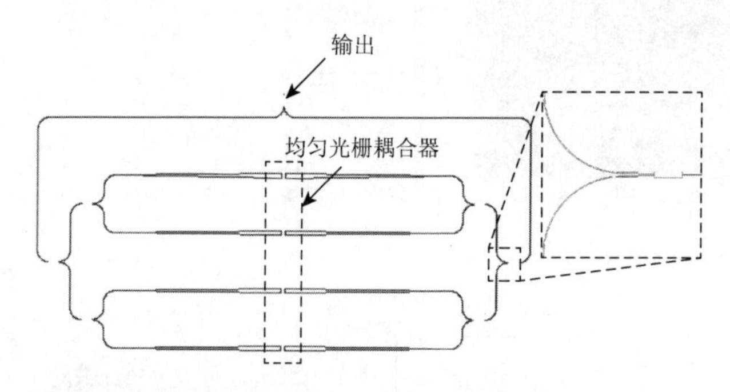

图 6.38　输入光栅耦合器阵列

6.5.4 光栅耦合器阵列器件测试

图 6.39 为显微镜所观察的流片后弯曲波导及 2×1 耦合器，其中，图 6.39（a）为弯曲波导，图 6.39（b）为 2×1 耦合器。图 6.40 和图 6.41 分别为弯曲波导及 2×1 耦合器的输出光谱图，图中 P_0 为光源输出光谱，P_1 为输出光谱。由于弯曲波导和 2×1 耦合器均不具有滤波性，因此各自输出光谱与光源输出光谱形状基本相同。由图 6.40 可得弯曲波导的传输效率为 88.3%。由图 6.41 可得 2×1 耦合器的附加损耗为 0.96dB。由于测试时光纤连接及输出波导存在损耗，与仿真结果相比实验结果偏低。

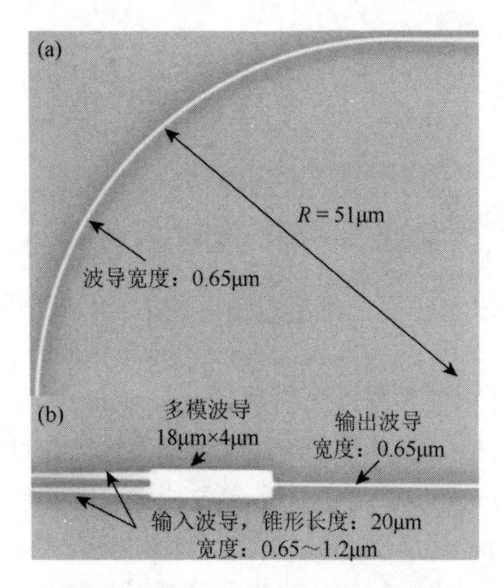

图 6.39　流片后的光子器件光镜图

（a）弯曲波导；（b）2×1 耦合器

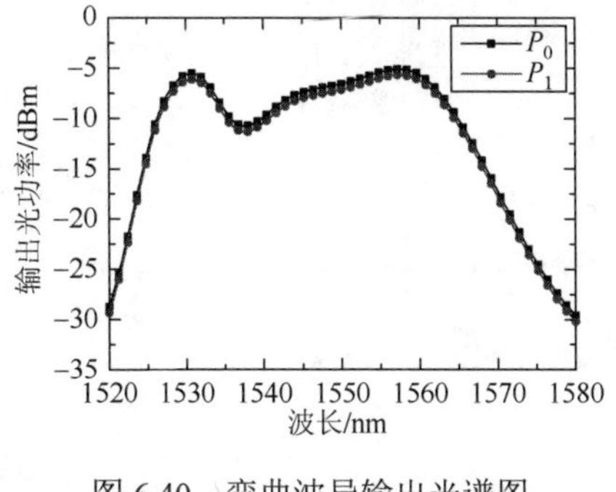

图 6.40　弯曲波导输出光谱图

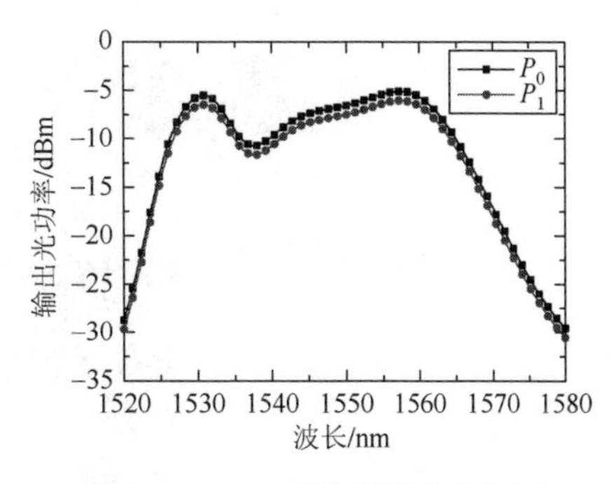

图 6.41　2×1 耦合器输出光谱图

图 6.42 为光源输入光栅耦合器阵列的光学显微图。

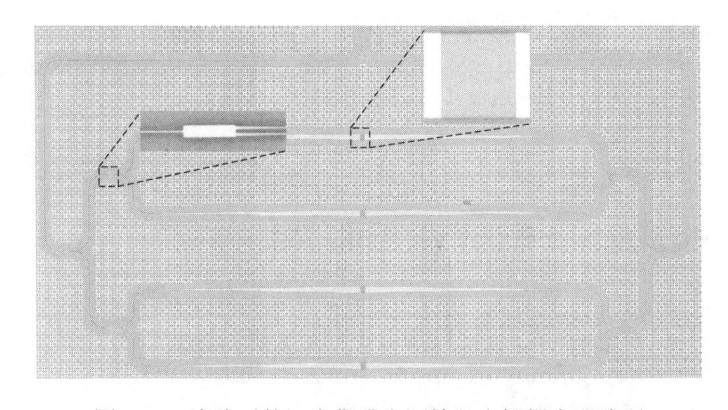

图 6.42　流片后的混合集成光源输入光栅耦合器阵列

6.6 输出光栅耦合器

6.6.1 均匀光栅耦合器

图 6.43（a）是均匀光栅耦合器俯视图，图 6.43（b）是均匀光栅耦合器的结构示意图。对于该器件，从波导注入的光经过波导光栅时，部分光会被反射回到波导中，部分光会透过波导光栅进入后续的波导中，其余的则被光栅衍射，或朝上进入上包层，或朝下进入缓冲层甚至硅衬底。耦合效率是光栅耦合器最主要的性能指标。耦合效率和光栅、波导的许多参数相关，主要包括：波导的厚度（H）、光栅的周期（T）、光栅脊的深度（h）和宽度（W）、光栅长度（L）、SiO_2 层的厚度等。所以需要对这些参数进行优化来提高光栅耦合器的耦合效率。

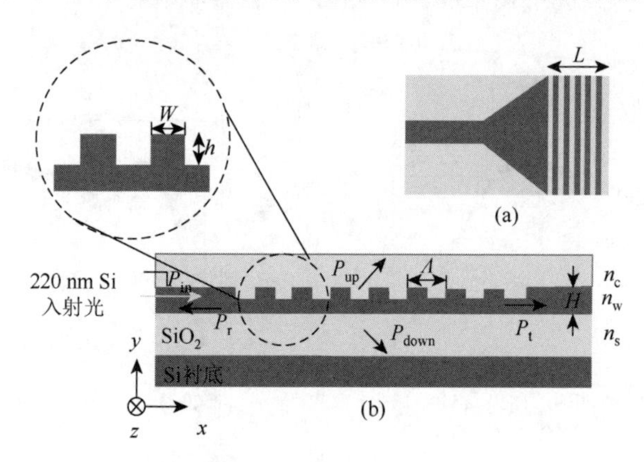

图 6.43 均匀光栅耦合器

（a）光栅耦合器的俯视图，（b）光栅耦合器的结构示意图

现将图 6.43 中的各个参数做如下定义。

（1）与衬底面垂直且向上的方向为 y 方向，沿波导方向且向右为 x 方向，沿光栅刻槽且向里的方向为 z 方向。

（2）波导的介质折射率为 n_w，波导上方空气的折射率为 n_c，波导下方衬底的折射率为 n_s。

（3）光栅周期为 T，光栅脊的宽度为 W，光栅刻槽的深度为 h，光栅长度为 L，波导厚度为 H。

（4）由波导中入射的光功率为 P_{in}，反射回波导中的光功率为 P_r，透过波导光栅进入后续的波导中的光功率为 P_t，被光栅衍射朝上透射到波导上方空气的光功率为 P_{up}，朝下透射到硅衬底中的光功率为 P_{down}。

对于 SOI 材料，每一层的折射率为 n_c=1（Air），n_w=3.48（Si），n_s=1.48（SiO_2）。在 λ=1550nm 情况下，TE 和 TM 模式的截止厚度 H 分别为 272nm 和 351nm。因此在设计光栅耦合器时波导层的厚度要小于 270nm，本节设计采用的 SOI 材料的波导层厚度为 220nm，符合这一要求，所以设计中光栅耦合器的波导层厚度为 220nm。光栅耦合器最主要的指标是光栅耦合效率，总输入功率为 $P_{in}=P_{up}+P_r+P_{down}+P_t$，其中耦合效率为 $\eta=P_{up}/P_{in}$。

1. 基于 FDTD 的光栅耦合器模拟

本节所采用的仿真软件是 Lumerical 公司的商用光学仿真软件 FDTD Solutions，软件中图形化的用户界面和三维视图，如图 6.44 所示，使得光栅结构的建模仿真一目了然。针对光栅耦合器作为输出耦合器的情况进行建模仿真，图 6.45 为仿真模型示意图。具体建模仿真的过程为：首先在 10.8μm 宽的光波导中设置光源，光源选取模式光源，入射光波从波导激发出多个模式，然后进入光栅区域，产生衍射模式。这里需要简单说明的是，为了减少仿真时间和运算量，这里只模拟了 10.8μm 宽的光波导到光栅区域的衍射，但是在实际操作中，为了连接宽波导和单模波导，通常还需要设计一个楔形波导，一个长度约为 400μm 的横向锥形耦合器可以近似地实现无损耗的进行单模波导和光栅处宽波导之间的能量传输。然后为了监测光栅的能量在各个方向上的传输及损耗，在光栅的上方、下方、后向和前向四个方向上均设置了功率监视器（Power Monitor）来对光栅向上衍射、向下衍射、后向反射和前向透射的能流分别进行监测，虚线框标记的是整个仿真的模拟区域的设置。

图 6.44　Lumerical FDTD Solutions 用户界面及光栅三维视图

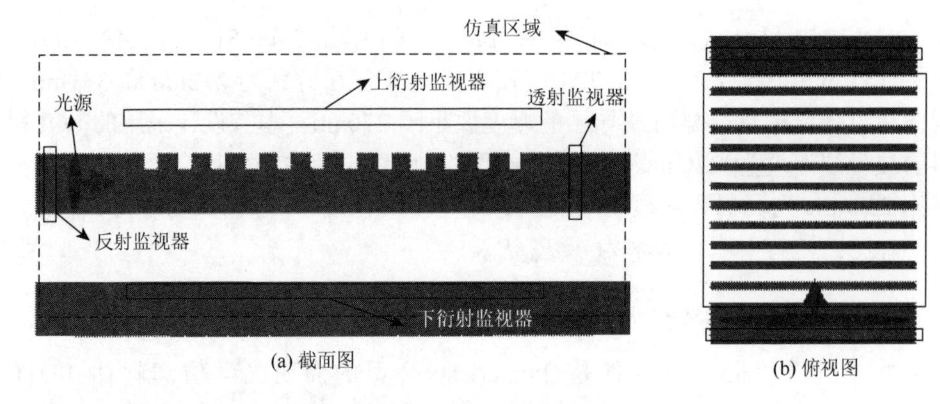

(a) 截面图　　(b) 俯视图

图 6.45　FDTD 光栅输出耦合仿真示意图

为提高输出光的耦合效率，需要对光栅的周期、占空比、刻蚀深度、宽度和光栅长度等参数进行优化设计，讨论光栅耦合器中占空比、刻蚀深度、光栅周期等对光栅耦合器的耦合带宽、耦合效率、偏振相关性等性能的影响。光栅耦合器的耦合效率随光栅周期变化关系如图 6.46（a）所示，最优的 Λ 值为 707nm，随着 Λ 的变化时光栅耦合效率会降低。光栅耦合器的耦合效率随光栅占空比变化关系如图 6.46（b）所示，当光栅的占空比为 0.8 时耦合效率最高，由于新加坡 IME 公司的工艺要求刻蚀最小线宽为 198nm，所以最优占空比取 f=0.7。光栅耦合器的耦合效率随光栅刻蚀深度变化关系如图 6.46（c）所示，在波长 λ 为 1550nm，刻蚀深度 h=80nm 时光栅耦合器的耦合效率最高，由于 IME 公司仅能刻蚀 70nm 的深度，所以光栅刻蚀深度为 70nm。从图 6.46（d）中可以看出在波长为 1550nm 时，当光栅刻蚀深度在 0～50nm 范围内变化时，光栅耦合器的耦合效率的变化非常明显，这就意味着该结构对刻蚀深度变化非常敏感。但当光栅刻蚀深度在 50～200nm 范围内变化时，耦合效率几乎都高于 60%，这说明该结构具有很大的刻蚀

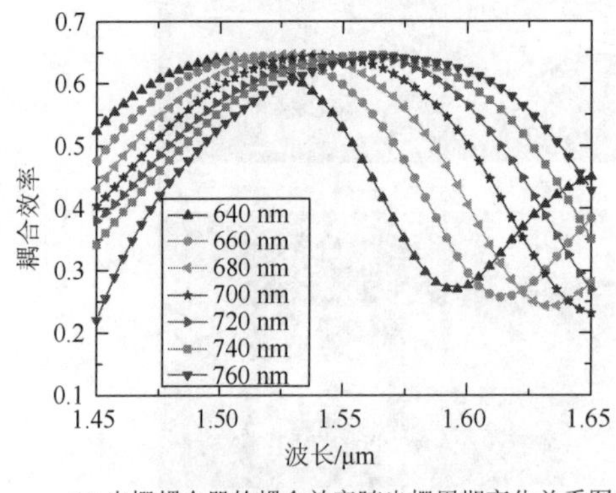

(a) 光栅耦合器的耦合效率随光栅周期变化关系图

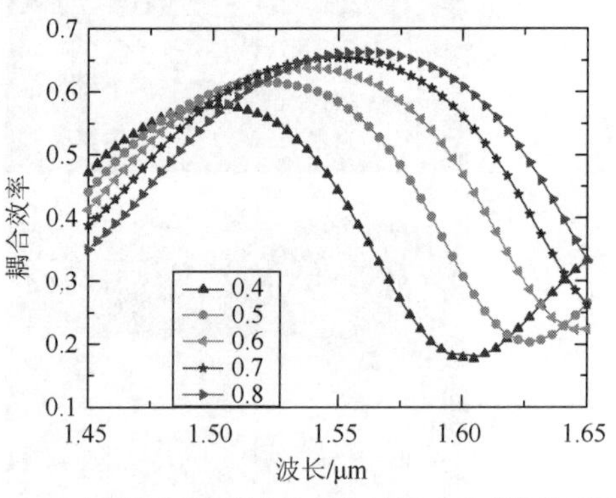

(b) 光栅耦合器的耦合效率随光栅占空比变化关系图

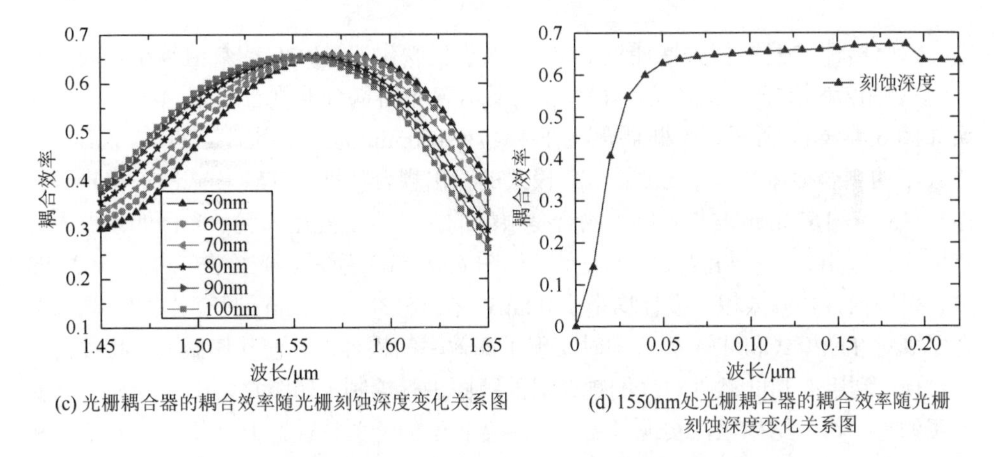

(c) 光栅耦合器的耦合效率随光栅刻蚀深度变化关系图

(d) 1550nm处光栅耦合器的耦合效率随光栅刻蚀深度变化关系图

图 6.46　光栅耦合器耦合效率对波长的响应

制作容差。光栅耦合器的耦合效率随光栅长度变化关系如图 6.47 所示，从图中可以看出当光栅长度为 25μm 时，耦合效率最高为 67%，其中光栅耦合器的光场图为入射波长 1550nm 时利用 FDTD 数值模拟方法获得的。

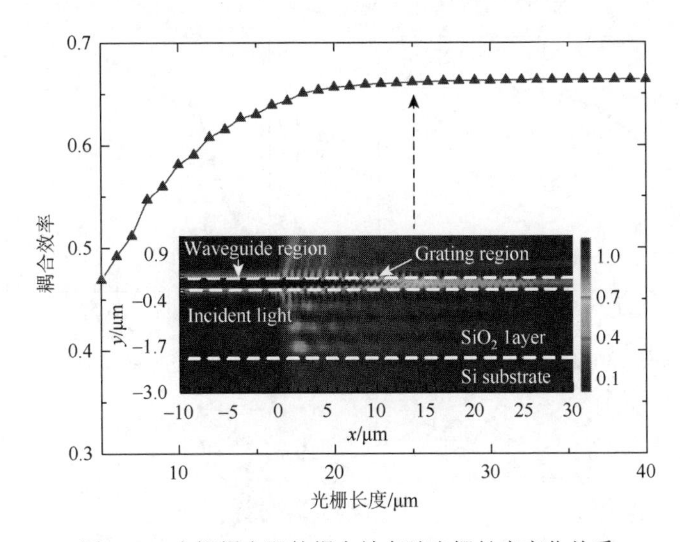

图 6.47　光栅耦合器的耦合效率随光栅长度变化关系

偏振相关损耗（Polarization Dependent Loss，PDL）即为描述器件的偏振特性的参数，可以表示为

$$\mathrm{PDL}=10\times\lg\left|\frac{\eta_{\mathrm{TE}}}{\eta_{\mathrm{TM}}}\right| \tag{6.99}$$

式中，η_{TE} 为 TE 模式下的效率（对耦合器即为耦合效率）；η_{TM} 为 TM 模式下的效

率，因而器件的偏振相关性通过 PDL 的大小反映出来。PDL 的数值越小，则其偏振无关性也就越好。TE 模式和 TM 模式下均匀光栅耦合器耦合效率随波长变化关系如图 6.48（a）所示，光栅耦合器在 1517～1605nm 波长范围中，TE 模式和 TM 模式下的耦合效率均大于 60%。TE 模式的输出耦合特性与 TM 模式的输出耦合特性在 1513～1623nm 波长范围内吻合是很好的，这也很好地表现了光栅的偏振无关特性。偏振相关损耗与波长变化关系，如图 6.48（b）所示，光栅在 1513～1623nm 波长范围内，其偏振相关损耗均小于 0.5dB。在 1513～1623nm 波长范围内，光栅耦合器既对 TE 模式和 TM 模式同时实现了高效率的耦合，又使其偏振无关特性得到了实现。利用 L-Edit 软件对光栅耦合器的版图进行绘制，如图 6.48（c）所示。需要说明的是，这一结构虽然实现了高效率耦合和偏振无关特性，但是其对 TE 模式和 TM 模式的输出光的方向却是不同的：对于 TE 模式，耦合输出光的方向为与输入光的波矢量的方向呈 73°夹角；对于 TM 模式，耦合输出光的方向与输入光的波矢量的方向呈 114°夹角。但是，若将这一结构应用在集成光探测器中，由于光接收面与光栅输出面的距离不大，则以上问题的影响不是很大，因此这一光栅结构将应用在硅基混合集成光探测器的实现上。

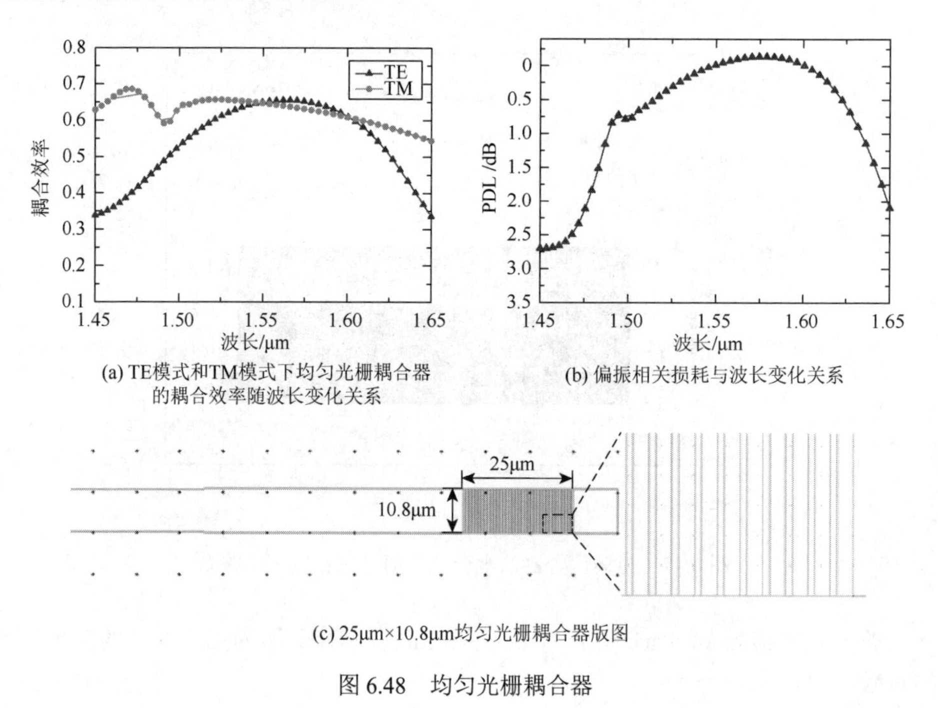

(a) TE模式和TM模式下均匀光栅耦合器的耦合效率随波长变化关系

(b) 偏振相关损耗与波长变化关系

(c) 25μm×10.8μm均匀光栅耦合器版图

图 6.48　均匀光栅耦合器

2. 二元光栅占空比

二元闪耀光栅的设计基于亚波长光栅等效介质膜的原理，根据一个周期中每个子周期其等效折射率的不同，利用这一特性可以实现闪耀光栅的调制。二元闪耀光栅的结构示意图如图 6.49 所示。

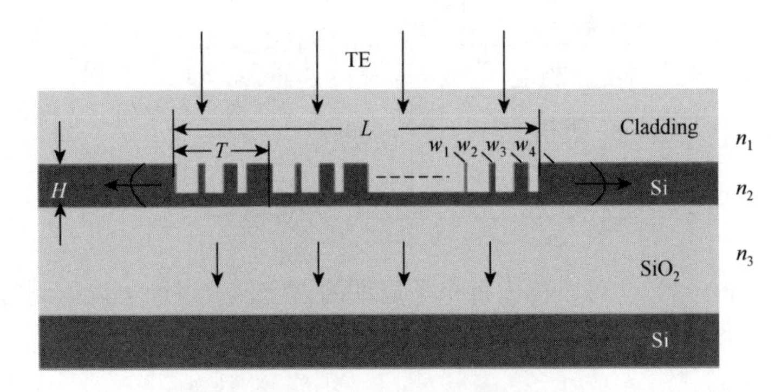

图 6.49　二元闪耀光栅的结构示意图

二元闪耀光栅与普通的光栅在结构上的主要区别在于其光栅每一个周期中有若干子周期，并且每一个子周期它们的占空比也不一样，也就是每一个子周期中的光栅脊的宽度不一样。下面对光栅子周期数、光栅占空比和光栅脊的宽度进行如下定义：

（1）假设每一个光栅周期中包含 M 个子周期，则光栅的子周期是 $\Lambda=T/M$；

（2）每一个子周期中光栅脊的宽度分别是 w_1，w_2，w_3，…，其占空比 f_i 分别是 $f_1=w_1/\Lambda$，$f_2=w_2/\Lambda$，$f_3=w_3/\Lambda$，…。

要想知道二元闪耀光栅耦合器的占空比的分布情况，就要对一般的闪耀光栅的结构进行离散处理，如图 6.50 所示。设 n_1 为周围介质的折射率，n_2 为闪耀光栅的折射率，H_1 为普通闪耀光栅的高度，M 为子周期个数，h_i（i=1, 2, 3, ⋯, M）分别为光栅中各阶梯的高度，H 为二元闪耀光栅的高度，f_i（i=1, 2, 3, ⋯, M）分别为各子周期的占空比，则有

$$h_i=\frac{1}{2}\left[\frac{H_1}{M}\cdot i+\frac{H_1}{M}(i-1)\right]=\frac{(2i-1)H_1}{2M} \tag{6.100}$$

则每个子周期有效折射率可表示为

$$n_{\mathrm{eff}(i)}=\frac{h_i}{H}n_2+\frac{H-h_i}{H}n_1 \tag{6.101}$$

根据等效介质膜理论，光栅一阶等效折射率可表示为

$$n_{\mathrm{eff}(i)}=\begin{cases}\sqrt{f_i n_1^2+(1-f_i)n_2^2}\,, & \text{TE模}\\ \sqrt{\dfrac{1}{\dfrac{f_i}{n_1^2}+\dfrac{1-f_i}{n_2^2}}}\,, & \text{TM模}\end{cases} \tag{6.102}$$

将式（6.100）和式（6.101）代入式（6.102）得到各个周期占空比的表达式为

$$f_i=\begin{cases}\dfrac{\left[\dfrac{2i-1}{2M}\dfrac{H_1}{H}(n_2-n_1)+n_1\right]^2-n_1^2}{n_2^2-n_1^2}, \text{TE模} \\ \dfrac{\left[\dfrac{n_1n_2}{\dfrac{2i-1}{2M}\dfrac{H_1}{H}(n_2-n_1)+n_1}\right]^2-n_1^2}{n_2^2-n_1^2}, \text{TM模}\end{cases},\quad i=1,2,3,\cdots,N \quad (6.103)$$

根据式（6.103）就可以得出每个子周期的占空比，进而可以得到每个子周期内光栅齿的宽度 w_1，w_2，w_3，…。

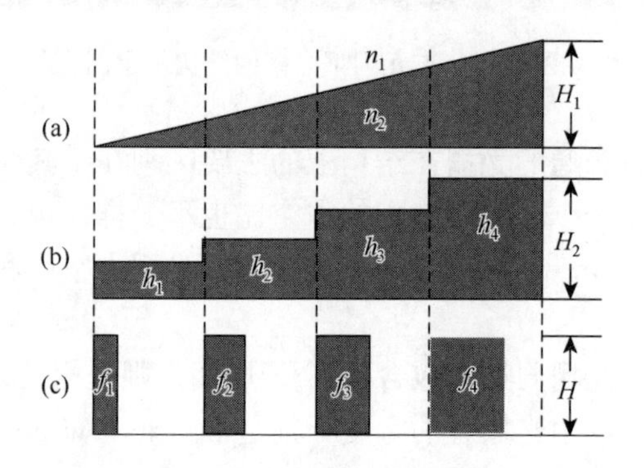

图 6.50　光栅离散化过程

（a）普通的闪耀光栅；（b）离散化的阶梯闪耀光栅；（c）二元闪耀光栅

6.6.2　二元闪耀光栅耦合器

在对二元闪耀光栅进行设计时，不仅要充分考虑到各参数并对其进行优化，还要通过优化这些参数使光栅耦合器的各项性能指标达到最优，并尽量使工艺上的难度降到最低。二元闪耀光栅耦合器结构如图 6.51 所示。其仿真结构模型如图 6.52 所示。

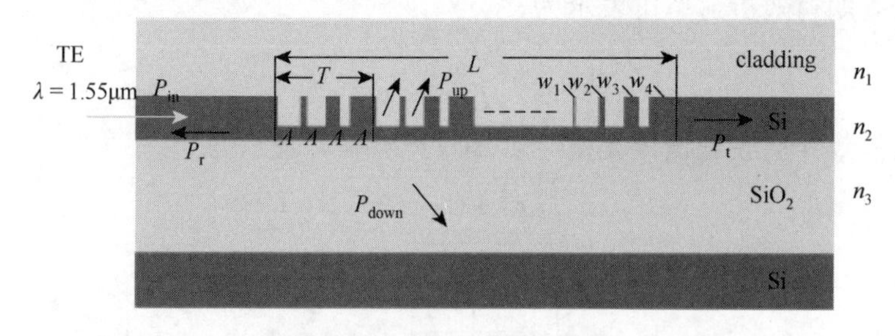

图 6.51　二元闪耀光栅耦合器的结构示意图（占空比 f_4=1）

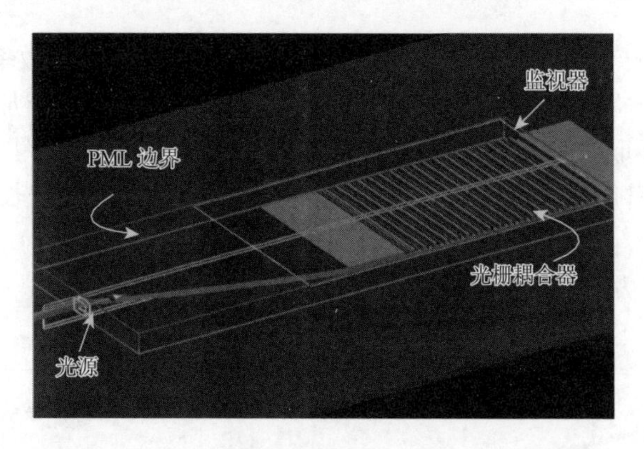

图 6.52　二元闪耀光栅耦合器 3D 仿真结构模型

表 6.2 中所示数据是通过 FDTD 数值模拟得到的，可以看出光栅周期 T 为 0.7μm 时耦合效果最好。

表 6.2　二元闪耀光栅耦合器耦合效率随光栅周期变化的关系

光栅周期 T/μm	耦合效率 η/%
0.66	4.0
0.68	36.1
0.70	59.2
0.72	20.3
0.74	11.7

该二元闪耀光栅周期 T 中子周期数为 4 即 M=4，且占空比 f_4=1。将 f_4=1 代入式(6.103)中得 H_1/H_3=8/7，从而其余三个占空比都可以确定下来，分别为 f_1=0.096，f_2=0.335，f_3=0.636。光栅耦合器的刻蚀深度也是影响耦合性能的一个重要参数，在反射和透射特性上刻蚀深度对耦合效率影响较大。反射率和透射率由于光栅的刻蚀深度不同而不一样，并且光栅耦合器在耦合过程中用到的主要是透射光。光栅耦合区域导模的有效折射率也会随着光栅耦合器的刻蚀深度发生变化而变化，尤其是当光栅耦合器的刻蚀深度与波导的厚度处于可比拟的条件下。而且，二元闪耀光栅耦合器其等效折射率的分布也会受到刻蚀深度的影响。因此，光栅耦合器的刻蚀深度对耦合效率的影响是多方面的，单独考虑某一种因素的影响是不行的。二元闪耀光栅每个子周期内的光栅线条都很窄，这会使入射光场被分立地限制在光栅缝中，而光栅高度直接影响限制在光栅缝处的光场分布，因此需要认真考虑光栅耦合器的刻蚀深度，以使得更多的光耦合出波导。因此对光栅刻蚀深度变化对耦合效率的影响进行了分析，如图 6.53（a）所示。由图中可

以看出。当光栅刻蚀深度在 50～160nm 范围内变化时，耦合效率均大于 50%，这就意味着该结构具有 110nm 的刻蚀高度制作容差。由于在新加坡 IME 公司进行流片，所以采取的是标准工艺下刻蚀 70nm。图 6.53（b）为二元闪耀光栅耦合器的耦合效率随光栅长度变化关系图。从图中可以看出光栅长度为 25μm 时，耦合效率最高为 68%。其中光栅耦合器的光场图为入射波长为 1550nm 时利用 FDTD 数值模拟方法获得的。

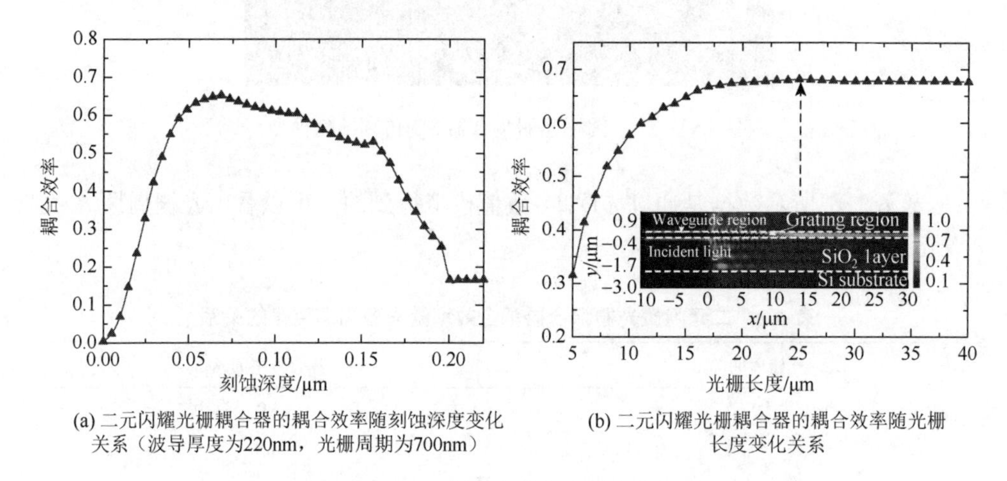

(a) 二元闪耀光栅耦合器的耦合效率随刻蚀深度变化关系（波导厚度为220nm，光栅周期为700nm）

(b) 二元闪耀光栅耦合器的耦合效率随光栅长度变化关系

图 6.53　二元闪耀光栅耦合器参数设计

在波长 1450～1650nm 时，二元闪耀光栅耦合器的出射角度为 11.4°～23.5°，具有 12.1°的出射角度容差。由软件的远场监视器得到在 1550nm 时的出射角度为 15.6°，如图 6.54 所示。二元闪耀光栅耦合器的参数如表 6.3 所示。

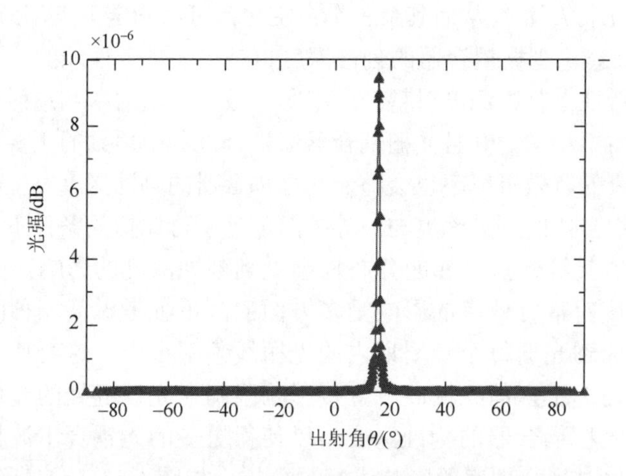

图 6.54　波长 1550nm 时二元闪耀光栅耦合器光的出射角度

表 6.3　二元闪耀光栅耦合器设计参数

光栅周期	刻蚀深度	Si 层厚度	光栅长度	子周期数	占空比
T=0.7μm	H=0.07μm	d_{Si}=0.22μm	L=53μm	M=4	f_1=0.096，f_2=0.335，f_3=0.636，f_4=1

在各个参数均选择最优值的条件下，对入射光波长对耦合效率的影响进行分析。由图 6.55 可以看出当入射波长在 1550nm 波长附近，TE 模式的耦合效率达到了 68%，在波长 1450～1600nm 范围内，耦合效率高于 60%，在波长 1478nm 时，耦合效率达到了最高 71.4%。二元闪耀光栅耦合器的版图如图 6.56 所示。

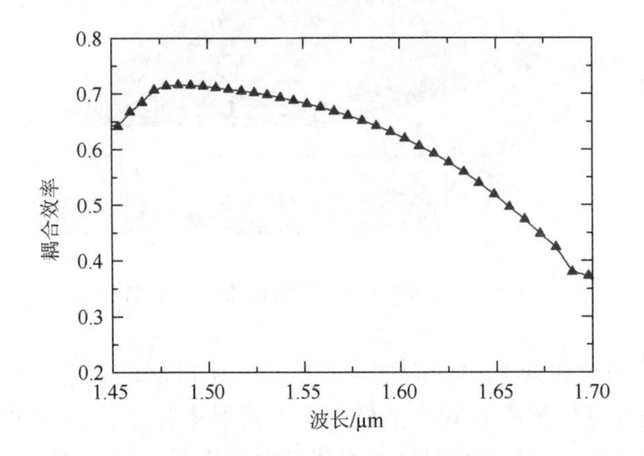

图 6.55　二元闪耀光栅耦合器的耦合效率随波长变化关系

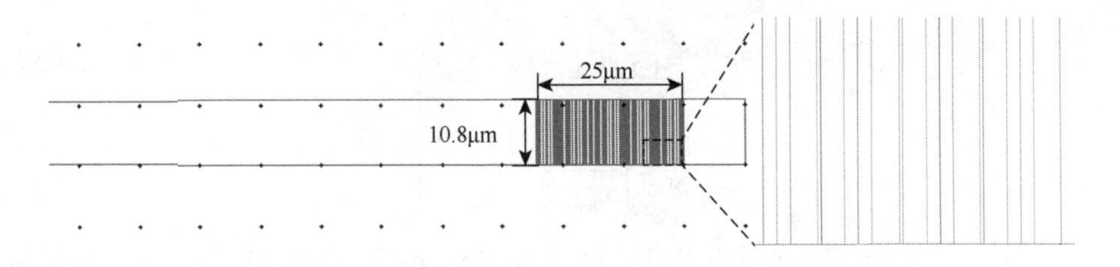

图 6.56　25μm×10.8μm 二元闪耀光栅耦合器版图

6.6.3　二维光栅耦合器

1. 二维均匀光栅耦合器的设计

二维均匀光栅耦合器的结构示意图如图 6.57 所示。该器件的制作是在 SOI 晶片上通过深紫外光刻来实现的。图 6.57 标示了沿光传输的方向光栅周期 Λ_z，侧向

孔的周期 Λ_x。光栅区域的波导宽度 W 设计为 10.8μm，这样它可以与光纤的模场进行很好的耦合。光栅周期满足相位匹配条件，也就是光栅方程，可表示为

$$q\lambda = \Lambda_z\left(n_{\text{eff}} - n_{\text{cladding}}\sin\theta\right) \tag{6.104}$$

式中，λ 为入射光中心波长；n_{eff} 为孔状光栅区域有效折射率；θ 为光出射的角度；n_{cladding} 为上包层材料的折射率，即 $n_{\text{cladding}}=1.5$；q 为衍射光栅级次，即 $q=1$；Λ_z 为沿光束传播方向 z 方向的光栅周期。

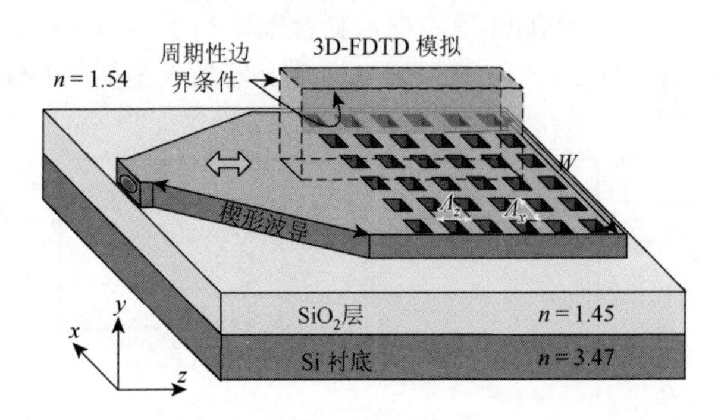

图 6.57　二维均匀光栅耦合器结构示意图

通过式（6.83）来对光栅的周期进行估算。上硅层的折射率是 3.47，包层折射率是 1.5。通过三层平板等效，基模的有效折射率在波长为 1450nm 时是 2.89。根据有效介质理论，由两种不同材料组成的复合介质区域，对于亚波长结构都可以认为是均匀介质，则各向异性的一阶有效折射率表达式为

$$n^{\text{TM}} = \left[f_y n_{\text{hole}}^2 + (1-f_y)n_{\text{Si}}^2\right]^{\frac{1}{2}} \tag{6.105}$$

$$\frac{1}{n^{\text{TM}}} = \left[\frac{f_y}{n_{\text{hole}}^2} + \frac{(1-f_y)}{n_{\text{Si}}^2}\right]^{\frac{1}{2}} \tag{6.106}$$

其中，n_{hole} 是孔中填充介质折射率，这里为 1.5；n_{Si} 是硅波导的折射率，这里为 3.47。假设 Λ_x 等于 500nm，这里满足 $\Lambda_x < \lambda_0/\max$（$n_{\text{eff}}$），因为 x 方向是没有衍射光的。在满足工艺的条件下，f_x 取 0.6。在设计中，波导 TE 模电场是垂直于孔的方向。二维均匀光栅耦合器的仿真结构模型如图 6.58 所示。

二维均匀光栅是由一系列 272nm×300nm 纳米孔组成的，其结构参数为：Λ_z=680nm，f_z=0.6，Λ_x=500nm，f_z=0.6。二维均匀光栅耦合器的耦合效率随光栅长度变化关系如图 6.59 所示。在波长 1550nm 时，二维均匀光栅耦合器的耦合效率达到 62%。利用 L-Edit 软件对二维均匀光栅耦合器的版图进行绘制，如图 6.60 所示。

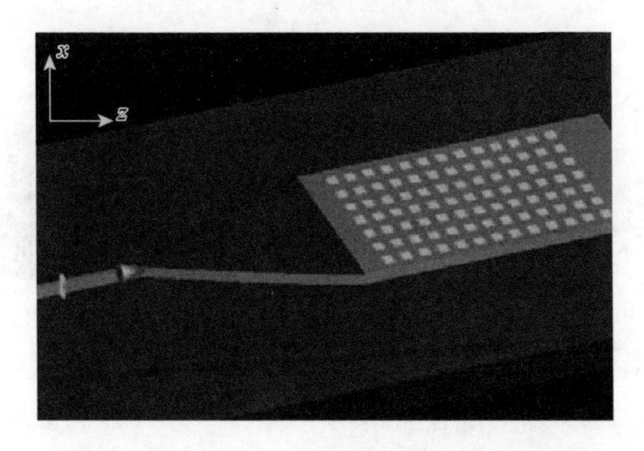

图 6.58 二维均匀光栅耦合器仿真结构模型

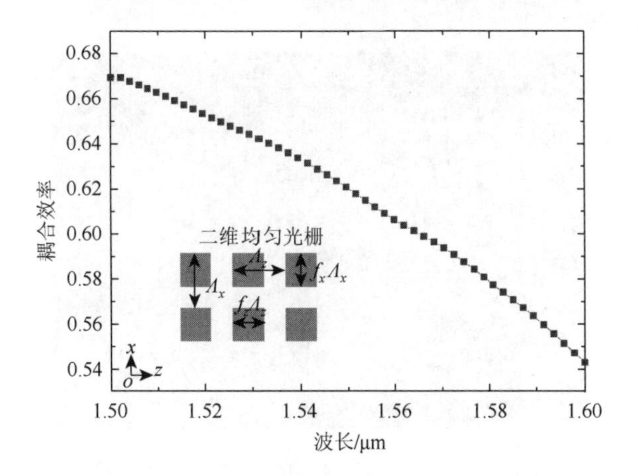

图 6.59 二维均匀光栅耦合器的耦合效率随波长变化关系

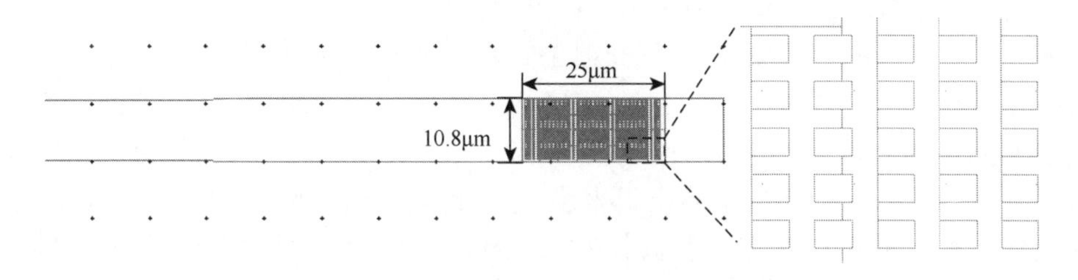

图 6.60 25μm×10.8μm 二维均匀光栅耦合器版图

2. 二维闪耀光栅耦合器的设计

二维闪耀光栅耦合器结构如图 6.61（a）所示，它是由三排具有不同尺寸的刻透的矩形孔组成的周期性结构，其俯视图如图 6.61（b）所示。图 6.62 为二维闪耀光栅耦合器的仿真结构模型。

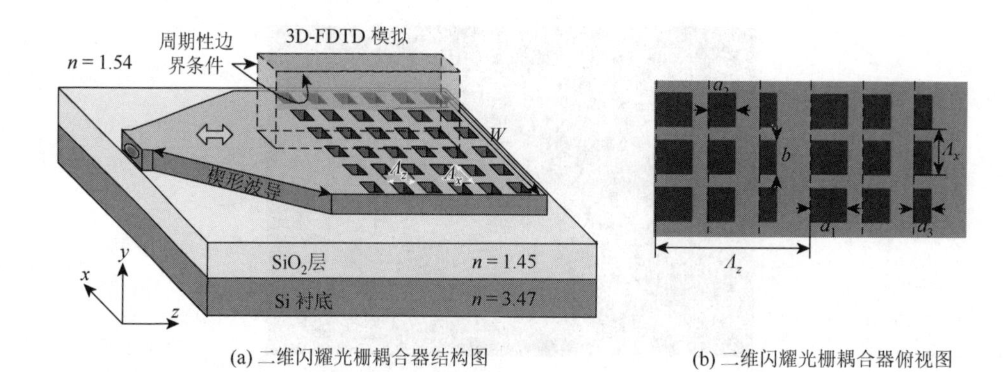

(a) 二维闪耀光栅耦合器结构图　　(b) 二维闪耀光栅耦合器俯视图

图 6.61　二维闪耀光栅耦合器

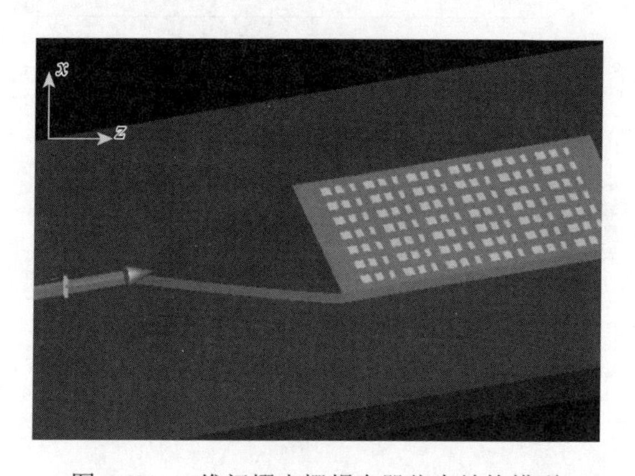

图 6.62　二维闪耀光栅耦合器仿真结构模型

首先设计好一维闪耀光栅，由光栅方程计算得到周期 Λ_z=680nm。根据二元闪耀光栅耦合器的设计原理，得到光栅 3 个子周期的 z 方向孔的占空比 f_{z1}=0.861，f_{z2}=0.492 及 f_{z3}=0，通过公式 $a_i=f_i \cdot T$，得到 a_1=353nm，a_2=202nm，a_3=0nm。这里 Λ_x 仍需满足 $\Lambda_x < \lambda_0/\max(n_{\text{eff}})$，$\Lambda_x$=500nm，在满足工艺的条件下，$f_x$ 取 0.6。这样，整个二维闪耀光栅的结构就确定下来了。二维闪耀光栅耦合器的耦合效率随波长变化关系如图 6.63 所示。在波长为 1550nm 时，二维闪耀光栅耦合器的耦合效率达到 69%。

6.6.4　光栅耦合器器件测试

1. 均匀光栅耦合器光学性能测试

图 6.64（a）为均匀光栅耦合器输出光谱图，其中 P 为光源输出光谱，P_0 为

均匀光栅耦合器输出光谱。图 6.64（b）为测试得到的均匀光栅耦合器耦合效率曲线，在中心波长 1550nm 附近，光栅耦合器的耦合效率为 35%。

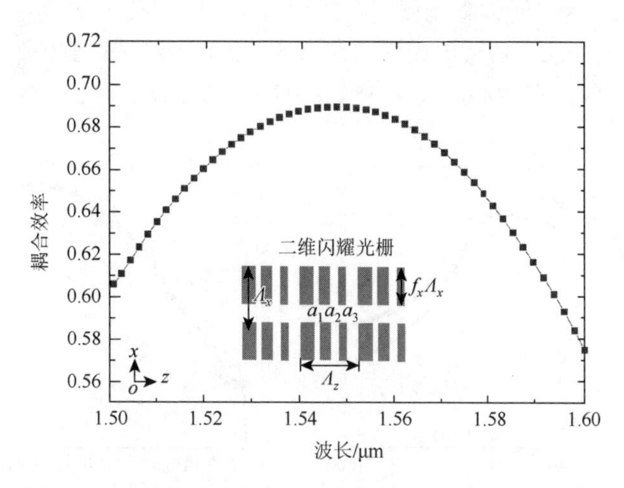

图 6.63　二维闪耀光栅耦合器的耦合效率随波长变化关系

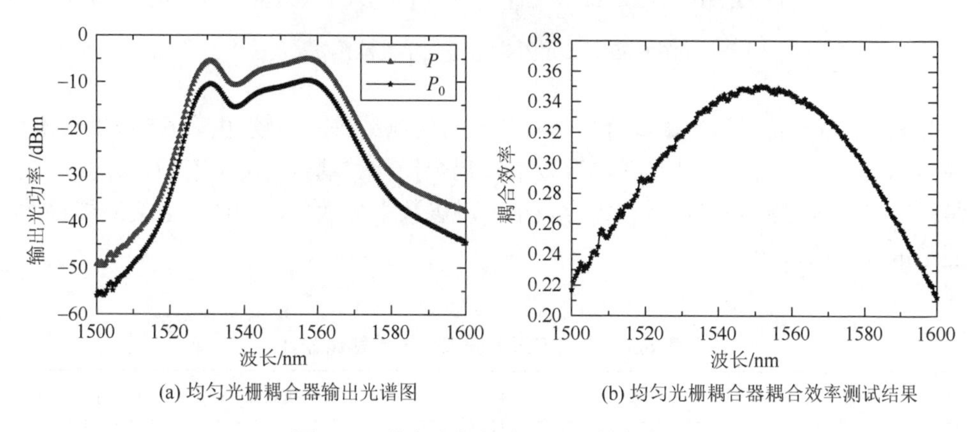

图 6.64　均匀光栅耦合器光学性能测试

表 6.4 为均匀光栅耦合器仿真结果与实测结果的比较。由表 6.4 可以看出，模拟仿真的结果与实测结果在耦合效率、耦合损耗、耦合角度上有些差异。

表 6.4　均匀光栅耦合器性能比较

类型	中心波长	耦合效率	耦合损耗	耦合角度
3D-FDTD	1550nm	67%	−1.74dB	8°
实测	1550nm	35%	−4.56dB	11°

2. 二元闪耀光栅耦合器光学性能测试

图 6.65（a）为二元闪耀光栅耦合器输出光谱图，其中 P 为光源输出光谱，P_0 为二元闪耀光栅耦合器输出光谱。图 6.65（b）为测试得到的二元闪耀光栅耦合器耦合效率曲线，在中心波长 1555nm 附近，耦合效率为 28.3%。

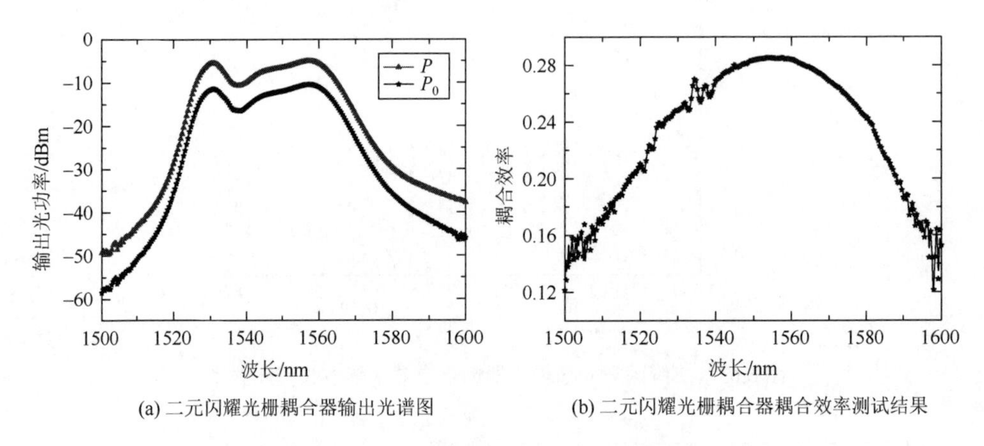

(a) 二元闪耀光栅耦合器输出光谱图　　(b) 二元闪耀光栅耦合器耦合效率测试结果

图 6.65　二元闪耀光栅光学性能测试

表 6.5 为二元闪耀光栅耦合器仿真结果与实测结果的比较。由表 6.5 可以看出，模拟仿真的结果与实测结果在耦合效率、耦合损耗、耦合角度上有较大差异。这是由于二元闪耀光栅耦合器制作容差小，对参数十分敏感，制作工艺会对器件性能造成较大的影响。

表 6.5　二元闪耀光栅耦合器性能比较

类型	中心波长	耦合效率	耦合损耗	耦合角度
3D-FDTD	1550nm	68%	−1.67dB	15.6°
实测	1555nm	28.3%	−5.48B	18°

3. 二维光栅耦合器光学性能测试

图 6.66（a）为二维光栅耦合器输出光谱图，其中 P 为光源输出光谱，P_0 为二维光栅耦合器输出光谱。图 6.66（b）为测试得到的二维光栅耦合器耦合效率曲线，在中心波长 1540nm 附近，二维光栅耦合器的耦合效率为 38.7%。

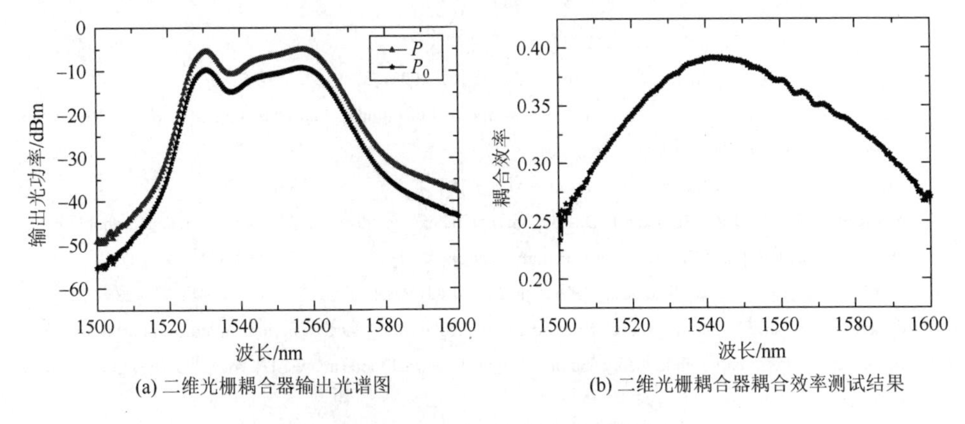

(a) 二维光栅耦合器输出光谱图　(b) 二维光栅耦合器耦合效率测试结果

图 6.66　二维光栅耦合器光学性能测试

表 6.6 为二维光栅耦合器仿真结果与实验结果的比较。由表 6.6 可以看出，模拟仿真的结果与实测结果在耦合效率、耦合损耗、耦合角度上有较大差异。

表 6.6　二维光栅耦合器性能比较

类型	中心波长	耦合效率	耦合损耗	耦合角度
3D-FDTD	1550nm	62%	−2.08dB	15°
实测	1540nm	38.7%	−4.12dB	12°

从三种光栅耦合器的实验测试结果可以看出，模拟仿真的结果与实测结果在耦合效率上有较大差异。制作的误差在一定程度上导致了仿真结果和实测结果的差别。此外，光栅耦合器是偏振相关器件，因此，采用宽带光源入射势必会损失掉一部分偏振态的光，导致实测耦合效率较低。

参 考 文 献

[1] 刘叶新，陈晓文，邢晓波，等. 具有调制功能的多模干涉型 1×3 分束器[J]. 光学学报，2005，25(10)：1406-1410.

[2] 马艳华. 光子集成中的 MMI 型环形波导谐振腔的特性分析及结构设计[D]. 北京：北京邮电大学，2008.

[3] Hopkinson F，Rittenhouse D. An optical problem proposed by Mr. Hopkinson and solved by Mr. Rittenhouse[J]. Transactions of the American Philosophical Society，1786，2：201-206.

[4] Fraunhofer J. Kurzer bericht von den resultaten neuerer versuche über die gesetze des lichtes und die theorie derselben[J]. Annalen Der Physik，1823，74（8）：337-378.

[5] Lariat A. Optical waives in crystals[J]. IEEE Journal of Quantμm Electronics，1984，20（11）：1294.

[6] Stroke G W. Diffraction gratings[J]. Handbuch Der Physik，1967，5（29）：426-754.

[7] Gao D，Zhou Z. Nonlinear equation method for band structure calculations of photonic crystal slabs[J]. Applied Physies Letters，2006，88（16）：163105.

[8] Wang S，Ma H，Jin Z. Finite difference beam propagation analysis of wide-angle crossed waveguide[J]. Chinese

Journal of Lasers，2008，35（2）：231-234.

[9] 程志军. 亚波长介质光栅的闪耀特性分析[J]. 光子学报，2008，37（12）：51-55.

[10] Rytov S M. Eleetromagnetie properties of a finely stratified mediμm[J]. Journal of Experimental and Theoretical Physics，1956，2：466-475.

[11] 邵士茜. 硅基集成光栅耦合器极其偏振无关特性研究[D]. 武汉：华中科技大学，2011.

[12] Strefer W，Seifres D R，Burnham R D. Coupling coefficients for distributed feedback single and double hetero structure diode laser[J]. IEEE Journal of Quantμm Electronics，1975，11（11）：867-873.

[13] Tamir T，Peng S T. Analysis and design of grating couplers[J]. Applied Physics，1977，14（3）：235-254.

[14] Stegeman G I，Sarid D，Burke J J，et al. Scattering of guided waves by surface periodic gratings for arbitrary angles of incidence：Perturbation field theory and implications to normal-mode analysis[J]. Journal of the Optical Society of America，1981，71（7）：1947-1954.

[15] Harris J H，Winn R K，Dalgoutte D G. Theory and design of periodic couplers[J]. Applied Optics，1972，11（10）：2234.

[16] Wu Y Z. Equivalent current theory of optical wave guided coupling[J]. Journal of the Optical Society of America，1987，4（10）：1902-1910.

[17] Zory P. Corrugated grating coupled devices and coupling coefficients[J]. Optical Society of America，1976，66：291.

[18] Sychugov V A，Ctyroky J. Propagation and conversion of light waves in graded-index planar waveguides[J]. Soviet Journal of Quantμm Electronics，1982，12（4）：39-43.

[19] Neviere M，Petit R，Cadilhac M. About the theory of optical grating coupler-waveguide systems[J]. Optics Communications，1973，8（2）：113-117.

[20] Neviere M，Vincent P，Petit R，et al. Determination of the coupling coefficient of a holographic thin film couple[J]. Optics Communications，1973，9（7）：240-246.

[21] Haus H A，Htlang W P，Kawakami S，et al. Coupled-mode theory of optical waveguides[J]. Journal of Lightwave Technology，1987，5（1）：16-23.

[22] Moharam M G，Gaylord T K. Rigorous coupled-wave analysis of grating diffraction-e-mode polarization and losses[J]. Journal of the Optical Society of America，1983，73（4）：451-455.

[23] Hadley G R. Wide-angle beam propagation using padé approximant operators[J]. Optics Letters，1992，17（20）：1426-1428.

[24] Amemiya T，Shindo T，Takahashi D，et al. Nonunity permeability in metamaterial-based GaInAsP/InP multimode interferometers[J]. Optics Letters，2011，12（36）：2327-2329.

第 7 章　光纤光栅解调阵列波导光栅器件

7.1　引　　言

1988 年，荷兰代尔夫特理工大学的 Smith 提出相位阵列的概念。1990 年，日本 NTT 公司的 Akahashi 用该原理制成了长波段的复用/解复用器，并首次将其称为阵列波导光栅。1995 年，商用化 WDM 光通信系统出现，阵列波导光栅的研究就如火如荼地开展起来。当前国际水平已做出 400 通道的阵列波导光栅复用器 / 解复用器，其波长间隔为 0.08nm，串扰低于–30dB。现已实现温度在 0～85℃范围内，波长漂移小于 0.06nm 的器件。

作为阵列波导光栅解调系统中的重要组成部分，阵列波导光栅是基于平面光波回路技术（Planar Lightwave Circuit，PLC）的一种角色散型无源器件。近年来，国内有很多科研单位、高等院校正在逐步开展 AWG 器件的研制工作，如中国科学院半导体所、中国科学院上海微系统与信息技术研究所、吉林大学、西南交通大学、山东大学等的学术成果被发表出来，国外也有大量先进的相关领域科研成果被发表出来，日本、美国在阵列波导光栅的研制与应用处于领先地位。

2010 年，华中科技大学的黄华茂设计了硅基阵列波导光栅，中心通道波长峰值损耗为 1.5dB，串扰小于 20dB。2011 年，浙江大学的白刃结合硅材料和阵列波导光栅的特征，提出了三点 Stigmatic Points 法设计了窄通道（0.1nm）、多通道数目（256 通道数目）的基于硅材料的 AWG。该器件具有低插入损耗的优点，通道间串扰达到了–14dB 以下。2012 年，吉林大学的王立志制作了聚合物 32 通道阵列波导光栅器件，其插入损耗为–4dB 左右，串扰为–30dB。国外学者 Pathak 在 2011 年提出一种基于 SOI 的 12 通道阵列波导的设计，插入损耗和串扰仅为–3.29dB 和–17.0dB，器件尺寸为 $560\times350\mu m^2$。同年，学者 Yang 提出了一种 48×48 的硅基阵列波导光栅，插入损耗和串扰分别低于–4dB 和–15dB，器件面积为 $220\times470\mu m^2$。2015 年 Pei 制备了一种基于 SOI 的 16 通道的阵列波导光栅，其插入损耗和串扰分别是–9.1dB 和–10dB，器件尺寸为 $2900\times1100\mu m^2$。

阵列波导光栅的研制已经取得了一定的成果，但是传统的阵列波导光栅由于其尺寸过大而难以应用到本章提出的阵列波导光栅解调集成微系统中，在能保证阵列波导光栅的损耗和串扰不会过大的基础上，小尺寸的高性能的多通道阵列波导光栅的设计与制备对光纤光栅解调技术的发展有着重要意义。本章选用 SOI 作为制备阵列波导光栅器件的材料，提出了硅基集成多通道高性能的超小尺寸阵列波导光栅的设计方法。

7.2　阵列波导光栅基本理论

1969 年，Miller 首先提出在介质材料上实现复杂的集成光学器件的设想，并指出集成光学器件具有高稳定性和小尺寸等突出优点[1]。导波光学指的是对波导中光学现象的研究。本章研究的阵列波导光栅涉及两种光波导：平板波导和矩形波导，如图 7.1 所示。平板波导仅在横截面内 X 方向上对光有限制作用，条形波导则在 X，Y 两个方向上都有限制作用。本章主要是介绍平板波导和矩形波导的概念、模式特性及其特征方程。

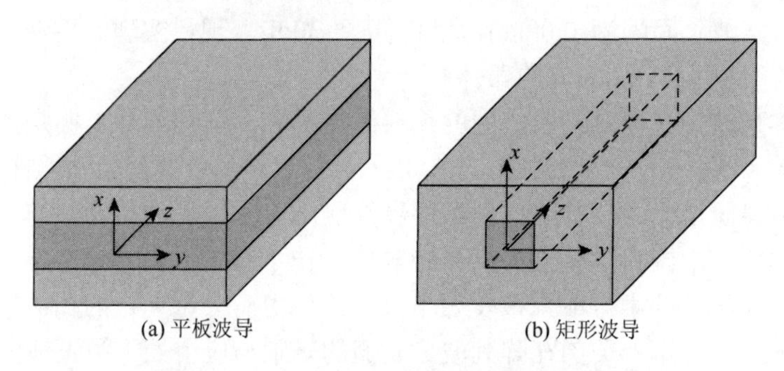

(a) 平板波导　　(b) 矩形波导

图 7.1　平板波导及矩形波导结构示意图

7.2.1　平板波导

平板波导由三层介质层构成，中间一层介质称为波导层，其折射率较高，上、下两层分别称为覆盖层和衬底层，它们的折射率较低。覆盖层折射率记为 n_u，衬底层折射率记为 n_f，波导层折射率记为 n_c，当 n_u=n_c 时，称为对称型平板波导，否则称为非对称型平板波导。

分析介质波导有两种基本理论方法：射线理论分析法与波动理论分析法[2]。射线理论分析法简单直观、概念清晰，并可得到一些光在光波导中的基本传输特性[3]。模场分布则需要利用波动理论分析法来分析。

1. 射线理论分析法

射线理论分析法认为光波导中的光波是由平面光波在波导层两个界面的全反射形成的[4]。根据 Snell 定律可知，光线在上、下两个界面的全反射的临界角分别

为 θ_u=arcsin(n_u/n_c)，θ_f=arcsin(n_f/n_c)。显然，随着入射角 θ 的增大，会出现以下三种情况：

（1）$0<\theta<\min(\theta_f,\ \theta_u)$，光线将从衬底和覆盖层透射出去，光波不能限制在波导层中传输，此时相对应的电磁波称为辐射模。

（2）$\min(\theta_f,\ \theta_u)<\theta<\max(\theta_f,\ \theta_u)$，光线将从覆盖层（$\theta_f<\theta_u$）或衬底（$\theta_f>\theta_u$）透射出去。若光波从衬底透射出去，这种模式称为衬底辐射模。

（3）$\max(\theta_f,\ \theta_u)<\theta<\pi/2$，在上下界面上会发生全反射，所以光线沿着之字形路径传播，光能量仅在波导层内传播，而其对应的电磁波称为导模。

导模是光在波导中传播的模式，下面我们将主要分析导模。图 7.2 是平板波导的侧视图。设光波沿 z 方向传播，在 x 方向受到限制，在垂直 xz 平面的 y 方向上光波和波导结构都是均匀的。导波光的传输常数 β 为波矢量 k_0n_c 在传输方向 z 上的分量，$\beta=k_0n_c\sin\theta$，其中 k_0 是光在真空中的波矢。引入波导的有效折射率 n_{eff}，其定义为 $n_{\text{eff}}=\beta/k_0=n_c\sin\theta$。

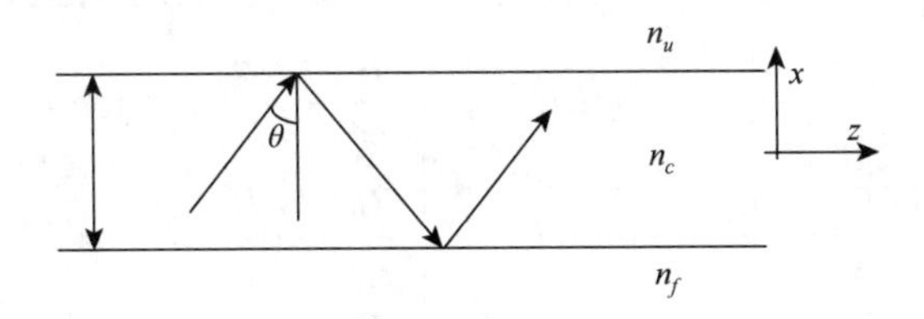

图 7.2　平板波导的侧视图

光波要在波导层内传播，则必须使得其在波导层的两个界面之间折返一次的相位差为 2π 的整数倍。我们设光波在上、下两个界面全反射产生的相移分别为 $-\phi_u$、$-\phi_f$，求得平板波导的模方程为

$$2ht-\phi_u-\phi_f=2m\pi \tag{7.1}$$

式中，ht 表示光波从下界面传播到上界面的相移；m 为模的阶数。平板波导所能允许的传播模式是分立且有限的，则分 TE 模和 TM 模两种偏振模式来讨论。

对于 TE 模：

$$\phi_l=2\arctan\left(\frac{n_c^2\sin^2\theta-n_l^2}{n_c^2\cos^2\theta}\right)^{\frac{1}{2}}=2\arctan\left(\frac{n_{\text{eff}}^2-n_l^2}{n_f^2-n_{\text{eff}}^2}\right)^{\frac{1}{2}} \tag{7.2}$$

对于 TM 模：

$$\phi_l=2\arctan\frac{n_c^2}{n_l^2}\left(\frac{n_c^2\sin^2\theta-n_l^2}{n_c^2\cos^2\theta}\right)^{\frac{1}{2}}=2\arctan\frac{n_c^2}{n_l^2}\left(\frac{n_{\text{eff}}^2-n_l^2}{n_f^2-n_{\text{eff}}^2}\right)^{\frac{1}{2}} \tag{7.3}$$

式中，l=u 或 f。将式（7.3）代入式（7.1），分别得到 TE 模和 TM 模的模方程：

$$k_0 t\sqrt{n_c^2 - n_{\text{eff}}^2} = m\pi + \arctan\left(\frac{n_{\text{eff}}^2 - n_f^2}{n_c^2 - n_{\text{eff}}^2}\right)^{\frac{1}{2}} + \arctan\left(\frac{n_{\text{eff}}^2 - n_u^2}{n_c^2 - n_{\text{eff}}^2}\right)^{\frac{1}{2}} \tag{7.4}$$

$$k_0 t\sqrt{n_c^2 - n_{\text{eff}}^2} = m\pi + \arctan\frac{n_c^2}{n_l^2}\left(\frac{n_{\text{eff}}^2 - n_f^2}{n_c^2 - n_{\text{eff}}^2}\right)^{\frac{1}{2}} + \arctan\frac{n_c^2}{n_l^2}\left(\frac{n_{\text{eff}}^2 - n_u^2}{n_c^2 - n_{\text{eff}}^2}\right)^{\frac{1}{2}} \tag{7.5}$$

2. *波动理论分析法*

波导理论是把平板波导模式看作满足介质平板波导边界条件的麦克斯韦方程的时谐电磁场麦克斯韦方程组[5]。时谐电磁场麦克斯韦方程组为

$$\begin{cases}\nabla\cdot E = 0, \nabla\cdot H = 0\\ \nabla\times E = -\mathrm{j}\omega\mu H, \nabla\times H = -\mathrm{j}\omega\varepsilon E\end{cases} \tag{7.6}$$

笛卡儿坐标系下，上述 2 个方程的两个叉乘（旋度）表达式可分别写成

$$\begin{cases}\dfrac{\partial E_z}{\partial y} - \dfrac{\partial E_y}{\partial z} = -\mathrm{j}\omega\mu H_x\\ \dfrac{\partial E_z}{\partial x} - \dfrac{\partial E_x}{\partial z} = -\mathrm{j}\omega\mu H_y\\ \dfrac{\partial E_y}{\partial x} - \dfrac{\partial E_x}{\partial y} = -\mathrm{j}\omega\mu H_z\end{cases},\quad \begin{cases}\dfrac{\partial H_z}{\partial y} - \dfrac{\partial H_y}{\partial z} = -\mathrm{j}\omega\varepsilon E_x\\ \dfrac{\partial H_z}{\partial x} - \dfrac{\partial H_x}{\partial z} = -\mathrm{j}\omega\varepsilon E_y\\ \dfrac{\partial H_y}{\partial x} - \dfrac{\partial H_x}{\partial y} = -\mathrm{j}\omega\varepsilon E_z\end{cases} \tag{7.7}$$

对于 z 方向的变化，引入一个传输因子 $\exp(-\mathrm{j}\beta z)$来表征，即有 $\partial/\partial z = -\mathrm{j}\beta$，其中 j 是虚数单位，$\beta$ 是 z 方向的传播常数[6]。则方程组（7.7）可写成

$$\begin{cases}-\mathrm{j}\beta E_y = -\mathrm{j}\omega\mu H_x\\ \dfrac{\partial E_z}{\partial x} + \mathrm{j}\beta E_x = -\mathrm{j}\omega\mu H_y\\ \dfrac{\partial E_y}{\partial x} = -\mathrm{j}\omega\mu H_z\end{cases},\quad \begin{cases}-\mathrm{j}\beta H_y = -\mathrm{j}\omega\varepsilon E_x\\ \dfrac{\partial H_z}{\partial x} + \mathrm{j}\beta H_x = -\mathrm{j}\omega\varepsilon E_y\\ \dfrac{\partial H_y}{\partial x} = -\mathrm{j}\omega\varepsilon E_z\end{cases} \tag{7.8}$$

方程组（7.8）包含两组类型的解。其中一组电场矢量只包含 E_y，为 TE 模；另一组磁场矢量只包含 H_y，为 TM 模。

1）TE 模

对于 TE 波，得到的亥姆霍兹方程如下：

$$\frac{\partial^2 E_y}{\partial x^2} + \left[k_0^2 n^2(x) - \beta^2\right]E_y = 0 \tag{7.9}$$

对于平板波导，可以得到三个波动方程：

$$\begin{cases} 覆盖层：\dfrac{\partial^2 E_y}{\partial x^2}+\left(k_0^2 n_u^2-\beta^2\right)E_y=0 \\ 波导层：\dfrac{\partial^2 E_y}{\partial x^2}+\left(k_0^2 n_c^2-\beta^2\right)E_y=0 \\ 衬底层：\dfrac{\partial^2 E_y}{\partial x^2}+\left(k_0^2 n_f^2-\beta^2\right)E_y=0 \end{cases} \tag{7.10}$$

根据物理意义可知在波导层内是驻波解，能用余弦函数表示，而在覆盖层、衬底层中为倏逝波，应为衰减解，则用指数函数表示[7]。故有解：

$$E_y(x)=\begin{cases} A_u \exp[-p(x-a)], & x>a \\ A_c \cos(hx-\varphi), & |x|\leqslant a \\ A_f \exp[q(x+a)], & x<-a \end{cases} \tag{7.11}$$

式中，a 为波导半宽度，根据边界条件：$x=\pm a$ 处切向 E_y 分量连续，切向分量 H_z 也连续，由 $\partial E_y/\partial x=-\mathrm{i}\omega\mu_0 H_z$ 可知 $\partial E_y/\partial x$ 连续。利用此边界条件，经计算，得 A_u、A_c、A_f。最终可得

$$\begin{cases} 2ha=m\pi+\arctan\left(\dfrac{q}{h}\right)+\arctan\left(\dfrac{p}{h}\right) \\ 2\varphi=m\pi+\arctan\left(\dfrac{q}{h}\right)+\arctan\left(\dfrac{p}{h}\right) \end{cases} \tag{7.12}$$

式中，p、q、h 均为 β 的函数，所以式（7.12）是一个关于 β 的超越方程，这就是平板波导的 TE 模的特征方程。

2）TM 模

对于 TM 模，与 TE 模的求解方式完全类似。首先求出 H_y 分量。其相应的亥姆霍兹方程为

$$\frac{\partial^2 H_y}{\partial x^2}+\left[k_0^2 n^2(x)-\beta^2\right]H_y=0 \tag{7.13}$$

假设平板波导各层的场分布具有如下形式：

$$H_y(x)=\begin{cases} B_u \exp[-p(x-a)], & x>a \\ B_c \cos(hx-\varphi), & |x|\leqslant a \\ B_f \exp[q(x+a)], & x<-a \end{cases} \tag{7.14}$$

其对应的边界条件为：$x=\pm a$ 处 H_y 切向分量连续，E_z 切向分量也连续，由 $E_z=-\mathrm{i}\partial H_y/(\omega\varepsilon\partial x)$ 可知 $\partial H_y/(\varepsilon\partial x)$ 连续。利用此边界条件，最终得

$$\begin{cases} 2ha = m\pi + \arctan\left(\dfrac{n_c^2}{n_f^2}\dfrac{q}{h}\right) + \arctan\left(\dfrac{n_c^2}{n_u^2}\dfrac{p}{h}\right) \\ 2\varphi = m\pi + \arctan\left(\dfrac{n_c^2}{n_f^2}\dfrac{q}{h}\right) - \arctan\left(\dfrac{n_c^2}{n_u^2}\dfrac{p}{h}\right) \end{cases} \tag{7.15}$$

式中，p、q、h 均为 β 的函数，因此式（7.15）也是一个关于 β 的超越方程，是平板波导 TM 的特征方程。此式（7.15）与式（7.12）是一致的。

7.2.2　矩形波导

光波在平板波导中传播时，会朝着无约束的方向传播发散。通常采用矩形波导来避免这种情况的发生。和平板波导相比，矩形波导的分析更加复杂，通常采用近似的方法来分析光波的传输，下面分析几种常用的近似方法。

1. 马卡梯里方法

矩形波导的正视图如图 7.3 所示。波导芯层内集中了导波模的大部分能量，而波导层极少。图 7.3 所示的阴影部分里的能量就更少，因此该近似方法仅考虑图中的四个非阴影区域。

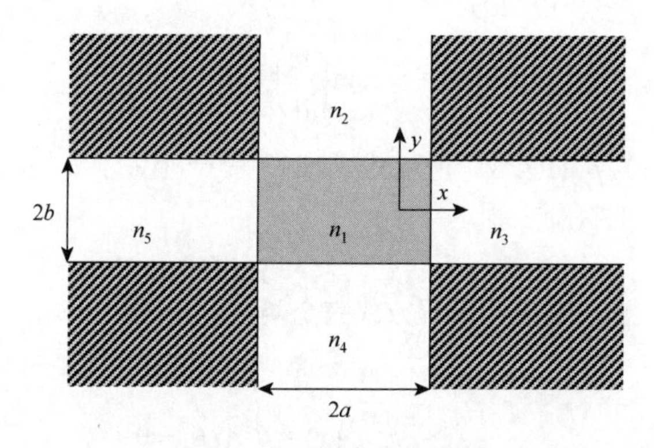

图 7.3　矩形波导的截面图

每个区的波数（波矢量）的量值用 k_i 表示，$k_i=|k_i|$，波矢量沿 x，y，z 方向的分量分别为 k_{ix}、k_{iy}、k_{iz}，因此有

$$k_i^2 = k_{ix}^2 + k_{iy}^2 + k_{iz}^2 = k_0^2\varepsilon_i, \quad i = 1,2,3,4,5 \tag{7.16}$$

由波矢量在界面位置沿切线方向的连续性，k_{iz} 连续，得到

$$k_{1z} = k_{2z} = k_{3z} = k_{4z} = k_{5z} = k_z \tag{7.17}$$

由 k_{ix} 在界面 $y=\pm b/2$ 处连续，得到

$$k_{1x} = k_{2x} = k_{4x} = k_x \tag{7.18}$$

由 k_{iy} 在界面 $x=\pm a/2$ 处连续，得到

$$k_{1y} = k_{3y} = k_{5y} = k_y \tag{7.19}$$

由于电磁场的主要分量集中在波导的横截面上，其波形接近于横电磁模，所以矩形波导中只存在以下两种模式[8]：一种是 E_{mn}^y 模；另一种是 E_{mn}^x 模。这里的下角标 m、n 分别是 x、y 方向的模式阶数。下面我们就将给出矩形波导 E_{mn}^x 和 E_{mn}^y 导模场的特征方程和分布函数。

1）E_{mn}^y 模场

矩形波导 E_{mn}^y 导模场的场分布函数 $H_{x0}(x,y)$ 为

$$H_{x0}(x,y) = \phi_x(x)\phi_x(y) \tag{7.20}$$

式中，x 方向的场分布函数表示如下：

$$\phi_x(x) = \begin{cases} A\cos(k_x a/2+\zeta)\exp[k_{3x}'(x+a/2)], & -\infty < x \leqslant -a/2 \\ A\cos(k_x x-\zeta), & -a/2 < x \leqslant a/2 \\ A\cos(k_x a/2-\zeta)\exp[-k_{5x}'(x-a/2)], & a/2 < x < \infty \end{cases} \tag{7.21}$$

y 方向的场分布函数表示如下：

$$\phi_y(y) = \begin{cases} B\cos(k_y b/2+\eta)\exp[k_{2y}'(y+b/2)], & -\infty < y \leqslant -b/2 \\ B\cos(k_y y-\eta), & -b/2 \leqslant y \leqslant b/2 \\ B\cos(k_y b/2-\eta)\exp[-k_{4y}'(y-b/2)], & b/2 \leqslant y < \infty \end{cases} \tag{7.22}$$

通过上述2个方向场分布函数表示，可得它们的特征方程为

$$k_x a = m\pi + \arctan\frac{k_{3x}'}{k_x} - \arctan\frac{k_{5x}'}{k_x}, \quad m=0, 1, 2, 3, \cdots \tag{7.23}$$

$$k_y b = n\pi + \arctan\frac{\varepsilon_1 k_{5y}'}{\varepsilon_2 k_y} - \arctan\frac{\varepsilon_1 k_{4y}'}{\varepsilon_4 k_y}, \quad n=0, 1, 2, 3, \cdots \tag{7.24}$$

上述特征方程和场分布函数中的 k_{3x}'、k_{5x}'、k_{2y}'、k_{4y}' 可以表示成下述形式：

$$\begin{aligned} k_{3x}'^2 &= -k_{3x}^2 = k_0^2(\varepsilon_1-\varepsilon_3)-k_x^2, \quad k_{5x}'^2 = -k_{5x}^2 = k_0^2(\varepsilon_1-\varepsilon_5)-k_x^2 \\ k_{2y}'^2 &= -k_{2y}^2 = k_0^2(\varepsilon_1-\varepsilon_2)-k_y^2, \quad k_{4y}'^2 = -k_{4y}^2 = k_0^2(\varepsilon_1-\varepsilon_4)-k_y^2 \end{aligned} \tag{7.25}$$

2）E_{mn}^x 模场

矩形波导 E_{mn}^x 导模场的场分布函数 $E_{x0}(x,y)$ 为

$$E_{x0}(x,y) = \phi_x(x)\phi_y(y) \tag{7.26}$$

式中，x 方向的场分布函数表示如下：

$$\phi_x(x)=\begin{cases}A(\varepsilon_1/\varepsilon_3)\cos(k_x a/2+\zeta)\exp[k'_{3x}(x+a/2)], & -\infty<x\leqslant -a/2\\ A\cos(k_x x-\zeta), & -a/2\leqslant x\leqslant a/2\\ A(\varepsilon_1/\varepsilon_5)\cos(k_x a/2-\zeta)\exp[-k'_{5x}(x-a/2)], & -a/2\leqslant x<\infty\end{cases}\quad(7.27)$$

y 方向的场分布函数表示与式（7.22）一致，可求得 x 和 y 方向的特征方程为

$$k_x a=m\pi+\arctan\frac{\varepsilon_1 k'_{3x}}{\varepsilon_3 k_x}+\arctan\frac{\varepsilon_1 k'_{5x}}{\varepsilon_5 k_x},\quad m=0,1,2,3,\cdots\quad(7.28)$$

$$k_y b=n\pi+\arctan\frac{k'_{2y}}{k_y}+\arctan\frac{k'_{4y}}{k_y},\quad n=0,1,2,3,\cdots\quad(7.29)$$

上述特征方程和场分布函数中的 k'_{3x}、k'_{5x}、k'_{2y}、k'_{4y} 可表示为式（7.25）的关系。

2. 等效折射率方法

等效折射率方法（Effective Index Method，EIM）是具有一定精度的简易计算方法，可将三维问题简化为二维问题，之后就可以用解析方法来求得模式解，因而广泛应用于波导的模式分析和器件的数值模拟[9]。本章给出经典的 EIM。其标量波动方程为

$$\frac{\partial^2 E}{\partial x^2}+\frac{\partial^2 E}{\partial y^2}+[n^2(x,y)k_0^2-\beta^2]E=0\quad(7.30)$$

假设场分布 $E(x,y)$可以表示为如下分离变量的形式，即

$$E(x,y)=X(x)Y(y)\quad(7.31)$$

将其代入波动方程，可得

$$\frac{1}{X}\frac{\partial^2 X}{\partial x^2}+\frac{1}{Y}\frac{\partial^2 Y}{\partial y^2}+(n^2k_0^2-\beta^2)=0\quad(7.32)$$

再将式（7.32）分离成如下两个方程，即

$$\begin{aligned}&\frac{1}{Y}\frac{\partial^2 Y}{\partial y^2}+(n^2(x,y)k_0^2-n_{\text{eff}}^2k_0^2)=0\\&\frac{1}{X}\frac{\partial^2 X}{\partial x^2}+(n_{\text{eff}}^2(x)k_0^2-\beta^2)=0\end{aligned}\quad(7.33)$$

式中，$n_{\text{eff}}(x)$为等效折射率的分布函数，可由平板波导本征方程解得(同时可得 $Y(y)$)，即可以得到一个等效的平板波导，本征值 β 和相应的本征向量 $X(x)$能根据它得到。若求 TE 模 E_x，则在求 $n_{\text{eff}}(x)$时，应取 TE 模；求 β 时，应取 TM 模。图 7.4 是利用 EIM 计算的矩形波导的等效示意图。

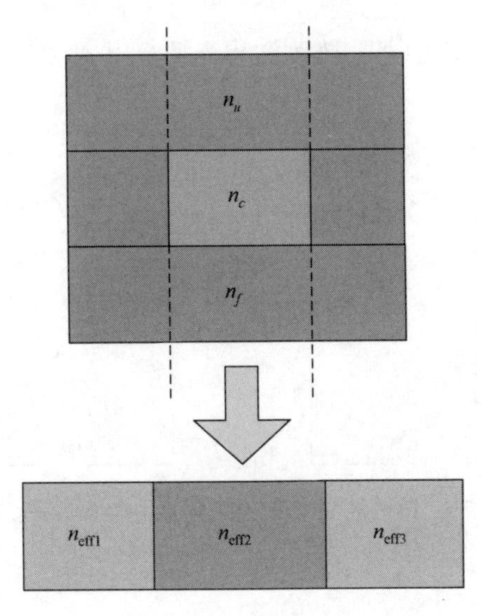

图 7.4　矩形波导等效过程示意图

7.2.3　阵列波导光栅原理

阵列波导光栅器件利用了罗兰圆光栅聚焦原理，实现对光波长的复用/解复用，即合波和分波的功能。输入/输出信道波导和阵列波导光栅由两个平板波导相连接，而且输入波导与输出波导的位置和弯曲阵列波导的位置满足罗兰圆规则，即阵列波导的两端以等间距 d 排列在两个光栅圆周上，正对光栅圆心 C，中心阵列波导位于光栅圆和罗兰圆的切点处[10]。

为使阵列波导对衍射光场有尽可能高的耦合率，阵列波导条数必须足够多，以高效率地收集所有的衍射光。输入/输出信道波导均排列在罗兰圆周上，端口朝向中心阵列波导。Δx_{i} 和 Δx_{o} 分别为输入/输出信道波导间距，f 为光栅圆的焦距，d 为阵列波导间距，C 为焦点，ΔL 为相邻阵列波导间的长度差，$\Delta\theta_{\text{i}}$ 和 $\Delta\theta_{\text{o}}$ 分别为相邻输入信道波导和相邻输出信道波导间的夹角，θ_{i} 和 θ_{o} 对应输入信道波导和输出信道波导与中心信道波导的夹角，分别称为入射角和出射角[11]。$\Delta\theta_{\text{i}}=\Delta\theta_{\text{o}}$ 为对称型结构，$\Delta\theta_{\text{i}}\neq\Delta\theta_{\text{o}}$ 为非对称型结构。

阵列波导的两相邻波导都会有着相等的长度差，这种结构将使阵列波导光栅中的光信号出现与波长相关的不同相位差，其相位差等于 $\Delta L/\lambda_i$，λ_i 为复用光信号的波长[11]。正因为相邻阵列波导间恒定的长度差，当复用光信号在阵列波导光栅中传播时，对应于 ΔL 的相位偏移将加强在每个波导中传输的光信号上，使每个相同波长的信号会以不同的波前倾斜聚焦在输出平板波导的焦线上[12]。若设计正好把输出波导的端口定位在输出平板波导焦线上，则不同波前倾斜的光信号将耦合到输出波导的不同通道中[13]。阵列波导光栅复用/解复用的原理如图 7.5 所示。

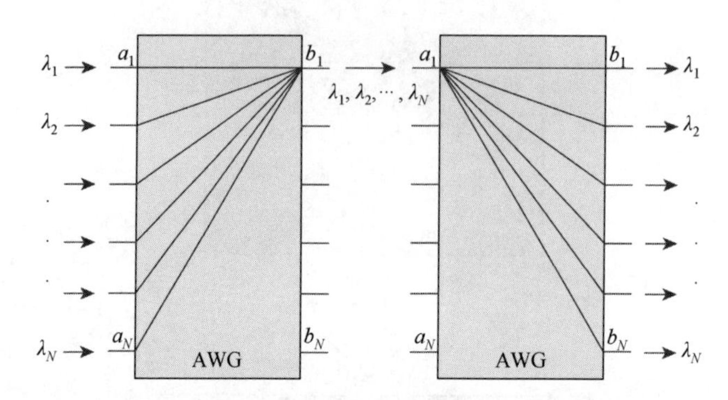

图 7.5　阵列波导光栅复用/解复用的原理示意图

1. 光栅方程

在所有光栅器件传输过程中的光都必须满足最根本的理论基础——光栅方程，不同的光栅方程适用于不同结构的光栅器件，形式上虽然略有不同，但是基本原理都是相同的。原理是光在光栅器件中传输过程中，必须满足光程彼此相差波长的整数倍，才能产生干涉或衍射，从而使得光强得到加强。

光栅方程如式（7.34）所示：

$$\frac{2\pi nd\sin\theta}{\lambda}=2\beta \tag{7.34}$$

式中，θ 为光衍射角；d 为光栅间距；λ 为真空中的波长；n 是波导材料的折射率；$\beta=k\pi$ 时为衍射主极大。将这个理论应用于阵列波导光栅，阵列波导光栅是由两个平板波导及若干条具有相同波导长度差的阵列波导组成，相邻波导的长度相差一个常数ΔL。

当光波通过输入平板波导时，引入的相位差为

$$\Delta\varphi_1=\frac{2\pi n_s d\sin\theta_{\mathrm{i}}}{\lambda} \tag{7.35}$$

$$\theta_{\mathrm{i}}=\frac{i\Delta x}{R} \tag{7.36}$$

当光波通过输出平板波导时，其引入的相位差为

$$\Delta\varphi_2=\frac{2\pi n_s d\sin\theta_{\mathrm{o}}}{\lambda} \tag{7.37}$$

$$\theta_{\mathrm{o}}=\frac{j\Delta x}{R} \tag{7.38}$$

当光波通过阵列波导光栅时，其引入的相位差为

$$\Delta\varphi_3 = \frac{2\pi n_c \cdot \Delta L}{\lambda} \tag{7.39}$$

从阵列波导光栅出入的光满足的光栅方程为

$$\frac{2\pi n_s \cdot d \cdot \sin\theta_{\mathrm{i}}}{\lambda} + \frac{2\pi n_s \cdot d \cdot \sin\theta_{\mathrm{o}}}{\lambda} + \frac{2\pi n_c \cdot \Delta L}{\lambda} = 2\beta \tag{7.40}$$

当 $\beta=k\pi$ 时为衍射主极大，则阵列波导光栅满足的光栅方程为

$$n_s d \sin\theta_{\mathrm{i}} + n_s d \sin\theta_{\mathrm{o}} + n_c \Delta L = m\lambda \tag{7.41}$$

式中，m 是衍射级数；n_c 和 n_s 分别为阵列波导和平板波导的有效折射率；λ 是波长；d 是阵列波导的间距；i 和 j 分别是输入/输出波导的编号；Δx 是平板波导处输入/输出波导的排列间距；θ_{i} 和 θ_{o} 分别对应输入/输出波导与中心波导的夹角。当 $\theta_{\mathrm{i}} = \theta_{\mathrm{o}} =0$ 时，所传输的波长应为中心波长，则中心波长 λ_0 满足

$$n_c \Delta L = m\lambda_0 \tag{7.42}$$

可以看出，衍射角为零度时光栅依旧能工作在高阶衍射。

$$m = \frac{n_c \Delta L}{\lambda} \tag{7.43}$$

由于衍射级数 m 与光栅的波长分辨率成正比，所以，当入射角和出射角为零度时，阵列波导光栅器件仍有很高的波长分辨率，这是阵列波导光栅与普通光栅的最大差异。

阵列波导光栅器件的 FSR、角色散方程的表达式均可由光栅方程推导而来。

2. 角色散方程

当任意波长的信号源发出的光从中心输入信道波导射入时，入射角 $\theta_{\mathrm{i}}=0$，此时信号光从第 j 条输出信道波导射出，出射角为 $\theta_{\mathrm{o}} = j\Delta\theta$，与光波的波长有关，是波长 λ 的函数，$\theta=\theta\,(\lambda_0)$。不同波长的下平板波导和矩形波导的有效折射率 n_s、n_c 也不相同，也是波长 λ 的函数，$n_s(\lambda) = n_s$、$n_c(\lambda) = n_c$。对波长 λ 求导数，可得

$$\frac{\mathrm{d}n_c}{\mathrm{d}\lambda}\Delta L + \frac{\mathrm{d}n_s}{\mathrm{d}\lambda}\theta_{\mathrm{o}} d + n_s d\frac{\mathrm{d}\theta_{\mathrm{o}}}{\mathrm{d}\lambda} = m \tag{7.44}$$

从而得到

$$\frac{\mathrm{d}\theta_{\mathrm{o}}}{\mathrm{d}\lambda} = \frac{m}{n_s n_c d}\left(n_c - \frac{n_c \Delta L}{m}\frac{\mathrm{d}n_c}{\mathrm{d}\lambda} - \frac{n_c \theta_{\mathrm{o}} d}{m}\frac{\mathrm{d}n_s}{\mathrm{d}\lambda}\right) \tag{7.45}$$

由 $\frac{n_c \Delta L}{m} = \lambda - \frac{n_s \theta_o}{m}$，可得

$$\frac{\mathrm{d}\theta_o}{\mathrm{d}\lambda} = \frac{m}{n_s n_c d}\left[n_c - \lambda\frac{\mathrm{d}n_c}{\mathrm{d}\lambda} + \frac{j\Delta x_o d}{mf}\left(n_s\frac{\mathrm{d}n_c}{\mathrm{d}\lambda} - n_c\frac{\mathrm{d}n_s}{\mathrm{d}\lambda}\right)\right] \tag{7.46}$$

通常情况下 m、f 很大，因此式（7.46）中方括号中的第二项项可以忽略，可得

$$\frac{\mathrm{d}\theta_o}{\mathrm{d}\lambda} = \frac{m}{n_s n_c d}\left(n_c - \lambda\frac{\mathrm{d}n_c}{\mathrm{d}\lambda}\right) \tag{7.47}$$

定义 n_g 为群折射率：

$$n_g = n_c - \lambda_0\frac{\mathrm{d}n_c}{\mathrm{d}\lambda} \tag{7.48}$$

由此得到阵列波导光栅器件中的输出信道波导的角色散方程为

$$\frac{\mathrm{d}\theta_o}{\mathrm{d}\lambda} = \frac{mn_g}{n_s n_c d} \tag{7.49}$$

令 $\theta_o = \theta_o(\lambda)$，由角色散方程则可求得到相邻输出信道波导之间的角间距 $\Delta\theta_o$ 为

$$\Delta\theta_o = \frac{\mathrm{d}\theta_o}{\mathrm{d}\lambda}\Delta\lambda = \frac{mn_g}{n_s n_c d}\Delta\lambda \tag{7.50}$$

从式（7.50）可以看出，$\Delta\theta_o$ 与 $\Delta\lambda$ 呈线性关系。然而要实现这一功能，还必须考虑到自由光谱区的影响。

阵列波导光栅是应用凹面光栅的一种新型结构，阵列波导光栅将传输式结构替换了凹面光栅的反射式结构，采用了波导来取代光在空气中的传播。传输式结构的优势在于，在光信号输送途中引入一个较大的光程差，使光栅工作在高阶衍射，提高了光栅的分辨率。设计简易，制造成本低，通道数可极大地增多，波长分辨率高，达到亚纳米量级，且传输损耗均匀，以上优点使阵列波导光栅从众多复用器中脱颖而出，并有取代其他复用/解复用器的趋势。由于 WDM 能很好地解决信号传输高速、大容量、宽带信息的难题，这也意味着阵列波导光栅的发展与应用对未来光电子集成技术的发展有着直接影响。

阵列波导光栅可以是典型的对称型，如图 7.6 所示，由一个阵列波导作为衍射光栅连接两个星型耦合器构成；包括输入/输出波导、阵列波导以及两个对称型的平板波导[13]。

平板波导的两端连接着输入波导与输出波导，输入波导与输出波导均匀地排列在一个半径为 R 的罗兰圆上。阵列波导光栅的横向与纵向的截面图如图 7.7 所示。输入/输出波导以及阵列波导的端面被制作成锥形，目的是尽量收集光功率，

由此有效地增大传输效率、减少插入损耗。更大数目的阵列波导能使输入波导的衍射光能被最大限度地收集起来。

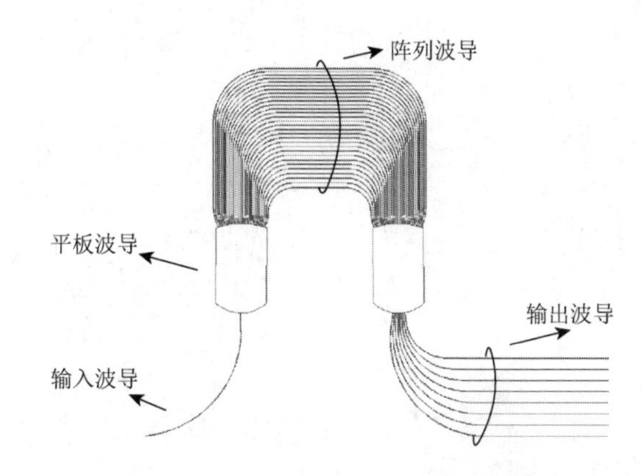

图 7.6　对称型阵列波导光栅的结构

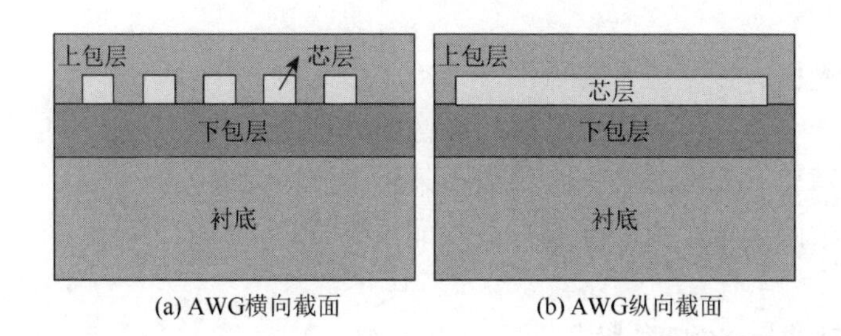

图 7.7　阵列波导光栅的横向与纵向截面图

平板波导的两端采用的是罗兰圆结构，其结构一般是两个圆内切，外圆半径是内圆的 2 倍。即光栅刻在半径为 R 的外圆圆周上，光源分布在内圆圆周上。由罗兰圆原理可知，位于内圆圆周的光源入射到光栅后经反射会聚焦到内圆圆周上，即在内圆圆周上成像。

为证明此点，在图 7.8 所示的罗兰圆中，做出入射光线 SQ，以及相应的反射光线 QP。设入射角 $\alpha=\angle SQC$，则反射角$\angle CQP$ 等于$\angle SQC$，也就是 α，而且弧 SC 等于弧 CP。现在分析这种情况假设从 S 入射到光栅上另一点 R 的一条光线。

假定圆的半径足够大，则 R 在圆 K 上就不会有过大的误差。C 是光栅的曲率中心，则入射角$\angle SRC$ 及其反射角仍然等于 α。又由于弧 CP 等于弧 SC，故可知 R 点的反射光线仍是通过 P。衍射光线与反射光同理，则知 R 点的相应的同序的衍射光线与 RP 的夹角将也是 β，因此，Q 点这条衍射光线与 SQ 的夹角，和 R 点这条衍射光线与 SR 的夹角相同，均为是 $2\alpha+\beta$。所以这两条衍射光线将相交于圆 K 上一点 P'。这就是罗兰圆聚焦原理。

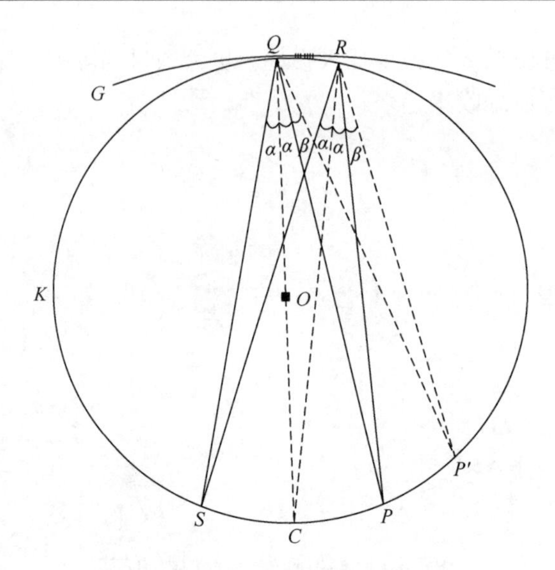

图 7.8　罗兰圆原理示意图

罗兰圆光栅有以下三个特点：

（1）同一个器件可以提供衍射与成像两种功能；

（2）无彗差（光程差的三阶导数在某一个波段为零）；

（3）罗兰圆上每个点的像放大倍数都相等。

7.2.4　阵列波导光栅参数

在设计阵列波导光栅的过程中，会主要考虑以下几种性能参数。

1. 插入损耗

插入损耗（IL）是阵列波导光栅器件的关键性能参数。不考虑光纤的耦合损耗，阵列波导光栅器件的损耗主要为插入损耗。插入损耗指通过一个测试系统引起的光功率损耗。其主要来源于阵列波导不能接收足够多的衍射光能量、材料的吸收、散射、过渡区的耦合损耗、弯曲波导处的模场辐射的损耗、基模转化为高阶模、偏振等。插入损耗是评价阵列波导光栅的重要指标之一，插入损耗的大小对器件的性能有着直接影响，因而对阵列波导光栅的插入损耗的分析与优化是十分重要的。

减小插入损耗的一个有效方法，就是使用锥形波导，接收大部分的衍射光。或者依次减小刻蚀深度，让光场从阵列波导区到平板波导区是一个平滑的过渡过程，由此降低由模场失配造成的转换损耗。例如，对 InP 基质的阵列波导光栅使用深、浅两次刻蚀的方法，可将损耗减小到 0.1dB/连接点。由于阵列波导和平板波导连接处的过渡损耗是最大的损耗来源，在两者的过渡区添加锥形波导是降低损耗的另一种方法，但是由于光刻精度及工艺水平的限制，相邻阵列波导的间距不能为零，从而造成至少 1dB 的损耗。

2. 通道串扰

通道串扰主要有下面五个来源：①输出波导间的模场的弱耦合是串扰的最直接来源；②由于阵列波导的孔径宽度有限（即阵列波导的数目有限），在输入平板波导中只有部分衍射光能进入阵列波导，结果使场被截断，导致输入孔径的功率损失，并在输出孔径处焦场的旁瓣增多；③若阵列波导不是严格的单模波导，在弯曲波导处，就会容易激发高阶模，由于基模与高阶模的传播常数不一样，就会在输出端成像，产生串扰；④阵列波导输入、输出部分的耦合会产生相位畸变；⑤制备过程的缺陷使传播常数畸变，导致相位传播的误差，使串扰增加。

串扰不能完全被消除，减少串扰的主要方法是缩短阵列波导的长度，增加相邻输出波导的间距和增加阵列波导的数目。设计时一般给出一个串扰指标值，然后确定阵列波导光栅的结构参量。本章在满足阵列波导数的基本要求的情况下，设计了不同阵列波导数的阵列波导光栅，以探讨阵列波导数对阵列波导光栅串扰和损耗的影响。

3. 偏振相关性

AWG 器件的偏振相关性是由双折射现象引起的，即光波在 TE 模式和 TM 模式下的中心波长不同。AWG 的双折射主要有两个来源，一是由波导截面非理想圆形引起的几何双折射，二是由波导材料和基底的热膨胀系数不同而导致的应力双折射。其中应力双折射是影响波导偏振特性的主要因素。在实际的光通信系统中，传输光信号的一般为普通的单模光纤，并不具备保偏性能，因此，必须降低 AWG 对偏振的敏感性。

7.3　1×8 阵列波导光栅

7.3.1　阵列波导光栅器件参数

1. 波导尺寸及间距

矩形波导中的 E_{mn}^{y} 导模的特征方程为

$$k_x a = m\pi + 2\arctan\left(\frac{n_x}{k_x}\right) \tag{7.51}$$

$$k_y b = n\pi + 2\arctan\left(\frac{n_1^2 n_y}{n_2^2 k_y}\right) \tag{7.52}$$

式中

$$\begin{cases} n_x = \left(k_0^2 n_1^2 - k_0^2 n_2^2 - k_x^2\right)^{\frac{1}{2}} \\ n_y = \left(k_0^2 n_1^2 - k_0^2 n_2^2 - k_y^2\right)^{\frac{1}{2}} \end{cases} \tag{7.53}$$

并且有

$$\begin{cases} k_c = k_0 n_c = \left(k_0^2 n_1^2 - k_x^2 - k_y^2\right)^{\frac{1}{2}} \\ k_s = k_0 n_s = \left(k_0^2 n_1^2 - k_y^2\right)^{\frac{1}{2}} \end{cases} \tag{7.54}$$

平板波导 TM 导模的特征方程即为式（7.51），其中，我们令 b、a 分别为波导的厚度和宽度，m、n 为导模的阶数，光在真空中的波导数 $k_0=2\pi/\lambda$，λ 为光在真空中传输时的中心波长，平板波导 TM 导模的传输常数为 k_s，TM 导模的有效折射率为 n_s，矩形波导 E_{nm}^y 导模的传输常数为 k_c，E_{nm}^y 导模的有效折射率为 n_c。

AWG 波导厚度 b 与 n_c、n_s 的关系如图 7.9 所示，为使平板波导中 TM_0 基模和矩形波导中 E_{00}^y 主模能够实现单模的传输，我们所选择的芯的厚度 b 的取值应为 $0.15\mu m \leqslant b \leqslant 0.35\mu m$，在这个范围内，我们要选择更为合理的一个具体的固定值作为芯厚度 b 的具体取值。

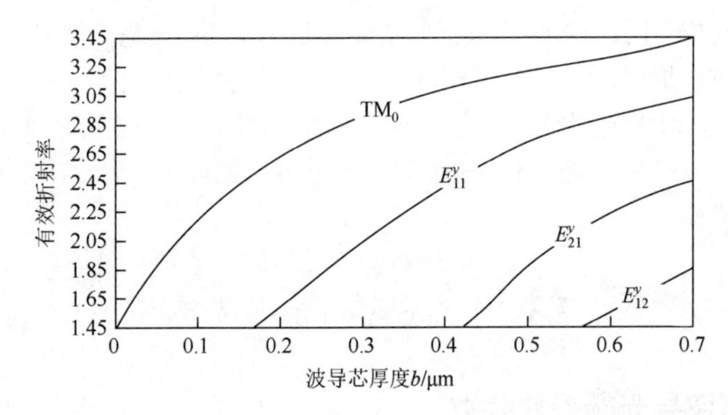

图 7.9　AWG 波导厚度 b 与 n_c、n_s 的关系曲线（λ_0=1550.918nm）

基于 AWG 器件制备材料（SOI 材料）及系统集成化的要求，我们在接下来的计算中，选取芯宽度 a=0.35μm，厚度 b=0.22μm。相邻波导传输的光由于波导间的耦合而相互调制，在 AWG 设计里，应尽量避免信号间存在串扰，而影响 AWG 串扰的因素主要是相邻波导间的距离。为了弄清楚串扰与波导间距之间的关系，我们做了一个 8 通道 AWG 的数值模拟。保持阵列波导的相邻波导间距 Δx 不变，改变 I/O 波导的间距 d（d 在 0～2.5μm 范围内变换，变化间距为 0.15μm），观察 CT 的变化情况，得到如图 7.10 所示的 CT 与 d 的关系曲线图。由图 7.10 可以看出，在波长间距 $\Delta\lambda$、衍射级数 m、相邻波导长度差 ΔL 不变，Δx 在 0～2.5μm 范围内且为一定值（如 Δx=1μm）的情况下，AWG 波导间串扰与 I/O 波导间距呈线性变化关系，串扰随着 I/O 波导间距的增大而减小。

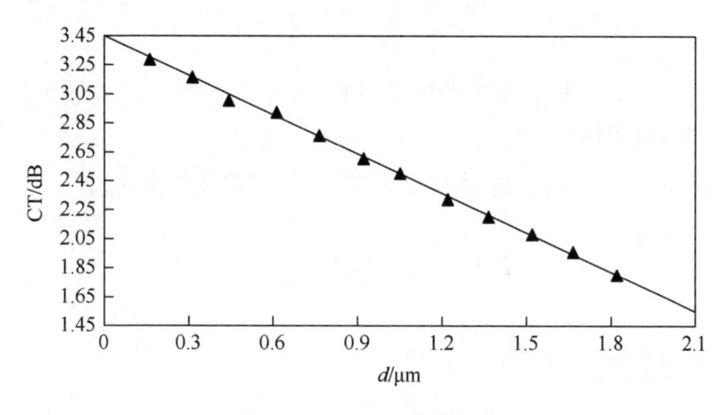

图 7.10　CT 与 d 的关系

同理，保持 I/O 波导的间距 d 在 0～2.5μm 范围内保持为某一定值不变（如 d=1.5μm），在 0～2.5μm 范围内，改变 Δx 数值（变化间距为 0.15μm），观察 CT 变化情况，得到如图 7.11 所示的 CT 与 Δx 关系曲线图。由图 7.11 可以看出，在波长间距 $\Delta\lambda$、衍射级数 m、相邻波导长度差 ΔL 不变，d 在 0～2.5μm 范围内且为一定值（如 d=1.5μm）的情况下，AWG 波导间串扰与阵列波导间距呈直线关系，串扰不随着阵列波导间距的变化而变化，故本章选取 Δx=1μm，d=1.5μm。

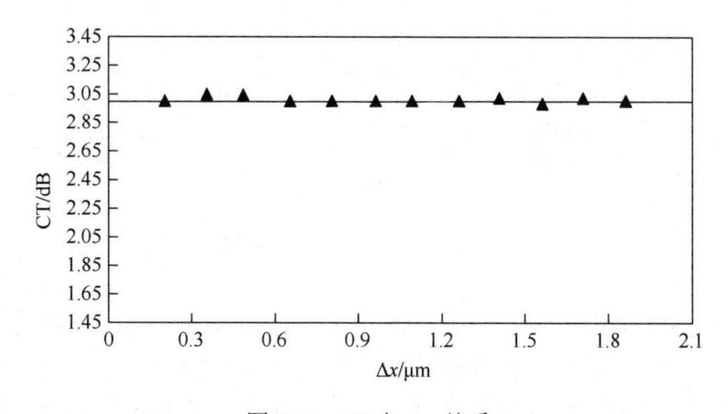

图 7.11　CT 与 Δx 关系

2. 阵列波导及 I/O 波导数

输出平板波导中信号光的衍射级数 m 是一个重要参量，m 确定后，则其他一些参量，如 ΔL、f、FSR 等也随之确定。由于 $N_{\max}\Delta\lambda=\text{FSR}$，因此我们取最大信道波导数 $N_{\max}$ 为

$$N_{\max}=\frac{\text{FSR}}{\Delta\lambda}=\frac{\lambda_0}{m\Delta\lambda}\frac{n_c}{n_g} \tag{7.55}$$

由于阵列波导数过小会导致衍射效率的降低及衍射损耗的增大，因此我们提出了最小的阵列波导数 $2M_{\min}+1$ 的概念。光经输出平板波导输出的功率 $p_0(\theta_0)=1/e^2$，此时，$\theta_0=\theta_{\min}$，因此我们取最小阵列波导数 $2M_{\min}+1$ 为

$$2M_{\min}+1=2\operatorname{int}\left(\frac{\theta_{\min}}{\Delta\theta}\right)+1 \tag{7.56}$$

式中，$\Delta\theta$ 表示相邻阵列波导间的角度差，可表示为

$$\Delta\theta=2\arcsin\left(\frac{d}{2f}\right) \tag{7.57}$$

衍射级数 m 与 $N_{\max}$ 及 $2M_{\min}+1$ 的关系如图 7.12 所示。由图 7.12 可以看出，当 m 增大时，$N_{\max}$ 和 $2M_{\min}+1$ 都随之减小。

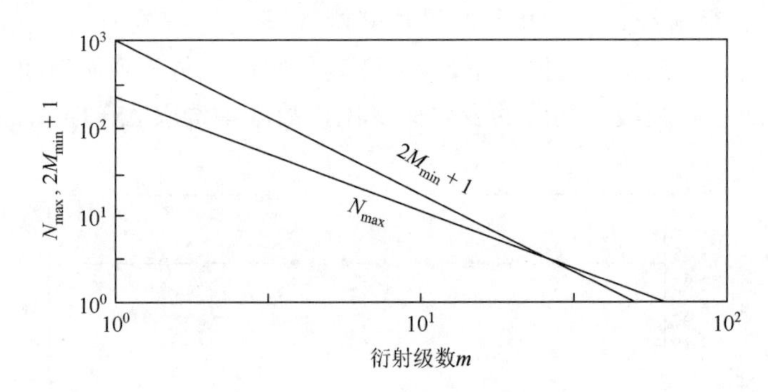

图 7.12 m 与 $N_{\max}$ 和 $2M_{\min}+1$ 的关系

在实际的 AWG 设计中，为避免混合光衍射级数的重叠，应尽量使 I/O 波导数小于 $N_{\max}$。同时，基于对器件整体设计的要求，我们令 AWG 的 I/O 波导数分别为 1 和 8。为解决衍射条纹的亮度、光强及阵列波导的衍射效率问题，基于本文所设计 AWG 的工艺，我们选取 $2M_{\min}+1=27$，衍射级数 $m=28$。

3. 波导长度差及波导焦距

相邻阵列波导长度差 ΔL 必须是一个常数，才能保证光经输出平板波导时强衍射的发生，由光栅方程可得到 ΔL、f 及 m 的关系为

$$\Delta L=\frac{m\lambda_0}{n_c},\quad f=\frac{n_s d^2 n_c}{m\Delta\lambda n_g} \tag{7.58}$$

由式（7.58）可以得到如图 7.13 所示的 ΔL 与 m、f 与 m 的关系曲线图。由图 7.13 可以看出，当 m 增大时，ΔL 随之增大，m 与 ΔL 呈正比关系，当 m 增大时，f 随之减小，m 与 f 呈反比关系。当 m=28 时，ΔL 及 f 的取值分别为 ΔL=17.38μm，f=110.02μm。

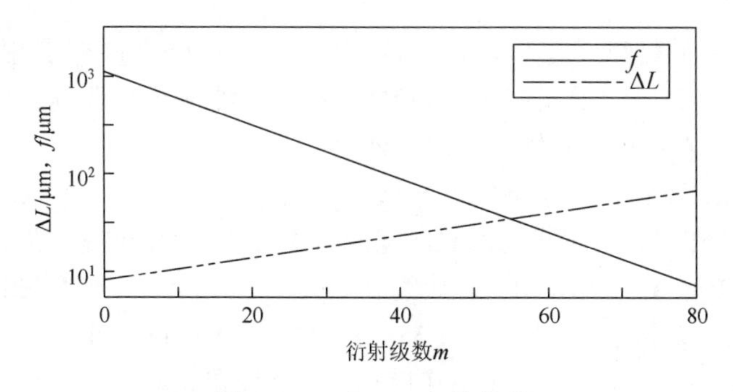

图 7.13　m 与 ΔL、f 的关系

4. 自由光谱区

自由光谱区为在衍射级数相同的情况下的最大带宽，是 AWG 器件的基本结构数据参数。FSR 决定了 AWG 器件分离波长的范围。我们令 AWG 输出通道中的第 m 通道、第 m+1 通道的衍射角度差 $\Delta\theta_m$，假设经输入波导输入中心波长 λ_0 的光，入射角 θ_i 为定值，对于第 m 个衍射峰有

$$n_s\theta_\mathrm{i}d+n_s\theta_\mathrm{o}d+n_c\Delta L=m\lambda_0 \tag{7.59}$$

对于第 m+1 个衍射峰有

$$n_s\theta_\mathrm{i}d+n_s(\theta_\mathrm{o}+\Delta\theta_m)d+n_c\Delta L=(m+1)\lambda_0 \tag{7.60}$$

式（7.59）与式（7.60）相减可得

$$\Delta\theta_m=\frac{\lambda_0}{n_s d} \tag{7.61}$$

我们称第 m 和第 m+1 个衍射峰的中心波长长度差为自由光谱区，则有

$$\mathrm{FSR}=\frac{\Delta\theta_m}{\Delta\theta}\Delta\lambda \tag{7.62}$$

将式（7.55）代入式（7.62），得到自由光谱区 FSR 为

$$\mathrm{FSR}=\frac{\lambda_0}{m}\frac{n_c}{n_g} \tag{7.63}$$

可以看出，FSR 与衍射级数 m 成反比，FSR 随着 m 的增大而减小。在本章中，我们可以算出，FSR=60.93nm，代入式（7.55）得 $\Delta\lambda$=6.92nm。

7.3.2 阵列波导光栅数值模拟

1. 有效折射率的计算

根据所选取的材料（SOI 晶片）可以得出，包层（SiO_2）的折射率 n_2=1.45，芯层折射率 n_1=3.46。平板波导、I/O 波导及阵列波导的有效折射率 n_c 利用 WDM-Phasar 可以算出，具体软件计算过程如下。

（1）在 File 菜单中，单击 New 按钮，出现如图 7.14 所示的 Device Parameter Setup 对话框，在对话框里设置波导的宽度、中心波长及波导模式。

根据我们的计算，波导的宽度应为 0.35μm，在 Waveguide Width 一栏中输入 0.45，同样地，波导的中心波长为 1.55μm，所以在 Wavelength 一栏中输入 1.55，最后在 Polarization 模式中，选择 TE 模式，初始设置完成。

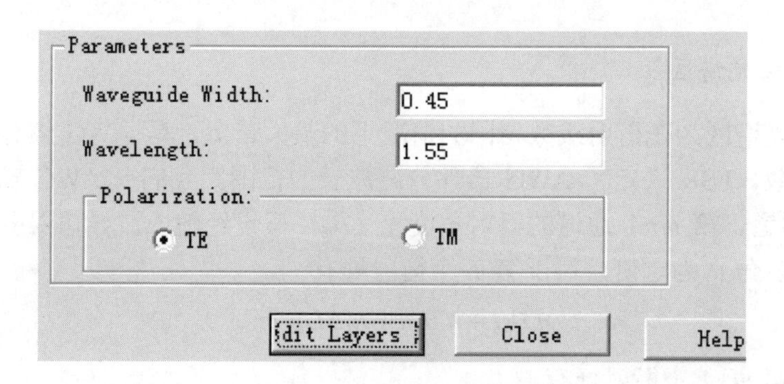

图 7.14 AWG 波导宽度设置

（2）选择 Edit Layers，出现如图 7.15 所示 Layer Structure 对话框。根据所设定的波导及波导芯的厚度、上下包层及波导芯的折射率对图 7.15 中各数据进行修改。波导芯的厚度为 0.22μm，上包层厚度为 1μm，下包层的厚度为 2μm，波导芯层的折射率为 3.46。

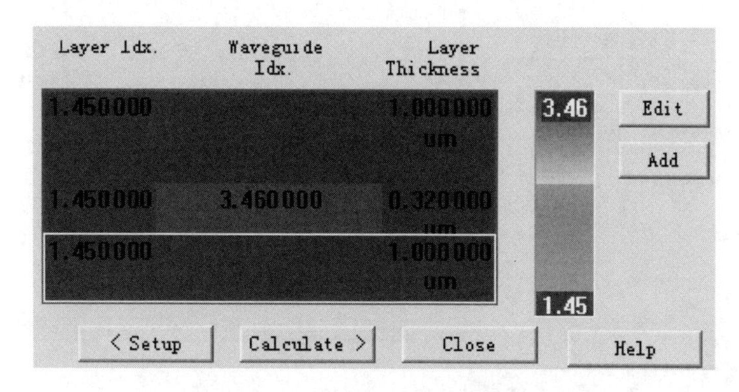

图 7.15　AWG 波导截面结构图

（3）单击 Calculate 按钮，即可计算出有效折射率，计算结果如图 7.16 所示。我们可以得到整个 AWG 波导的有效折射率为 n_c=3.315579。

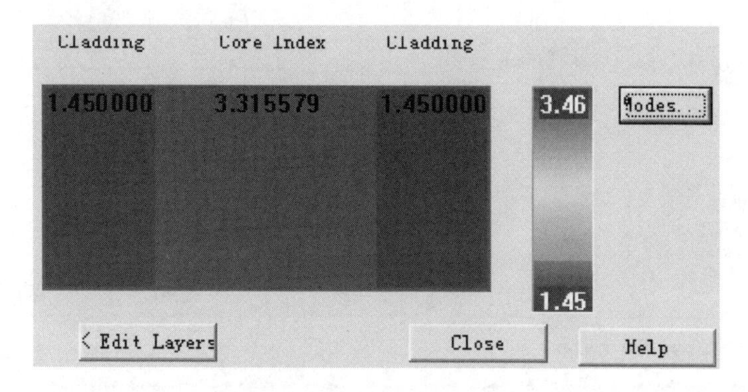

图 7.16　有效折射率的计算

2. 数值模型的建立

采用 WDM-Phasar 建立 AWG 数值模拟模型，具体设计步骤如下。

（1）在 Design 菜单下选择 Device Wizard，出现如图 7.17 所示界面。因为有效指数的计算（在横向平面）是 TE 偏振，而阵列波导的仿真在外延平面，因此偏振发生了相反的变化，Polarization 中选择 TM 模式。在 Waveguide Width 栏应和初始化时保持一致，波导宽度应设置为 0.35μm，中心波长为 1.55μm，设置 Maximμm Crosstalk Level 为–35dB。单击“下一步”即出现如图 7.18 所示界面，由图 7.10 及图 7.11 可以看出，I/O 波导间距约为 1.5μm，相邻阵列波导间距约为 1μm。

（2）图 7.18 中对 FPR Effective Index、Nonuniformity 及 Output 数值进行设置，设置 FPR Effective Index 为有效折射率 3.31558，Nonuniformity 为 0.5，输出通道数为 8。单击“下一步”，即出现如图 7.19 所示界面。

Wafer Effective
1.45
Wavelength [
1.55
Polarization
TE
TM
Input/Outpu
Waveguides
Phased
Waveguides
Waveguide Width [
0.35
0.35
Max. Crosstalk Level
-35.
-35.
Waveguide
Effective Index
3.31558
3.31558
< 上一步(B)
下一步(N) >
取消
帮助
Input/Output Parameters

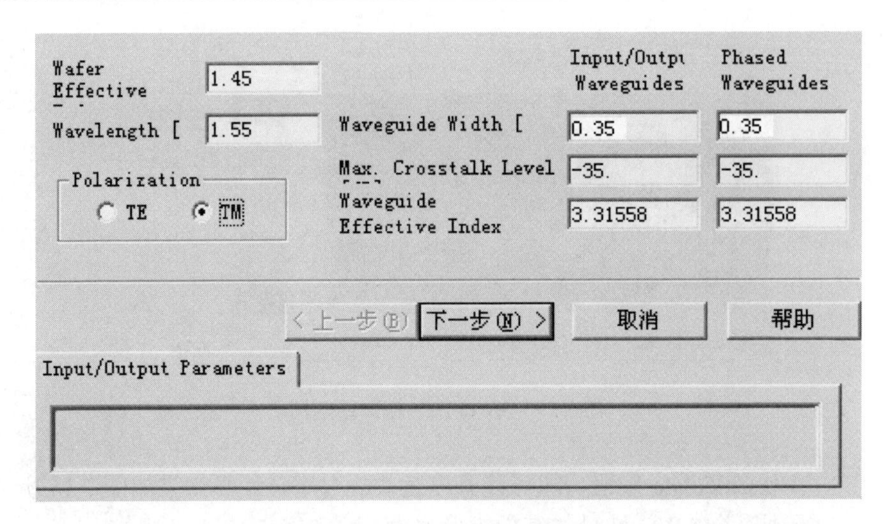

图 7.17　I/O 波导及波导模式的设置

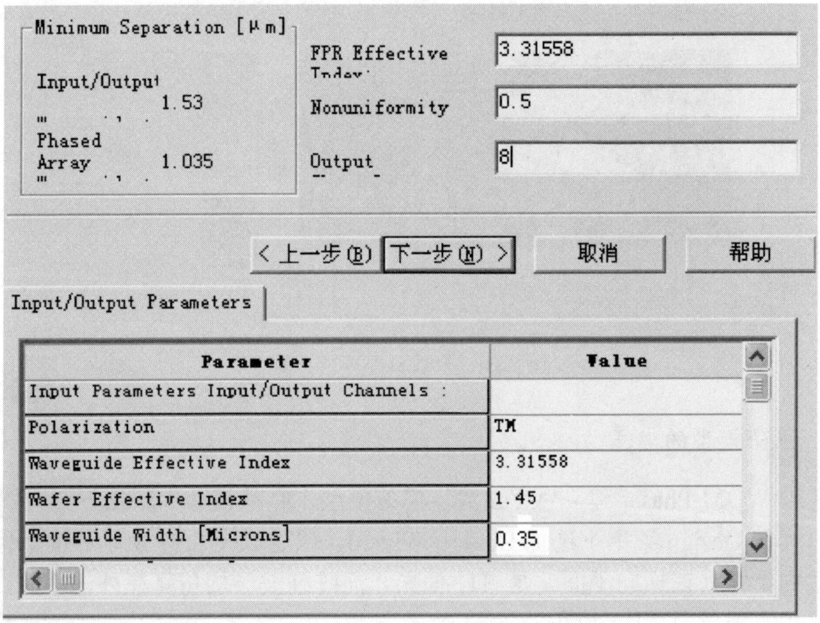

Minimum Separation [μm]
Input/Output
1.53
Phased
Array
1.035
FPR Effective
3.31558
Nonuniformity
0.5
Output
8
< 上一步(B)
下一步(N) >
取消
帮助
Input/Output Parameters
Parameter
Value
Input Parameters Input/Output Channels :
Polarization
TM
Waveguide Effective Index
3.31558
Wafer Effective Index
1.45
Waveguide Width [Microns]
0.35

图 7.18　FPR 的数值与 I/O 通道的设置

（3）图 7.19 中设置 Channel Spacing 为 6.92nm，设置 Array Maximum Transmission 为–0.2。单击图 7.20 中所示的完成按钮后，调节 Edit 菜单下的 Properties 栏，改变输入通道的通道数目，即根据我们所确定的基本参数的要求建立了一个 AWG 模型，如图 7.21 所示。

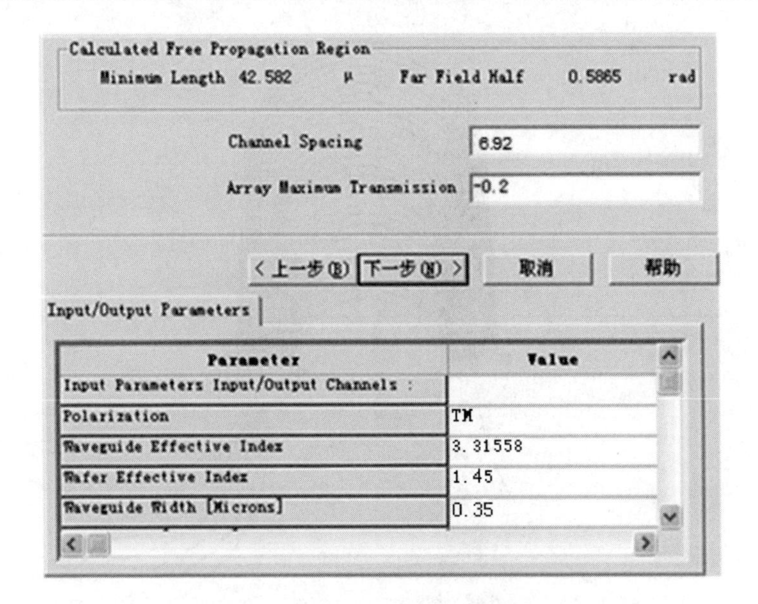

图 7.19　通道间隔与阵列波导损耗条件的设置

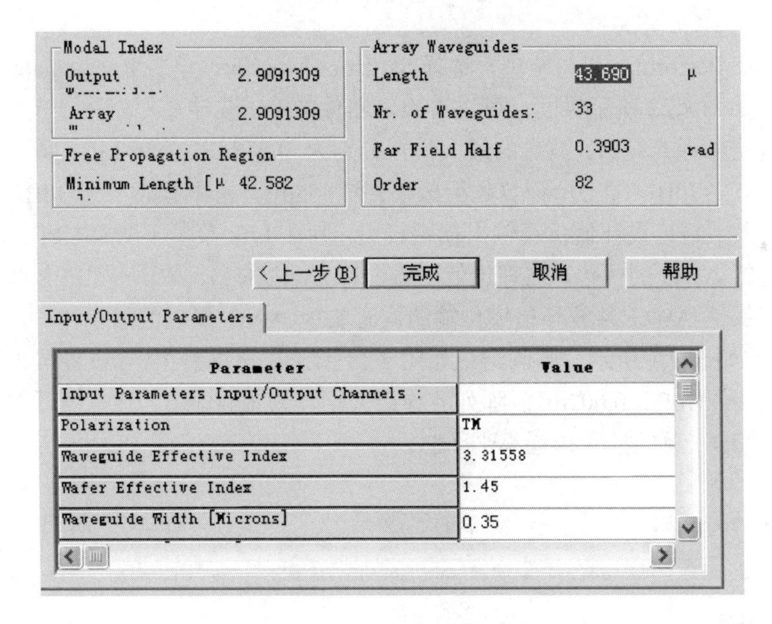

图 7.20　AWG 的参数计算

3. 统计数据的监测与优化

为确保所设计 AWG 的单模通光性及每个输出通道的中心波长的没有出现偏移，应对 AWG 进行通道的数据监测。具体步骤如下。

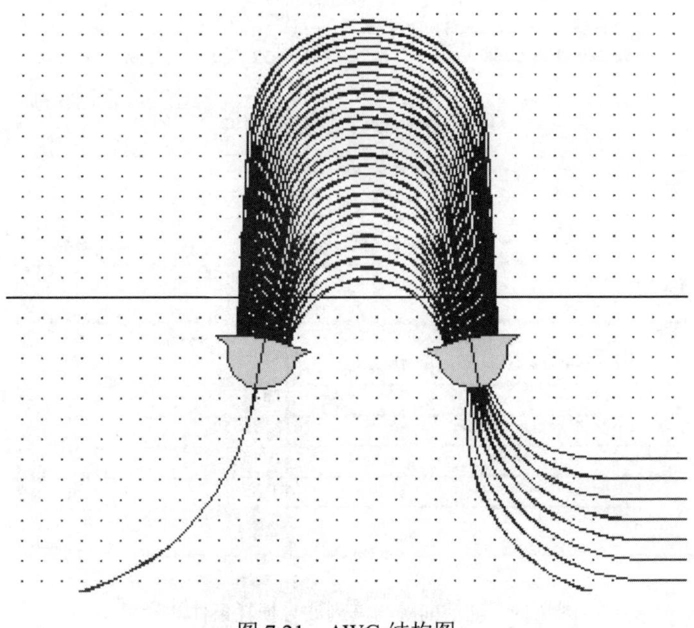

图 7.21　AWG 结构图

（1）在 Performance 菜单中，选择 Statistics Monitor，单击 Recalculate Now 按钮，出现如图 7.22 所示界面。可以看出，器件的 I/O 波导及阵列波导光传输均为单模，且全部通光；I/O 波导的最大损耗分别为 0.018dB、0.093dB，阵列波导最大损耗为 0.297dB，加上所计算的衍射损耗 2.558dB，总的损耗小于 3dB。

（2）由于理论设计值仿真输出损耗较大，则在 Edit 菜单下的 WDM-Properties 对话框进行 AWG 的优化，在理论值附近，对 AWG 的 m、ΔL、f 及 FSR 数值进行微调，在保证 AWG 各波导单模传输的同时实现 AWG 损耗的最小化，最终设置 AWG 参数如表 7.1 所示，监测结果如图 7.23 所示。可以看出，I/O 波导的最大损耗分别为 0.001dB、0.002dB，阵列波导最大损耗为 0.005dB，加上所计算的衍射损耗 2.047dB，总的插入损耗小于 3dB。

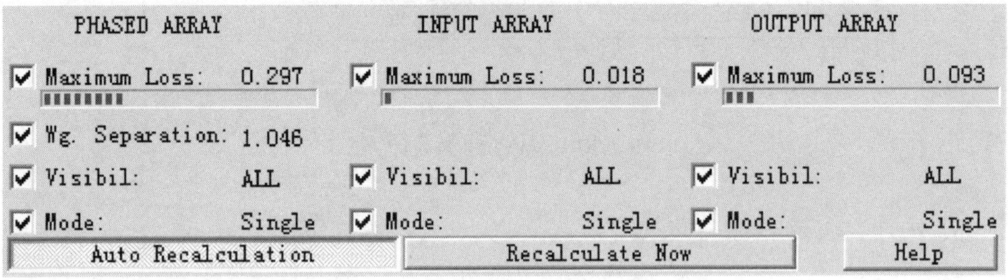

PHASED ARRAY		INPUT ARRAY		OUTPUT ARRAY	
Maximum Loss:	0.297	Maximum Loss:	0.018	Maximum Loss:	0.093
Wg. Separation:	1.046				
Visibil:	ALL	Visibil:	ALL	Visibil:	ALL
Mode:	Single	Mode:	Single	Mode:	Single

Auto Recalculation　Recalculate Now　Help

图 7.22　AWG 性能的监测结果

表 7.1　AWG 优化参数表

参数	参数表示	设计值	优化值
中心波长/μm	λ_0	1.550918	1.550918
波长间隔/nm	$\Delta\lambda$	6.92	6.92
信道波导及阵列波导芯厚度/μm	b	0.22	0.22
信道波导及阵列波导芯宽度/μm	a	0.35	0.35
芯区折射率	n_1	3.46	3.46
包层折射率	n_2	1.45	1.45
平板波导有效折射率	n_s	3.156	3.156
阵列波导有效折射率	n_c	3.156	3.156
阵列波导群折射率	n_g	3.471	3.471
衍射级数	m	28	28
信道波导间距/μm	d	1.5	1.5
阵列波导间距/μm	Δx	1	1
相邻阵列波导长度差/μm	ΔL	17.38	15.48
平板波导焦距/μm	f	110.02	107.92
自由光谱区/nm	FSR	60.93	55.39
信道波导数	N	8	8
阵列波导数	$2N+1$	27	27

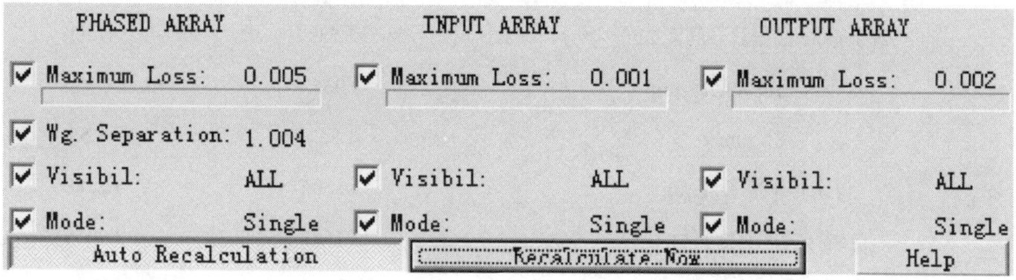

图 7.23　优化后 AWG 性能的监测结果

（3）在 Performance 菜单中，单击 Performance Calculator 按钮，即可出现如图 7.24 所示结果。设置其通道宽度 Bandwidth Level 为–20dB 后，单击 Compute 按钮，即可计算出关于 AWG 器件的各个性能参数，包括衍射级数、分散度、自由光谱范围、通道的非均匀性、通道间隔、带宽、阵列波导长度差及衍射损耗等，相关数据见表 7.2。

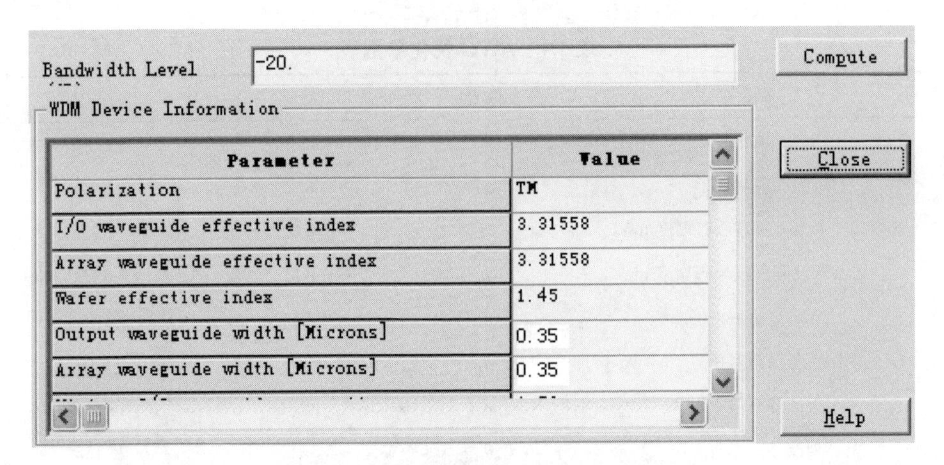

图 7.24　设置带通宽度计算 AWG 参数

表 7.2　AWG 优化前后性能参数表

输入参数		
参数	优化前	优化后
偏振	1	1
I/O 波导有效折射率	3.31558	3.31558
阵列波导有效折射率	3.31558	3.31558
晶圆有效折射率	1.45	1.45
输出波导宽度/μm	0.35	0.35
阵列波导宽度/μm	0.35	0.35
最小输入/输出波导间距/μm	1.53	1.53
最小阵列波导间距/μm	1.035	1.035
波长/μm	1.55	1.55
自由传播区长度/μm	42.5806	42.5806
自由传播区有效折射率	3.31558	3.31558
阵列波导长度增量/μm	43.69	43.69
阵列波导数量	28	28
输出波导数量	8	8
带宽水平/dB	–20	–20
输出参数		
参数	优化前	优化后
中心频率/GHz	193412.9	193412.9

续表

输出参数		
参数	优化前	优化后
中心波长/μm	1.55	1.55
归一化频率（输入/输出波导）	5.4390807	4.4384817
归一化频率（阵列波导）	5.4390807	4.4384817
模态指数（输入/输出波导）	2.9091309	2.9091309
模态指数（阵列波导）	2.9091309	2.9091309
模式宽度（阵列波导）/μm	0.28181108	0.48810201
模式宽度（输入/输出波导）/μm	0.28188631	0.48662278
模式标识（输入/输出波导）	单模	单模
模式标识（阵列波导）	单模	单模
串扰/dB	−18.28852	−10.65843
相序	28	28
修正相序	110.0213432	107.9213432
色散/μm	1290.4036	
自由光谱范围/μm	0.014903846	0.035479832
不均匀性/dB	0.31417177	0.45892721
通道间隔/μm	0.0068256756	0.0069256756
输出通道带宽/μm	0.00026310894	0.00092761675
中心通道衍射损耗/dB	2.5580943	2.0467876

以上即为利用 WDM-Phasar 对 AWG 进行优化设计的过程，优化设计结果显示，AWG 的相邻阵列波导长度差为 15.48μm，平板波导焦距为 107.92μm，自由光谱区为 55.39nm，波长间隔为 0.006926μm，串扰为−10.65843dB，损耗为 3.3037dB。本章所设计 AWG 具有低串扰、低损耗的性能，适用于 AWG 解调系统（表 7.1），器件尺寸为纳米级，可用于 AWG 解调微系统集成。

基于以上对 AWG 模型的建立及 AWG 参数的优化，我们设置 AWG 仿真参数，对 AWG 八输出通道进行数值模拟。具体步骤如下。

（1）模拟数值设置。

在 Simulation 菜单下选择 BPM Data 选项，即出现如图 7.25 所示结果，设置输入通道为 1，设置每次模拟的数值采样点及采样次数后，单击 OK 按钮。设置模拟采样点的初始波长后，在 Simulation 菜单下选 Scan Parameters 选项，出现如

图 7.26 所示界面，设置模拟循环次数为 121 次。在 wl 栏最下面一行填入 1.58 后单击 Fill 按钮，作为数值模拟的结束波长，仿真步数为 121 步，仿真范围为 1.520～1.580μm。单击 OK 按钮后选择 Don’t Check，完成 AWG 八输出通道光谱模拟的设置。

（2）八通道数值模拟。

在 Simulation 菜单下选择 Scan Calculate 选项，出现如图 7.27 所示界面。在图中我们可以看到所设置的各项数值，在 Polarization 中，选择 TM 模式。在 Input 输入选项处选择为 1，即 1 个输入。

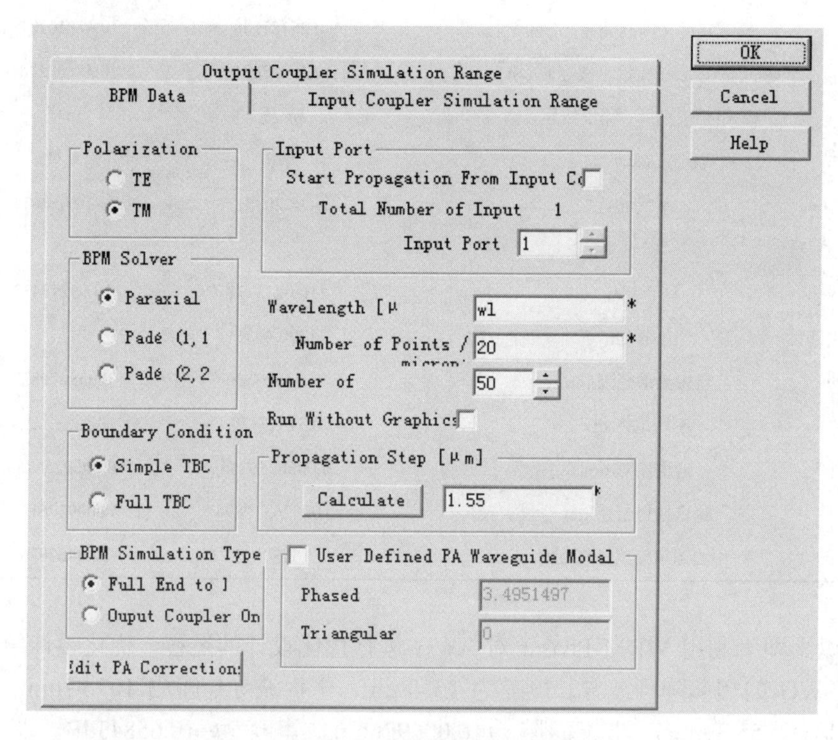

图 7.25 BPM 数值设定

在 BPM Solver 选项，设置光束传播法，我们选择相应的 paraxial 选项，后面的波长选择设置好的 w1，Number of Points 默认的数值为 20，Number of 是可以上下进行加减的，将其设定为 50，Boundary Condition 选择了 Simple TBC，Calculate 为 1.55。BPM Simulation Type 选择 Full End To。设置完成后，单击 Run 按钮，得到仿真结果如图 7.28 所示。八个输出通道的中心波长分别为 1.5237μm、1.5306μm、1.5371μm、1.544μm、1.5510μm、1.5578μm、1.5649μm、1.5717μm，通道间隔约为 0.006926μm，光谱分布均匀，符合设计要求。

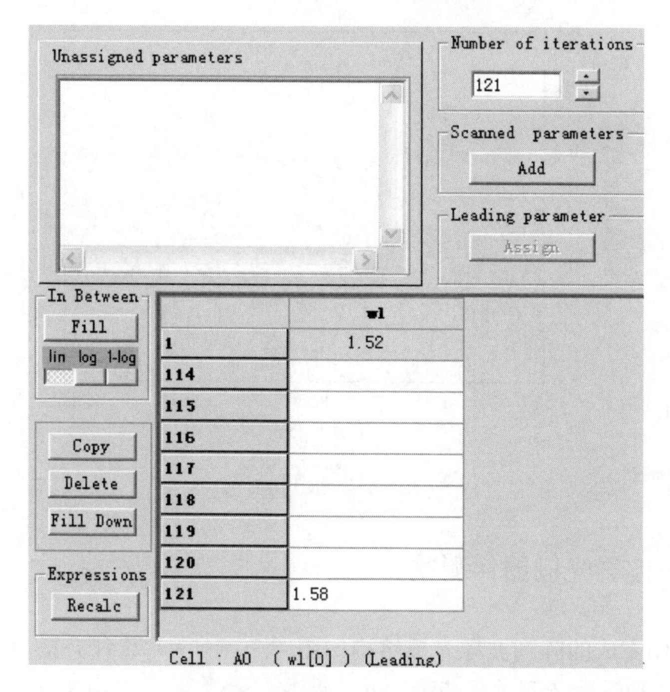

图 7.26　AWG 仿真初始值设置

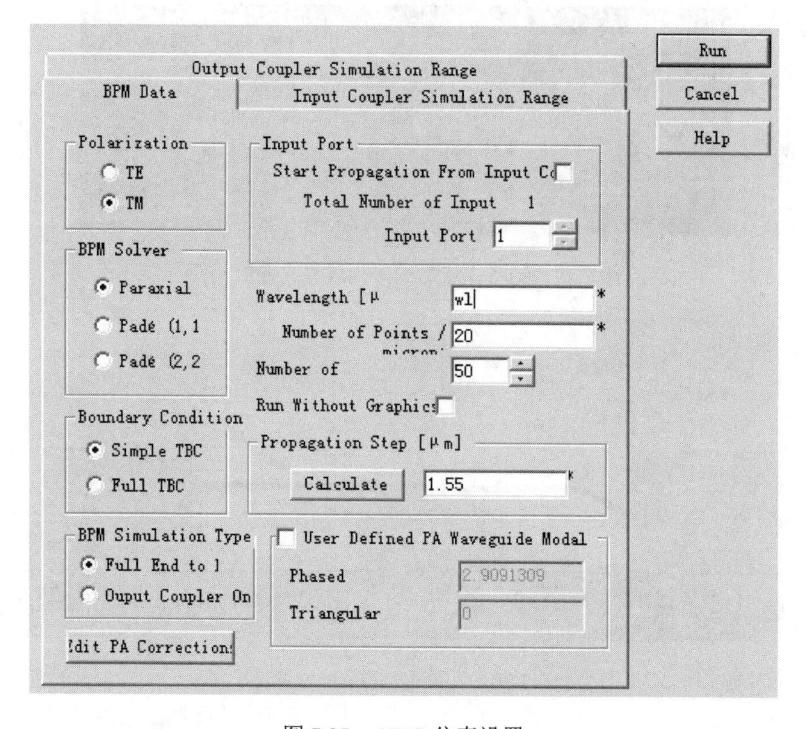

图 7.27　AWG 仿真设置

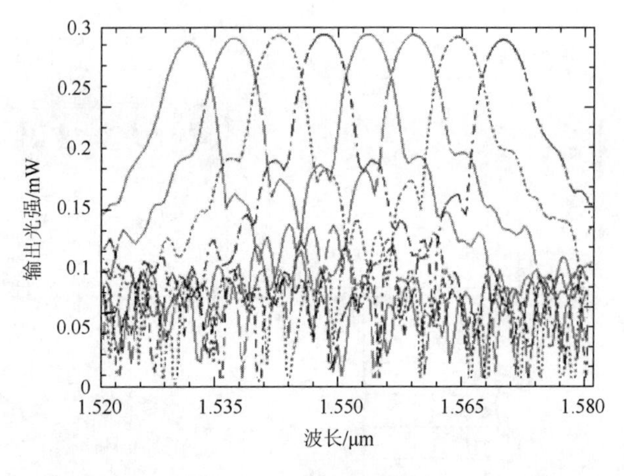

图 7.28　八通道光谱图

7.3.3　阵列波导光栅器件测试

流片制作完成的阵列波导光栅结构如图 7.29 所示，设计并搭建了如图 7.30 所示的 AWG 光学性能测试系统。

图 7.29　制备完成后的阵列波导光栅结构图

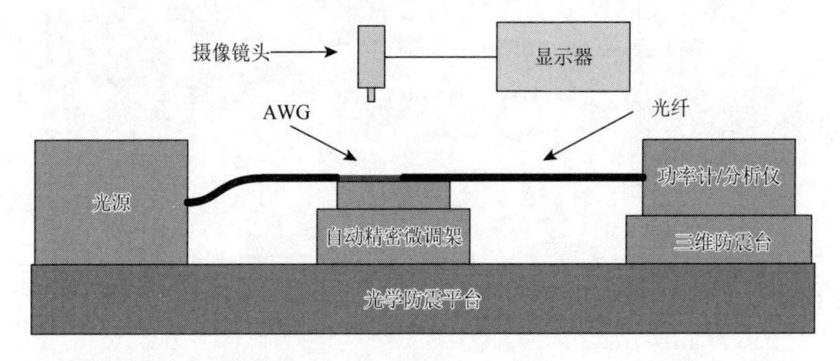

图 7.30　AWG 测试系统示意图

为了对 AWG 通光性进行检测，我们将输入光纤、AWG 和输出光纤固定在光波导对准平台上。测试的光路图如图 7.31 所示，可调谐激光光源发出的光通过单模光纤耦合进入波导中，输出端采用光功率计监测 AWG 的输出光强变化并记录数据，具体步骤如下。

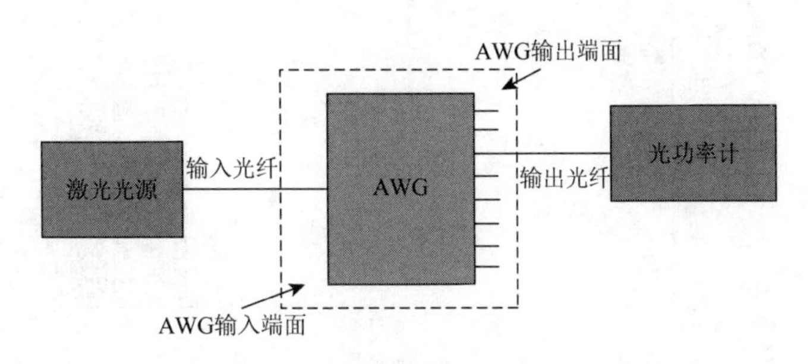

图 7.31　AWG 通光性测试光路

（1）设置可调谐激光光源输出功率为 14dBm，对准输入/输出光纤，观察光功率计中光强的输出，寻找输出端光功率最大的对准位置，记录光源由 6～14dBm 范围内变化间隔为 0.5dBm 时光功率计的数值。

（2）在步骤（1）中所描述的平台内放置 AWG，借助电子显微镜及监视器，调节三维微调操作平台的 *XYZ* 三个方向，将输入光纤与 AWG 的输入波导对准，输出光纤与 AWG 的第一个输出波导对准，在调节对准过程中，观察光功率计示数的变化来判定 AWG 对准情况，对准完成后，按步骤（1）调节光源的输出光功率数值，并记录输出光功率的数值。

（3）对其他七个输出端口重复步骤（2），依次测试得到七个输出通道的输出光功率值，将记录的八组数据绘制在一起得到如图 7.32 所示图形。其中，通道 1 代表的是光纤对准时光功率计所测得的输出光强，其他分别为 AWG 八通道的输出光强，测试结果表明，在对准平台上放置和不放置 AWG 时的变化趋势是相同的，AWG 具有良好的通光性。

对制备完成的 AWG 进行波分复用测试，测试步骤如下。

（1）在 AWG 的 I/O 端正上方的显微镜的帮助下调整 *Y* 方向光纤与 AWG 的相对高度，观察 CCD（Charge Coupled Device）所探测的图像使光最大限度地实现耦合。在实验中，采用可调激光源输出可调谐红外光，经单模光纤将光信号耦合进 AWG 中，信号则由 CCD 探测，并显示在显示器上。激光光源实现对准后，利用 ASE 光源置换激光光源，由 CCD 显示器可得出 AWG 输出光斑。

（2）利用宽带光源完成 AWG 输出光谱实验光路的搭建，如图 7.33 所示。

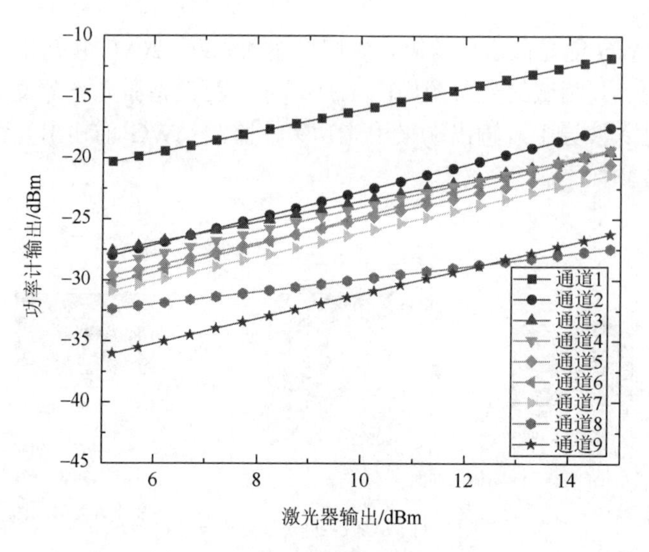

图 7.32　AWG 各通道的输出光强

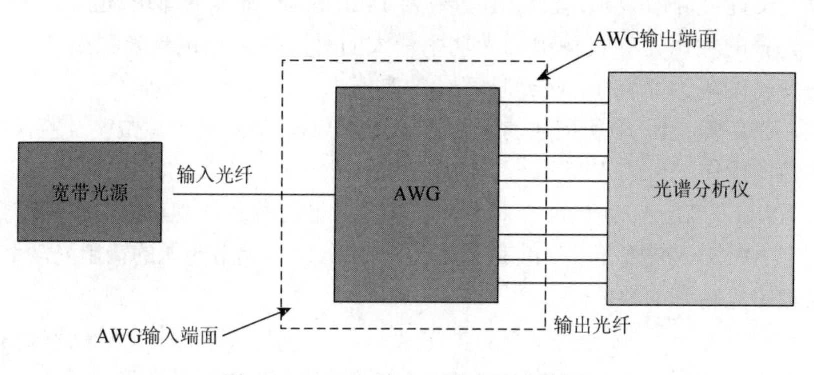

图 7.33　AWG 输出光谱实验光路图

根据上述测试步骤，我们完成了 AWG 的波分复用性能测试，下面对测得的图形与数据进行分析。

波导结构是平板波导器件的基础，一个优良的设计可保证设备良好的通光性和通道串扰等性能。为了得到波导宽度对器件性能的影响，我们设计并制备了宽度分别为 0.34μm、0.35μm、0.4μm、0.45μm、0.5μm 和 0.55μm（所有宽度保证对 TE 模式的单模传输）的 AWG。串扰与波导宽度的关系如图 7.34 所示。从图中可以看到，由于相位误差引起的串扰，其实验测试值与仿真结果遵循相同的变化趋势，因为相位误差主要取决于阵列波导的波导数，所以随着波导宽度的增加，相位误差引起的串扰只有一个较小的变化。相对于仿真结果，相位误差引起的串扰，其实验测试值更大，这主要是由实际制备时工艺误差导致的。

在图 7.34 中，我们也可以观察到随着波导宽度的增加，相邻通道串扰也随之增加，但实验测试得到的变化趋势与仿真结果得到的不是很匹配，这是由波导侧壁不够光滑和厚度变化引起的。

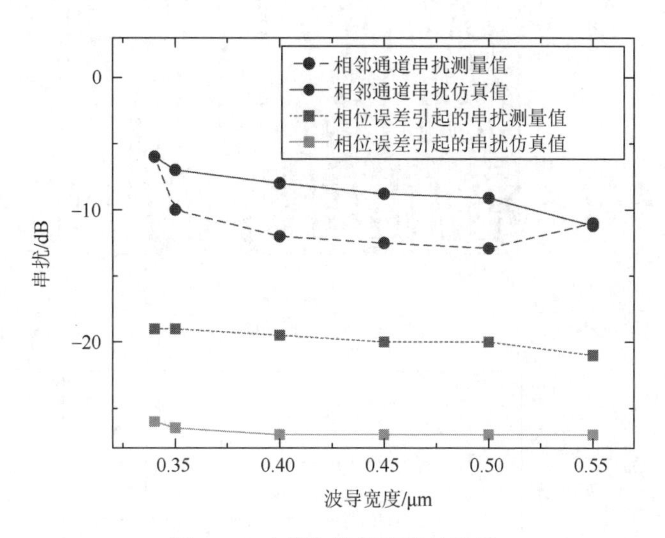

图 7.34　串扰与波导宽度的关系

根据图 7.34 可以得出波导宽度为 0.4μm 的 AWG 具有较好的串扰水平，同时没有大幅度的增加器件尺寸。根据测试步骤（1），波导宽度为 0.4μm 的 AWG 输出光斑如图 7.35 所示，从图中可以看出，八个输出通道的输出光斑亮度清晰、均匀，通光性良好。

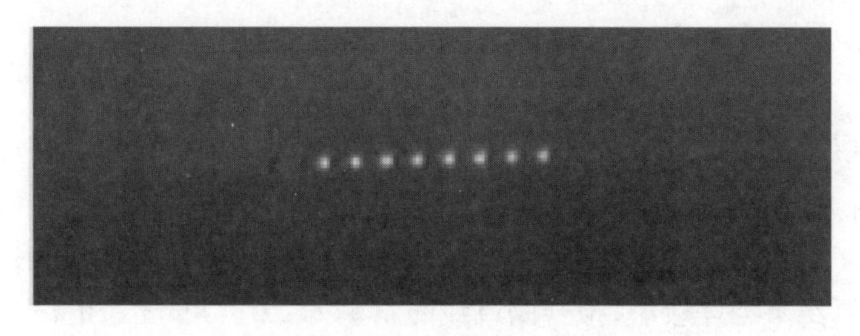

图 7.35　AWG 输出光斑图

根据测试步骤（2），得到如图 7.36（a）所示波导宽度为 0.4μm 的 AWG 输出光谱图。从图中可以看出，损耗为−3.18dB，非均匀性为−1.34dB，串扰为−23.1dB，与 AWG 仿真结果相差不大。1dB 带宽和 3dB 带宽的非均匀性分别为 0.074nm 和 0.046nm，如图 7.36（b）所示。

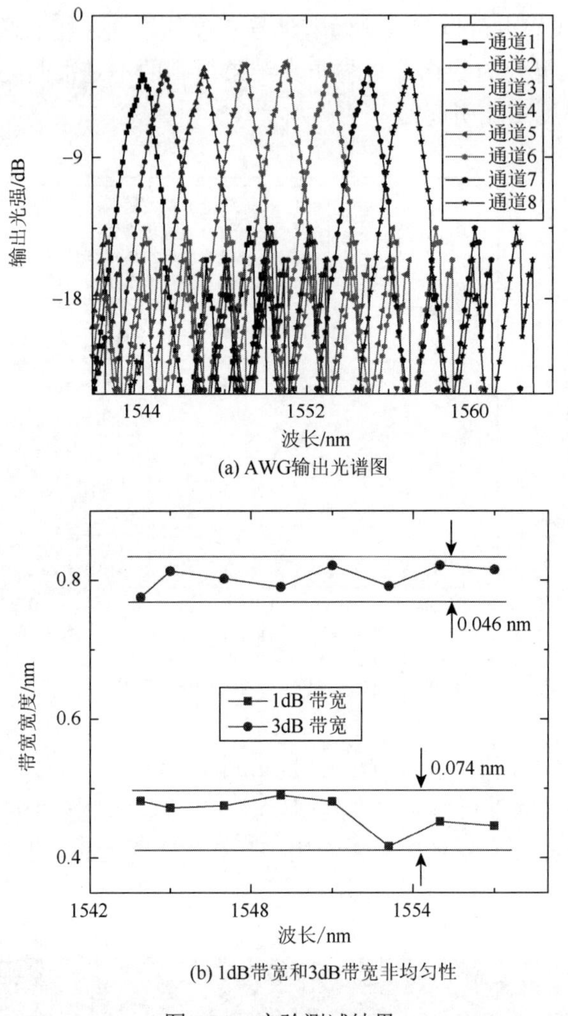

(a) AWG输出光谱图

(b) 1dB带宽和3dB带宽非均匀性

图 7.36　实验测试结果

根据图 7.36（a），可以得到八个输出通道的中心波长分别为 1.5440μm、1.5451μm、1.5471μm、1.5490μm、1.5510μm、1.5531μm、1.5550μm、1.5570μm，与 AWG 仿真结果相差较小，拟合的直线的斜率为 2.07422nm/通道，与设计值 2nm/通道偏差较小，如图 7.37 所示。

本章主要对基于 SOI 的 AWG 进行了研究，利用光波导对准平台对 AWG 进行测试，实现了光纤与光波导间的模场匹配，对 AWG 的通光性、传输损耗和波分解复用等光学性能进行了测试，测试结果表明，所制备的 AWG 具有通光性良好、传输损耗低等优点，且输出光谱与仿真输出光谱一致。

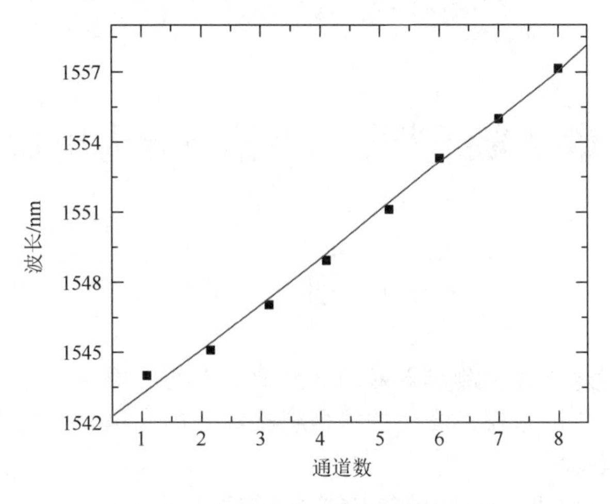

图 7.37　各通道中心波长及拟合直线

参 考 文 献

[1] Zhao Y，Liao Y. Discrimination methods and demodulation techniques for fiber Bragg grating sensors[J]. Optics and Lasers in Engineering，2004，41（1）：1-18.

[2] Liang W，Huang Y. Highly sensitive fiber Bragg grating refractive index sensors[J]. Applied Physics Letters，2005，86（15）：151122-151123.

[3] Cheben P，Schmid J H，Delage A，et al. A high-resolution silicon-on-insulator arrayed waveguide grating micro-spectrometer with sub-micrometer aperture waveguides[J]. Optics Express，2007，15（5）：2299-2306.

[4] Pan J，Zhao J，Li E，et al. Optimization of dynamic matched grating filtering demodulation drived by piezoelectric ceramic[J]. Acta Photonica Sinica，2010，39（2）：243-246.

[5] Gao H，Yuan S，Bo L，et al. InGaAs spectrometer and F-P filter combined FBG sensing multiplexing technique[J]. Journal of Lightwave Technology，2008，26（14）：2282-2285.

[6] Jiang Y，Ding W，Liang P，et al. Phase-shifted white-light interferometry for the absolute measurement of fiber optic Mach-Zehnder interferometers[J]. Journal of Lightwave Technology，2010，28（22）：3294-3299.

[7] Jia Z G，Ren L，Li H N. Application of fiber Bragg grating sensors in monitoring curing process of carbon fiber composite[J]. Chinese Journal Lasers，2010，37（5）：1298-1303.

[8] Zhong F，Parhami F，Bornstein J G. A comprehensive methord to ruduce PDW in arrayed-waveguide grating[C]. Proceedings of the Conference on Optical Fiber Communication，Technical Digest Series，Anahem，2002：73-75.

[9] Kasahara R，Itoh M，Hida Y. Birefringence compensated silica-based waveguide with undercladding ridge[J]. Electronics Letters，2002，38（20）：1178-1179.

[10] 黄华茂. 基于硅纳米线的阵列波导光栅研究[D]. 武汉：华中科技大学，2010.

[11] 白刃. 硅光子线阵列波导光栅器件的研究[D]. 杭州：浙江大学，2010.

[12] 王立志. 聚合物 AWG 的结构设计与特性分析[D]. 长春：吉林大学，2012.

[13] Pathak S，Lambert E，Dμmon P，et al. Compact SOI-based AWG with flattened spectral response using MMI[C]. Proceedings of GFC，London，2011：45-47.

第 8 章　光纤光栅解调锗波导光电探测器

8.1　引　　言

光电探测器是指能检测出入射到其光敏面上的光信号，并将其转换为相应电信号的器件。一般来说，光电探测器将接收到的光信号转换成输出电信号包含三个基本步骤：

（1）入射到探测器半导体材料中的光子产生光载流子；

（2）载流子的输运或倍增是由电流增益机制形成的；

（3）载流子形成端电流，端电流输出电信号。

一个性能优良的光电探测器必须满足以下要求：

（1）在所需波长范围内，具有较高的量子效率和响应度、较低的暗电流；

（2）具有较快的响应速度，即响应时间较短；

（3）具有好的线性“输入-输出”特性，以便不同强度的入射光都能稳定的被光电探测器探测到；

（4）应具有高的稳定性和可靠性。

目前，最常见的光电探测器有 PN 型、PIN 型、MSM 型等。其中，PIN 型光电探测器是通过改进 PN 型光电探测器而得到的，PIN 型光电探测器的性能优于 PN 型光电探测器[1]。PIN 型与 MSM 型都是通过外部电场产生电子-空穴对，不同的是 PIN 型电学结构是通过 P 型掺杂和 N 型掺杂实现载流子运输，而 MSM 型是通过肖特基接触实现，制备工艺复杂，因此，PIN 型光电探测器以其响应速度快、灵敏度高、制备工艺易实现等优点得到了广泛的应用[2]。

8.2　光电探测器工作原理

光进入探测器的方向有两种，一种是光垂直面入射，光的传输方向与 PN 结平面垂直，与光生载流子的运动方向平行；另一种是边入射，光的传输方向与 PN 结平面平行，与光生载流子的运动方向垂直，波导型是典型的边入射结构，波导型光电探测器的光吸收方向垂直于电流收集方向，可以有效解决探测器带宽和响应度之间的折中问题[3]。

波导型光探测器如果按照其与硅基波导的集成方式进行分类，可分为端面耦合光电探测器与垂直耦合光电探测器，而根据 PIN 结中的宏观光电流的方向与衬底法线方向是否平行，波导集成型 PIN 光电探测器又可分为水平 PIN 光电探测器与垂直 PIN 光电探测器。

从图 8.1 可以看出，面入射结构的光电探测器存在非常显著的优点，光入射面积较大可以降低入射时光学对准的要求，可以在整个 P 型有源区上方进行光入射即可使 PIN 结吸收光子能量，但是入射面区域过大会存在较大的光反射情况，从而导致吸收光功率降低。另外，面入射需要考虑量子效率与带宽的折中问题。当光吸收系数一定时，吸收区的厚度越厚，探测器的量子效率就会越高，但吸收区厚度越大，耗尽区内载流子的渡越时间就会越长，探测器的响应速度和带宽就会相应减小，因此要提高光电探测器的量子效率必须增加有势垒区的厚度，这将会增加载流子的渡越时间导致带宽降低，难以实现硅基光子器件的集成。

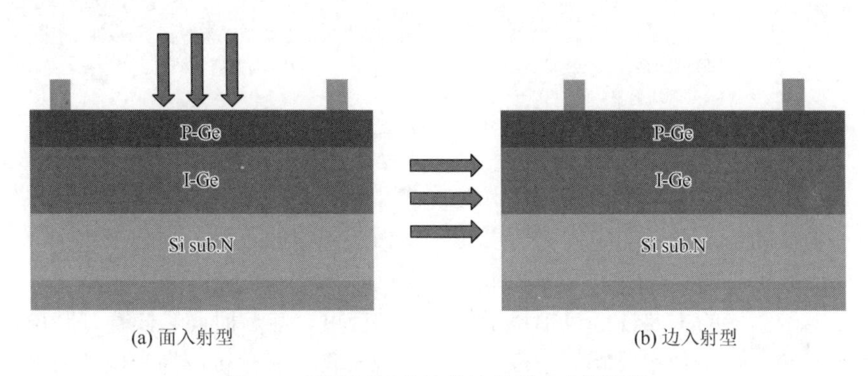

(a) 面入射型　　(b) 边入射型

图 8.1　两种不同结构的波导型光电探测器

边入射结构可以使光吸收方向垂直于电流收集方向，因此可以有效解决带宽与量子效率相互制约的问题。波导型结构是典型的边入射结构光电探测器，光从光栅耦合后经波导传输，在平行方向上被有源吸收层吸收产生载流子，载流子在与之垂直的方向在内建电场和反向偏压的作用下渡越被电极接收，对于波导集成探测器，载流子的产生和载流子的传输在两个不同的方向上，因此波导集成探测器不存在垂直结构探测器量子效率和渡越时间相互制约的问题[4]。根据波导与探测器的集成方式的不同将探测器分为垂直耦合型和端面耦合型，图 8.2（a）和（b）分别所示为端面耦合和垂直耦合结构。

对于图 8.2（a）所示的端面耦合型光电探测器是将波导的端口对准到探测器有源吸收层，使探测器成为波导延伸的一部分。由于 Si 和 Ge 的折射率相近，光在界面处的反射小，使得对接耦合完全时光吸收效率更高，但刻蚀时很难保证对接侧壁完全陡直，因此在波导和探测器有源吸收锗层会出现一定角度的缝隙，使得波导和探测器对接不完全，造成较大的损耗，影响光进入锗层被吸收。对于图 8.2（b）所示的垂直耦合型光电探测器是将波导放置在探测器的顶部或者下面，使入射光通过波导的传输以垂直的形式耦合到探测器中[5]。虽然与端面耦合相比尺寸较大，但不存在端面耦合的问题，在保证探测器长度的情况下可以极大地提高探测器光吸收效率，因此本章选用垂直耦合作为波导和探测器的耦合方式，同时为了减少光纤与波导之间的模式失配和折射率失配造成的损耗，在波导与探测器之间的连接处增加了一个 Si Taper 波导，增加耦合效率[6]。

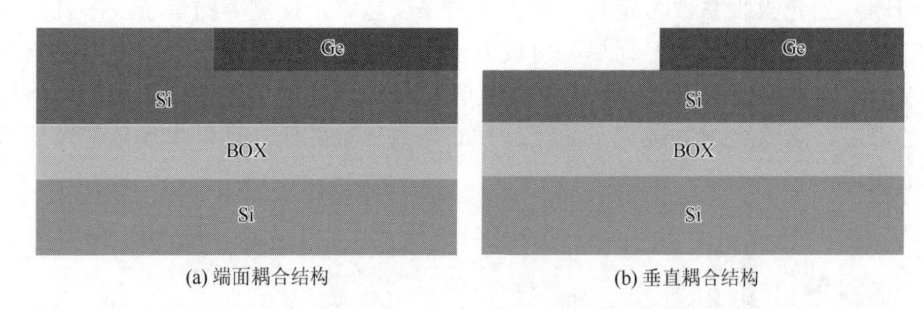

(a) 端面耦合结构　　(b) 垂直耦合结构

图 8.2　光电探测器的两种不同耦合结构

本章所设计的是 PIN 型锗波导光电探测器，探测器与波导的集成使其很好地克服了垂直面入射光电器中光响应度与带宽相互制约的矛盾，因而波导集成型的光电探测器可以兼具高响应度与高带宽等优点。

光电探测器的主要性能包括量子效率、响应度、响应时间、噪声、暗电流、3dB 带宽等，量子效率及响应度表征光电探测器将入射光转换为光电流信号的能力；响应时间表征入射光转变为光电流所需的时间；噪声及暗电流表征光电探测器工作时的噪声信号大小；3dB 带宽表征光电探测器对不同频率的调制光信号的还原能力[7-10]。

8.3　光电探测器结构设计

垂直耦合型波导探测器主要由 PIN 光电探测器台面和传输波导两部分组成，传输波导为其后面 PIN 探测器提供光能，其结构如图 8.3 所示。此器件在 FDTD Solutions 中的 3D 仿真结构如图 8.4 所示，器件前端为无源波导区的单模传输部分，后端为 PIN 探测器的有源区，L_W 为硅波导长度，L_{PD}、W_{PD}、H_{PD} 分别是 PIN 探测器锗波导层的长度、宽度和厚度，L_{PD} 和 L_W 在模拟中需要逐步优化来确定具体值。

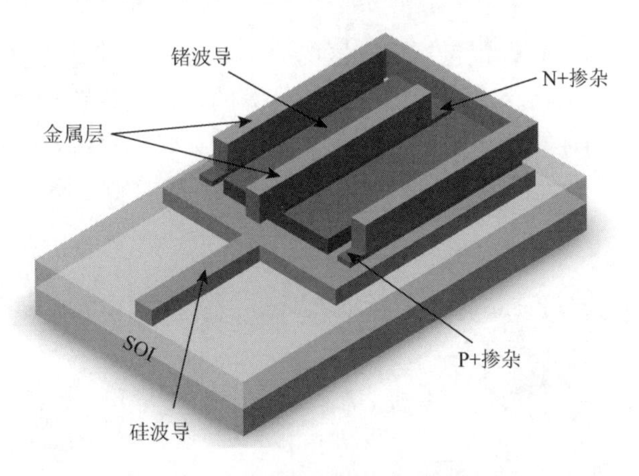

图 8.3　垂直耦合型波导探测器的 3D 仿真结构示意图

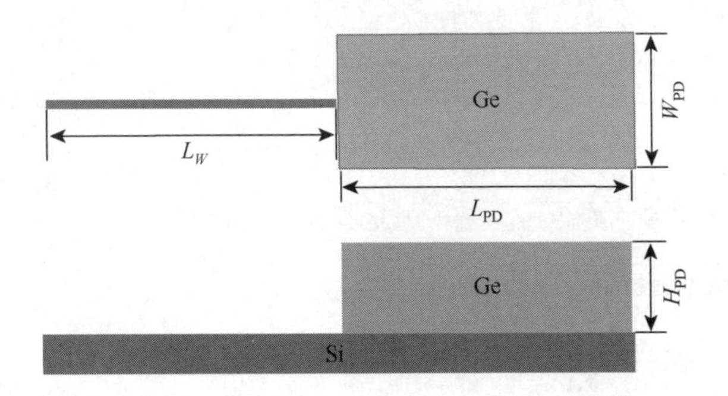

图 8.4　FDTD Solutions 中 3D 仿真结构

8.4　锗波导光电探测器结构设计

8.4.1　入射光波导

利用 FDTD Solutions 对硅基锗波导型光电探测器的入射波导设计了两种不同的结构，分别是矩形单模波导和 Taper 结构波导。

（1）建立硅衬底，通过使用 Structures 模块的 Rectangle 工具加入矩形结构，使用 Edit Rectangle 工具在 Geomety 设置衬底尺寸，选择 Material 设置材料，衬底材料为 Silicon-Palik，设置参数如图 8.5 所示。掩埋层建立方法与衬底层相同，材料设为 SiO_2。

（2）设定模拟区大小和模拟计算时间。模拟区是实际进行计算的区域，模拟区的大小直接影响程序运行的时间长短，原则上应该选取包含所有结构在内的最小尺寸，但是又不能将光学模式排除在外。使用 Simulation 模块的 Region 工具即仿真区域模块界面，其设置包括仿真区的大小和位置，同时也要指定网格精度和合适的边界条件。网格精度直接影响模拟计算的精度，设置一个高精度的网格可以获得更高精度的计算结果，但同时需要更多的计算机资源，一般来说设置网格精度为 1 或 2。最后分析时需要做收敛性的测试，从而确定模式的精度。

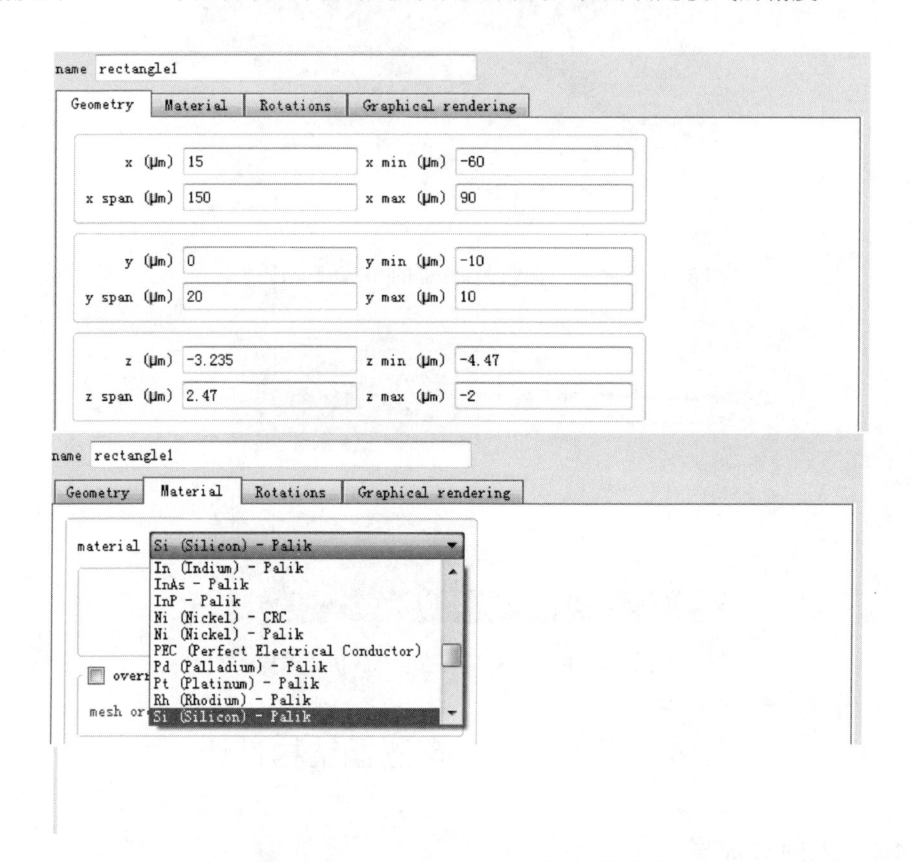

图 8.5　FDTD Solutions 中材料层参数设置

（3）利用 FDTD Solutions 的 Sources 模块添加入射光源。对于不同的具体应用可以选用不同的光源，模式光源的典型应用是集成光学，利用内嵌 MODE solver 的计算结果将波导模式光场注入模拟区内的结构。因此选用模式光源作为入射光场，波长范围设置为 1.5～1.6μm，功率峰值 Amplitude 为 1，光源参数设置如图 8.6 所示。

（4）添加频域功率监视器，它经过指定平面可以收集场分布的视觉化图像，同时功率密度的光谱依赖特性可以用相应光源的功率分布予以归一化。

按照以上步骤对矩形单模波导为入射波导的硅基锗波导型光电探测器进行仿真，选用直径设为 5μm 模式光源，光源距离锗波导的距离在 20μm 处，并设置了仿真区域和网格精度，模型如图 8.7 所示。图 8.7（a）为矩形入射波导结构，图 8.7（b）为 Taper 结构的入射波导。

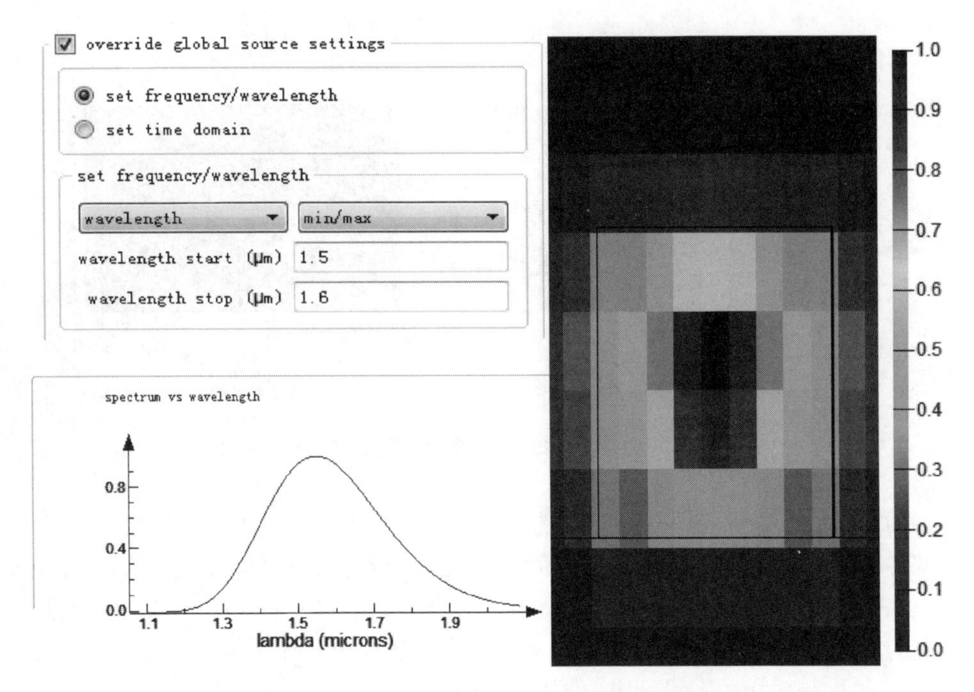

图 8.6　FDTD Solutions 中入射光源参数设置

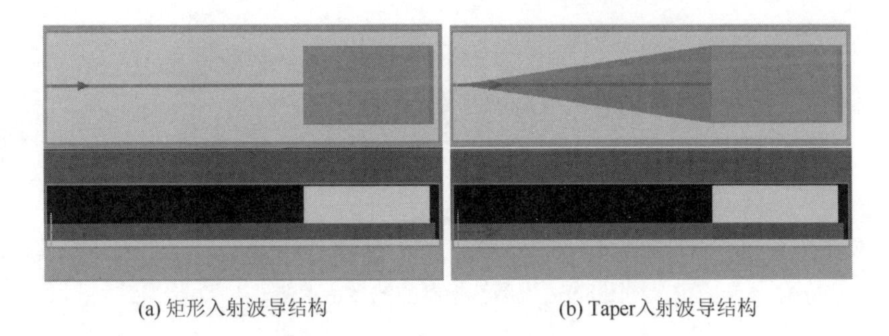

(a) 矩形入射波导结构　　(b) Taper入射波导结构

图 8.7　FDTD Solutions 中不同波导结构的仿真模型

通过频域功率监视器得到两种模型的仿真结果，在图 8.8（a）所示矩形入射波导内，从 500nm 宽的波导转变为宽为 8μm 的波导会出现类似多模干涉的光场分布，此模型光吸收差，因此耦合光场较弱。图 8.8（b）为锗波导光电探测器的横向光场分布图，图 8.8（c）为矩形硅波导入射结构的硅锗波导探测器纵向光场分布图。

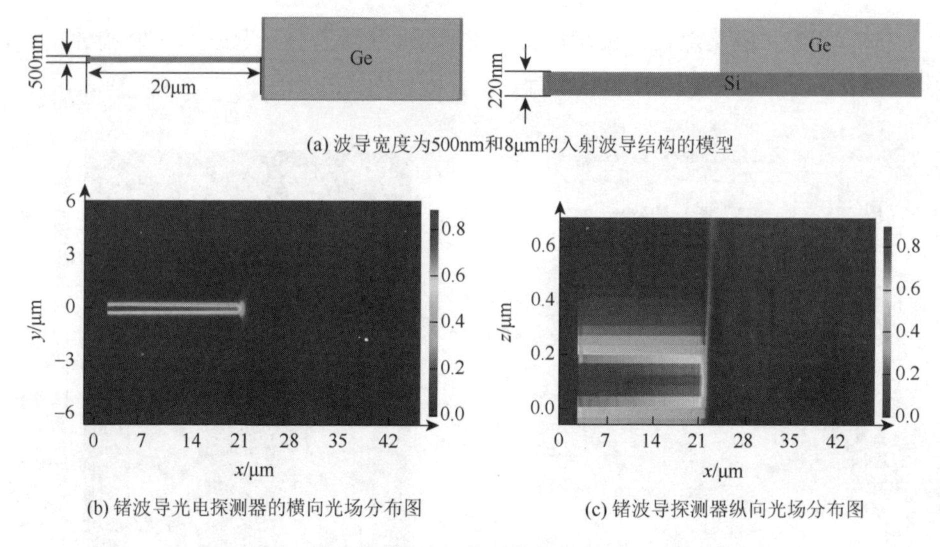

图 8.8　矩形结构入射波导的结构模型图和光场分布图

为了减小光电探测器入射波导的光反射，采用锥形波导模斑转换器实现单模硅波导与光电探测器 8μm 宽波导之间的光传输，锥形波导模斑转换器的器件结构如图 8.9 所示，其中 W_a、L_a 分别为波导转换器前端的宽度和长度，W_b、L_b 分别为后端的宽度和长度，由于器件工艺限制，W_a 的值应为 500nm，且器件厚度为 220nm。W_b 的值与探测器相关，设计 W_b 的值为 8μm。

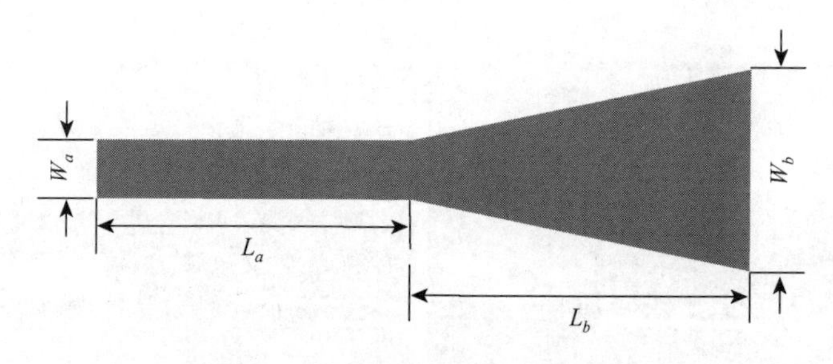

图 8.9　模斑转换器的波导示意图

为了研究 Taper 波导对光传播的影响，取 W_a=500nm，L_a=20μm，W_b=8μm，入射光源设为高斯光源，L_b 在 0～100μm 的范围内递增，每次增加值为 10μm。通过分析光在模斑转换器中光传输能量变化，可以得到能量传输效率曲线，可以看出 L_b 大于 50μm 时，能量传输效率可达到 95%。通过以上分析可以看出，选择适当的结构参数可以很好地改善光的传输效率，从而改善器件性能。因此，选定 W_a=500nm，L_a=20μm，W_b=8μm，L_b=50μm，厚度为 220nm，其可以保证 95%的光能量转换为宽波导内模式能量。

图 8.10(a)所示的硅波导内，光从 500nm 宽的波导经过 Taper 结构转变为宽为 9μm 的波导，图 8.10（b）为 Taper 结构入射波导的光场分布图，对比矩形硅波导入射结构可以看出带有 Taper 结构入射波导的器件可以明显降低器件的吸收长度以及实际长度。

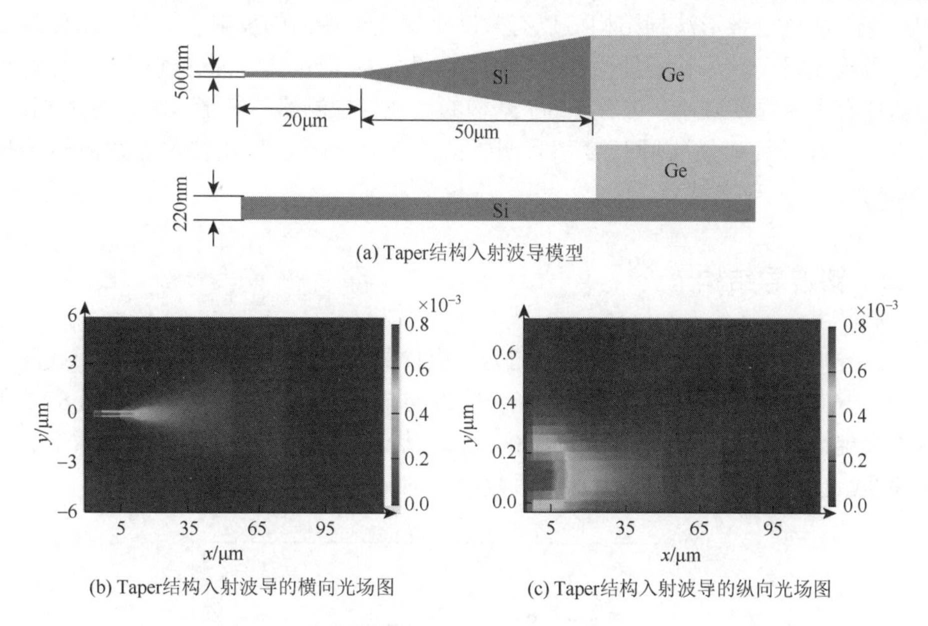

图 8.10　Taper 结构入射波导的模型图和光场分布

在矩形结构和 Taper 结构的入射波导两端分别加入功率监视器，得到两端的仿真结果如图 8.11 所示。

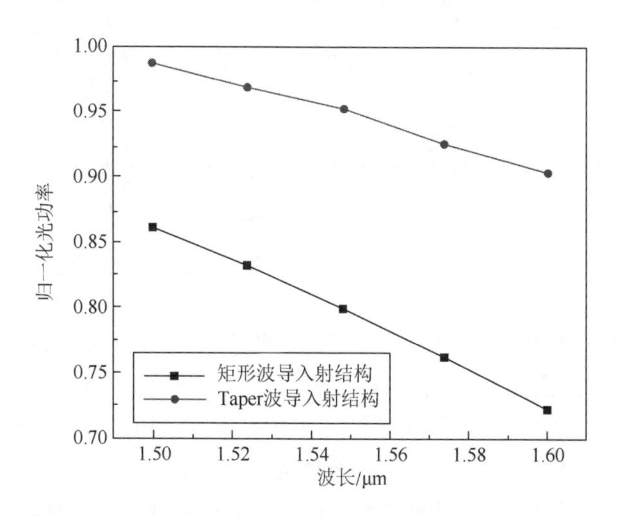

图 8.11　矩形波导和 Taper 波导的能量透射归一化效率

在波长为 1.55μm 时我们设计的 Taper 波导结构能保证 95%以上的光能量转换为宽波导内模式能量，而矩形波导结构只有 80%左右的光能量转换为宽波导内模式能量。

综上所述，锥形波导结构可以有效减小探测器端面的反射，这种锥形波导类似“吸收光阻”，尽管不能做到完全消除反射光，但是比起原先的矩形波导结构的器件有了明显的减小。带有 Taper 结构的锗波导探测器与矩形入射波导的相比，器件的吸收长度以及实际长度都有明显的降低。因此，硅基锗波导探测器选择 Taper 结构为入射光波导。

8.4.2　锗波导结构

波导集成型探测器中光吸收方向为光电探测器有源区的长度方向，而载流子的运动方向为有源区的厚度方向，光吸收方向与有源区宽度方向无关。图 8.12 所示为设定锗层长为 55μm、厚度为 600nm 时仿真得到锗层宽度与光吸收效率的关系曲线，也可以看出锗层宽度对光吸收效率的影响不大。

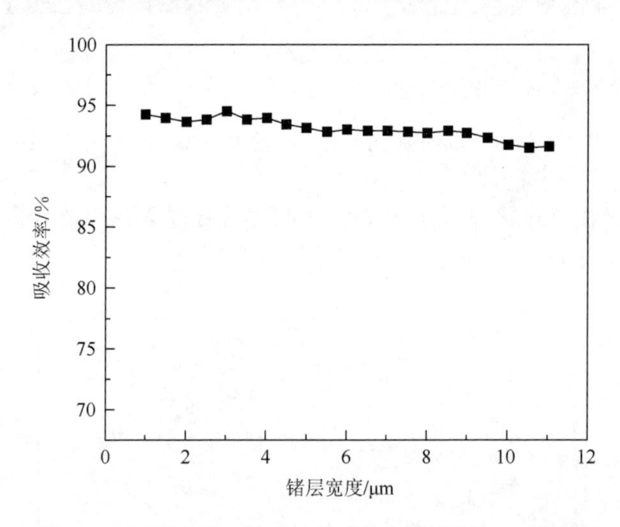

图 8.12　矩形波导和锥形波导结构能量透射归一化效率

以下通过分别优化探测器的有源区的长度和厚度设计并制备出量子效率高、响应度大的光电探测器。在保持硅波导和锗波导的厚度、宽度不变的情况下改变锗波导的长度，分析并选择最佳长度；在保持硅波导和锗波导的长度、宽度不变的情况下改变锗波导的厚度，分析并选择最佳厚度。

锗波导的宽度和厚度分别固定为 8μm 和 600nm，模拟了锗吸收层面积分别为 10μm×8μm、15μm×8μm、20μm×8μm、25μm×8μm、30μm×8μm、35μm×8μm、

45μm×8μm、55μm×8μm、65μm×8μm 的相同器件结构的探测器性能。图 8.13 给出了锗层吸收效率随锗层长度变化的拟合结果，随着锗层长度的增加，光的吸收效率逐渐增大。在锗波导厚度为 600nm 条件下，锗波导长度为 15μm 时探测器可吸收 80%以上的光，锗波导长度为 25μm 时探测器可吸收 90%以上的光，同时长度为 25μm 以上时光吸收百分比的增长速率变缓，长度为 55μm 时探测器可吸收 95%左右的光。器件面积越大探测器的暗电流也越大，器件面积过小会影响硅锗波导的耦合效率，锗波导长度为 25μm 时已足够吸收，因此锗波导长度为 25μm。

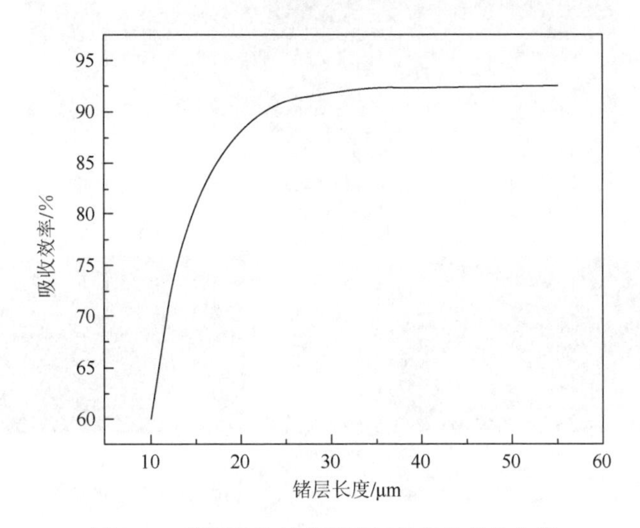

图 8.13　锗层吸收效率随锗层长度的变化曲线

为了更加直观地观察光在耦合结构中的传播情况，通过添加不同位置的频域功率监视器观察器件对光的吸收情况，FDTD Solutions 中频域功率监视器的位置如图 8.14 所示。

根据以上分析，锗波导长度为 55μm 和 25μm 的光场分布图，如图 8.15 所示。图 8.15（a）为 55μm 锗波导光电探测器的硅锗波导纵截面，可以直观地看到硅波导和锗波导的光吸收过程，同时可以看到光场分布有明显的条纹特征，这是由光能量在硅波导和锗波导内上下周期性传递导致的。图 8.15（b）为 55μm 锗波导光电探测器的硅波导横截面光场分布图，在硅波导内从 500nm 宽的波导经过 Taper 结构转变为宽为 8μm 的波导。图 8.15（c）为 55μm 锗波导光电探测器的锗波导横截面光场分布图，可以看到锗波导长度在 25μm 左右就已将大部分的光吸收，说明此时大部分的光都已经耦合到了锗层。图 8.15（d）～（f）给出了锗波导长度为 25μm 的光场分布图，锗波导长度设为 25μm 可以保证光被锗波导充分吸收。

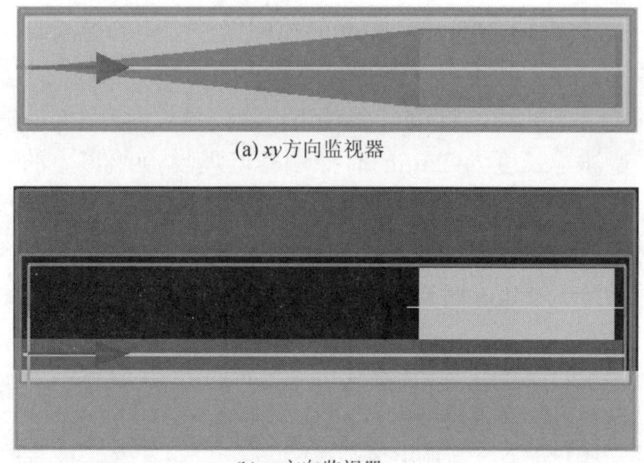

(a) xy方向监视器

(b) xz方向监视器

图 8.14　FDTD Solutions 中频域功率监视器示意图

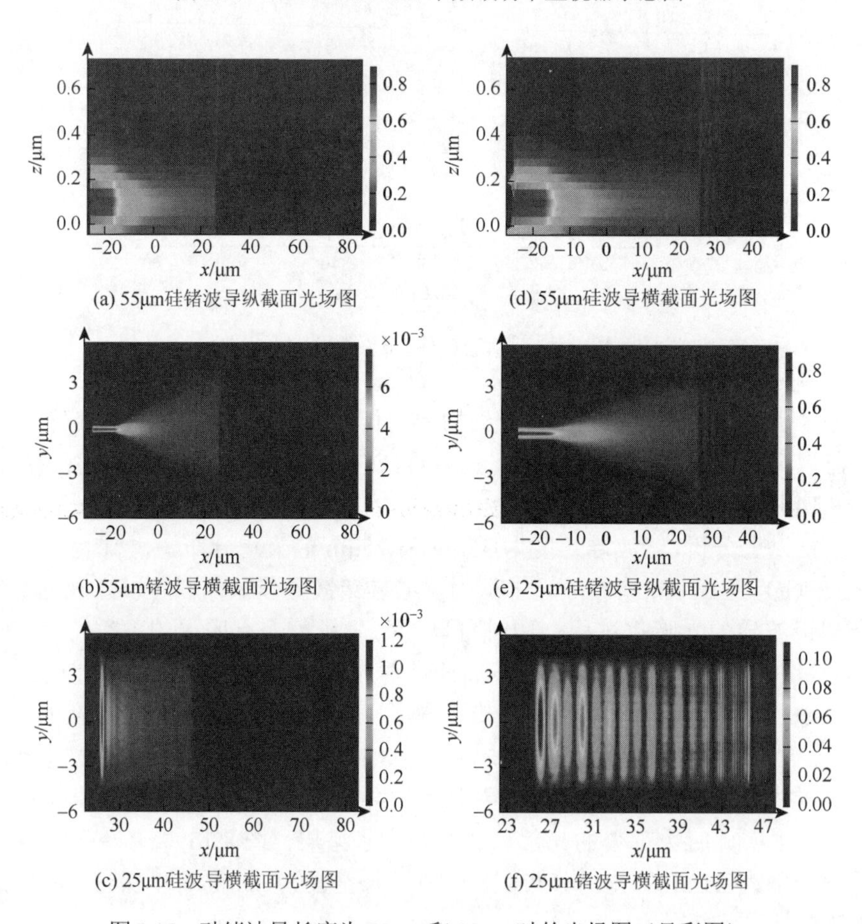

(a) 55μm硅锗波导纵截面光场图

(d) 55μm硅波导横截面光场图

(b)55μm锗波导横截面光场图

(e) 25μm硅锗波导纵截面光场图

(c) 25μm硅波导横截面光场图

(f) 25μm锗波导横截面光场图

图 8.15　硅锗波导长度为 55μm 和 25μm 时的光场图（见彩图）

光场分布有明显的条纹特征，这是由光能量在硅波导和锗波导内上下周期性传递导致的。光场分布显示了上下两层波导之间的光能量耦合的过程，可以直观地看到光子在上下两层波导之间的转移。为了进一步确定锗波导的厚度，我们将锗波导的宽度固定为 8μm，为避免器件长度对仿真结果造成影响 L_{PD} 的值应设定得大一些，长度固定为 55μm。模拟锗吸收层厚度分别为 300nm、350nm、400nm、450nm、500nm、550nm、600nm、650nm、700nm 的相同器件结构的探测器性能。

锗波导的宽度和长度分别固定为 8μm 和 55μm，当锗波导厚度为 500nm 时光吸收百分比就已经趋于 90%，当锗层厚度大于 500nm 时光吸收百分比已超过 90%，此时硅波导与锗吸收层的耦合效率很高，硅波导中绝大部分的光都直接耦合到了锗层上，如图 8.16 所示。结合器件制备要求，我们设计锗层厚度为 500nm。

综上所述，硅基锗波导探测器的锗波导长度为 25μm、厚度为 500nm、宽度为 8μm，该器件可以保证耦合效率达到 90%以上。

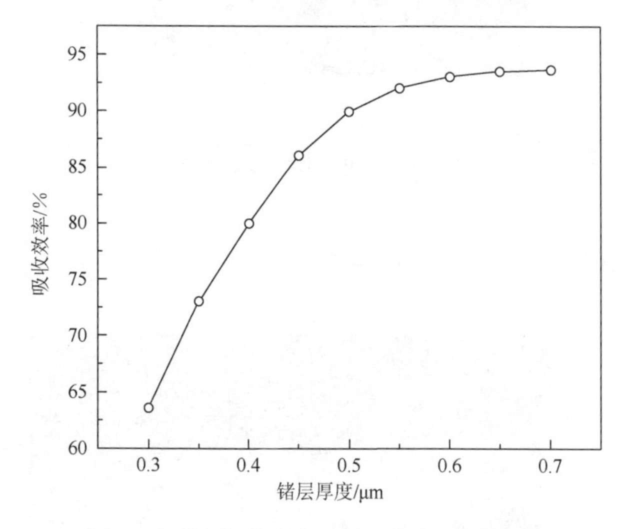

图 8.16　锗层吸收效率随锗层厚度的变化曲线

8.5　锗波导光电探测器光电特性

8.5.1　锗波导探测器基本结构

本章采用 Silvaco 公司 ATLAS 器件仿真模块对光电探测器的电学特性进行模拟。利用 ATLAS 进行数值模拟包括结构设定、材料模型设定、计算方法选择、解决方案声明、结果分析这五部分。

结构设定网格定义 x 轴方向由左至右为 0～14μm，y 轴方向由上至下为 0～

20μm。器件锗波导宽为 8μm、厚为 500nm、长度为 25μm。运行 ATLAS 语句后，所得到光电探测器结构仿真模型如图 8.17 所示，设定电极 1、电极 2 为阳极，电极 3 为阴极，电场分布图如图 8.18 所示。

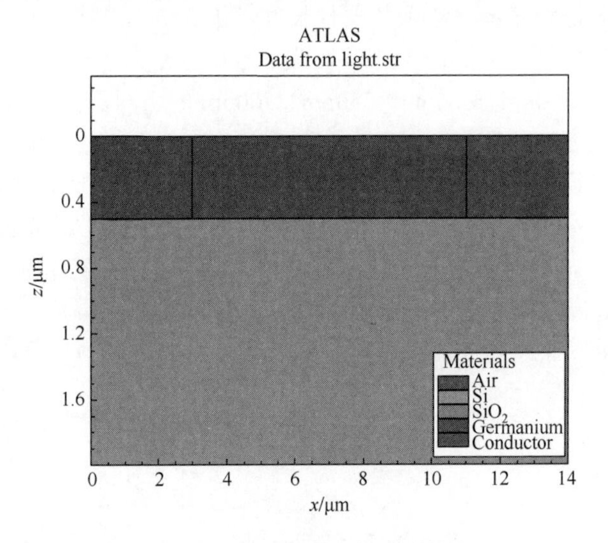

图 8.17　光电探测器模型结构图

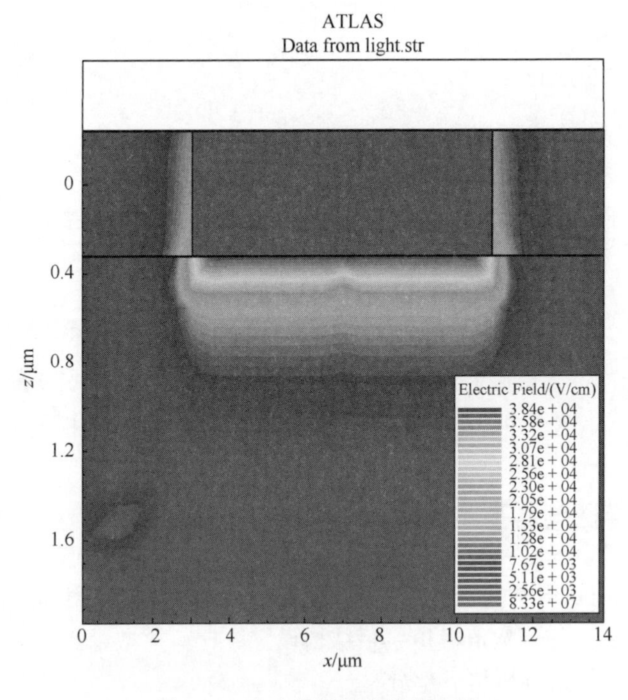

图 8.18　光电探测器电场分布图

基于 PIN 型锗波导光电探测器的结构参数通过计算初步得到 P 区掺杂浓度为 $2\times10^{19}cm^{-1}$，掺杂深度为 1μm；I 区掺杂浓度设为 $2\times10^{14}cm^{-1}$，掺杂深度为 17.5μm；N 区掺杂浓度设为 $1\times10^{19}cm^{-1}$，掺杂深度为 1μm。

8.5.2　光谱响应曲线和量子效率

对光电探测器的光电特性仿真需要在光照条件下进行，利用 ATLAS 模拟软件的光束定义语句 beam 定义了波长为 1.55μm，入射角度为90°的光源，并设定光线数为 50 条。为了对比垂直入射结构与边入射结构的区别，我们设置了 beam1、beam2 两条光源，beam1 为垂直入射光源，方向与 x 轴垂直，beam2 为边入射光源，方向与 y 轴垂直。在对入射光束进行了定义后，利用牛顿迭代法对探测器的光谱响应特性进行仿真数值计算。

垂直入射光源模拟的结构图如 8.19 所示，边入射光源模拟的结构示意图如图 8.20 所示。

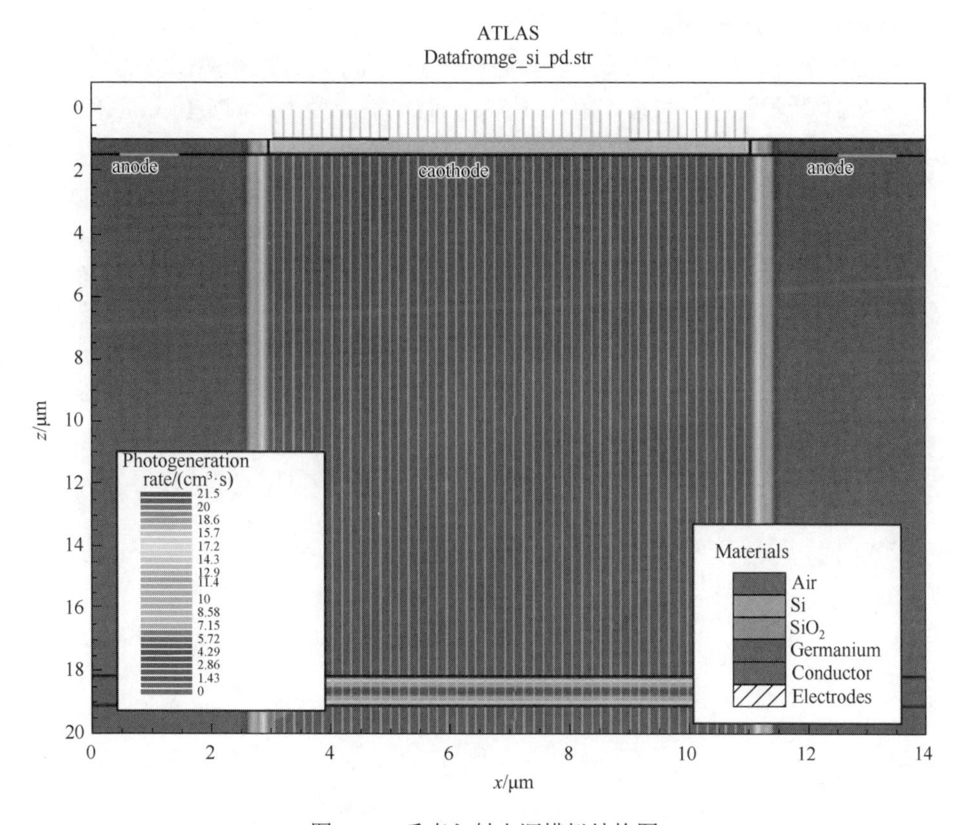

图 8.19　垂直入射光源模拟结构图

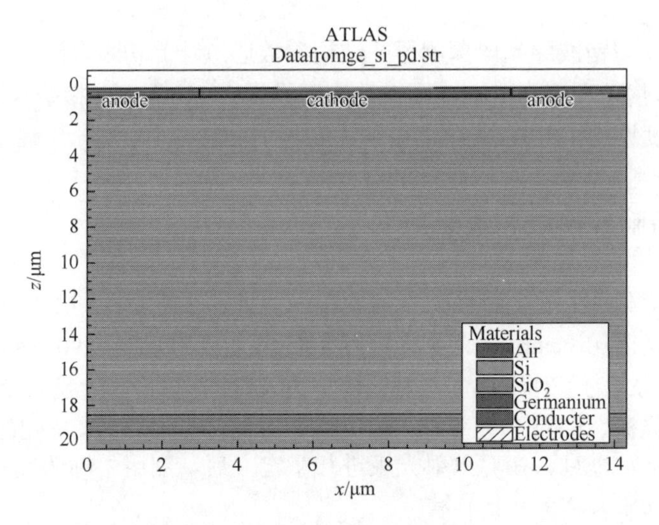

图 8.20　边入射光源模拟结构图

设置电压为 0V，入射光功率由 0.1W/cm^{2}开始，步长为 0.1W/cm^2，直至 2.0W/cm^{2}为止，数值计算方法采用牛顿迭代法，模拟计算出光响应电流随入射光功率的变化情况。显示垂直入射光源模拟的结构图和边入射光源模拟的结构示意图如图 8.21 所示。当波长设定值为 1.55μm 时，响应度为一固定值，量子效率与入射光功率无关，因此光响应电流与入射光功率成正比，可以看出两种结构光响应电流随入射光功率均呈线性变化，二者均符合光电探测器的基本要求。无偏压下，当入射光功率为 2.0W/cm^{2}时，垂直入射结构的光响应电流为 9.23×10^{-8}A，边入射结构的光响应电流为 1.69×10^{-7}A，已知光响应电流与入射光功率的比值

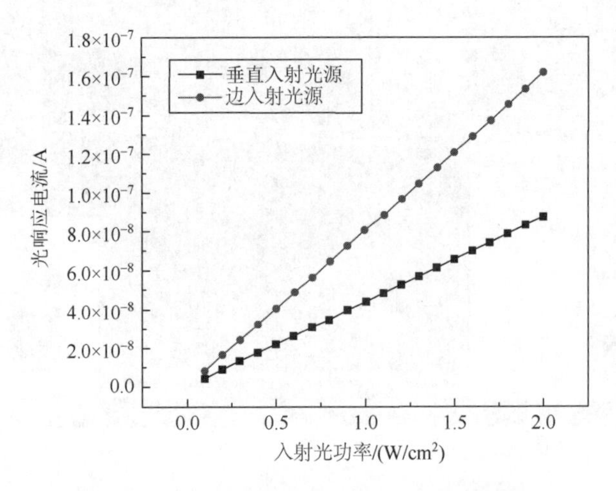

图 8.21　光响应电流随入射光功率变化曲线

（也可以为光响应电流与光响应电流线性关系的斜率）即为响应度，模拟结果可以明显得出边入射结构的响应度大于垂直入射结构，所以边入射结构性能要优于垂直入射结构。

为了对探测器的量子效率进行模拟，设置入射光波长由 0.9μm 开始，步长为 0.025μm，直至 1.8μm 为止，在不同入射光波长形况下对光电特性进行仿真。图 8.22 是数值模拟得到的光谱响应曲线，Source Photo Current 为光电探测器量子效率为 100%的输出电流理论值曲线；Available Photo Current 为忽略探测器内部损耗的电子空穴对响应电流曲线；Cathode Current 为光电探测器阴极电流，即实际光响应电流曲线。

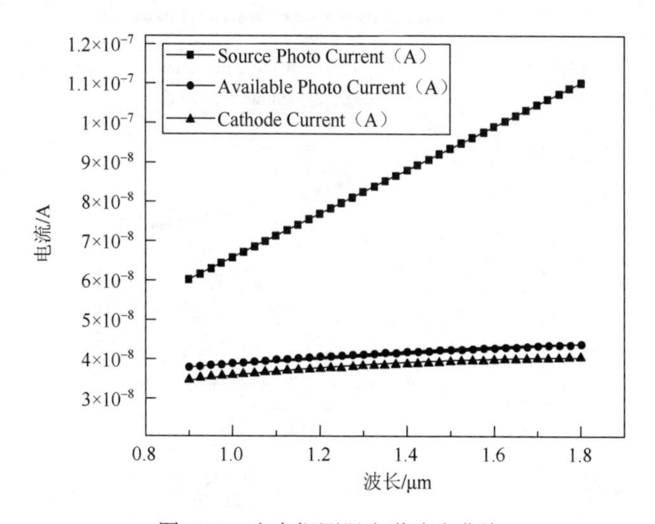

图 8.22　光电探测器光谱响应曲线

内量子效率为实际光响应电流与忽略探测器内部损耗的响应电流的比值，外量子效率为实际光响应电流与量子效率为 100%的输出电流理论值的比值。计算得到锗波导探测器的量子效率，Internal Quantμm Efficiency 为内量子效率，External Quantμm Efficiency 为外量子效率，图 8.23 为内外量子效率的模拟结果。可以看到在 1.55μm 处，理想状态下的内量子效率可达到 90.63%，外量子效率为 50.45%。实际的半导体光电二极管中，量子效率在 30%～95%，结果显示探测器符合实际要求，并且具有较高的内外量子效率。

8.5.3　响应度和响应时间

光电探测器的响应度是指对于特定波长的单位强度入射光所能产生的光电流大小。光电探测器的响应度用来表征单位入射光功率与产生电流之比，反映了探测器将入射光信号转换为电信号的能力。从响应度（R）的表达式可以知道，如果外量子效率保持不变，那么响应度随入射光波长增大而增大，即呈线性关系。同时当反向偏压增加时，光电探测器空间电荷区内吸收的光子增加，所以器件的响应度也增加。图 8.24 显示了不同偏压下的响应度曲线，可以看出随着反向偏压的增加，光电探测器的响应度增加。结果表明，本章设计的光电探测器在偏压为 5V、入射光功率为 $1W/cm^2$ 时，波长为 1.55μm 处的响应度为 1.07A/W，具有较高的响应度。

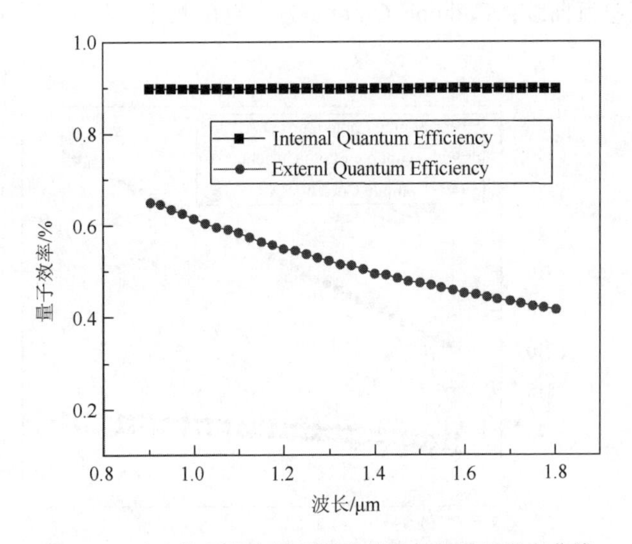

图 8.23　光电探测器内量子效率曲线与外量子效率曲线

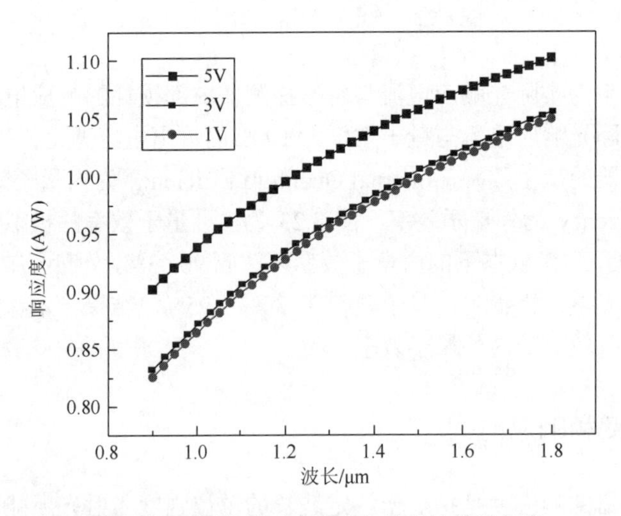

图 8.24　不同偏压下响应度与波长的关系曲线

响应时间反映了探测器响应速度的快慢。对于 PIN 光电探测而言，I 层越宽响应电流也就越大，但是响应时间也越长。由图 8.25 可以得出锗层宽度为 8μm 时，仿真的响应时间约为 200ns，理论上满足高速运转。

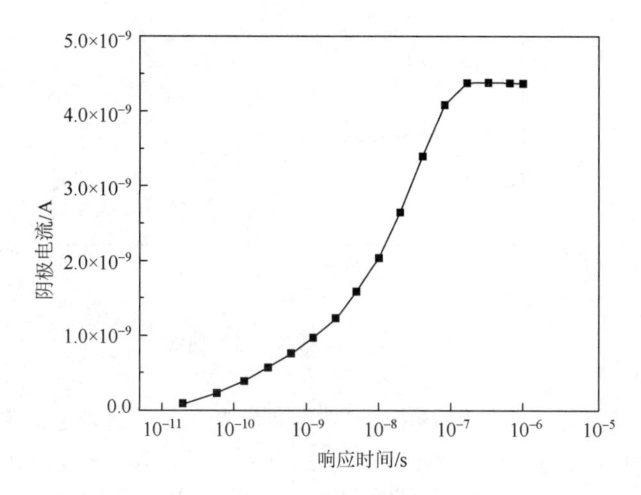

图 8.25　光电探测器的响应时间

8.5.4　*I-V* 特性曲线和 3dB 带宽

光电探测器的暗电流是指 PN 结在无光照并加有一定反偏压时产生的反向电流，主要是由扩散电流、产生-复合电流和表面泄漏电流等引起的。暗电流是考察光电探测器性能的一个很重要的因素，在一般情况下它被视为噪声，对光电探测器是很不利的，故应该尽量减少。

电学特性的仿真可分为在无光照时的暗电流仿真和在有光照时的光电流仿真，因此我们分别对器件在无光照条件下和有光照条件下的 *I-V* 特性曲线进行了仿真研究。前半段为在入射光功率为 $1W/cm^2$ 的光照射下，探测器外加偏压从–2V 开始，步长 0.05V，直到 1V 为止的光电流仿真计算，后半段为探测器在无光照条件下的暗电流仿真计算。

模拟仿真结果如图 8.26 所示，结果显示了同一光电探测器的光电流和暗电流与所加偏压的关系。光电探测器的光电流随着外加偏压的增加开始急剧增加，反向偏压达到–0.5V 后光电流趋于饱和，得到稳定的电流，有光照条件下，反向饱和电流约为 1×10^{-8}A，同时暗电流随反向偏压的增加呈指数趋势增大，暗电流远远小于光电流保证器件的正常运行，从仿真结果可以看出，器件具有良好的整流特性。

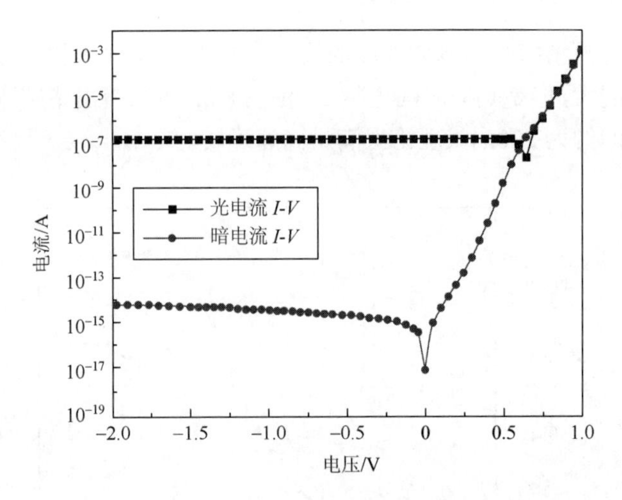

图 8.26　光电探测器的 *I-V* 曲线

在 PIN 型锗波导光电探测器中，N 型的掺杂浓度会影响光电探测器的暗电流。在模拟过程中设置 P 型掺杂浓度为 $2\times10^{14}/\text{cm}^3$，N 型掺杂浓度分别设为 $2\times10^{21}/\text{cm}^3$、$2\times10^{20}/\text{cm}^3$、$2\times10^{19}/\text{cm}^3$、$2\times10^{18}/\text{cm}^3$。由图 8.27 可得，N 型掺杂浓度越高暗电流就越小，当掺杂浓度超过 $2\times10^{18}/\text{cm}^3$ 时浓度的增加对暗电流的抑制作用减弱，并且会影响 PIN 型光电探测器的其他性能，因此为了更有效地抑制暗电流，N 型掺杂浓度设定在 $2\times10^{18}/\text{cm}^3$ 左右。

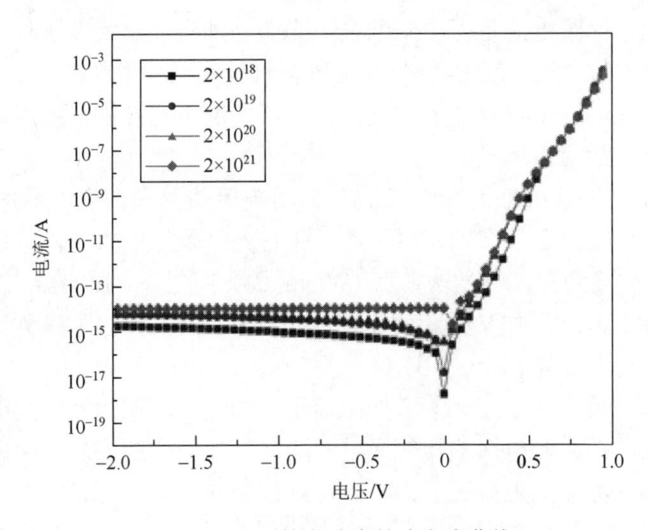

图 8.27　不同掺杂浓度的暗电流曲线

对于本章中器件的设计，设计要求是 3dB 带宽达到 50GHz 左右，吸收层厚度确定为 500nm，渡越时间带宽理论值为 70.3GHz。在不牺牲响应度的情况下，器件的有源区面积要尽可能地减小，这样才能减小器件的电容从而达到减小 RC 时间常数限制带宽的目的。设定探测器 PIN 台面宽度 W_{pd}=8μm，载流子速度为 v_e=6.5×10^{6}cm/s，v_h=4.8×10^{6}cm/s，负载电阻和串联电阻值分别设置为 R_L=50Ω，R_S=10Ω。计算可得，有源区面积为 5μm×20μm 器件 3dB 带宽可以达到 57GHz，即使器件长度达到 35μm，3dB 带宽仍可以维持在 50GHz 以上。

8.6　锗波导光电探测器性能测试

8.6.1　波导及光栅光学损耗

基于比利时 IMEC 工艺流程我们完成了锗波导光电探测器的制备，器件的电学结构为横向 PIN 结构，图 8.28 为制备完成的光电探测器器件整体图。

图 8.28　光电探测器器件整体图

由于光在波导及输入光栅的传输过程中会存在传输损耗，因此测试光电探测器的光电特性需要确定光源入射到光电探测器前的损耗。

测试波导及光栅的光学损耗采用的仪器有宽带光源（众望达 SLED 宽带光源）、微动耦合对准平台、半导体参数分析仪（吉时利 4200A-SCS，测量范围 10～−73dBm）、光谱分析仪（横河 AQ6360）。

光波导的传输损耗主要来自波导表面的散射损耗以及吸收损耗，采用截断法测量波导的光学损耗。设置入射光源的波长为 1.55μm，输出端由半导体参数分析仪测量，测量得到的不同长度的波导损耗数据如表 8.1 所示。

表 8.1　不同长度波导的总损耗

波导长度/cm	损耗/dB
0.25	7.935
0.30	8.106
0.35	8.657
0.40	9.013
0.45	9.346
0.50	9.893
0.55	10.326
0.60	10.746
0.65	11.186
0.70	11.490

图 8.29 为波导损耗随波导长度的拟合曲线，可以看出波导的光学损耗随波导长度线性递增，拟合曲线的斜率即为波导损耗。由图 8.29 可以得到波导损耗为 8.36dB/cm，光栅的插损为 2.85dB。标准的波导损耗一般在 2.5dB/cm 左右，而本次测量数据得出的损耗较大，之后还需要在制备工艺上进行优化，以减小波导损耗。

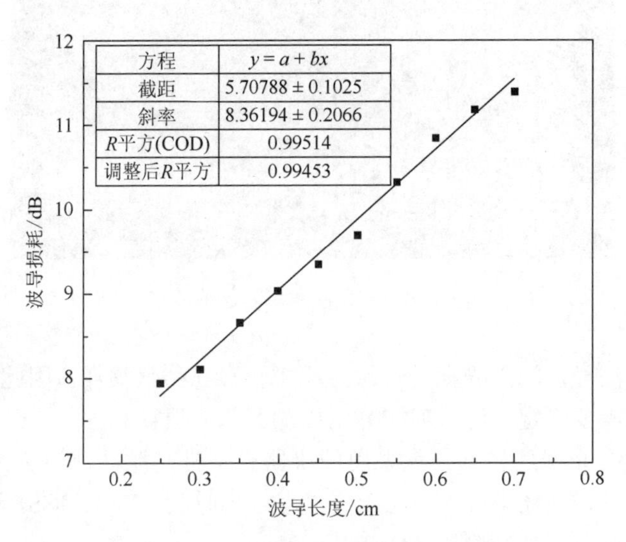

图 8.29　波导损耗随波导长度的拟合曲线

8.6.2　光电流和暗电流特性

光电探测器的暗电流为偏压下无光照时的电流，因此锗波导光电探测器暗电流测试装置直接用半导体参数测试仪加偏压测量即可。图 8.30 为光电探测器暗电流随反向偏压变化的 *I-V* 特性曲线。从图中可以看出探测器的暗电流随偏压的增加呈指数增大趋势。尺寸为 8μm×25μm 的光电探测器在外加偏压由 0V 至–2V 的反向偏压下暗电流小于 1.7×10^{-13}A，计算得到暗电流密度约为 42.5mA/cm^2，这已经符合高速集成芯片的要求。

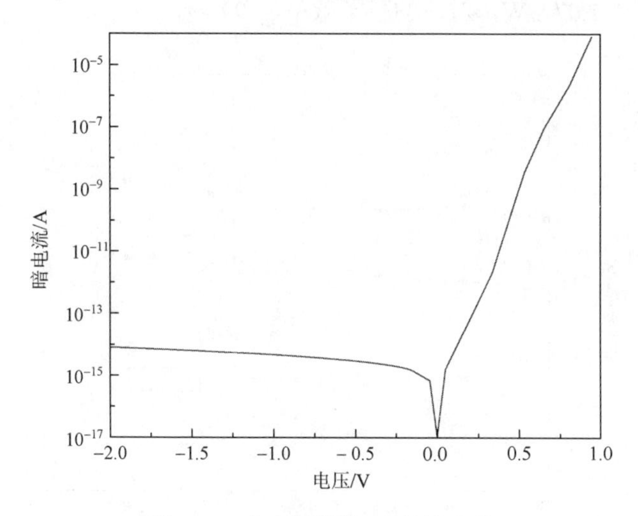

图 8.30　光电探测器 *I-V* 特性曲线

8.6.3　响应度

响应度为净光电流与入射到探测器的光功率之比，主要表征光电探测器的灵敏度。探测器的净光电流为光电流减去同偏压下的暗电流，同时入射光功率需要减去光栅波导的插入损耗。

锗波导光电探测器响应度测试采用的 SLED 宽带光源光谱宽度为 1527.00～1565.00nm，光源功率输出额定功率为 11mW，输出功率稳定性为±0.01dB，返回损耗为–45dB。测试时去除波导和光栅耦合器插损后，测试在入射到光电探测器界面处特定光功率下得到的光电流响应，表 8.2 为 1550nm 波长处不同偏压下计算得到的响应度数值。

表 8.2　不同偏压下计算得到的响应度

反向偏压/V	光电流/A	暗电流/A	响应度/(A/W)	量子效率/%
1V	6.948×10^{-8}	1.720×10^{-13}	1.01	87.8
2V	6.949×10^{-8}	8.799×10^{-13}	1.07	90.5

图 8.31 为测试得到的器件响应度随入射光波长的变化曲线。我们测试的波长范围是 1530～1566nm，覆盖了整个 C 波段，同时测试了不同偏压对光电探测器响应度的影响。由图 8.31 可以看出我们制备的锗波导光电探测器在整个 C 波段都呈现出较好的一致性。1V 偏压下，锗波导光电探测器在 C 波段响应度的平均值达到了 1.02A/W，对应的量子效率 η=87.8%；2V 偏压下，探测器在 C 波段响应度的平均值达到了 1.07A/W，对应的量子效率 η=93.5%

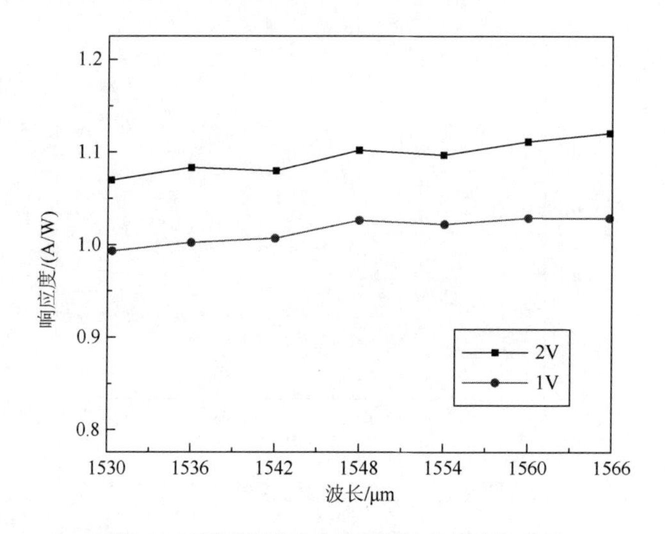

图 8.31　不同偏压下响应度随波长的变化曲线

参 考 文 献

[1] 余金中. 半导体光子学[M]. 北京：科学出版社，2015.

[2] 钟晓康. 基于 CMOS 工艺的单片光电探测器及其放大电路设计[D]. 成都：电子科技大学，2018.

[3] 郭伟峰. 硅基单片光电集成技术研究[D]. 杭州：浙江大学，2012.

[4] 高鹏. CMOS 光电单片集成接收机及其在 VSR 系统中的应用研究[D]. 天津：天津大学，2003.

[5] 肖新东. 高速高灵敏度 CMOS 光接收机研究与实现[D]. 天津：天津大学，2012.

[6] 周恒. 应用于锗硅集成光电芯片的波导垂直耦合结构的研究[D]. 武汉：华中科技大学，2017.

[7] 吴细鹏. 用于 CMOS 硅光子集成的 Ge 光电探测器的研究[D]. 贵阳：贵州大学，2017.

[8] 张赞允. 垂直耦合光学接口硅基片上光互连器件及其集成芯片研究[D]. 北京：中国科学院研究生院，2014.

[9] 王兴军，苏昭棠，周治平. 硅基光电子学的最新进展[J]. 中国科学：物理学力学天文学，2015，45（1）：1-31.

[10] 张光国，史俊锋，王东生. 平面波导微型光谱仪系统芯片中 Taper 耦合结构的研究[J]. 光学技术，2004，(6)：735-737.

第 9 章　光子集成芯片解调实验

9.1　引　　言

伴随着光纤通信技术的快速发展，小到芯片间，大到数据中心间的大规模数据交换处理，都迫切需求高速、可靠、低成本、低功耗的光互联。目前，板间和芯片间的解决方案可以利用硅基光电集成技术来有效实现光电互联[1, 2]，电互联作为一种成熟的互联技术已经不是当前的技术难题，实现高速光互联成为当前的研究热点[3]，主流的光互联技术可分为两类：一类基于Ⅲ-Ⅴ族半导体材料，另一类基于现有的微电子 CMOS 工艺相兼容的材料[4-6]。

目前，基于 SOI 材料的光子集成芯片得到相关研究人员的广泛关注，也取得了许多的进展。光子集成芯片与光纤的有效耦合是实现光子器件集成及耦合封装的关键问题之一，通过片上键合技术可将光子器件与电子器件结合在一起以提供高速光电互联解决方案。本章从Ⅲ-Ⅴ族材料制作的光源与光子集成芯片的硅波导耦合出发，通过光波导耦合对准平台将外部光纤阵列与光子芯片进行高效的耦合对接。在此基础之上，对耦合封装后的阵列波导光栅解调微系统进行了温度和心音实验，实验分析显示所进行封装的温度解调系统是较为成功的。

9.2　光子集成芯片片上键合

在 1550nm 的通信波段，硅是一种很好的光波导材料，但是由于光是间接带隙材料，因此其无法完成类似于Ⅲ-Ⅴ族半导体材料的光发射。使用Ⅲ-Ⅴ族材料制作的光源与光子集成芯片上光子器件的硅波导进行集成的方式有两种，即直接外延生长和芯片间键合。但是由于两种材料不同，会存在很大的晶格失配现象，因此直接进行外延生长是比较难实现的，现在常使用的Ⅲ-Ⅴ族材料器件和光子集成芯片通常采用混合集成，下面对几种常用的片上键合技术进行介绍。

由于键合材料不同，片上键合技术有两种分类，即无机材料键合和有机材料键合[7]。无机材料键合指利用高温和压力将两种基于无机材料的芯片间使用 SiO_2 共价键进行直接键合，由于这种键合是直接进行键合的，不需要引入太多的步骤，一般我们也将这种键合称为直接键合。有机材料键合是利用有机材料将 SOI 基光子集成芯片与其他材料外延片进行粘合的技术，我们也常将其简称为有机键合。

在直接键合技术中，一般会使用等离子体进行表面处理，这样可以在低温退火的情况下增强键合强度[8]。在光子集成芯片上进行键合时常用的键合一般都是基于 SiO_2 共价的键合方式，使用等离子体表面处理方法对芯片表面处理，然后清洗芯片再使用显微镜对键合区进行检查。用酸去除光子集成芯片及 InP 基片表面杂质后将芯片放到特定环境中进行外延生长，一直到表面长出等离子体氧化层，这一氧化层是很薄的。最后将芯片进行键合，光子集成芯片上的 Si—O—Si 键比其他湿法化学处理下的氧化键更强，不容易断裂或者形成新的化合键。完成键合以后仍然需要进行清洁，以便减少键合时表面杂质。

对于 SiO_2 共价键合，采用表面沉积 SiO_2 的方法可以获得比较干净的芯片表面。假如芯片表面的粗糙度较大，对 SiO_2 共价键合将产生较大影响，此时可以用不同的方法对芯片表面进行清洁，如化学腐蚀或机械抛光等。键合后为达到更高的键合效率，一般使用—OH 基对芯片表面进行钝化处理即可。完成上述过程后，键合芯片需要进行高温处理，这一过程时间较长，多数在一个小时以上，这样才能形成强的共价键。在进行退火以及冷却处理后，最后还需用浓盐酸除去芯片表面一部分 InP 衬底，这样就可以在芯片上形成一个较薄的 InP 外延层用于键合。直接键合时的流程图如图 9.1 所示。

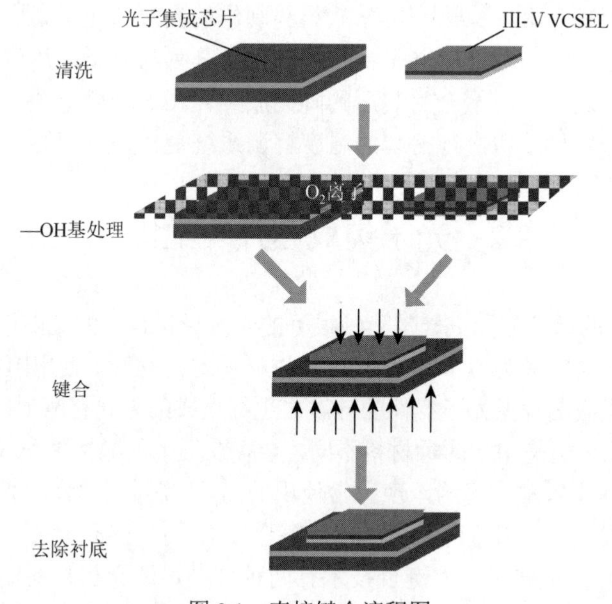

图 9.1　直接键合流程图

硅-玻璃键合结构材料（Silicon on Glass，SOG）键合可以获得更薄的键合层，采用旋涂工艺厚度可控制在 100～400nm。2007 年，比利时根特大学研究组使用

SOG 进行了键合研究，他们使用 5mm×5mm 大小的芯片在 SOI 样品上实现了高效率键合[9]。具体流程是在 SOI 样品上旋涂了 SOG 后加热去除溶剂，然后将 InP 基外延片真空室温下键合在 SOI 样品上。但是键合在 SOI 上的样品重复性较差，且在去除衬底的过程中容易出现裂缝或脱层。

BCB 键合到光子集成芯片表面后的键合层厚度与 SOG 键合层厚度差不多，但 BCB 键合后的平坦化特性比较好，因此，光子集成芯片表面进行键合时，BCB 键合具有更高的可重复性[10]。BCB 聚合物材料是一种可热固化的聚合物，因此可以被旋转于芯片表面，厚度也可以很容易地进行控制。此外，对于 1550nm 波长的光，BCB 聚合物的透明性是很高的，这符合本章将其用于键合材料的初衷，对其厚度进行控制后，便可以获得更高的键合效率。

BCB 键合的具体过程如下：首先将 InP 基外延片分解为较小晶片，再用普通黏合剂或胶带暂时将其固定于玻璃载体上。在进行旋转 BCB 聚合物之前，需对光子集成芯片和 InP 基片进行细致的清洗，清洗这一步骤非常重要。清洗之后在光子集成芯片上旋转附着促进剂 AP-3000，然后将 BCB 聚合物旋涂在芯片上。为了获得较高的键合效率，BCB 聚合物的厚度应尽可能薄，但是根据光学的干涉原理，层厚度要根据干涉原理进行设计，一般最小厚度需控制为 1/4 波长的奇数倍，也就是最小厚度为 1/4 的 BCB 光学厚度。旋涂 BCB 聚合物以后，将光子集成芯片至于一定温度下加热去除三甲苯溶剂，目的是减小键合层的空隙率。然后将外延片倒扣于光子集成芯片对应光波导上完成对准，这一步应在洁净环境下完成，防止引入杂质，待芯片附着以后，对 InP/BCB/SOI 结构进行必要的修正。

通过对上述几种键合技术的研究描述，在当前Ⅲ-Ⅴ族/SOI 键合技术中，BCB 键合键合过程存在着键合厚度易于控制，键合后空洞率低，且相对于 1550nm 的光耦合效率较高等优点，因此符合本章中硅波导与Ⅲ-Ⅴ族材料的光源及光电探测器的键合。

对于输入光栅耦合器，为了增大光栅耦合器的输入效率，BCB 层应该设计为一层增透膜。此时，考虑在 BCB 的上端键合了光源的 InP 层，光从上端入射后，在光源和 BCB 的分界面上会出现透射与反射的光，反射的光是不会进入光子集成芯片的，因此 BCB 层必须增透。理论上 BCB 层的厚度越小越好，但是限于工艺要求，厚度是很难做到 100nm 以内且均匀，因此其厚度应对应于 BCB 光学波长的 1/4 实现增透。在光进入硅波导时，在输入光栅部分产生衍射和透射，下层的 SiO_2 掩埋层设计厚度对 1550nm 光是反射的，因而光场大部分从左右波导进入硅波导，从而实现输入光耦合。光源与硅波导 BCB 耦合原理示意图如图 9.2 所示，图中黑线表示光场，粗细表示光强度。

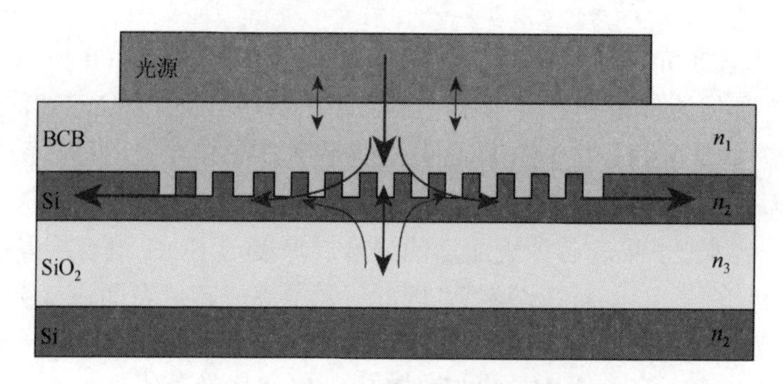

图 9.2　光源与硅波导 BCB 耦合原理

通过上述分析我们可以看出，影响混合集成因素有两个，一个是 SOI 上的 SiO_2 层的厚度，另一个是 BCB 层的厚度。在两种情况下，SiO_2 层均应该设计为增反层，而 BCB 层应该设计为增透层。在同等情况下，光栅耦合器的耦合效率随 SiO_2 层厚度的变化关系如图 9.3 所示。根据图 9.3 可以得出 SiO_2 层厚度在 2μm 时有最高的耦合效率，因此 SiO_2 层厚度可选为 2000nm，此时耦合效率为 62.3%。第 4 章已经进行了分析，我们在实际制作光子集成芯片时，硅衬底上有 2μmSiO_2 掩埋层，然后在上面制作光子器件，完成整个阵列波导光栅解调光子集成芯片。

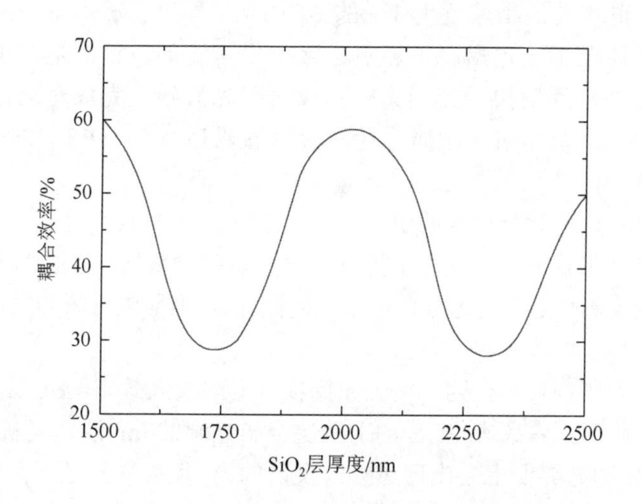

图 9.3　耦合效率随 SiO_2 层厚度的变化关系

与研究光栅耦合器的耦合效率随 SiO_2 层厚度的变化关系相同，可以得出 BCB 层厚度对光吸收损耗的影响如图 9.4 所示。当 BCB 层厚度选择为 440nm 时，BCB 键合吸收损耗最小为−1.1dB。因此，为使键合时拥有更高的耦合效率，可以将 BCB 层厚度设定为 440nm。

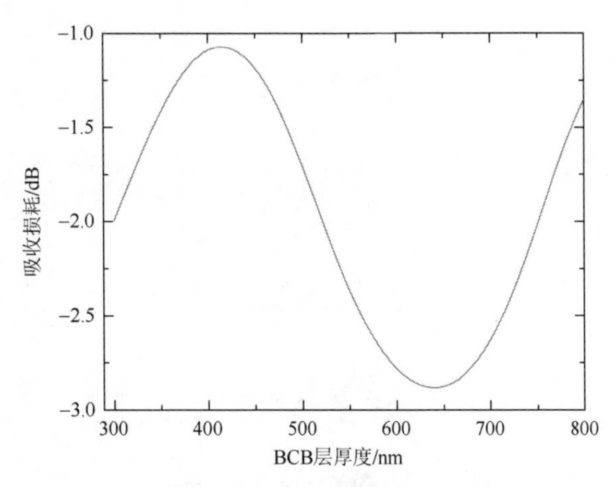

图 9.4　BCB 层厚度与吸收损耗的变化关系

BCB 聚合物在键合时并非单纯地粘合，而是 BCB 聚合物在高温下发生化学反应，通过聚合变化将两种材料进行键合。根据前面研究可知 BCB 聚合物键合应包含以下步骤：①清洗；②烘干；③旋涂 BCB 聚合物；④蒸发溶剂；⑤预固化和贴片；⑥预键合和热固化。整个处理过程流程图如图 9.5 所示。首先需对光子集成芯片进行清洗，防止键合时引入杂质，清洁过程一般先使用化学试剂清洗，再使用氮气吹干，为保证表面干燥，还可以进行加热烘干。使用点胶机添加 BCB 胶，然后使用旋涂仪进行匀胶操作。通过控制旋涂仪可以控制旋涂厚度，待达到特定旋涂时间后加热蒸发掉溶剂，然后进行预固化和贴片操作。在贴上 VCSEL 芯片与 PD 芯片以后需对键合芯片上下施加压力以完成预键合操作，最后将样品持续加热到一定温度完成热固化的过程。

键合操作工程中比较重要的一步是旋涂 BCB 聚合物，因为实验需精细控制 BCB 层厚度，这一步是控制 AC-100 旋涂仪点胶量和转速来控制。在采用旋涂仪对光子集成芯片与 VCSEL 芯片进行键合时，首先应控制点胶仪将适量 BCB 聚合物点于光子集成芯片表面的输入光栅耦合器部分，然后将芯片放在载物台上并进行稳固处理，通过控制旋涂仪转速和旋转时间来达到要求的 BCB 层厚度。待 BCB 聚合物均匀旋涂以后，使用粘片装置的真空吸附头吸附要粘贴的芯片，将其与光子集成芯片贴片粘合，贴片时最重要的一点是必须保证 VCSEL 的光输出面与光子集成芯片上输入光栅耦合器的精确对准。

为了对完成 BCB 键合后的 VCSEL 进行光电学测试，需要进行金线键合，用于连接外部电子线路。VCSEL 的焊接区金属不可避免地存在氧化问题，在绑定金线前需进行表面清洁，否则会引起虚焊及接触不良等问题。本章采用的是 WB-91D 型压焊机 30μm 金线。WB-91D 型压焊机整体图以及对 VCSEL 绑定金线后的显微图如图 9.6 所示。

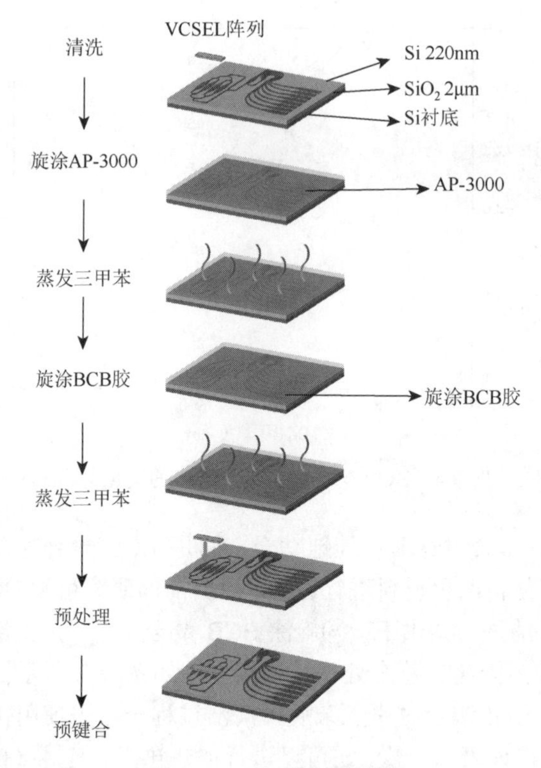

图 9.5　BCB 键合流程图

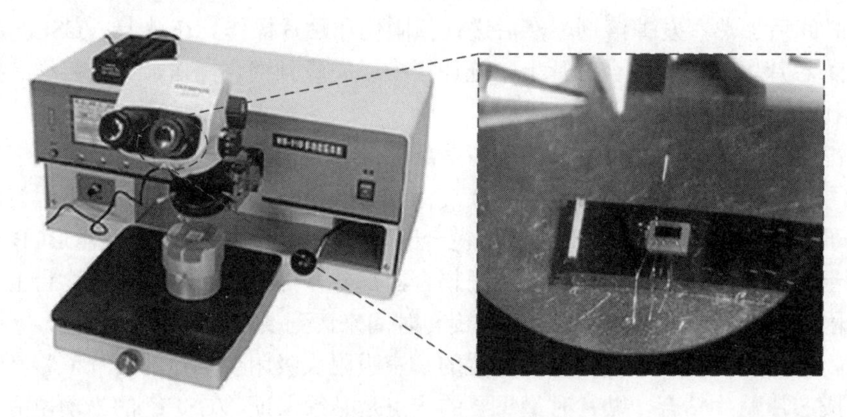

图 9.6　绑定金线后 VCSEL 显微图

VCSEL 阵列内部包含 4 个独立的 VCSEL，存在 4 个正极，但是负极是共用的，因此绑定实验中一共需打 5 条金线，这样 4 个独立的 VCSEL 就可以单独供电进行测试。绑定金线后的 4×1VCSEL 阵列显微图如图 9.7 所示，其核心部分尺寸（图中白框部分）为 0.45mm×1mm。

为保证金线连接的机械强度采用了双线键合的方式将 VCSEL 键合到 PCB 板上，图 9.8 为 PCB 板上的 VCSEL 进行光电性能测试的实验图。

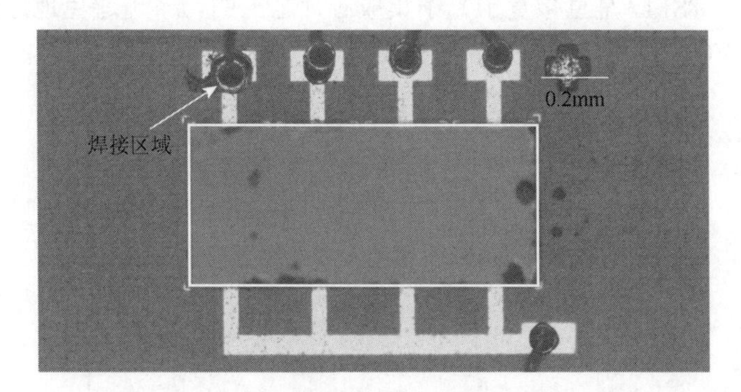

图 9.7　4×1VCSEL 阵列光学显微图

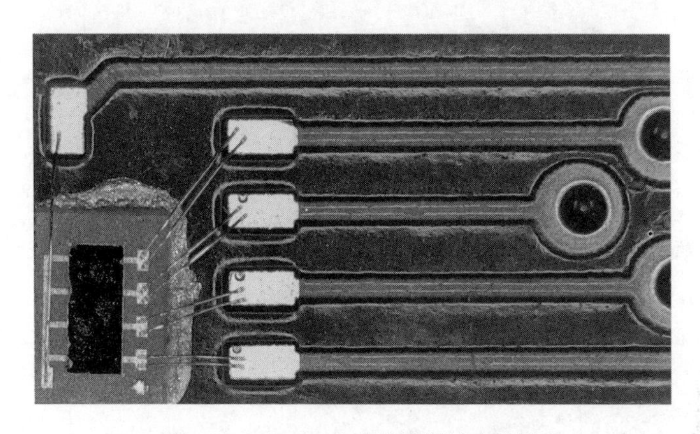

图 9.8　VCSEL 光电性能测试实验图

通过控制电源的电压和电流来改变 VCSEL 的发光情况，然后通过锥形光纤来作为光源输出端的接收端，然后由光谱仪得出 VCSEL 在不同电流下的光谱。锥形光纤的中心波长为 1550nm，测试中电压电流不能超过 VCSEL 的最大耐受值。图 9.9 为其中一个 VCSEL 的光性能测试结果，可以看出其在输入电压为 2V，电流为 4mA 时在 1550.8nm 附近输出功率为–10dBm。

本章中使用的是 4×1VCSEL 阵列，其中心波长分别为 1547.8nm、1549.2nm、1550.6nm 和 1552.2nm。分别测试 VCSEL 键合前后电压随电流变化参数然后绘制成曲线，图 9.10 即为 VCSEL 键合前后电压随电流变化图。从图 9.10 可以看出，VCSEL 在键合后在同样电流下电压是有变化的，根据电学特性可知键合之后 VCSEL 的内阻大于键合之前，两者相差虽然不大，但是仍代表键合后出现了差别，且在几组实验中都出现了这种情况。这里存在两个主要原因，一是在键合过程中存在较长时间高温（温度在 200～300℃，且持续时间在 20 分钟以上，每次键合存在两次高温），这必然会造成 VCSEL 芯片的老化（光子集成芯片影响不大）；二是键合后 VCSEL 是直接置于光子集成芯片之上的，不可避免地存在发热。因此键合前后 VCSEL 的电学特性有一定变化。

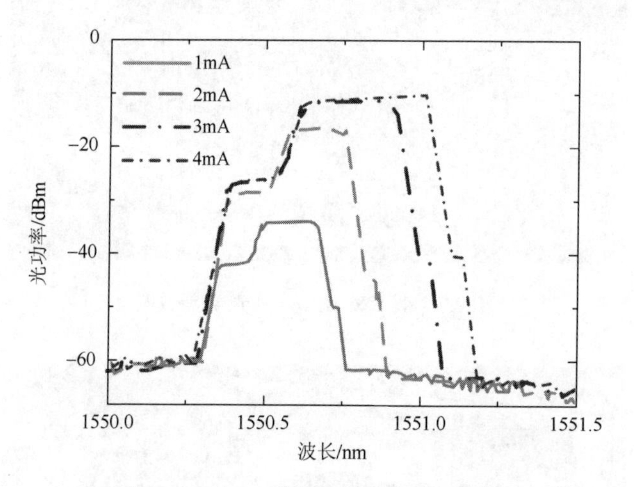

图 9.9　VCSEL 在不同电流下的光谱图

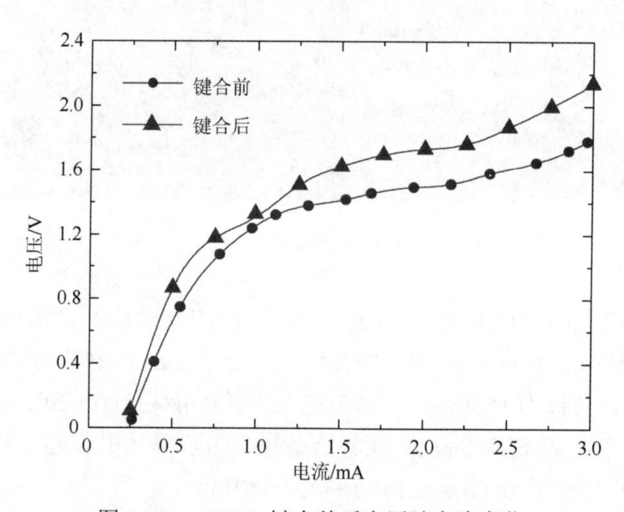

图 9.10　VCSEL 键合前后电压随电流变化

固定 VCSEL 的电压值为 2V，分别测试 VCSEL 键合前后光强随电流变化参数然后绘制成曲线，图 9.11 即为 VCSEL 键合前后光强随电流变化图。从图 9.11 可以看出，VCSEL 在键合后的光强变化较大，最大的原因是键合后因耦合效率问题，必然使得耦合后光强较低。

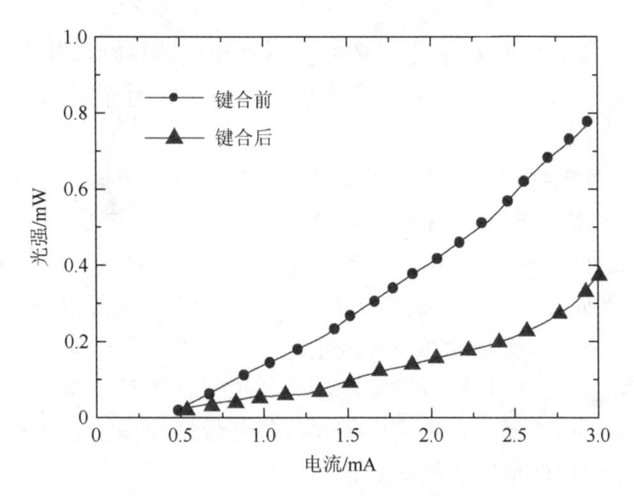

图 9.11　VCSEL 键合前后光强随电流变化

图 9.12 为混合集成芯片 BCB 键合后的 VCSEL 横切面 SEM 图。根据图 9.12 我们可以得出 BCB 键合空洞率低，键合质量较高，厚度比较均匀。

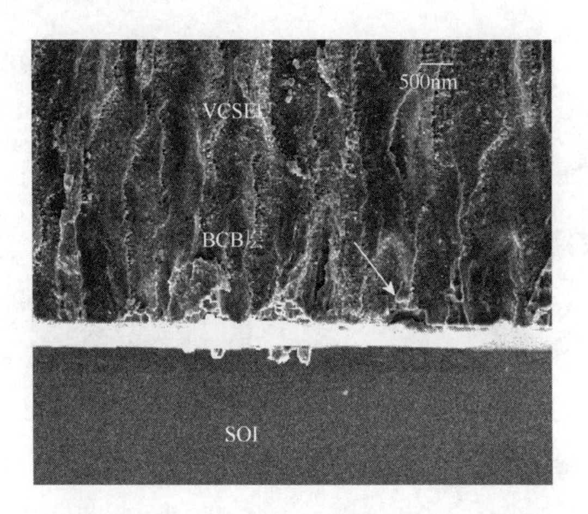

图 9.12　混合集成芯片 BCB 键合后的 VCSEL 横切面 SEM 图

9.3　光子集成芯片光纤耦合封装

本节介绍硅基光电子芯片集成封装基本流程，一般分为电学封装和光学封装，先电后光[11]。完成流片拿到硅光芯片后，设计制作用于固定该芯片及外接 PCB 板的基台，然后通过键合技术把芯片上的 Pad 引到 PCB 基板上，最后集成上 TEC 温控模块，完成初步的电学封装。根据芯片设计布局选择合适的光学耦合封装形式，通过光学胶水把硅基光电子芯片和封装目标固化在一起，完成光学封装。其中光学封装部分，仅提供 FA 形式封装，暂不提供裸纤形式的封装服务。

光子集成芯片光纤耦合封装用于实现外部接口与光子集成芯片的连接，根据封装需求，选择使用单模光纤（Single Mode Fiber，SMF）或者保偏光纤（Polarization Maintaining Optical Fiber，PMF）对光子集成芯片进行封装。SMF 的孔径值一般小于 2.405，只能允许一个模式的光在其中传播，其纤芯直径为 8~10μm，模式色散很小，影响光纤传输带宽的主要因素是各种色散，而以模式色散最为重要，单模光纤的色散小，故能把光以很宽的频带传输很长距离。在以光学相干检测为基础的干涉型光纤传感器中，使用保偏光纤能够保证线偏振方向不变，提高相干信噪比，以实现对物理量的高精度测量。

光子集成芯片通过固化胶固化在金属基台上，采用倾斜角度为 8° 的倾角阵列基板将光纤固定，再使用 BCB 胶将基板固定在光子集成芯片的光栅表面，完成垂直耦合封装，如图 9.13 所示，单端耦合封装损耗为 3～3.5dB。

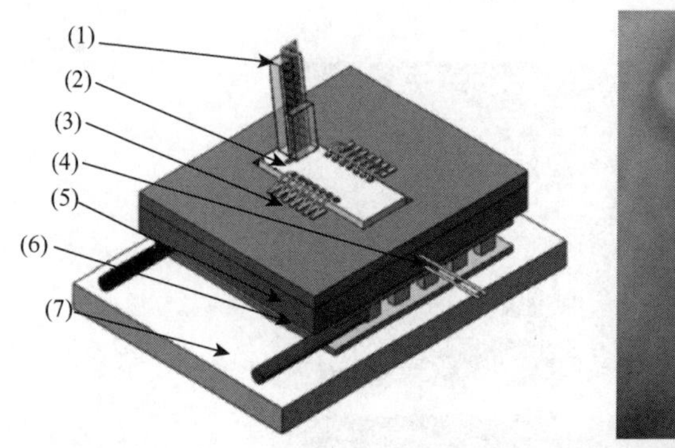

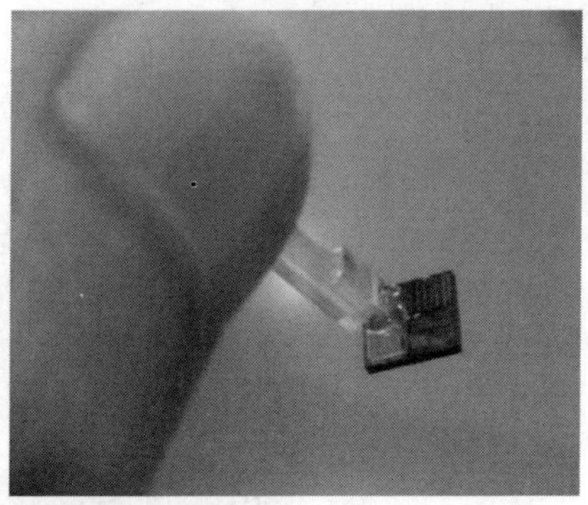

图 9.13　垂直光栅耦合方案

（1）光栅阵列；（2）光子集成芯片；（3）PCB 板；（4）NTC；（5）导电金属基台；（6）TEC 芯片；（7）TEC 热沉底座

还有一种是 42°倾斜式光栅耦合方案，通过将光纤的端面以一定的角度抛光，当光传播到端面时会发生全反射，反射光再以 10°左右的角度通过光栅耦合器耦合进入硅波导实现耦合封装，这种耦合封装的缺点是固化胶容易流到光纤端面，造成全反射被破坏，产生较大的传输损耗。此种耦合方案与垂直耦合方案实施方法类似，但是由于倾斜角度的存在，此种耦合封装方式可以缩小封装体积，如图 9.14 所示，但是耦合损耗会有所增大，这种耦合方式对光栅位置的放置有较多要求，单端损耗为 4.5～5.5dB。

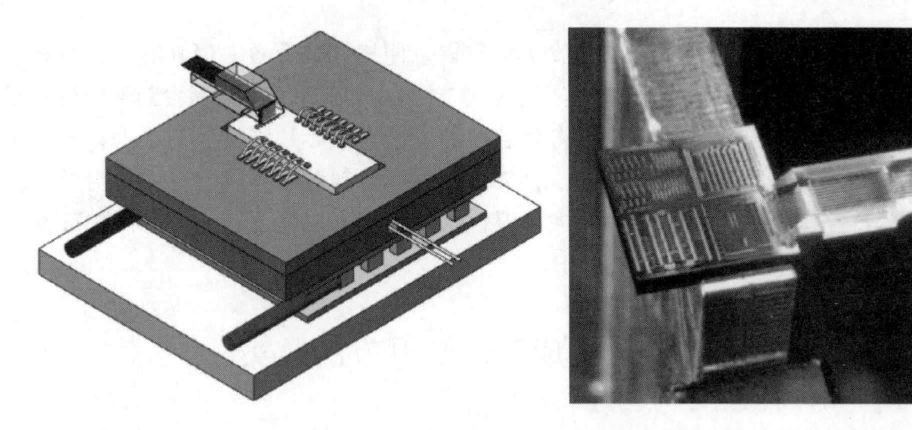

图 9.14　42°倾斜式光栅耦合方案

为了实现光子集成芯片的光纤耦合封装，需要将光子集成芯片上的端面耦合器外接光纤阵列（Fiber Array，FA），并通过调节三维位移平台来确定 FA 的最佳对准位置，垂直及水平位移调节示意图如图 9.15（a）和图 9.15（b）所示。我们使用的 FA 尺寸为 7.5mm×2.5mm×2.5mm，其尺寸示意图如图 9.15（c）所示，FA 上 V 型槽放置的单模光纤作为光输入，光子集成芯片上预留的汇聚型光栅通过外

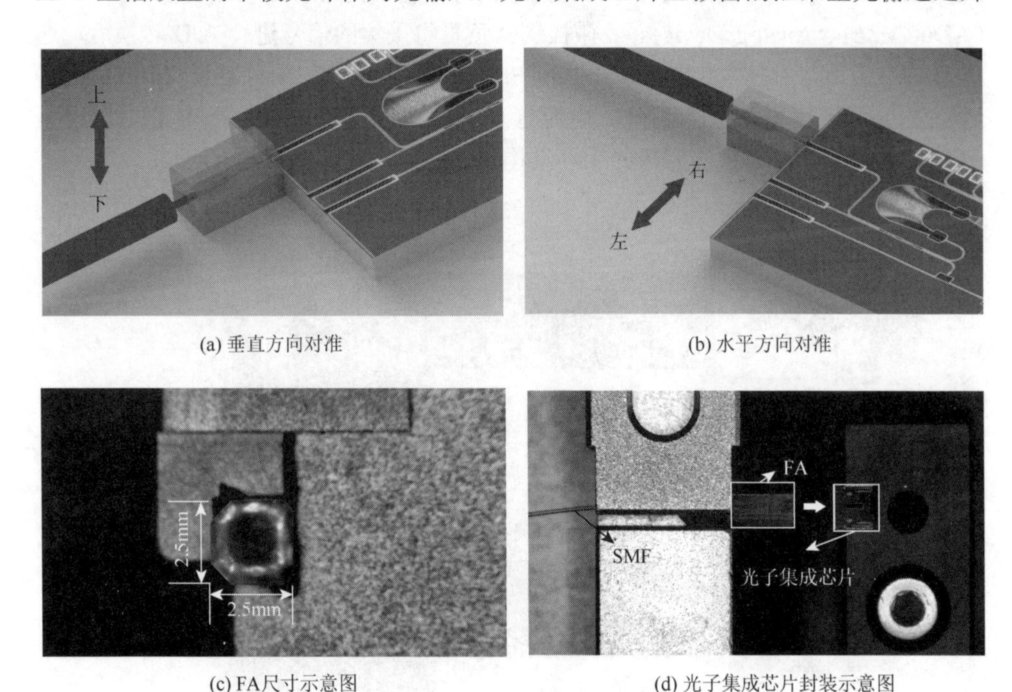

(a) 垂直方向对准　　(b) 水平方向对准

(c) FA尺寸示意图　　(d) 光子集成芯片封装示意图

图 9.15　光纤耦合封装水平耦合方案

部垂直锥形光纤作为光输出，调节 FA 位置以便找到耦合效率最高的对准位置，最后通过点胶、UV 固化的方式实现 FA 与光子集成芯片的光纤耦合封装。待光子集成芯片完成光纤耦合封装后，将封装后的光子集成芯片固定到基板上，光纤耦合封装水平耦合方案如图 9.15（d）所示。光纤耦合封装水平耦合方案对对准精度有较为严格的要求，封装难度较大，但该封装形式可以保证较为理想的损耗和光谱响应，其单端损耗为 2.5～3.0dB。

9.4　光子集成芯片解调方法及实例

9.4.1　解调硬件和样衣制备

光子集成芯片在经过与光源阵列键合、光纤耦合封装和金线键合等一系列复杂工艺后，通过柔性扁平线（Flexible Flat Cable，FFC）与主电路板连接，最后可以佩戴在人的左手腕处当作手表形状腕带进行测试和使用。光子集成芯片上的锗波导探测器通过外接 *I-V* 转换电路（AD825、Analog Devices）和放大电路（LF353、Texas Instruments），将探测到的光信号转化为电信号，输入到带有 A/D 转换的微控制器（ADuCM361、Analog Devices）。微控制器负责将采集的信号进行 A/D 转换后，通过 UART 接口与 BLE 4.0 Bluetooth Low Energy Module（CC2541、Texas Instruments）通信，将采集数据发送给手机。电源管理电路可以提供各部分所需的电源电压（3.3V、5V 和–5V）。最终完成的手环结构的柔性光电路如图 9.16 所示。

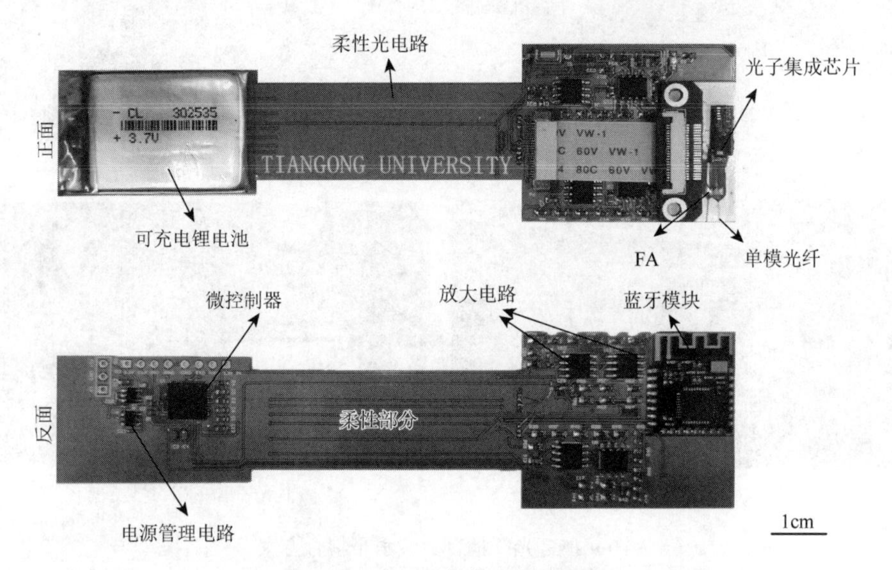

图 9.16　手环结构的柔性光电路

样衣制备过程中需要在衣服内侧的左右腋窝处和左前胸处分别放置温度传感器和心音传感器，各光纤光栅传感器之间用光纤进行连接。光纤自衣服左手腕处开始，经过左前臂绕到左上臂外侧，穿过左腋窝延伸到左前胸处，并继续延伸至右腋窝处(图9.17)。为适应人体在穿脱衣服及不剧烈运动时衣服出现的拉伸情况，我们在进行光纤布线时，将光纤按照一定弧度规律性进行波浪状布线，这样可以使得植入衣服的光纤具有一定的抗拉伸余量。

植入工艺中，我们采用平板式热熔压条机，将光纤及光纤光栅传感器植入到衣服中。首先将项目中准备的紧身衣服内侧朝外，平铺在尺寸为40cm×60cm的工作台上，并将波浪状光纤及光纤光栅传感器放置到衣服内侧的特定位置。再选用宽2cm的可拉伸单面热熔胶条，沿光路方向将光纤全部覆盖，最后放下热板(尺寸40cm×60cm)压紧下工作台面，保持热板温度125℃，热板压力4kg/cm^2，下压持续时间12s，使胶条紧紧的粘在衣服内侧。至此完成光纤及光纤光栅传感器植入服装。采用本植入工艺，植入的光纤具有一定可拉伸性能、密封性好、防水、不易脱落、美观等优点。

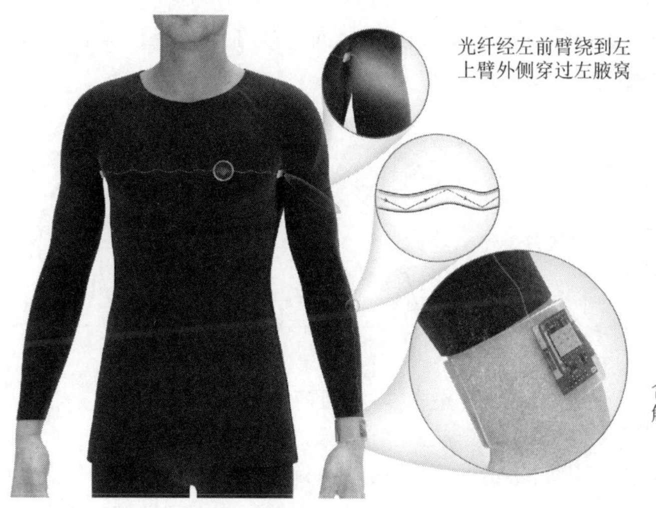

图9.17　阵列波导光栅解调光子集成芯片样衣

9.4.2　光子集成芯片温度解调方法

本章提出边缘滤波解调法和阵列波导光栅解调法相结合的方法，并基于VCSEL窄带光源下实现了人体温度的动态检测。VCSEL垂直腔面发射激光器作为窄带光源，其为单纵窄带光源，3dB带宽仅有20pm，而输入宽带光源时光纤光栅传感器反射谱带宽为180pm，VCSEL带宽远小于光纤光栅传感器的反射谱带宽，使用 VCSEL 窄带光源时无法得到完整的光纤光栅传感器反射谱，所以我们拟采用边缘滤波法与阵列波导光栅解调法相结合的方法实现温度的解调。其主要解调原理是利用光纤光栅传感器对波长的选择性，其在频谱上的反射效率存在变化，且在某一波段反射效率变化剧烈。当 VCSEL 波长与该区域发生重合时，其反射谱情况如图 9.18（a）所示，实线为 VCSEL 光谱，虚线为光纤光栅传感器反射谱。当外界温度升高后，光纤光栅传感器反射谱会向右发生偏移而 VCSEL 的中心波长位置不发生改变。由于 VCSEL 中心波长所在位置的光纤光栅传感器有效折射率发生了变化，其反射谱也会发生相应的改变，主要是光纤光栅传感器反射谱能量发生变化，如图 9.18（b）所示，其中实线表示光纤光栅传感器反射谱发生偏移之前的情况，虚线表示其发生偏移后的反射谱情况。可以得出，当光纤光栅传感器中心波长发生偏移后，VCSEL 中心波长所在位置的有效折射率降低使得反射谱功率降低。我们通过反射谱的功率情况便可以推算出光纤光栅传感器中心波长的偏移情况，从而得到外界温度变化的信息。在使用 VCSEL 阵列的情况下，由于 VCSEL 中心波长的不同，当有多个反射谱进入阵列波导光栅时，不同波段的光纤光栅传感器反射谱会通过不同的通道出射，如图 9.18（c）所示，实线为 AWG 的通道输出谱，虚线为 FBG 反射谱，从而实现了 VCSEL 垂直腔面发射激光器窄带光源下人体温度的解调测量。

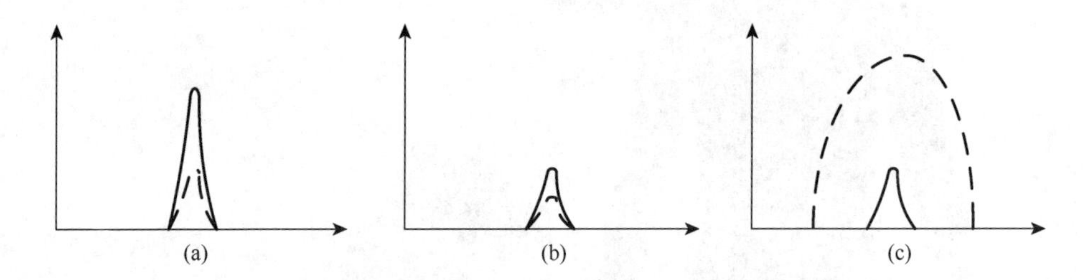

图 9.18　光子集成芯片温度解调原理

在光学测试完成后，我们将放大电路和上位测试软件连入，组成最终的温度解调实验环境如图 9.19 所示。根据温控平台的实际温度对信号处理电路进行校对，直至软件显示和实际温度相同为止。信号处理部分采用 ADS8345 芯片进行信号处理，软件基于 LabVIEW 进行设计。

本次实验选用的 FBG 光栅在 26℃的温度下，反射谱的中心波长为 1554.3nm，在 42℃的温度下，反射谱的中心波长为 1554.6nm。通过观察发现随着温度的增加，FBG 反射谱的中心谱的中心波长会增加。将激光光源的中心波长设置为 1554.7nm，将 FBG 光栅的初始温度设置为 42℃，随着时间的推移，FBG 光栅反射谱的中心波长会逐渐减小，由于光源的中心波长是不变的，在 FBG 光栅的反射端，会观测到反射光的光功率逐渐下降。将 FBG 光栅部分放入水中，用温度计测量当前的温度，用光功率计测 FBG 反射光的光功率。将实验数据记录下来，绘制出图 9.20。从图 9.20 中可以看出，随着温度的增加，FBG 反射光的光功率也随之增加，两者呈现良好的线性关系。

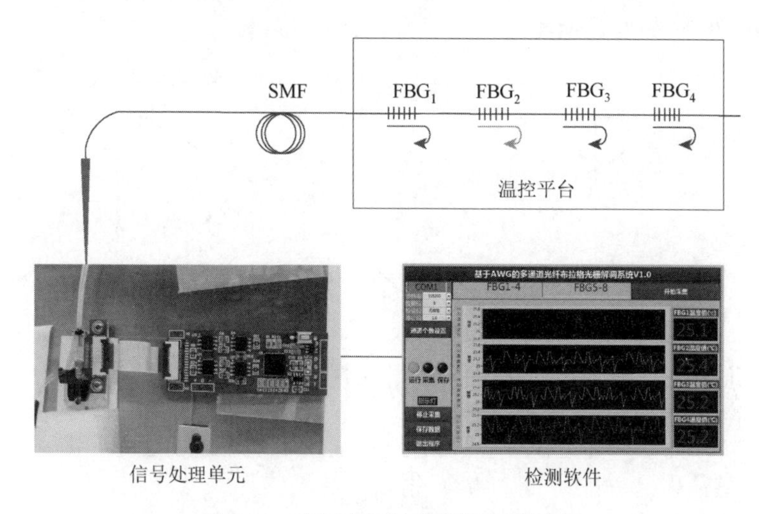

图 9.19　光纤光栅温度解调实验环境

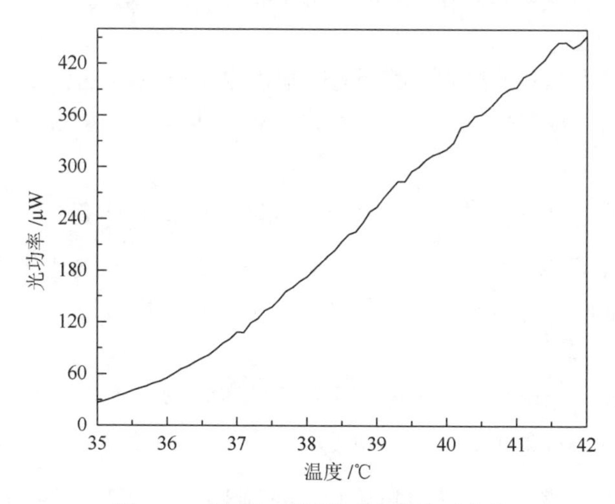

图 9.20　温度与反射谱功率的关系曲线

从图 9.20 中可以观测到温度与光功率基本呈线性变化，利用 MATLAB 对其多项式系数进行计算，当其为三元函数时其拟合准确率可以达到 99.94%，其拟合方程为

$$f(x)=-1.327x^3+155.6x^2-6003x+76420 \tag{9.1}$$

为了测试光电探测器与 I 转 V 电路的匹配性，将光源直接输出至光电探测器，光电探测器的另一端接 I 转 V 电路，随着输入光源的光强变化，光电探测器的输出电流也会随着变化，从而 I 转 V 的输出电压值也会发生变化。通过万用表测量输出端的电压值，通过光功率计测量输入光的光功率，从而得到输出光强与电压的变化关系如图 9.21 所示。

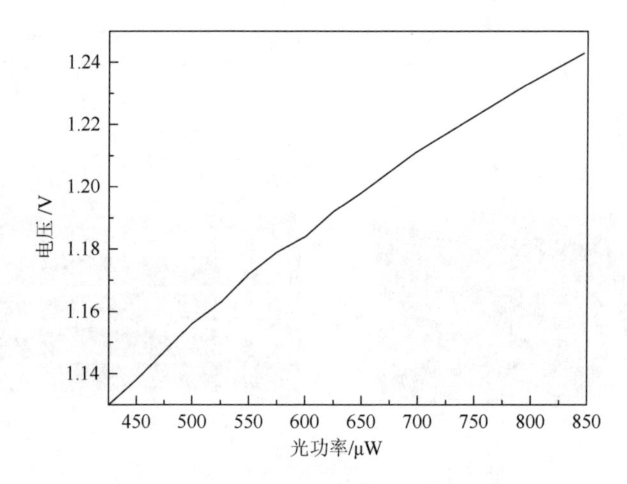

图 9.21　光功率与输出电压的关系曲线

随着外部输入光强的增强，解调光路输出电压值也随之增大，通过 MATLAB 使用最小二乘法进行数据拟合，拟合函数的数据准确率可达 99.96%，其函数表达式为

$$f(x) = -1.944\times10^{-7}x^2 + 0.0005135x + 0.9473 \tag{9.2}$$

通过图 9.21 可以看出，输入光的光功率与输出端的电压值之间呈现良好的线性关系，这就证明了光电转换的可行性，为下一步测量温度与电压的关系打下了良好的基础。

通过联立各个关系式，得出温度与电压的关系为

$$f(x) = -0.00003199x^4 + 0.003902x^3 - 0.1818x^2 + 3.798x - 28.11 \tag{9.3}$$

由式（9.3）可得灵敏度为 84μV/℃。因为采用的 A/D 是 24 位的，故 A/D 的采集分辨率为

$$2.5 \div 2^{24} = 0.000000149 \tag{9.4}$$

由式（9.4）可知，A/D 的分辨率为 0.149μV，将式（9.3）得到的灵敏度与式（9.4）得到的 A/D 分辨率相除，即为 A/D 采集端将测试段温度分成的份数，即

$$84 \div 0.149 \approx 563.76 \tag{9.5}$$

而将式（9.5）得到的份数求倒数，得到解调系统的温度分辨率为 1.8×10^{-3}℃。

封装后的温度传感器灵敏度为 53pm/℃。经解调电路灵敏度换算后，如式(9.6)所示：

$$84\div53\approx1.58 \tag{9.6}$$

传感器的中心波长每偏移 1pm，解调电路输出电压变化 1.58μV。以最小电压分辨率为 0.149μV 计算，每 pm 输出电压变化的份数，如式（9.7）所示：

$$1.58\div0.149\approx10.6 \tag{9.7}$$

即将 1pm 分成 10.6 份，再将式（9.7）得到的份数值求倒数，得到整个解调系统波长分辨率为 0.1pm。

将光纤光栅温度传感器置于加热台上，通过改变加热台的温度改变温度传感器周围的环境温度，从 35℃升至 42℃，每 0.5℃记录一次，经过解调系统获得输出电压，根据式（9.3）逆推出计算温度，与实际温度进行比较，如图 9.22 所示为升温时温度与电压的关系曲线图。

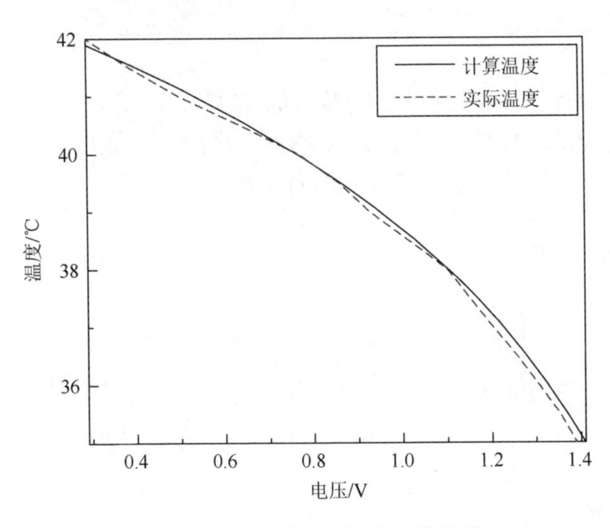

图 9.22　升温时温度与电压的关系

测得升温时的电压与计算温度数据如表 9.1 所示，与测试的实际温度进行对比，计算出实验误差，可以观测到升温过程中，温度误差最大不会超过 0.1℃。

表 9.1　升温实验结果

实测电压/V	计算温度/℃	实际温度/℃	误差/℃
1.409138187	34.98813795	35	−0.01186
1.371939353	35.46603953	35.5	−0.03396

续表

实测电压/V	计算温度/℃	实际温度/℃	误差/℃
1.324158784	36.02021077	36	0.020211
1.274369023	36.53858574	36.5	0.038586
1.218524191	37.06137966	37	0.06138
1.165344329	37.51184258	37.5	0.011843
1.114918327	37.90343542	38	−0.09656
1.028421746	38.50914316	38.5	0.009143
0.939047644	39.06451612	39	0.064516
0.869289228	39.45798172	39.5	−0.04202
0.776814473	39.93538467	40	−0.06462
0.64463529	40.54693651	40.5	0.046937
0.521963729	41.05502975	41	0.05503
0.39150141	41.54529404	41.5	0.045294
0.278805698	41.9345401	42	−0.06546

改变加热台的温度，对其进行降温，从 42℃降至 35℃，每 0.5℃记录一次，经过解调系统获得输出电压，根据式（9.3）逆推出计算温度，与实际温度进行比较，如图 9.23 所示为降温时温度与电压的关系曲线图。

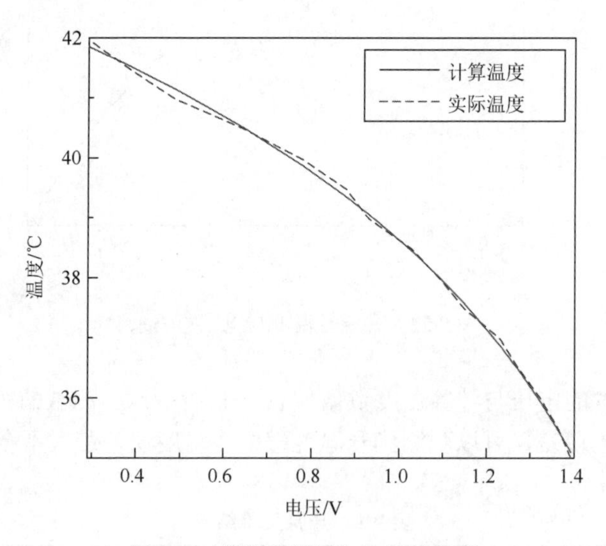

图 9.23　降温时温度与电压的关系

测得降温时的电压与计算温度数据如表 9.2 所示，与测试的实际温度进行对比，计算出实验误差，可以观测到降温过程中，温度误差最大不会超过 0.1℃。

表 9.2　降温实验结果

实测电压/V	计算温度/℃	实际温度/℃	误差/℃
1.400754661	35.09980689	35	−0.099806886
1.371643962	35.46966043	35.5	0.03033957
1.331057911	35.94389251	36	0.056107489
1.280740542	36.47521951	36.5	0.024780488
1.233311459	36.92831653	37	0.071683474
1.155767195	37.58869502	37.5	−0.088695018
1.099760812	38.01520417	38	−0.015204166
1.034639802	38.4680378	38.5	0.031962198
0.936550515	39.07916012	39	−0.079160116
0.870044666	39.4538853	39.5	0.046114697
0.783924262	39.9002692	40	0.099730797
0.651802611	40.51561712	40.5	−0.015617125
0.518670853	41.06799509	41	−0.067995089
0.388698129	41.55533592	41.5	−0.055335921
0.28097911	41.92729945	42	0.072700548

综合升温和降温实验，可以得出整个解调系统温度检测精度可达 0.1℃。

对测试者体温进行测量，图 9.24 是测试者一天 24 小时内测量的体温，测量结果完全符合一个健康人一天体温的变化。

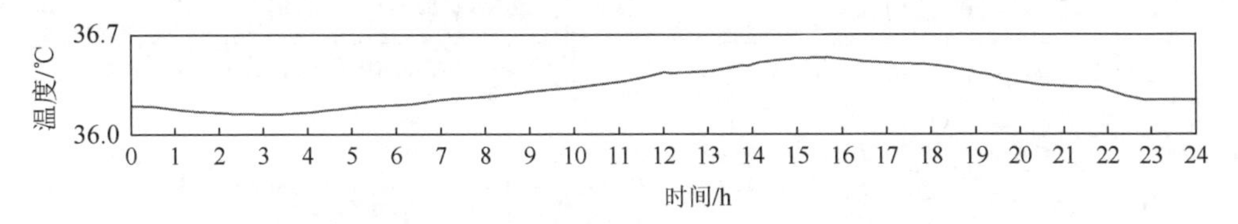

图 9.24　测试者 24 小时内的体温测量结果

9.4.3　光子集成芯片心音解调方法

宽带光源下光纤光栅传感器的反射谱带宽为 180pm，而 VCSEL 窄带光源 3dB 带宽仅为 20pm，这就使得在 VCSEL 窄带光源下无法得到完整的光纤光栅反射谱。如果采用解调温度的边缘滤波方法解调心音信号，由于在采集人体心音信号之前，心音传感器需要一定外力下紧贴人体皮肤，这就导致心音传感器在未检测到心音信号时就产生了中心波长的偏移，甚至移出了窄带光源的光谱范围，无法捕捉到心音信号。对此，我们对解调方法进行了改进，采用两束窄带光源，它们的中心波长分别为 1559.94nm 和 1560.67nm，中心波长间距为传感器反射谱的宽度，即 0.73nm。心音解调方案中初始状态如图 9.25（a）所示，传感器静置状态时中心波长与左侧窄带光源的中心波长一致，同为 1559.94nm，此时左侧窄带光源的光会通过传感器反射回来，而右侧窄带光源的光不会从传感器反射回来。随着外界对传感器施加一定压力，传感器反射谱会向右偏移，如图 9.25（b）所示。在这个过程中，左侧窄带光源反射回来的光会越来越小，而右侧窄带光源会逐渐增大。当传感器紧贴皮肤后，传感器反射谱的中心波长会随着心脏的跳动而发生变化，也就是在图 9.25（b）和图 9.25（c）之间来回转换，波长向右偏移，左侧窄带光源反射回来的光会减弱，而右侧窄带光源的反射光会增强；波长向左偏移，左侧窄带光源反射回来的光会增强，而右侧窄带光源的反射光会减弱。在整个过程中，通过两个窄带光源反射光的比值，就可以体现出传感器反射谱中心波长的变化程度，从而解调出人体心音信号。为了使两个窄带光源反射回来的光互不干扰，我们将两个窄带光源中心波长置于阵列波导光栅不同输出通道内，两个通道的中心波长分别为 1558.9nm 和 1561.7nm，如图 9.25（d）所示，通过检测两个通道输出的光强，得到两个窄带光源的反射光的强度，实现心音信号的解调。

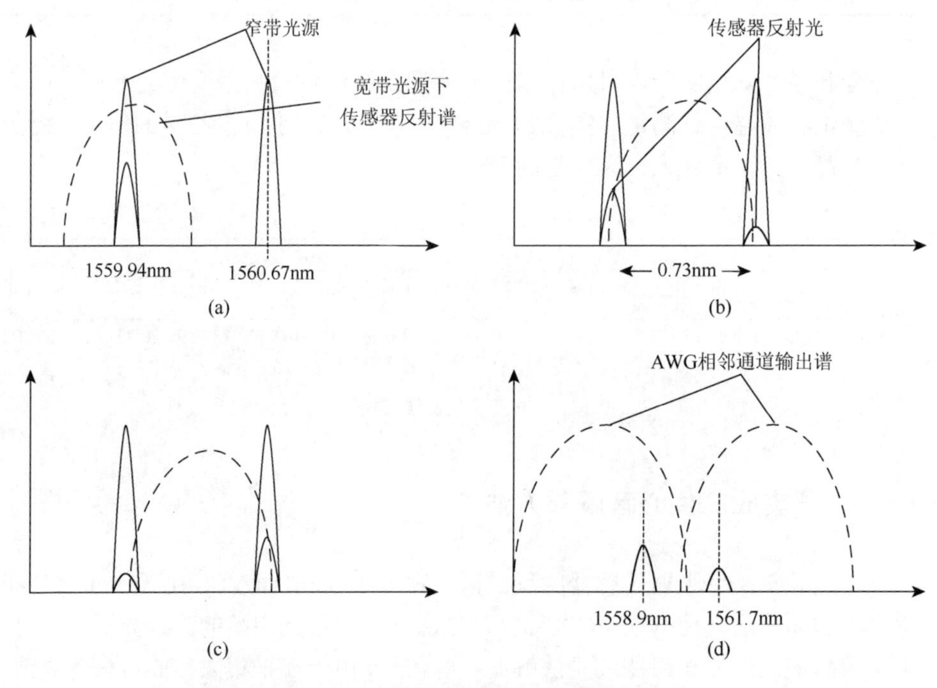

图 9.25　光子集成芯片心音解调原理

9.4.4　心音解调实验结果

当心音传感器反射的中心波长随压力变化时，其反射到阵列波导光栅两个通道间光强会发生相应改变。分析可得出进入阵列波导光栅的光谱、FBG 反射光谱以及阵列波导光栅透射光谱的乘积在所检测光谱范围的积分，即可得出阵列波导光栅所有输出通道的光强。我们以相邻的两个通道 m 和通道 m+1 为例，其输出光强可分别表示为

$$P_m=\left(1-L_m\right)\int_0^{\infty} I_{\mathrm{s}}(\lambda)\cdot R_{\mathrm{FBG}}(\lambda)\cdot T_{\mathrm{AWG}}(m,\lambda)\mathrm{d}\lambda \tag{9.8}$$

$$P_{m+1}=\left(1-L_{m+1}\right)\int_0^{\infty} I_{\mathrm{s}}(\lambda)\cdot R_{\mathrm{FBG}}(\lambda)\cdot T_{\mathrm{AWG}}(m+1,\lambda)\mathrm{d}\lambda \tag{9.9}$$

式中，$I_{\mathrm{s}}(\lambda)$为输入光的发射谱；阵列波导光栅相邻两个输出通道 m 和通道 m+1 的输出光强分别为 P_m、P_{m+1}；两通道的衰减因子分别为 L_m、L_{m+1}。在同一阵列波导光栅解调系统中，各通道的衰减因子可认为是相等的，也就是说 $L_m=L_{m+1}=L$。当光谱密度在一个窄带范围内时可以认为是一个定值，即 $I_{\mathrm{s}}(\lambda)=I_{\mathrm{s}}$，则联立式（9.8）和式（9.9）后再以 e 为对数可得出

$$\ln\left(\frac{P_{m+1}}{P_m}\right)=\frac{8(\ln 2)\Delta\lambda}{\Delta\lambda_{\mathrm{FBG}}{}^2+\Delta\lambda_m{}^2}\lambda_{\mathrm{FBG}}-\frac{4(\ln 2)\left(\lambda_{m+1}^2-\lambda_m^2\right)}{\Delta\lambda_{\mathrm{FBG}}{}^2+\Delta\lambda_m{}^2} \tag{9.10}$$

通过分析式（9.10）可以得出阵列波导光栅两个相邻通道的输出光强比值的对数与其对应的 FBG 传感器中心波长值是呈线性关系的，所以通过测量阵列波导光栅相邻两输出通道的输出光强信号，再根据式（9.10）得出两个光强信号的比值的对数，通过与 FBG 中心波长值进行比对即可实现对 FBG 传感器测量信息的检测。因为是连续波形信号，我们不需要解析出具体的 FBG 中心波长值，只要最终求出的比值与中心波长呈线性关系，即可视为我们通过心音传感器测得的心音信号，如图 9.26 所示。

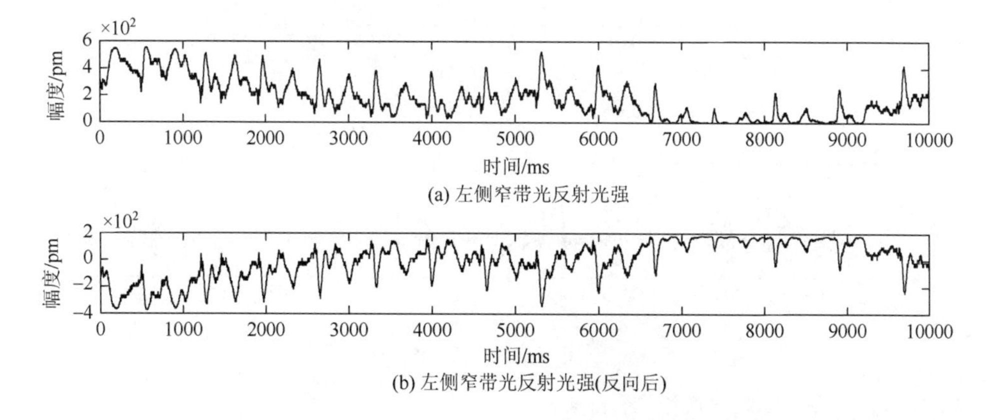

(a) 左侧窄带光反射光强

(b) 左侧窄带光反射光强(反向后)

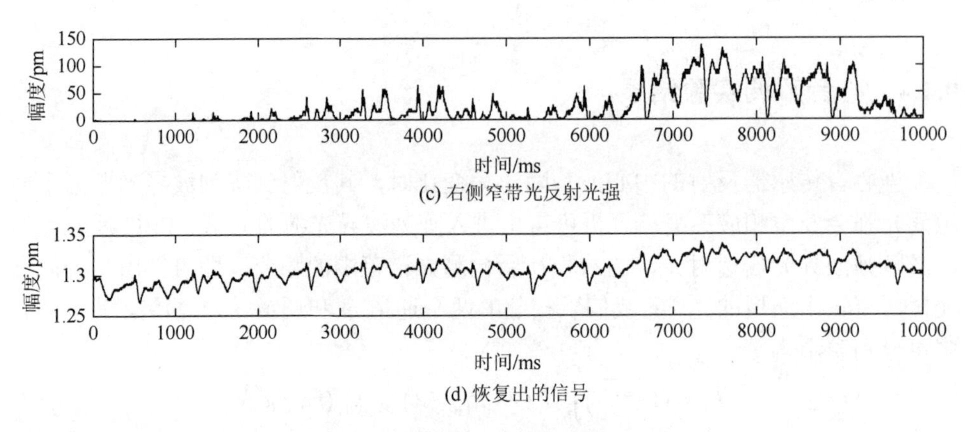

(c) 右侧窄带光反射光强

(d) 恢复出的信号

图 9.26　解调电路采集心音信号

由于左侧窄带光源的反射光强变化趋势与传感器反射谱中心波长的变化趋势相反，所以需要对左侧窄带光源的反射光进行反向变化，然后与右侧光源的反射光强取比值的对数，最终获得传感器的反射谱中心波长变化波动，也就是心音信号。

将解调出的心音信号进行信号处理，主要是进行小波变换去噪、归一化处理、取绝对值和包络提取等操作，对信号进行分析如图 9.27 所示，可以明显观测到第一心音和第二心音。

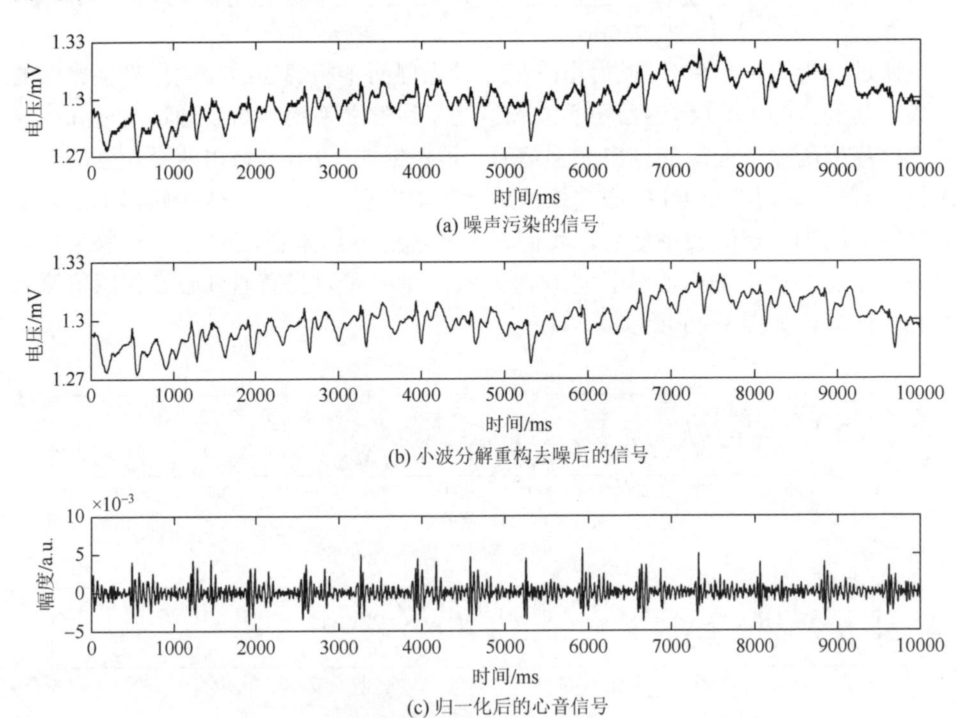

(a) 噪声污染的信号

(b) 小波分解重构去噪后的信号

(c) 归一化后的心音信号

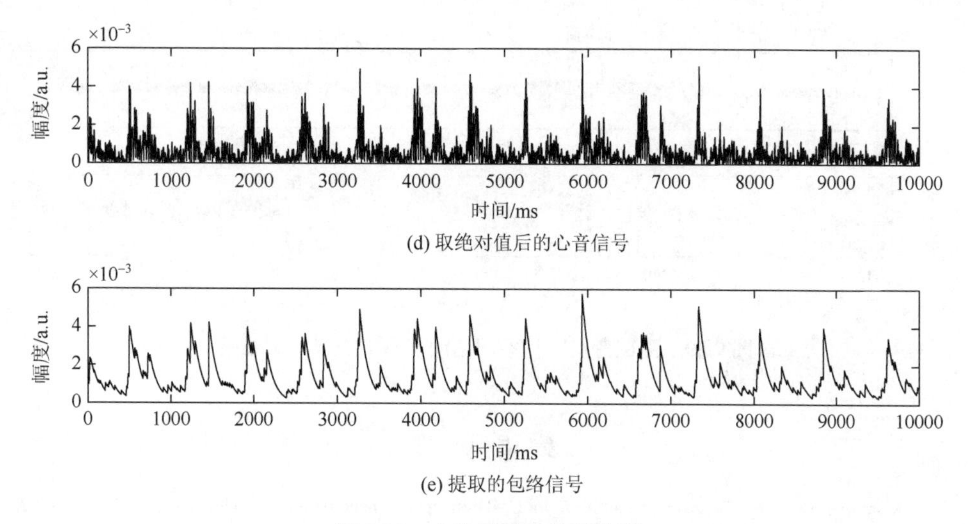

(d) 取绝对值后的心音信号

(e) 提取的包络信号

图 9.27　心音信号的处理分析

对提取包络后的心音信号进行峰值点和起止点检测，如图 9.28 所示，用正方形标记第一心音峰值点，加号符标记第一心音起止点，圆圈标记第二心音峰值点，叉号标记第二心音起止点。

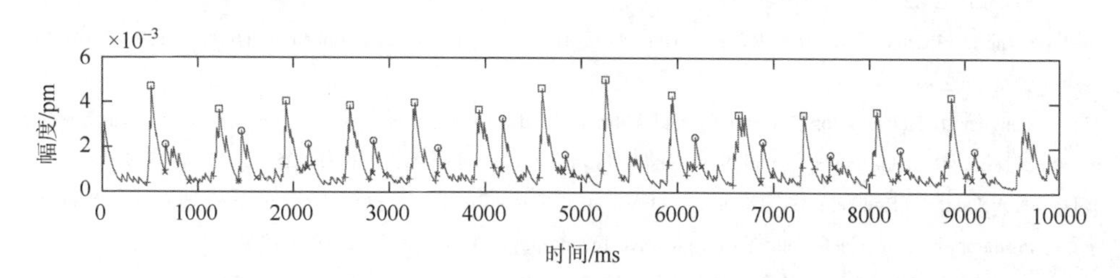

图 9.28　心音信号峰值点和起止点检测

根据前述心音特征提取及分析方法，对第一心音和第二心音峰值点和起止点信息进行处理，经计算得到所采集心音信号的特征参数如表 9.3 所示，各特征参数值均在正常范围内或附近，所测的心音信号基本正常。

表 9.3　计算得到的实测心音特征参数

心动周期/ms	心率/(次/min)	S1 平均时限/ms	S2 平均时限/ms	心力
708	74 （60～100）	129 （80～160）	84 （80～120）	1.55 （0.5～2.5）

测试者分别在静止、运动、放松运动三种不同状态下进行测试，图 9.29 是测试者在健身车上的心音测试结果。

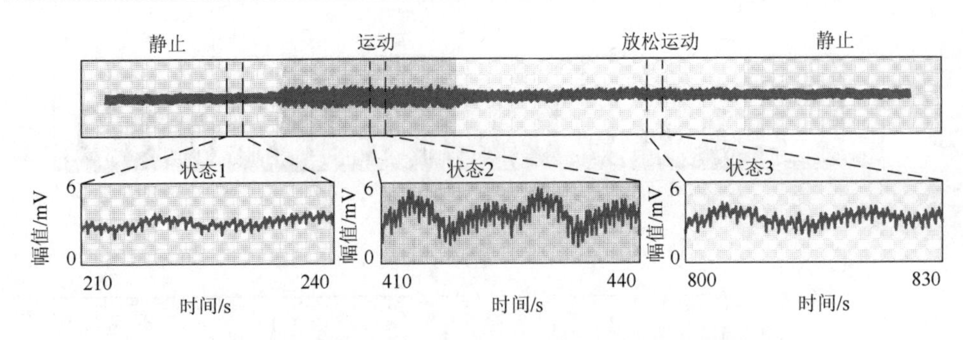

图 9.29　测试者在三种不同运动状态下心音测试结果

参 考 文 献

[1] Assafa S，Shank S，Green W，et al. A 90 nm CMOS integrated nano-photonics technology for 25 Gbps WDM optical communications applications[C]. Proceedings of Electron Devices Meeting（IEDM），San Francisco，2012：1-3.

[2] Xiao X，Xu H，Li X，et al. High-speed，low-loss silicon Mach-Zehnder modulators with doping optimization[J]. Optics Express，2013，21：4116-4125.

[3] Li T，Zhang J，Yi H，et al. Low-voltage，high speed，compact silicon modulator for BPSK modulation[J]. Optics Express，2013，21：23410-23415.

[4] Liang D，Roelkens G，Baets R，et al. Hybrid integrated platforms for silicon photonics[J]. Materials，2010，3：1782-1802.

[5] Cengher D，Hatzopoulos Z，Gallis S，et al. Fabrication of GaAs laser diodes on Si using low-temperature bonding of MBE-grown GaAs wafers with Si wafers[J]. Journal of Crystal Growth，2003，251（1）：754-759.

[6] Brouckaert J，Roelkens G，Thourhout D V，et al. Thin-film Ⅲ-Ⅴ photodetectors integrated on silicon-on-insulator photonic ICs[J]. Journal of Lightwave Technology，2007，25（4）：1053-1060.

[7] 李苏苏，陈博. 苯并环丁烯作为键合介质的硅键合研究[J]. 集成电路通讯，2011，（1）：20-24.

[8] Byoungho L. Review of the present status of optical fiber sensors[J]. Optical Fiber Technology，2003，9（2）：57-59.

[9] Sano Y，Yoshino T. Fast optical wavelength interrogator employing arrayed waveguide grating for distributed fiber Bragg grating sensor[J]. Journal of Lightwave Technology，2003，8（11）：114-118.

[10] Soref R. Applications of silicon-based optoelectronics[J]. MRS Bulletin，1998，36（5）：20-24.

[11] Maszara W P. SOI material：Ready to take over mainstream bulk Si[J]. Solid-State and Integrated Circuit Technology，1998，16（3）：716-719.

彩　图

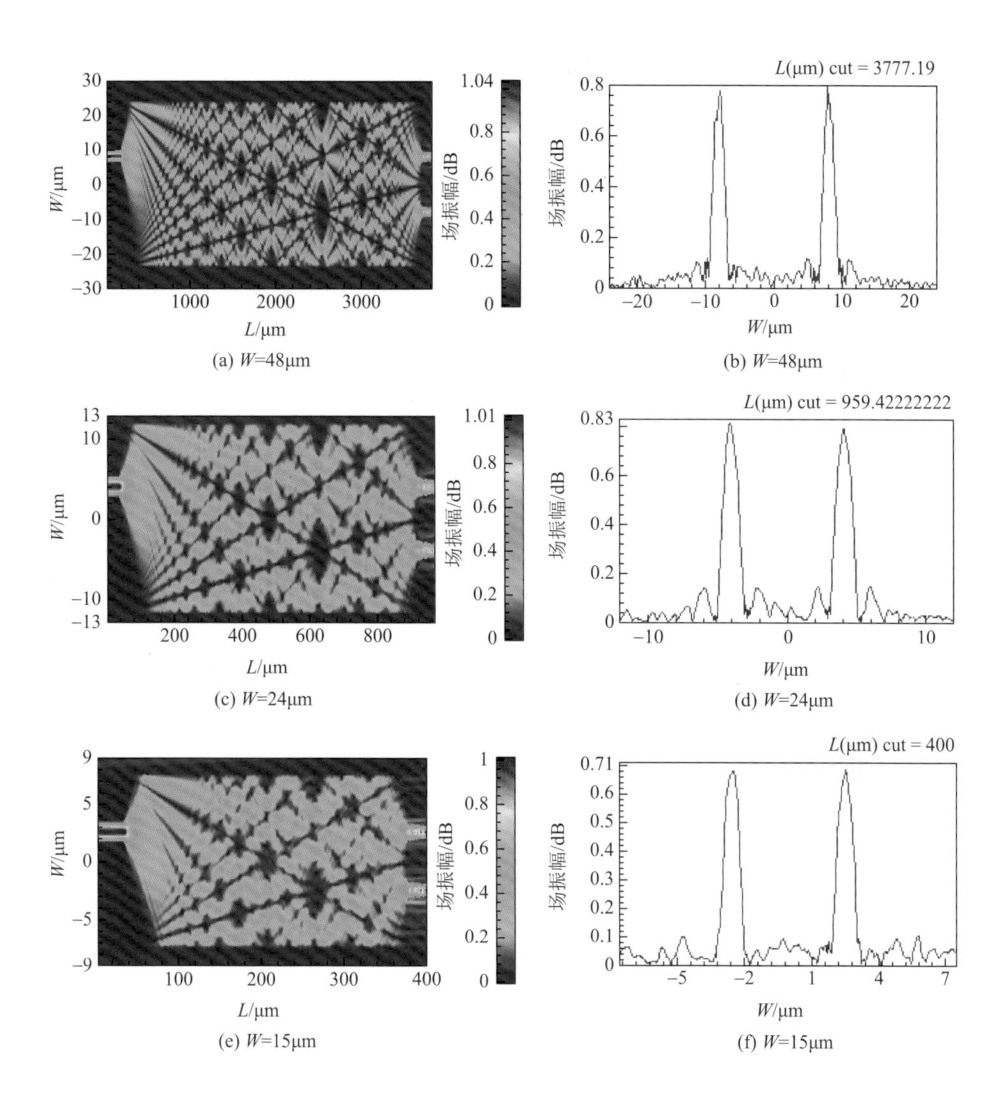

(a) W=48μm

(b) W=48μm

(c) W=24μm

(d) W=24μm

(e) W=15μm

(f) W=15μm

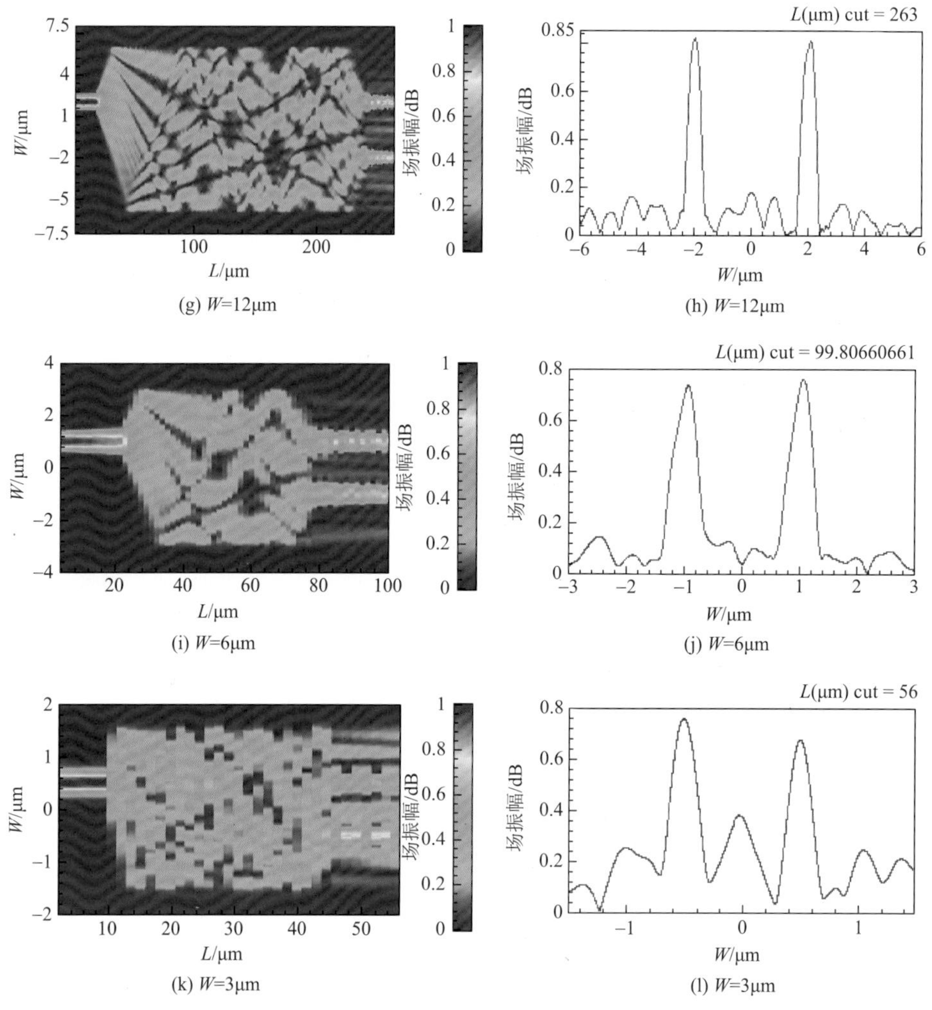

(g) W=12μm (h) W=12μm

(i) W=6μm (j) W=6μm

(k) W=3μm (l) W=3μm

图 5.2 MMI 耦合器的仿真结果比较

W 表示多模波导宽度；L 表示多模波导区长度

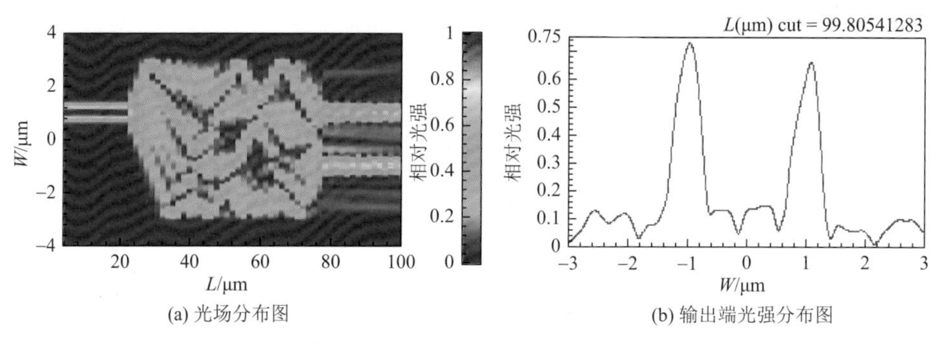

(a) 光场分布图 (b) 输出端光强分布图

图 5.4 W=6μm、输入/输出波导为直波导时的 MMI 耦合器仿真结果

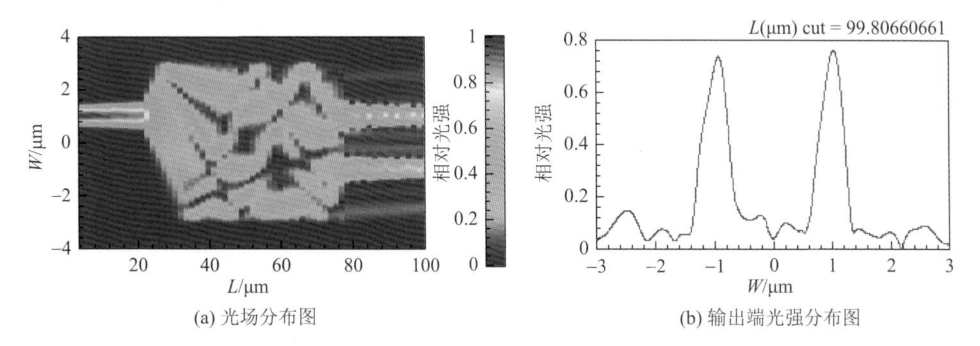

(a) 光场分布图　　(b) 输出端光强分布图

图 5.5　W=6μm、输入/输出波导为锥形波导时的 MMI 耦合器仿真结果

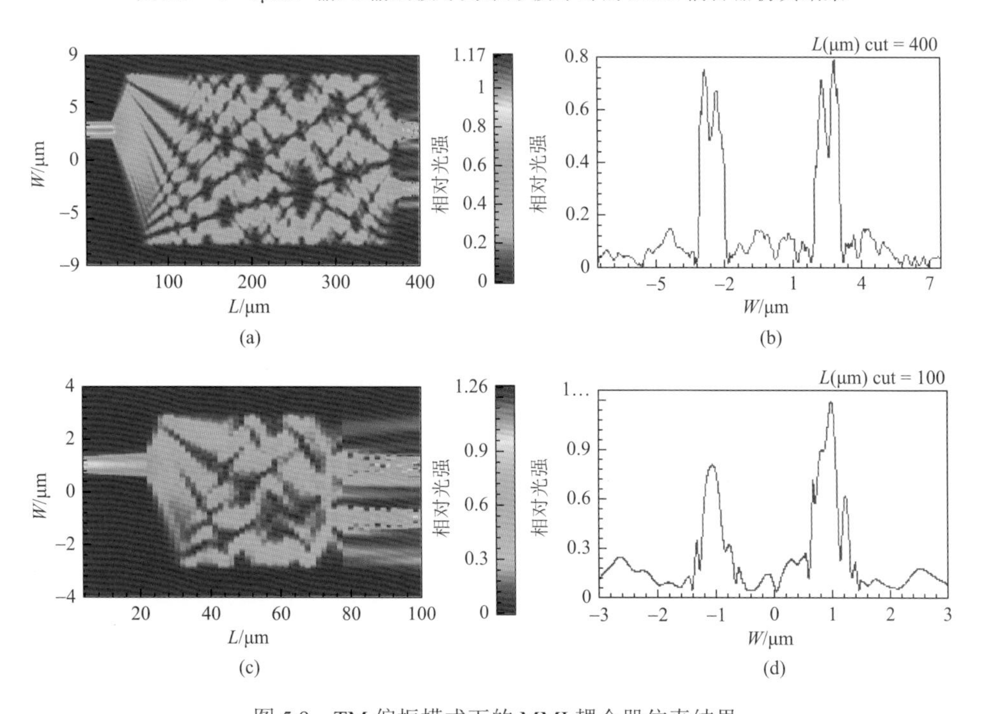

图 5.9　TM 偏振模式下的 MMI 耦合器仿真结果

光场分布图：（a）W=15μm，（c）W=6μm；输出端光强分布图：（b）W=15μm，（d）W=6μm

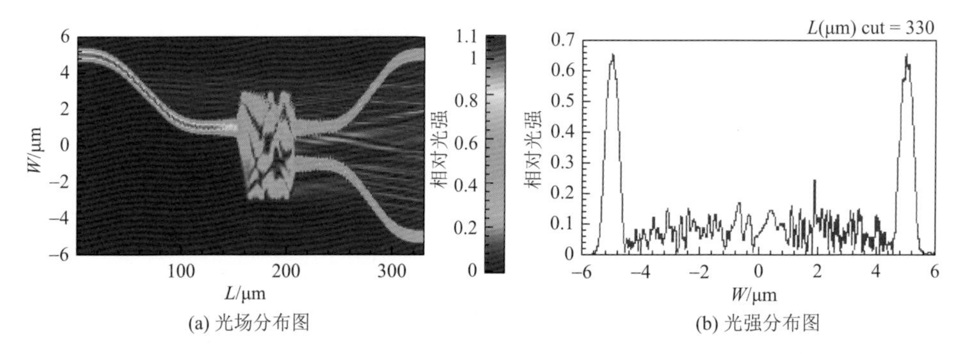

(a) 光场分布图　　(b) 光强分布图

图 5.11　W=6μm 的 MMI 耦合器在加弯曲波导后的仿真结果

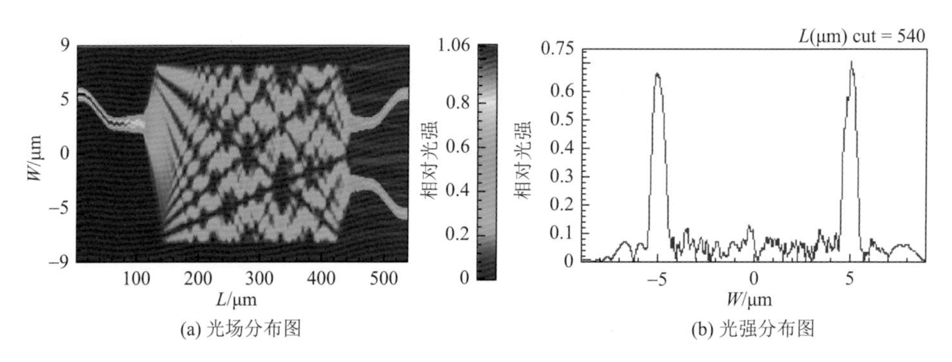

(a) 光场分布图　　(b) 光强分布图

图 5.12　W=15μm 的 MMI 耦合器在加弯曲波导后的仿真结果

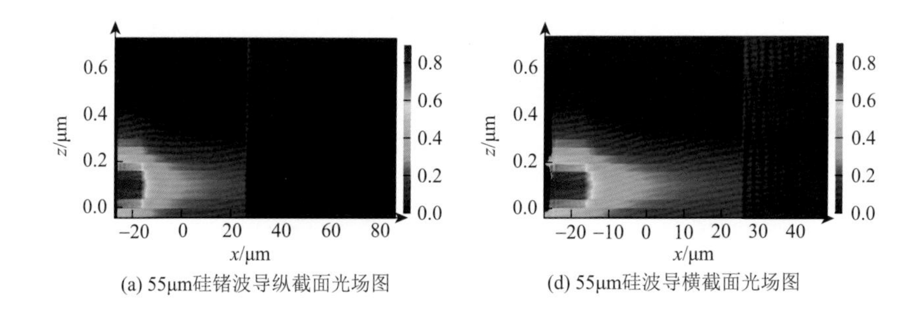

(a) 55μm硅锗波导纵截面光场图　　(d) 55μm硅波导横截面光场图

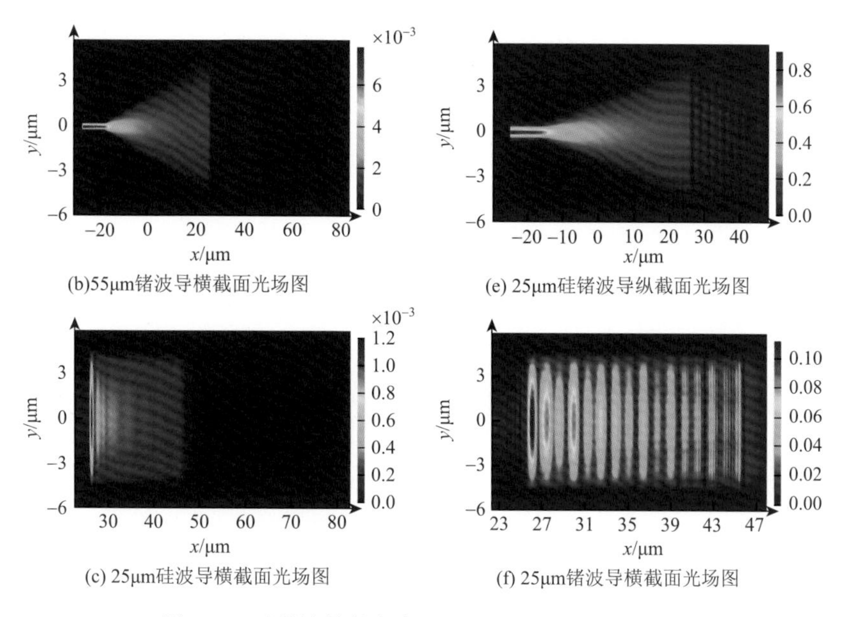

图 8.15　硅锗波导长度为 55μm 和 25μm 时的光场图